Heft 646

DEUTSCHER AUSSCHUSS FÜR STAHLBETON

Wasserinduzierte Ermüdungsschädigung von Beton

von

Christoph Tomann
Ludger Lohaus

1. Auflage 2024

Herausgeber:
Deutscher Ausschuss für Stahlbeton e.V. – DAfStb

DIN Media GmbH

Vorwort

Durch den Ausbau der Windenergie in Deutschland wurde in den vergangenen Jahrzehnten der Bau von zyklisch beanspruchten Windkrafttürmen stetig vorangetrieben. Für solche Tragstrukturen ist die zutreffende Bestimmung des Ermüdungswiderstandes entscheidend für die Standsicherheit, aber auch für einen wirtschaftlichen Materialeinsatz. Gleichzeitig unterstreicht der zunehmende Instandsetzungsbedarf von Brückenbauwerken im Bundesfernstraßennetz den Bedarf an aktuellen Erkenntnissen für die Beschreibung des Ermüdungswiderstandes von Stahlbeton- und Spannbetonkonstruktionen. Einige der derzeit in Anwendung befindlichen Bemessungskonzepte stammen aus den 1990er Jahren und bedürfen einer umfassenden Weiterentwicklung. Dies trifft insbesondere für die Verwendung von hochfesten Betonen zu, da deren Ermüdungswiderstand in den derzeitigen Nachweisformaten überproportional abgemindert werden muss. Die für eine Normenfortschreibung notwendigen Ermüdungsuntersuchungen an Beton, Betonstahl und deren Verbund sind allerdings mit einem enormen Zeit- sowie Kostenaufwand verbunden und können in einem überschaubaren Zeitraum nur im Verbund von mehreren Forschungsinstituten erfolgen. Aus diesem Grund wurde das Verbundforschungsvorhaben „WinConFat – Materialermüdung von On- und Offshore Windenergieanlagen aus Stahlbeton und Spannbeton unter hochzyklischer Beanspruchung" initiiert. Durch den Zusammenschluss der folgenden acht Forschungseinrichtungen und drei Industriepartnern wurden wichtige Fragestellungen zum grundlegenden Materialverhalten von Beton, Betonstahl und deren Verbund unter Ermüdungsbeanspruchungen koordiniert untersucht.

Forschungseinrichtungen:

- Institut für Massivbau, Leibniz Universität Hannover
- Institut für Baustoffe, Leibniz Universität Hannover
- Lehrstuhl für Baustofftechnik, Ruhr-Universität Bochum
- Institut für Massivbau und Baustofftechnologie / Materialprüfungs- und Forschungsanstalt des Karlsruher Instituts für Technologie
- Lehrstuhl und Institut für Massivbau, RWTH Aachen University
- Institut für Massivbau, Technische Universität Dresden
- Lehrstuhl für Werkstoffe und Werkstoffprüfung im Bauwesen, Technische Universität München
- Bundesanstalt für Materialforschung und -prüfung, Berlin

Partner:

- Deutscher Ausschuss für Stahlbeton e. V. (DAfStb)
- Deutscher Beton- und Bautechnik-Verein E.V. (DBV)
- Max Bögl Bauservice GmbH & Co. KG

Gefördert wurde das Verbundforschungsvorhaben innerhalb des Zeitraums von 2016 bis 2021 überwiegend mit Mitteln des Bundesministeriums für Wirtschaft und Energie (BMWi), des DBV und von Max Bögl. Die wichtigsten Erkenntnisse aus diesem Vorhaben wurden in mehreren Titeln der „Grünen Hefte" des DAfStb veröffentlicht, siehe Tabelle 0. Eine übergreifende Zusammenfassung des Vorhabens wurde als DBV-Heft Nr. 52 veröffentlicht. Insbesondere diese Veröffentlichungen sollen zur praktischen Erkenntnisverwertung beitragen, die beabsichtigten Normenfortschreibungen ermöglichen sowie der weiteren Forschung und Anwendung als detaillierte Informationsgrundlage dienen.

Tabelle 0: Aus WinConFat hervorgegangene „Grüne Hefte“ des DAfStb

DAfStb-Heft	Titel	Autoren
644	Ermüdungsverhalten von Beton für unterschiedliche Probekörpergeometrien	Vivian Frei, Marc Thiele, Stephan Pirskawetz, Andreas Rogge
645	Modellhafte Beschreibung des Ermüdungswiderstands von druckschwellbeanspruchtem Beton unter Berücksichtigung von energetischen und frequenzbedingten Materialeffekten	Sebastian Schneider, Matthias Bode, Steffen Marx
646	Wasserinduzierte Ermüdungsschädigung von Beton	Christoph Tomann, Ludger Lohaus
647	Untersuchungen zum Ermüdungswiderstand von Beton im Bereich sehr hoher Lastwechselzahlen	Kerstin Willers, Lutz Gerlach, Nico Herrmann, Frank Dehn
648	Zum festigkeitsabhängigen Ermüdungswiderstand von Beton	Sebastian Schneider, Boso Schmidt, Steffen Marx, Marco Basaldella, Bianca Kern, Nadja Oneschkow, Ludger Lohaus
649	Numerische Modellierung des Ermüdungsverhaltens von normal- und hochfestem Beton	Dennis Birkner, Steffen Marx, Abedulgader Baktheer, Josef Hegger, Rostislav Chudoba
650	Ermüdung von biegebeanspruchten Betonbauteilen aus normal- und hochfesten Betonen	Dennis Birkner, Steffen Marx, David Ov, Rolf Breitenbücher
651	Ultraschallprüfungen zur Erfassung der Schädigungsentwicklung unter verschiedenen Umweltbedingungen und unter zyklischer Druckschwellbelastung	Raúl Beltrán, Vivian Frei, Steffen Marx
652	Ermüdungsverhalten von Betonstahl im Langzeitfestigkeitsbereich, bei Variation der Prüfmethodik sowie unter kombinierter Einwirkung von Korrosion	Stefan Rappl, Kai Osterminski, Christoph Gehlen
653	Verbundverhalten unter Druck- und Zugschwellbeanspruchung von normal- und hochfesten Betonen	Marc Koschemann, Manfred Curbach, Homam Spartali, Abedulgader Baktheer, Josef Hegger, Rostislav Chudoba

Kurzfassung

Mit dem Ausbau der Offshore-Windenergie werden vermehrt auch ermüdungsbeanspruchte Betonkonstruktionen unter permanentem Wassereinfluss entstehen. Als ein wesentlicher Unterschied zu Onshore-Bauwerken resultiert aus der Offshore-Exposition ein deutlich erhöhter Wassergehalt im Beton. Obwohl in der Literatur vergleichsweise wenige Untersuchungen zum Ermüdungsverhalten von Beton unter Wasser dokumentiert sind, zeigt sich trotz unterschiedlicher Prüfrandbedingungen eine weitgehend einheitliche Tendenz, nämlich, dass unter Wasser geprüfte Betonproben einen erheblich geringeren Ermüdungswiderstand aufweisen als vergleichbare Proben, die an Luft geprüft wurden. Inzwischen ist das Phänomen wasserinduzierter Schädigung bei der Betonermüdung zwar prinzipiell erkannt, jedoch ist es noch längst nicht hinreichend genau verstanden und beschrieben.

Das Ziel dieser Arbeit ist es, wasserinduzierte Schädigungsmechanismen ermüdungsbeanspruchter Betone zunächst mit ergänzenden experimentellen Methoden genauer als bisher zu erfassen, zu analysieren und zu verstehen. Darauf aufbauend sollen Modelle entwickelt werden, die in der Lage sind, die am Degradationsprozess beteiligten wasserinduzierten Schädigungsmechanismen quantitativ zu erfassen und physikalisch begründet zu beschreiben. Das Ermüdungsverhalten von Beton wird hierbei systematisch für druckschwellbeanspruchte Betone unterschiedlicher Feuchte, Druckfestigkeit und Probengröße untersucht. Zur Analyse der wasserinduzierten Ermüdungsschädigung wurden neben den Bruchlastwechselzahlen die Dehnungs- und Steifigkeitsentwicklungen, die dissipierten Energien und insbesondere die Schallemissionsaktivität betrachtet. Die Ergebnisse zeigen, dass mit zunehmender Feuchte des Betons sein Ermüdungswiderstand offensichtlich erheblich reduziert wird. Aufbauend auf dieser Erkenntnis wurde ein Modellansatz entwickelt und die Einführung feuchteabhängiger Wöhlerlinien vorgeschlagen. Zudem zeigten die Ergebnisse ein beschleunigtes Degradationsverhalten mit steigendem Feuchtegehalt des Betons. Im Falle der Wassersättigung konnte eine Vielzahl von Schallemissionssignalen nahe der Unterspannung nachgewiesen werden, wodurch wasserinduzierte Schädigungen nicht im Belastungszustand, sondern im Entlastungszustand identifiziert wurden. Auf diese Weise lassen sie sich eindeutig von üblichen mechanischen Schädigungen unterscheiden. Mit Hilfe eines neu entwickelten Ingenieurmodells konnte abschießend gezeigt werden, dass die wasserinduzierten Schädigungen mit Wasserumlagerungen und daraus resultierenden Porenwasserdrücken im nanoporösen System des Zementsteins korrelieren.

Abstract

With the expansion of offshore wind energy systems, the number of cyclically loaded concrete structures submerged in water will increase. A significant difference between these and onshore structures is the significantly increased water content in the concrete resulting from the offshore exposition. Although comparatively few investigations regarding the fatigue behaviour of concrete under water are documented in literature, a clear tendency is apparent in spite of variations in testing conditions, indicating a significantly decreased fatigue resistance of concrete samples tested under water as opposed to comparable concrete samples tested under atmosphere. By now, the phenomenon of water induced damage during concrete fatigue has been recognized, however, it is not yet understood and described in sufficient detail.

The objective of this thesis is to experimentally detect, analyse and understand water induced damage mechanisms of concrete under fatigue using complementary experimental methods. On this basis models are to be developed that can quantify the contribution of water induced damage mechanisms to concrete degradation and describe founded on physical principles. The fatigue behaviour of concrete is investigated systematically for concretes under cyclical compression varying in water content, compressive strength and sample size.

For the analysis of water induced damage mechanisms, the development of strain and stiffness, the energy dissipated and especially the acoustic emission activity are considered, aside from the number of cycles until failure. The results indicate that as the water content in concrete increases, its resistance to fatigue clearly significantly decreases. To make this conclusion available for application in design standards regarding fatigue, a modelling approach has been developed and the introduction of saturation dependent Wöhler curves is proposed. Additionally, the results indicate an accelerated degradation behaviour with increasing water content. In case of complete saturation, a significant portion of acoustic emission signals near the lower level of compressive stress was detected, meaning water induced damages were identified not in the state of increasing compressive stress, but as the compressive is decreased and the sample is unloaded. In this way they unmistakeably differ from conventional mechanical damage mechanisms. By way of the newly developed engineering model it has been conclusively shown that the water induced damages correlate with water transport processes and resulting pore water pressures in the nano-porous hardened cement paste.

Inhaltsverzeichnis

1 Einleitung

1.1 Motivation und Einführung

Mit dem Ausbau der Offshore-Windenergie werden Betonkonstruktionen, welche unter permanentem Wassereinfluss und hohen Ermüdungsbeanspruchungen stehen, in großer Anzahl entstehen. Dies gilt bereits heute schon für die sogenannten Grouted Joints, bei denen hochfeste Feinkornbetone in stählernen Tragstrukturen von Offshore-Windenergieanlagen verwendet werden. Solche Konstruktionen werden in ihrer Betriebszeit infolge von Wind, Wellen- und Rotorbewegung, sowie Eigenschwingungen der Anlage mit mehreren hundert Millionen Lastwechseln beaufschlagt. Als ein wesentlicher Unterschied zu Onshore-Bauwerken resultiert aus der Offshore-Exposition ein deutlich erhöhter Wassergehalt im Beton. In diesem Zusammenhang wurde bereits von mehreren Forschern und Forschergruppen, beispielsweise von WAAGAARD /101/, MUGURUMA /58/, MUGURUMA & WATANABE /59/, NISHIYAMA et al. /61/, NYGÅRD et al. /62/, HOHBERG /36/, SØRNESEN et al. /82/, HÜMME /41/ und MARKERT et al. /54/, das Ermüdungsverhalten von Beton bei unterschiedlichen Feuchtebedingungen (an der Luft und unter Wasser) vergleichend untersucht, wobei deutlich weniger Ergebnisse für unter Wasser bzw. unter sehr feuchten Bedingungen gelagerte und geprüfte Proben vorliegen als für an Luft gelagerte und geprüfte. Dennoch zeigen die Ergebnisse eine übereinstimmende Tendenz, nämlich, dass unter Wasser gelagerte und geprüfte Betonproben einen erheblich geringeren Ermüdungswiderstand aufweisen als an Luft gelagerte und geprüfte. Bei den unter Wasser gelagerten und geprüften Betonproben wurden häufig bis zu zwei Zehnerpotenzen geringere Bruchlastwechselzahlen ermittelt als bei den an Luft gelagerten und geprüften Proben.

Die Frage, wie genau das Medium Wasser das Ermüdungsverhalten von Beton beeinflusst und welche Schädigungsmechanismen im Detail wirken, ist jedoch derzeit noch völlig ungeklärt. Im Folgenden werden einige in der Literatur erwähnte Erklärungsansätze aufgezeigt, die jedoch bislang noch nicht wissenschaftlich nachgewiesen wurden.

HÜMME /41/, SØRNESEN et al. /82/, PESCH /66/ und BROSGE /5/ vertreten die These, dass sich in Poren und Mikrorissen während der Belastung ein auf den Ermüdungswiderstand ungünstig wirkender Porenwasserdruck aufbauen kann, der Zugspannungen in der Matrix des Betongefüges hervorruft. Bei der Überschreitung eines kritischen Grenzwertes könnten diese zusätzlich induzierten Zugspannungen zu einem vorzeitigen Versagen des Betons führen. Ein weiterer Erklärungsansatz basiert auf der Theorie eines möglichen Wassertransportes im Poren- und Risssystem des Betons. Hierbei vermuten SØRNESEN et al. /82/ infolge der zyklischen Beanspruchung eine alternierende Bewegung des Wassers innerhalb des Poren- und Risssystems, die Erosionserscheinungen an den Poren- und Risswandungen verursachen. Nach WAAGAARD /101/, WAAGAARD /102/ und PATERSON /65/ konnte bei Ermüdungsuntersuchungen unter Wasser ein Wassertransport bzw. Wasserpumpen innerhalb des sich bildenden Risssystems beobachtet werden. Dieser Effekt äußerte sich nach HÜMME & LOHAUS /43/ durch Auswaschungen von Feinstpartikeln in beobachteten Erscheinungsformen, die Nebelschwaden ähnlich sehen. Nach WAAGAARD /101/ entsteht infolge der zyklischen Beanspruchung eine Bewegung des Wassers im Risssystem, die nach GERWICK, C, B. & VENUTI, J, W. /28/ lose oder nur schwach an den Rissflanken anhaftende Partikel lösen und ausspülen kann. Dieser Prozess könnte die Materialdegradation des Betons beschleunigen und so zu einem frühzeitigen Versagen führen. MUGURUMA & WATANABE /59/ und TAIT /86/ vertreten hingegen die Ansicht, dass das im Riss vorhandene Wasser eine aufkeilende Wirkung erzeugt, welche zu einer frühzeitigen Schädigung des Betons führen kann. Es wird in MARX et al. /55/ vermutet, dass das in das Risssystem eingedrungene Wasser zu einem Schmiereffekt führen kann, der die Rissreibung bzw. nach NYGÅRD et al. /62/ die innere Reibung des Systems vermindern und so die Materialdegradation beschleunigen kann.

Hinsichtlich einer beeinflussenden Wirkung des Mediums Wasser sind derzeit bereits einige degradierend wirkende Phänomene erkannt, jedoch sind diese noch nicht hinreichend genau identifiziert und nachgewiesen. Folglich können wasserinduzierte Schädigungsvorgänge bislang auch noch nicht zuverlässig beschrieben werden.

Zusammenfassend lässt sich feststellen, dass erste degradierende Phänomene wasserinduzierter Ermüdungsschädigungen erkannt, die mikrostrukturellen Ursachen dieser Schädigungen jedoch bislang noch weitgehend unverstanden sind. Dies gilt insbesondere dann, wenn das Porensystem des Betons mit Wasser gesättigt ist.

1.2 Zielsetzung

Das Ziel dieser Arbeit ist es, wasserinduzierte Schädigungsmechanismen ermüdungsbeanspruchter Betone zu erfassen, genauer zu charakterisieren und zu verstehen und diese einem Ingenieurmodell zugänglich zu machen. Dabei soll überprüft werden, wie das Medium Wasser das Degradationsverhalten ermüdungsbeanspruchter Betone beeinflusst und in welcher Weise wasserinduzierte Schädigungs-mechanismen am Degradationsprozess beteiligt sind.

Im Fokus dieser Arbeit soll demzufolge der folgenden Leitfrage nachgegangen werden:

Wie beeinflusst das Medium Wasser das Degradationsverhalten zyklisch beanspruchter Betone?

Bei den vergleichsweise wenigen bislang unter Wasser durchgeführten Versuchen erfolgte eine Bewertung des Ermüdungswiderstandes zumeist allein auf Basis der Bruchlastwechselzahlen. Diese können zwar den Einfluss wasserinduzierter Schädigungseffekte prinzipiell aufzeigen, liefern jedoch keine Hinweise zu den wirkenden Mechanismen. Degradations- bzw. Schädigungsprozesse zyklisch beanspruchter Betone treten auf sehr kleinen Skalenebenen auf, die während eines Ermüdungsversuches nicht unmittelbar messtechnisch beobachtet werden können. Aus diesen Gründen sollen im Rahmen dieser Arbeit, neben der Erfassung der Bruchlastwechselzahlen, Indizien für die ablaufenden Schädigungsvorgänge mittels einer vertieften Betrachtung einzelner Schädigungsindikatoren vorgenommen werden. Als Schädigungsindikatoren werden hierbei speziell die sich infolge der mechanischen Ermüdungsbeanspruchung einstellende Dehnungs- und Steifigkeitsentwicklung, die dissipierte Energie je Lastwechsel und die Schallemissionsaktivität analysiert.

Als ein weiteres Ziel sollen in der Literatur genannte Hypothesen, die für ein frühzeitiges Ermüdungsversagen unter Wasser verantwortlich seien können, überprüft und bewertet werden. Besondere Aufmerksamkeit soll hierbei der Hypothese eines wirkenden Porenwasserdruckes, welcher Zugspannungen in die Matrix des Zementsteingefüges induziert, gewidmet werden.

In einem ersten Schritt sollen zunächst sowohl der Einfluss des Feuchtegehaltes in der Mikrostruktur als auch der Einfluss von außen anstehenden Wassers auf den Ermüdungswiderstand von Beton untersucht werden.

In einem zweiten Schritt soll daran anschließend den mikrostrukturellen Ursachen der Ermüdungsschädigung im Falle unterschiedlicher Probenfeuchten und insbesondere im Falle eines gesättigten Porensystems des Betons nachgegangen werden. Hierbei werden Betone unterschiedlicher Zusammensetzung (normalfeste bis hochfeste Betone) sowie unterschiedlicher Probengröße untersucht und deren Ermüdungswiderstand (Bruchlastwechselzahl) und Ermüdungsverhalten (Schädigungsverlauf) über Schädigungsindikatoren analysiert.

Auf Basis der experimentellen Untersuchungen zum Ermüdungswiderstand soll weiterführend ein empirisch abgeleiteter Modellansatz formuliert werden. Dieser soll eine Prognose bzw. eine quantitative Berücksichtigung wasserinduzierter Schädigungen sowie erstmalig den Vorschlag feuchteabhängiger Wöhlerlinien ermöglichen.

Auf Basis der experimentellen Untersuchungen zum Ermüdungsverhalten wird weiterführend ein analytisches Ingenieurmodell entwickelt, das einen wirkenden Porenwasser-druck innerhalb der nanoporösen Struktur des Zementsteins als maßgebenden Schädigungsmechanismus zyklisch beanspruchter feuchter bis wassergesättigter Betone plausibilisieren soll.

Zur Überprüfung dieser Modellvorstellung sollen abschließend Wassertransportvorgänge und Porenstrukturveränderungen des Zementsteins infolge der Ermüdungsbeanspruchung mittels orientierender Kernspinresonanz- (NMR) und Porenstrukturuntersuchungen (Quecksilberdruckporosimetrie, Gasadsorption), analysiert werden.

Die vorliegende Arbeit soll damit eine Basis für ein tiefergehendes Verständnis der am Degradationsprozesse beteiligten wasserinduzierten Schädigungsmechanismen zyklisch beanspruchter Betone liefern.

1.3 Gliederung der Arbeit

Im Anschluss an die Einleitung wird zunächst in Kapitel 2 auf die wesentlichen Grundlagen zum Verhalten zyklisch beanspruchter Betone eingegangen und das Grundprinzip experimenteller Ermüdungsuntersuchungen erläutert. Weiterhin werden die Begrifflichkeiten Ermüdungswiderstand und Ermüdungsverhalten eingeführt und experimentelle Messmethoden zur Erfassung dieser Kenngrößen herausgearbeitet. Die in der Literatur dokumentierten Einflussfaktoren auf den Ermüdungswiderstand und das Ermüdungsverhalten speziell unter Wasser gelagerter und geprüfter Betone werden analysiert und deren Berücksichtigung in den geltenden Regelwerken der Bemessung überprüft. Daran anschließend erfolgt eine Betrachtung möglicher wasserinduzierter Schädigungsmechanismen und eine Darstellung der Grundlagen zur nanoporösen Struktur des Zementsteins sowie der darin ablaufenden Fluidtransportprozesse. Kapitel 2 schließt mit einer Abgrenzung des Themas und einer Ableitung von Hypothesen, die im Rahmen dieser Arbeit mit Hilfe von experimentellen und analytischen Untersuchungen überprüft und beurteilt werden sollen.

In Kapitel 3 werden die Konzeption und Durchführung der experimentellen Untersuchungen vorgestellt. Hierbei werden zunächst die verwendeten Ausgangsstoffe und Betonzusammensetzungen vorgestellt und die Probekörperpräparation sowie die gewählten Lagerungs- und Prüfrandbedingungen erläutert. Daran anschließend erfolgt eine Herausarbeitung des Arbeitsprogrammes sowie eine Erläuterung der verwendeten Prüfmaschinentechnik, der Versuchsaufbauten und der Messtechnik. Abschließend werden die verwendeten Grundprinzipien der Messdatenaufbereitung und -auswertung dargestellt.

Die Ergebnisse der experimentellen Untersuchungen werden in Kapitel 4 ausgewertet. Zunächst erfolgt in Kapitel 4.1 die Darstellung der zerstörungsfreien Voruntersuchungen, in denen primär der Feuchtegehalt und der dynamische Elastizitätsmodul der zu untersuchenden Betone erfasst werden. Anschließend werden die Ergebnisse unter monoton steigender Beanspruchung, in denen sowohl der Einfluss der Betonfeuchte als auch der Einfluss der Probengröße (wassergesättigter Proben) auf die Druckfestigkeit und auf die Spannungs-Dehnungsbeziehung analysiert. Kapitel 4.2 stellt die Ergebnisse unter zyklischer Beanspruchung vor. Hierbei erfolgt zunächst eine Darstellung der Ergebnisse zum Ermüdungswiderstand, bei denen die erreichten Bruchlastwechselzahlen in Abhängigkeit der Probenfeuchte im Vergleich zu den geltenden Regelwerken (Wöhlerlinien) diskutiert werden. Anschließend erfolgt eine Beurteilung des Einflusses der Probengröße und der Betondruckfestigkeit auf den Ermüdungswiderstand wassergesättigter Betone. Um wasserinduzierte Schädigungen identifizieren und charakterisieren zu können, erfolgt nach der Betrachtung des Ermüdungswiderstandes in den Kapiteln 4.3.6 bis 4.3.7 eine detaillierte Analyse des Ermüdungsverhaltens. Analysiert werden hierbei in Abhängigkeit der Betonfeuchte die Dehnungs- und Steifigkeitsentwicklung, die dissipierte Energie, die Schallemissionsaktivität sowie die Entwicklung der Querdehnzahl.

Aufbauend auf den Ergebnissen zum Ermüdungswiderstand werden in 5 ein Modellansatz zur quantitativen Berücksichtigung wasserinduzierter Schädigungen entwickelt und feuchteabhängige Wöhlerlinien vorgeschlagen.

In Kapitel 6 erfolgt die Diskussion und Beurteilung der in Kapitel 2 formulierten Hypothesen auf Basis der in Kapitel 4 erzielten Erkenntnisse der experimentellen und analytischen Untersuchungen.

In Kapitel 7 wird aufbauend auf den erzielten experimentellen Ergebnissen (vgl. Kapitel 4) sowie den in Kapitel 2 dargestellten Modellvorstellungen ein Ingenieurmodell entwickelt, welches einen Porenwasserdruck innerhalb der nanoporösen Struktur des Zementsteins als wasserinduzierten Schädigungsmechanismus zyklisch beanspruchter Betone plausibilisiert.

Die Arbeit schließt mit einer Zusammenfassung und einem Ausblick in Kapitel 8. Bild 1-1 stellt abschließend die Struktur und den Aufbau dieser Arbeit zusammenfassend dar.

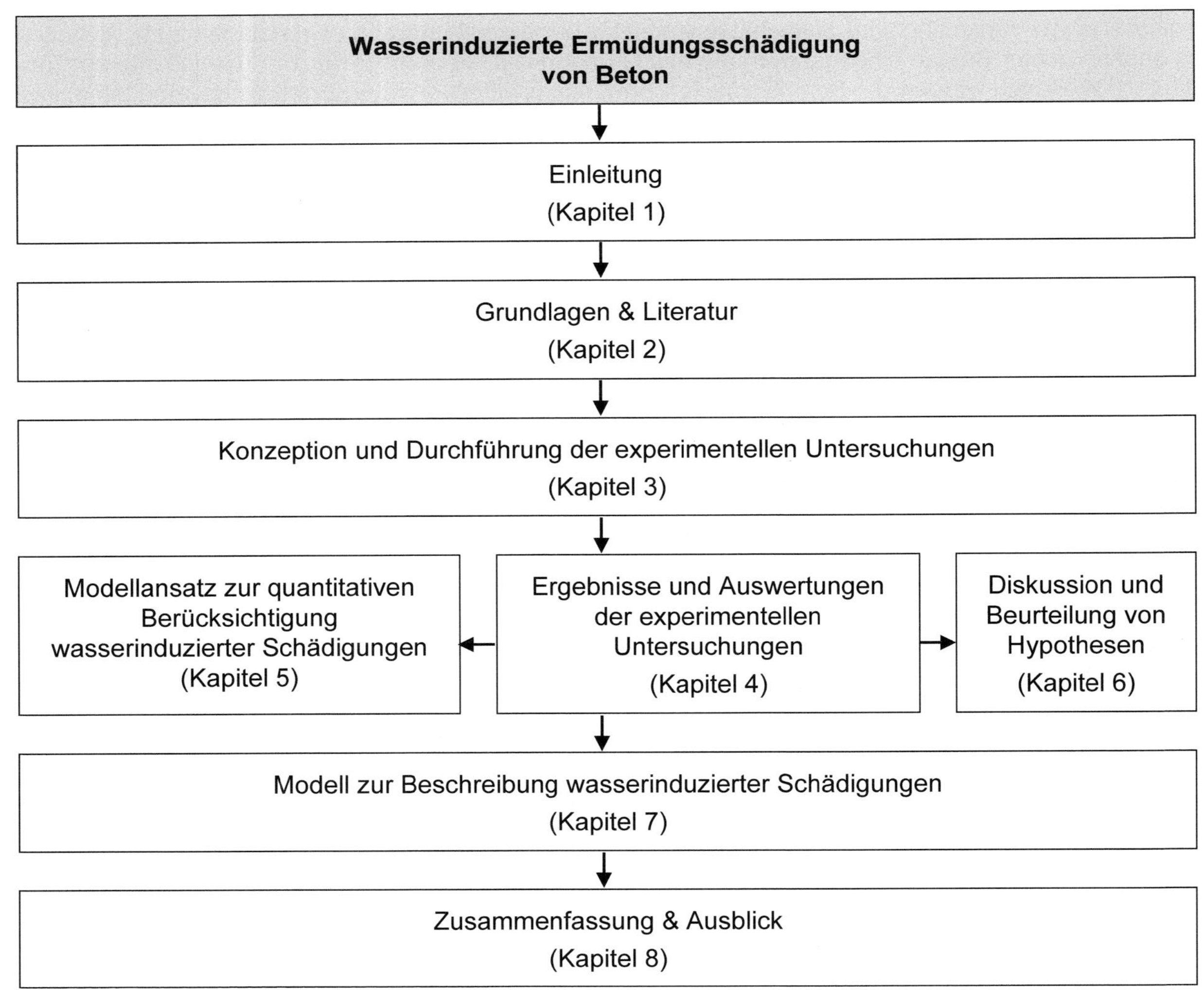

Bild 1-1: Struktur und Aufbau der Arbeit

2 Grundlagen & Literatur

Dieses Kapitel stellt die wesentlichen Grundlagen sowie Literaturergebnisse zum Einfluss von Wasser auf den Ermüdungswiderstand und das Ermüdungsverhalten von Beton dar. Diese Grundlagen werden im weiteren Verlauf der Arbeit sowohl zur Bewertung und Interpretation der eigenen Untersuchungsergebnisse als auch zur Ableitung einer Modellvorstellung zur Beschreibung wasserinduzierter Schädigungen herangezogen. Neben allgemeinen Grundlagen zur Betonermüdung werden zudem Einflussfaktoren auf den Ermüdungswiderstand und das Ermüdungsverhalten von speziell wassergelagerten Betonen diskutiert und dessen Berücksichtigung in den geltenden Regelwerken der Bemessung überprüft. Hieraus wird die Notwendigkeit der Identifikation und Prognose wasserinduzierter Schädigungen aufgezeigt und die Motivation der Arbeit verdeutlicht. Daran anschließend erfolgt eine Betrachtung des komplexen Porensystems des Betons und der darin ablaufenden Wassertransportvorgänge. Das Kapitel 2 schließt mit einer Abgrenzung des Themas und der Ableitung von Hypothesen.

2.1 Verhalten von Beton unter zyklischer Beanspruchung

2.1.1 Grundlagen der Betonermüdung

Unter dem Begriff Betonermüdung wird im Allgemeinen eine Materialdegradation verstanden, bei der infolge einer häufig wiederkehrenden bzw. zeitlich veränderlichen Beanspruchung ein Materialversagen eintritt, obwohl der Maximalwert der Beanspruchung zum Teil deutlich unterhalb der ertragbaren statischen Festigkeit des Materials liegt. Nach THIELE /92/ ist im Gegensatz zur statischen Festigkeit der Ermüdungswiderstand von Beton von einer Vielzahl von Einflussfaktoren, wie z. B. der Bauteilgeometrie und -größe, der Oberflächengüte sowie der Belastungsart, -dauer und –höhe, abhängig. Nach ONESCHKOW /63/ und ELSMEIER /24/ können diese prüftechnischen Einflussfaktoren um materialtechnische Einflussfaktoren, wie die Betondruckfestigkeit, die Betonzusammensetzung und die Betonfeuchte, erweitert werden.

Aufgrund einer interagierenden Wirkung dieser Einflussfaktoren, ist die Thematik der Betonermüdung hoch komplex. Die darin ablaufende Schädigungsmechanismen sind bis heute nicht hinreichend genau identifiziert und beschrieben.

2.1.2 Experimentelle Ermüdungsuntersuchungen

In der Realität können Ermüdungsbeanspruchungen verschiedene Beanspruchungsparameter, wie z. B. die Beanspruchungshöhe oder die Beanspruchungsgeschwindigkeit, mit unterschiedlich langen Periodendauern aufweisen. In experimentellen Ermüdungsuntersuchungen werden Ermüdungsbeanspruchungen zumeist durch sinusförmige periodische Wellenfunktionen approximiert. Ermüdungsversuche, in denen die Beanspruchungsparameter innerhalb eines Versuchs, z. B. in Form von nacheinander ablaufenden Beanspruchungsblöcken verschiedener Höhe variieren, werden in der Regel als Mehrstufen-Versuche bezeichnet. Im Gegensatz zu diesen Mehrstufen-Versuchen stehen die sogenannten Einstufen-Versuche, bei denen die Beanspruchungsparameter im Verlauf der Ermüdungsbeanspruchung konstant gehalten werden. Einstufen-Versuche bilden den überwiegenden Teil der in der Literatur dokumentierten Untersuchungen und werden auch als „Wöhlerversuche" bezeichnet. Untypisch für experimentelle Nachweisformate im Bereich des Bauwesens existieren derzeit keine normativen Vorgaben weder hinsichtlich der Durchführung noch zur Festlegung der Beanspruchungsparameter innerhalb der experimentellen Ermüdungsuntersuchungen.

Zur Begriffsdefinition der wichtigsten Versuchsparameter kann DIN 50100 /14/ herangezogen werden. Anzumerken ist an dieser Stelle, dass diese Norm die Durchführung von Schwingfestigkeitsversuchen metallischer Werkstoffe regelt, weshalb sie nur eingeschränkt auf die Ermüdungsprüfung von Beton übertragbar ist. Das folgende Bild 2-1 stellt in Anlehnung an DIN 50100 /14/ die wichtigsten Versuchsparameter eines kraftgeregelten Ermüdungsversuches schematisch dar.

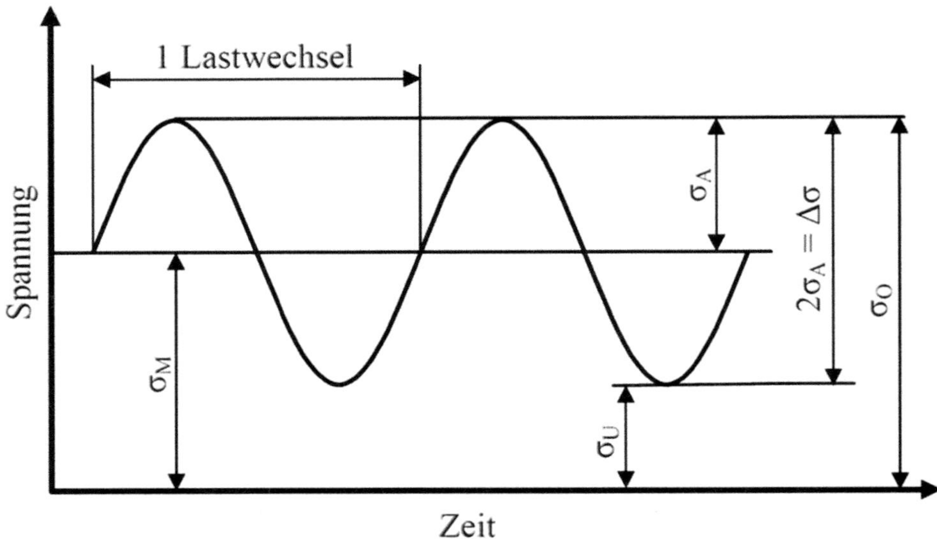

Bild 2-1: Kenngrößen einer vollständigen Sinuswelle, aus /63/

Hierbei ist zu beachten, dass kraftgeregelte Ermüdungsversuche den überwiegenden Teil der in der Literatur dokumentierten Ermüdungsuntersuchungen bilden. Zu Beginn eines Ermüdungsversuches wird der Probekörper zunächst mit einer konstanten Mittelspannung σ_M beaufschlagt, die im weiteren Verlauf in eine oszillierende Beanspruchung mit einer Spannungsamplitude σ_A überführt wird. Die Schwingung erfolgt hierbei um die Mittelspannung σ_M mit der Spannungsamplitude σ_A. Aus der Addition bzw. Subtraktion der Spannungsamplitude σ_A und der Mittelspannung σ_M ergeben sich die Oberspannung σ_O (bei maximaler Kraft) sowie die Unterspannung σ_U (bei minimaler Kraft). Ergänzend zu dieser Beschreibung der Beanspruchung werden in der Literatur ebenfalls die Begriffe Doppelspannungsamplitude $2\sigma_A$ oder Spannungsschwingbreite $\Delta\sigma$ genannt, die die Differenz zwischen Ober- und Unterspannung beschreiben. Eine weitere Begrifflichkeit zur Beschreibung der Belastung bietet die Angabe des Spannungsverhältnisses.

Das Durchlaufen einer vollständigen Sinuswelle wird als ein Lastwechsel bezeichnet. Als ein weiterer Parameter der zyklischen Beanspruchung definiert sich die Anzahl der Lastwechsel pro Sekunde durch die Prüffrequenz f_p.

Um eine Vergleichbarkeit von Betonen unterschiedlicher Druckfestigkeiten gewährleisten zu können, werden in Ermüdungsversuchen üblicherweise relative Beanspruchungswerte verwendet, die auf die statische Druckfestigkeit des Betons (Festigkeit unter monoton steigender Beanspruchung) bezogen bzw. normiert sind. Bestimmt werden sollte diese Druckfestigkeit, die nachfolgend als Referenzdruckfestigkeit f_{cm} bezeichnet wird, an Probekörpern der gleichen Herstellungscharge, Probekörpergeometrie und Lagerungsbedingungen. Somit weisen die Probekörper zur Bestimmung der Referenzdruckfestigkeit idealerweise die gleichen Eigenschaften auf wie die zyklisch beanspruchten. Für die Ermüdungsversuche werden zunächst die absoluten Spannungen (Mittelspannung σ_M, Oberspannung σ_O, Unterspannung σ_U und Spannungsamplitude σ_A) wie in ONESCHKOW /63/ beschrieben, in die bezogene Mittelspannung S_{mean} ($S_{mean} = \sigma_M / f_{cm}$; Berechnung gilt anlog für die folgenden Belastungsparameter), die bezogene Oberspannung S_{max} , die bezogene Unterspannung S_{min} und die bezogene Spannungsamplitude S_A umgerechnet. Anschließend erfolgt unter Berücksichtigung der jeweiligen Referenzdruckfestigkeit f_{cm} eine Berechnung der Absolutwerte der Beanspruchung, als direkte Eingangsparameter (Maschinenparameter) des Ermüdungsversuches.

Nach HAIBACH /32/ und RUGE & WOHLFAHRT /76/ werden verschiedene Beanspruchungsszenarien unterschieden. Wie Bild 2-2 zeigt, wird hierbei prinzipiell eine Druckschwell-, Zugschwell- und Wechselbeanspruchung unterschieden. Druckschwellbeanspruchung bedeutet in diesem Zusammenhang, dass sowohl die Ober- als auch Unterspannung im Druckbereich liegen (vgl. Bild 2-2 links). Analog hierzu liegen bei einer Zugschwellbeanspruchung sowohl die Ober- als auch Unterspannung im Zugbereich (vgl. Bild 2-2 rechts). Im Falle der Wechselbeanspruchung liegt die Oberspannung im Zug-, während die Unterspannung im Druckbereich liegt (vgl. Bild 2-2 Mitte).

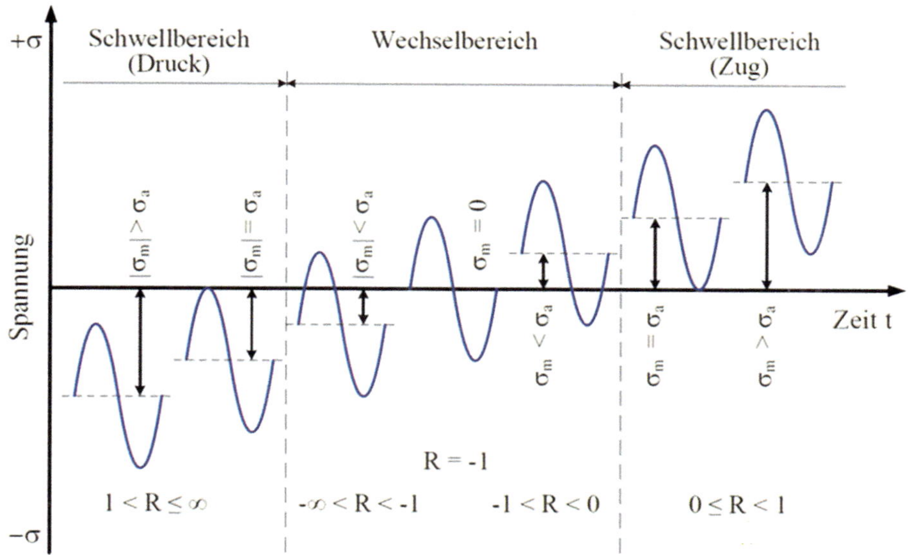

Bild 2-2: Beanspruchungsszenarien Druckschwell-, Zugschwell- und Wechselbeanspruchung, aus /92/

Der Baustoff Beton weist hierbei in allen drei Beanspruchungsbereichen ein unterschiedliches Degradationsverhalten und damit einhergehend ebenfalls einen unterschiedlichen Ermüdungswiderstand auf. Bild 2-3 stellt diese Phänomene anhand der qualitativen Verläufe der Wöhlerlinien für Druckschwell-, Zugschwell- und Wechselbeanspruchung schematisch dar.

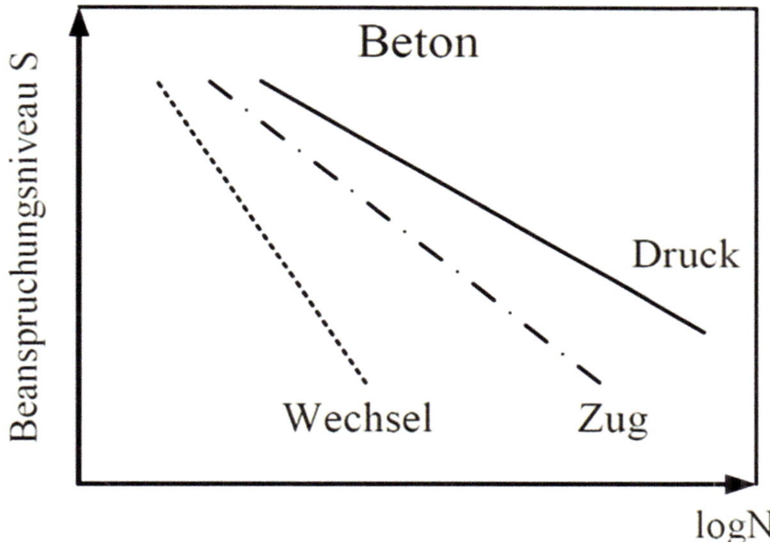

Bild 2-3: Wöhlerlinien für Druckschwell-, Zugschwell- und Wechselbeanspruchung, aus /92/

Nach THIELE /92/ besitzt das Verhalten des Betons unter Druckschwellbeanspruchungen die größte praktische Relevanz, da der Baustoff Beton nahezu ausschließlich für den Lastabtrag von Druckbeanspruchungen verwendet wird. Aus diesem Grund befasst sich die hier vorliegende Arbeit ausschließlich mit dem Ermüdungswiderstand sowie dem Ermüdungsverhalten von Beton unter Druckschwellbeanspruchung.

2.1.3 Ermüdungswiderstand von Beton

Unter dem Begriff Ermüdungswiderstand wird im Allgemeinen der Widerstand des Betons gegen das Einwirken einer zyklischen Beanspruchung verstanden. Als wichtigste Kenngröße des Ermüdungswiderstandes wird in Ermüdungsversuchen üblicherweise die so genannte Bruchlastwechselzahl ermittelt, welche die Anzahl der ertragbaren Schwingungen bzw. Lastwechsel bis zum Eintreten des Ermüdungsversagens beschreibt. Nach ONESCHKOW /63/ definiert sich der Begriff des Ermüdungswiderstandes zum Zeitpunkt des Ermüdungsversagens, als Kombination aus äußerer Beanspruchung und erreichter Bruchlastwechselzahl. Die Darstellung des Ermüdungswiderstandes erfolgt üblicherweise in Abhängigkeit der bezogenen Ober-/ Unterspannung und der logarithmierten Bruchlastwechselzahl in einem sogenannten Wöhlerdiagramm (vgl. Bild 2-4).

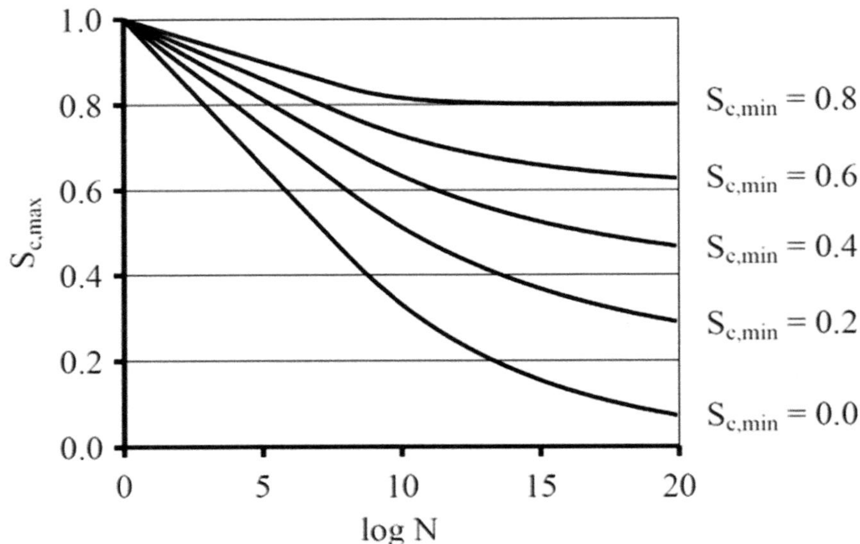

Bild 2-4: Wöhlerdiagramm nach /26/

Wie Bild 2-4 zeigt, ist der Ermüdungswiderstand von Beton keine starre Größe, sondern hängt sowohl von der gewählten Ober- als auch Unterspannung ab. Im Allgemeinen werden Ermüdungsversuche bis zum Eintreten des Ermüdungsversagens beansprucht. Wie jedoch dem Bild 2-4 zu entnehmen ist, können sich speziell bei niedrigeren bezogenen Oberspannungsniveaus sehr hohe Bruchlastwechselzahlen und daraus resultierend sehr lange, in Versuchen wirtschaftlich nicht mehr vertretbare Prüfzeiten ergeben. Daher ist es, wie in ELSMEIER /24/ beschrieben, in Ermüdungsversuchen üblich, eine Grenz-Lastwechselzahl zu definieren, bei deren Erreichen ein Abbruch des Ermüdungsversuches erfolgt. Versuche dieser Art werden im Allgemeinen als „Durchläufer-Versuche“ oder auch „Abbrecher-Versuche“ bezeichnet. Der tatsächliche Ermüdungswiderstand dieser Versuche bzw. Probekörper ist nicht bekannt, liegt jedoch in jedem Fall höher als die definierte Grenz-Bruchlastwechselzahl.

Der Ermüdungswiderstand von Beton ist großen Streuungen unterworfen. In z. B. KLAUSEN /46/ und KÖNIG & DANIELEWICZ /47/ wird für Beton eine Größenordnung von ca. ΔN = 10^3 bis 10^4 angegeben. Nach z. B. CORNELISSEN & REINHARDT /7/, KÖNIG & DANIELEWICZ /47/, WEIGLER & FREITAG /104/, HOLMEN /37/, und PETKOVIĆ et al. /69/ wird die Ursache dieser großen Streuungen in der natürlichen Streuung der Referenzdruckfestigkeit unter monoton steigender Beanspruchung gesehen. Um dennoch aussagekräftige Ergebnisse erhalten zu können, erfordern Ermüdungsuntersuchungen an Beton die Durchführung von mehreren Wiederholversuchen. Üblicherweise werden hierbei mindestens drei, oder auch wie in PASKOVA & MEYER /64/ empfohlen, fünf Wiederholversuche vorgesehen, um eine statistisch auswertbare Basis zu schaffen.

Nach HSU /39/ werden, wie in Tabelle 2-1 dargestellt, Ermüdungsbeanspruchungen in Abhängigkeit der auftretenden Lastwechsel in drei verschiedene Bereiche unterteilt. Bereich 1 repräsentiert hierbei mit Bruchlastwechselzahlen von $N_f \leq 10^3$ den Low-Cycle-Fatigue (LCF) Bereich. Bruchlastwechselzahlen zwischen N_f = 10^3 und N_f = 10^7 definieren den Bereich 2 und werden als High-Cycle-Fatigue (HCF) bezeichnet. Der Bereich 3 weist hingegen Bruchlastwechselzahl von $N_f \geq 10^7$ auf und wird als Very-High-Cycle-Fatigue (VHCF) bezeichnet.

Um die Durchführung von Ermüdungsversuchen speziell in den Bereichen HCF und VHCF mit akzeptablen Prüfzeiten gewährleisten zu können, ist es nach ELSMEIER /24/ zwingend erforderlich, die Prüffrequenzen und / oder die Beanspruchungen im Versuch gegenüber der Realität zu erhöhen. Die Ermüdungsversuche werden folglich als „Zeitrafferversuche“ durchgeführt, wobei sich nach ELSMEIER /24/ Abweichungen zwischen dem realen Verhalten des Betons in ermüdungsbeanspruchten Konstruktionen und dem unter prüftechnisch durchführbaren Randbedingungen ermittelten Ermüdungsverhalten ergeben können.

Tabelle 2-1: Bereiche der Betonermüdung nach /39/

Ermüdung			
Low-Cycle Fatigue	High-Cycle-Fatigue		Very-High-Cycle-Fatigue
Bauwerke unter Erdbebenbeanspruchung	Rollbahnen und Brücken auf Flugfeldern	Autobahn- und Eisenbahnbrücken Fahrbahndecken von Autobahnen, Betonschwellen	Bauwerke für hochgeschwindigkeitsverkehr Offshore Bauwerke
10^1 10^2 10^3	10^4 10^5	10^6 10^7	10^8
Lastwechsel			

2.1.4 Ermüdungsverhalten von Beton

Bislang wurde in der überwiegenden Mehrzahl der in der Literatur dokumentierten Ermüdungsuntersuchungen von Beton die Ermittlung des Ermüdungswiderstandes durch die Erfassung der Bruchlastwechselzahl fokussiert. Die Bruchlastwechselzahl ist zwar für die Bestimmung der Wöhlerlinien, die als Grundlage für die Nachweise der Ermüdungsbemessung dienen, ausreichend, liefert jedoch keinerlei weitere Erkenntnisse über die am Degradationsprozess beteiligten Schädigungsmechanismen. Nach THIELE /92/ findet jedoch bereits vor dem eigentlichen Ermüdungsversagen während der gesamten Lebensdauer ein ermüdungsbedingter Schädigungsvorgang statt. Für die Weiterentwicklung bestehender Nachweisformate im Bereich der Betonermüdung ist folglich ein tiefergehendes Verständnis der am Degradationsprozess beteiligten Schädigungsmechanismen zyklisch beanspruchter Betone zwingend erforderlich. Die Beschreibung des Ermüdungsverhaltens erfolgt üblicherweise anhand von Schädigungsindikatoren, die sowohl aus dem reinen Verformungsverhalten als auch aus der Spannungs-Dehnungs-Beziehung extrahiert werden.

Verformungsverhalten

Für die Beurteilung der Schädigungsentwicklung wird häufig die axiale Verformung herangezogen, die zumeist in Form von Dehnungsverläufen über die Versuchslaufzeit ausgewertet wird. Hierbei werden die Dehnungen zum Zeitpunkt der Ober- (ε_{max}) und Unterspannung (ε_{min}) je Lastwechsel ermittelt und über die Lastwechselzahl N oder die bezogenen Lastwechselzahl N/N_f aufgetragen. Wie dem Bild 2-5 zu entnehmen ist, ergeben sich für Beton s-förmige Dehnungsverläufe, die sich weiterhin in drei Phasen einteilen lassen.

Phase I ist durch eine starke Dehnungszunahme gekennzeichnet, die auf eine Entstehung bzw. ein Anwachsen von Mikrorissen und Spannungsumlagerungen infolge von Inhomogenitäten im Betongefüge zurückgeführt wird. Die anschließende Phase II kennzeichnet sich durch eine kontinuierliche, nahezu lineare Dehnungszunahme infolge eines stabilen Risswachstums. Durch eine Lokalisierung der Mikrorissbildung und einem daraus resultierenden instabilen Risswachstum entsteht nach KLAUSEN /46/ in der Phase III erneut eine starke Dehnungszunahme bis zum endgültigen Versagen. Nach HOLMEN /37/ und KLAUSEN /46/ können für den Phasenübergang von Phase I in Phase II Werte von 10-20 % und für den Phasenübergang zwischen Phase II und III Werte von 80-90 % der Bruchlastwechselzahl angegeben werden (vgl. Bild 2-5).

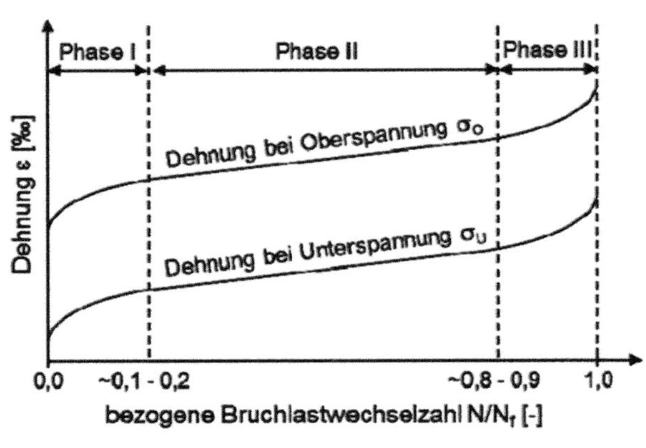

Bild 2-5: Dreiphasiger Verlauf der Dehnungsentwicklung, aus /24/

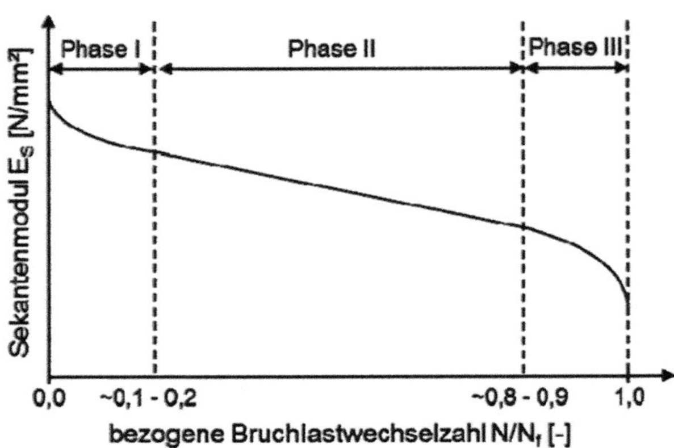

Bild 2-6: Steifigkeitsentwicklung, aus /24/

Steifigkeitsdegradation

Neben der Dehnungsentwicklung bietet die Steifigkeitsentwicklung bzw. -degradation eine weitere Möglichkeit zur Beschreibung des Ermüdungsverhaltens von Beton. Diese wird zumeist als Sekantenmodul im Entlastungsast eines jeden Lastzyklus bestimmt und wird analog zur Dehnungsentwicklung über die Lastwechselzahl N oder die bezogenen Lastwechselzahl N/N_f aufgetragen.

Der Sekantenmodul E_S berechnet sich wie folgt

$$E_S = \frac{\sigma_O - \sigma_U}{\varepsilon_{max} - \varepsilon_{min}} \tag{2.1}$$

Da Ermüdungsversuche üblicherweise kraftgeregelt, d. h. mit einer konstanten Spannungsamplitude, durchgeführt werden, steht der Sekantenmodul in einem direkten Zusammenhang mit der Amplitude der Dehnung. Analog zur Dehnungsentwicklung kann ebenfalls die Steifigkeitsdegradation in die oben benannten Phase I bis III unterteilt werden (vgl. Bild 2-6). Nach ONESCHKOW /63/ wird die Steifigkeitsdegradation im Zusammenhang mit der Entstehung und Akkumulation von Schädigungen diskutiert. Nach HAAR /31/ besteht außerdem ein Zusammenhang zwischen der Steifigkeitsdegradation und der Kompressibilität des Zementsteingefüges sowie der Rissbildung.

Energetische Betrachtung

Als ein weiterer Indikator für Schädigungsprozesse auf der Meso- und der Mikroebene wird in der Literatur die Dämpfungsenergie (WISCHERS /107/) bzw. die dissipierte Energie (HÜMME /41/) oder auch, wie in BODE et al. (2019) beschrieben, die Dissipationsenergie nach SPOONER & DOUGILL /83/ diskutiert. Nach BODE et al. /4/ wird aufgrund des visko-elasto-plastischen Materialverhaltens von Beton diesem während einer zyklischen Beanspruchung Energie in Form von mechanischer Arbeit zugeführt. Da in der Physik Arbeit als ein Produkt aus Kraft und Weg definiert ist, kann aus der im Ermüdungsversuch bestimmten Spannungs-Dehnungs-Beziehung die zugeführte Energie ermittelt werden. PFANNER /70/ setzt in seiner Arbeit beispielsweise voraus, dass mechanische Schädigungen zyklisch beanspruchter Betone in Form der dissipierten Energie betrachtet werden können. Wird die Spannungs-Dehnungs-Beziehung für eine harmonisch schwingende Beanspruchung aufgetragen, ergibt sich aufgrund des sehr komplexen Ermüdungsverhaltens von Beton eine zumeist ellipsenförmige Hystereseschleife, deren eingeschlossene Fläche die dissipierte Energie beschreibt. Bild 2-7 stellt die für Beton typische sichelförmige nach oben gekrümmte Hystereseschleife eines Lastzyklus schematisch dar.

Wird die dissipierte Energie für jeden Lastzyklus bestimmt, kann die Entwicklung der dissipierten Energie analog zur Dehnungs-/ und Steifigkeitsentwicklung über die Lastwechselzahl N oder die bezogene Lastwechselzahl N/N_f aufgetragen werden (vgl. Bild 2-8).

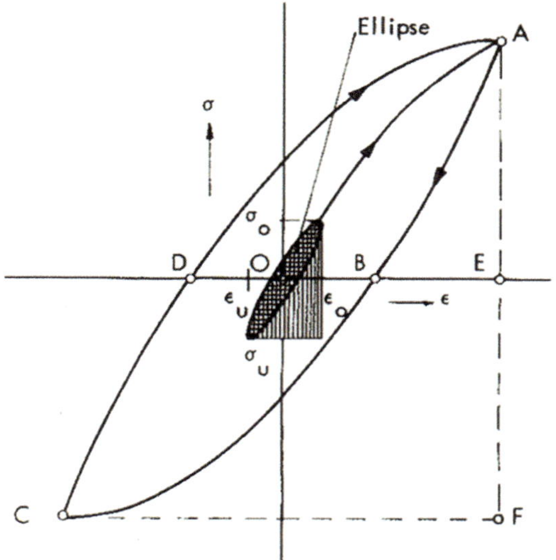

Bild 2-7: Hysteresisschleife eines Lastwechsels, aus /89/

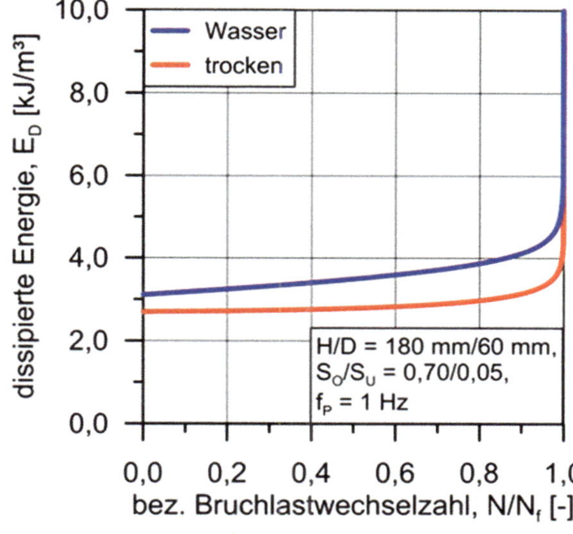

Bild 2-8: Entwicklung der dissipierten Energie je Lastwechsel, aus /41/

Schallemissionsaktivität

Neben den bislang beschriebenen Messmethoden zur Erfassung von Schädigungsvorgängen zyklisch beanspruchter Betone, wird in der Literatur, als eine weitere zerstörungsfreie Messmethode, die Schallemissionsanalyse diskutiert. Schallemissionsereignisse entstehen aufgrund von Gefügeveränderungen infolge einer aufgebrachten Beanspruchung. Nach GROSSE & OHTSU /29/ entstehen Schallereignisse vorrangig aufgrund einer Entstehung und Ausbreitung von Rissen im Material. Hierbei wird Energie freigesetzt, die sich in Form von elastischen Wellen im Beton ausbreitet und mit Hilfe der auf der Mantelfläche der Probekörper applizierten Schallemissionssensoren erfasst werden kann. Nach THIELE /92/ könnten Schallemissionen ebenfalls durch Reibung von aneinander liegenden Rissufern bzw. beim Schließen von Rissen entstehen. Da es sich bei der Schallemissionsmessung um ein passives Verfahren handelt, stehen nach THIELE /92/ detektierte Schallemissionsereignisse in einer direkten Verbindung mit einem Schädigungszuwachs im Beton. Erfassen mehrere Sensoren nahezu zeitgleich ein Schallemissionsereignis, kann unter Berücksichtigung der Schalllaufzeiten eine Lokalisierung der Signalquelle errechnet werden.

2.1.5 Einflussfaktoren auf den Ermüdungswiderstand und das Ermüdungs-verhalten unter Wasser gelagerter und geprüfter Betone

Im Allgemeinen fällt ein direkter Vergleich der in der Literatur dokumentierten Versuchsergebnisse schwer, da die Versuchsrandbedingungen innerhalb der einzelnen Untersuchungsreihen stark variierten. Es zeigte sich jedoch eine weitgehend einheitliche Tendenz, dass unter Wasser gelagerte und geprüfte Betonproben einen erheblich geringeren Ermüdungswiderstand aufweisen als an Luft gelagerte und geprüfte. Eine tabellarische Zusammenstellung der Versuchsrandbedingungen des überwiegenden Teiles der in der Literatur dokumentierten Versuchsergebnisse ist HÜMME /41/ zu entnehmen. Im Folgenden werden unterschiedliche Einflussfaktoren auf den Ermüdungswiderstand und das Ermüdungsverhalten von Beton, speziell unter Wasser gelagerter und geprüfter Proben, dargestellt.

2.1.5.1 Ermüdungswiderstand

Einfluss der Betondruckfestigkeit

Bei unter Wasser geprüften Betonproben wurden häufig bis zu zwei Zehnerpotenzen geringere Bruchlastwechselzahlen ermittelt als bei den an Luft gelagerten und geprüften Proben. So zeigen Untersuchungen von HOHBERG /36/, bei denen Betone unterschiedlicher Festigkeit bei verschiedenen Lagerungsbedingungen untersucht wurden, dass unter Wasser gelagerte Betonproben, die an der Luft geprüft wurden, verglichen mit luftgelagerten und an der Luft geprüften eine bis zu 10^3-fach kleinere Bruchlastwechselzahl aufweisen können. Die bezogene Oberspannung variierte in den in HOHBERG /36/ dargestellten Untersuchungen zwischen S_{max} = 0,60 bis 0,84. Die Unterspannung σ_U und die Prüffrequenz f_P wurden hingegen mit Werten von σ_U = 2 N/mm² und f_P = 10 Hz konstant gehalten. Die Ergebnisse von HOHBERG /36/ zeigen in Bild 2-9 weiterhin, dass sich die schädigende Wirkung des Wassers mit steigender Druckfestigkeit des Betons tendenziell verringert.

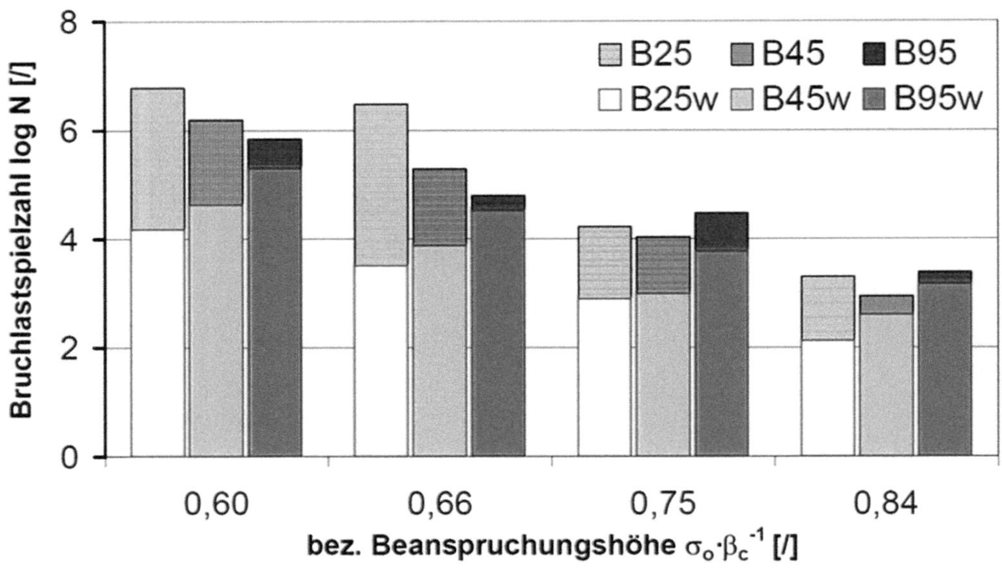

Bild 2-9: Bruchlastwechselzahlen von unter Wasser und an Luft gelagerten Proben, aus /36/

Diesen Effekt führt HOHBERG /36/ auf eine mit steigendender Druckfestigkeit sinkende Porosität des Betongefüges zurück, die mit einem ebenfalls abnehmenden Wassersorptionsvermögen einhergeht. An dieser Stelle ist jedoch anzumerken, dass die in HOHBERG /36/ dargestellten Untersuchungen zum Teil auf einem sehr geringen Probenumfang basieren. Bei Ermüdungsuntersuchungen unter Wasser ($S_{max} =$ 0,55 bis 0,80, $S_{min} =$ 0,05, $f_P =$ 1 Hz) konnte HÜMME /41/ zeigen, dass auch bei einem hochfesten Beton der Festigkeitsklasse C80/95 eine starke Reduzierung der Bruchlastwechselzahlen zu erwarten ist. Ähnliche Tendenzen weisen auch Ergebnisse von SØRNESEN et al. /82/ auf, bei denen ein hochfester Vergussmörtel, der beispielsweise bei Grouted Joints im Offshore-Bereich Verwendung findet, untersucht wurde. SØRNESEN et al. /82/ führten ihre Ermüdungsuntersuchungen mit einer bezogenen Oberspannung zwischen $S_{max} =$ 0,45 bis 0,76 und einer konstanten Unterspannung von $\sigma_U =$ 7,1 N/mm² durch.

Einfluss der Belastungsfrequenz

SØRNESEN et al. /82/ beobachteten einen Einfluss der Belastungsfrequenz auf die Bruchlastwechselzahl unter Wasser ermüdungsbeanspruchter Proben. So weisen unter Wasser geprüfte Betonproben einer geringen Belastungsfrequenz (0,35 Hz) verglichen mit Proben einer hohen Belastungsfrequenz (5 Hz - 10 Hz) bei ansonsten gleichbleibenden Randbedingungen verminderte Bruchlastwechselzahlen auf (vgl. Bild 2-10).

VAN LEEUWEN & SIEMES /99/ untersuchten ebenfalls den Einfluss der Beanspruchungsfrequenz auf den Ermüdungswiderstand von Beton. Untersucht wurde ein normalfester Beton der Festigkeitsklasse C35/40 bei unterschiedlichen bezogenen Oberspannungen ($S_{max} =$ 0,45 bis 0,95). Die Unterspannung wurde hingegen zu einem Wert von σ_U = 0 N/mm² gewählt. Die Prüffrequenz f_P betrug sowohl 0,7 Hz als auch 6 Hz. Auch die in VAN LEEUWEN & SIEMES /99/ dargestellten Ergebnisse zeigen niedrigere Bruchlastwechselzahlen für die Proben, die mit der niedrigeren Belastungsfrequenz von 0,7 Hz beansprucht wurden. Demzufolge bestätigen VAN LEEUWEN & SIEMES /99/ in ihren Untersuchungen den von SØRNESEN et al. /82/ beobachteten Einfluss der Belastungsfrequenz auf die Bruchlastwechselzahl unter Wasser gelagerter und geprüfter Proben. Neben SØRNESEN et al. /82/ und VAN LEEUWEN & SIEMES /99/ untersuchten auch HOHBERG /36/ und HÜMME et al. /42/ den Einfluss der Belastungsfrequenz unter Wasser gelagerter Betone. Auch sie konnten für wassergelagerte Betone stets die niedrigsten Bruchlastwechselzahlen bei den kleinsten untersuchten Belastungsfrequenzen nachweisen.

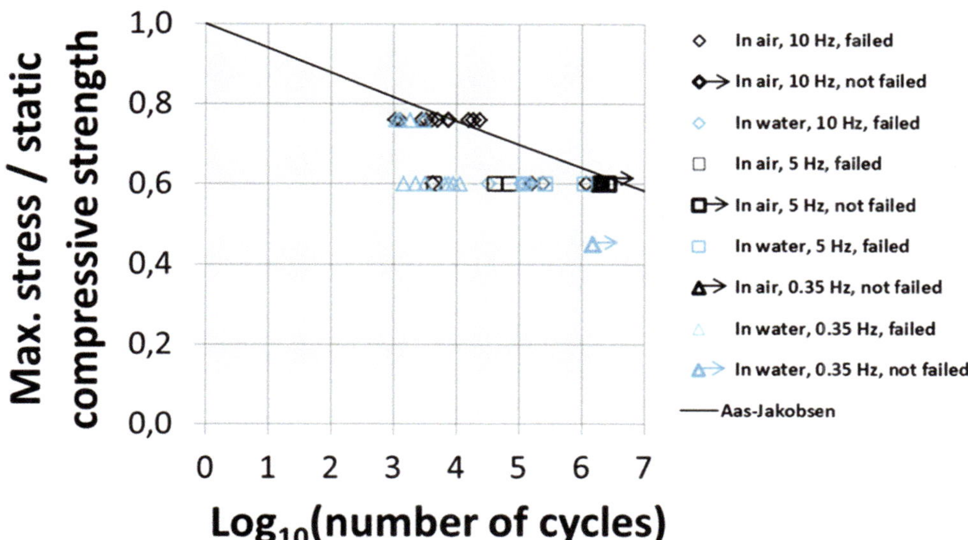

Bild 2-10: Bruchlastwechselzahlen von unter Wasser geprüften Betonproben bei variierender Belastungsgeschwindigkeit, aus /82/

Einfluss des w/z-Wertes

Untersuchungen von MUGURUMA & WATANABE /59/, bei denen hochfeste Betone mit unterschiedlichem w/z-Wert vergleichend unter Wasser und an Luft geprüft wurden, zeigen, dass der w/z-Wert, der maßgebend die Dichtigkeit sowie das Wassersorptionsvermögen des Betons steuert, die Entwicklung der Bruchlastwechselzahl unter Wasser geprüfter Proben deutlich beeinflusst. MUGURUMA & WATANABE /59/ führten ihre Ermüdungsuntersuchungen mit verschiedenen bezogenen Oberspannung zwischen $S_{max} =$ 0,65 bis 0,90 und einer konstanten bezogenen Unterspannung von $S_{min} =$ 0,05 durch. Die Prüffrequenz f_P wurde hierbei im Versuch undefiniert von 1 Hz auf bis zu 10 Hz erhöht. Während sich die Bruchlastwechselzahl bei einem vergleichsweise hohen w/z-Wert von 0,4, bei der Prüfung unter Wasser verglichen mit der Prüfung an Luft, um bis zu zwei Zehnerpotenzen reduzierte, zeigten Untersuchungen der gleichen Art bei einem vergleichsweise geringen w/z-Wert von 0,26 dieses Phänomen nicht. MUGURUMA & WATANABE /59/ leiten daraus ab, dass das Ermüdungsverhalten des Betons stark mit der in den Poren adsorbierten Wassermenge zusammenhängt. Bei der Interpretation der Ergebnisse von MUGURUMA & WATANABE /59/ ist jedoch zu beachten, dass die Belastungsfrequenz während der zyklischen Ermüdungsbeanspruchung variierte und im Versuch von 1 Hz auf bis zu 10 Hz erhöht wurde. Dies geschah, um die Versuchslaufzeiten zu reduzieren. Wie in ELSMEIER /24/ beschrieben, kann es bei hohen Belastungsfrequenzen zu einer starken Erwärmung der Proben kommen, wodurch sich der Ermüdungswiderstand reduzieren kann.

Einfluss der Lagerungs- und Prüfumgebung

Neben der Variation der Festigkeit sowie der Lagerungsbedingungen, variierten PETKOVIĆ /68/ und NYGÅRD et al. /62/ in weiteren Untersuchungen zudem die Probengeometrie sowie die Umgebungsbedingungen während der Ermüdungsprüfung. Dabei untersuchten sie drei verschiedene Betonarten (Normalbeton, hochfester Beton und hochfester Leichtbeton) bei einer Oberspannung von $S_{max} =$ 0,70 und einer Unterspannung von $S_{max} =$ 0,05. Die Prüffrequenz f_P betrug 1 Hz. Die Variation der Lagerungsbedingungen, welche sich maßgebend in drei Konditionierungsarten (trocken, nass, nach dem Ausschalen versiegelt) gliederten, zeigten, dass das Medium Wasser das Ermüdungsverhalten zyklisch beanspruchter Betone klar beeinflusst.

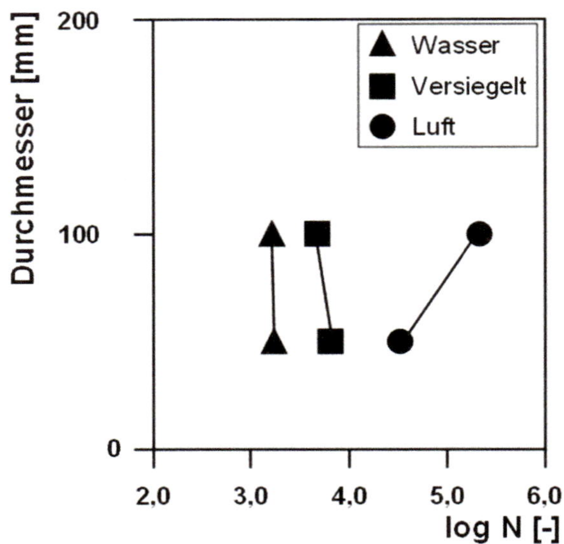

Bild 2-11: Bruchlastwechselzahlen eines Normalbetons mit variierenden Konditionierungsarten, nach /62/

Dem Bild 2-11 kann entnommen werden, dass Betonproben eines Normalbetons, die unter Wasser gelagert und geprüft wurden, verglichen mit herkömmlich im Klimaraum gelagerten und an der Luft geprüften Proben, eine bis zu 100-fach geringere Bruchlastwechselzahl aufwiesen. Des Weiteren zeigen Untersuchungen an versiegelten Proben, dass der hierdurch bedingte erhöhte Feuchtegehalt im Vergleich zu luftgelagerten Proben zu einer mehr als 10-fachen Reduzierung der Bruchlastwechselzahl führen kann.

Bild 2-12 zeigt die Bruchlastwechselzahlen eines an der Luft und unter Wasser geprüften hochfesten Betons (vgl. HÜMME /41/).

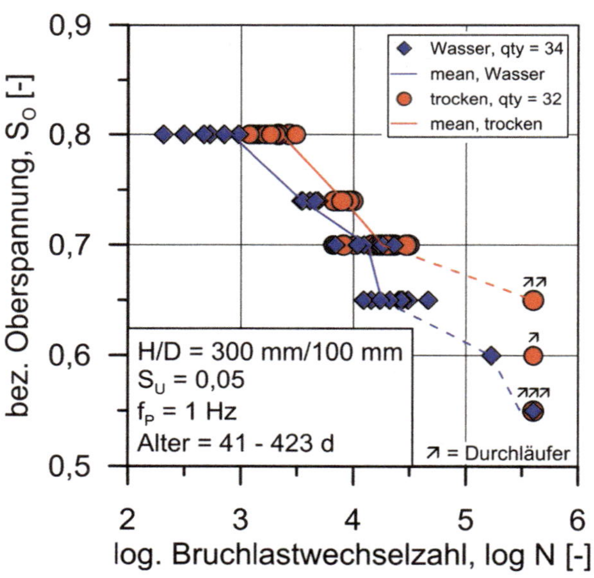

Bild 2-12: Bruchlastwechselzahlen eines hochfesten Betons bei verschiedenen Konditionierungsarten und Oberspannungen, aus /41/

Die bezogene Oberspannung S_{max} betrug dabei 55 %, 60 %, 70 % sowie 80 % der statischen Druckfestigkeit. Die bezogene Unterspannung S_{min} wurde mit 5 % über die gesamte Versuchsreihe konstant gehalten. Die Prüffrequenz betrug f_P = 1 Hz.

Die logarithmierten Bruchlastwechselzahlen log N_f zeigen, dass der Ermüdungswiderstand des untersuchten hochfesten Betons bei Prüfungen unter Wasser deutlich geringer ausfällt als bei Prüfungen an der Luft. Demzufolge bestätigen die Untersuchungen von HÜMME /41/ die zuvor dargestellten Ergebnisse von HOHBERG /36/, SØRNESEN et al. /82/ und NYGÅRD et al. /62/. Zudem zeigen die Ergebnisse von HÜMME /41/, dass mit abnehmender Beanspruchungshöhe der schädigende Einfluss des Wassers auf die Bruchlastwechselzahlen tendenziell zunimmt.

ANTRIM /1/ untersuchte ebenfalls den Einfluss des Feuchtegehaltes auf die Bruchlastwechselzahl von Beton (vgl. Bild 2-13). In den in ANTRIM /1/ dargestellten Untersuchungen variierte die bezogene Oberspannung S_{max} zwischen 50 % und 85 % und die bezogene Unterspannung S_{min} zwischen 1,6 % und 7,8 % der statischen Druckfestigkeit. Getestet wurden vollständig wassergesättigte sowie ofengetrocknete und zeitweise luftgelagerte Betonprobekörper zweier unterschiedlicher w/z-Werte (w/z = 0,45 und w/z = 0,7). Die Prüffrequenz f_P wurde zu einem verhältnismäßig hohen Wert von ca. 17 Hz gewählt. Die Ergebnisse in Bild 2-13 zeigen, dass ein erhöhter Sättigungsgrad den Ermüdungswiderstand des Betons reduziert.

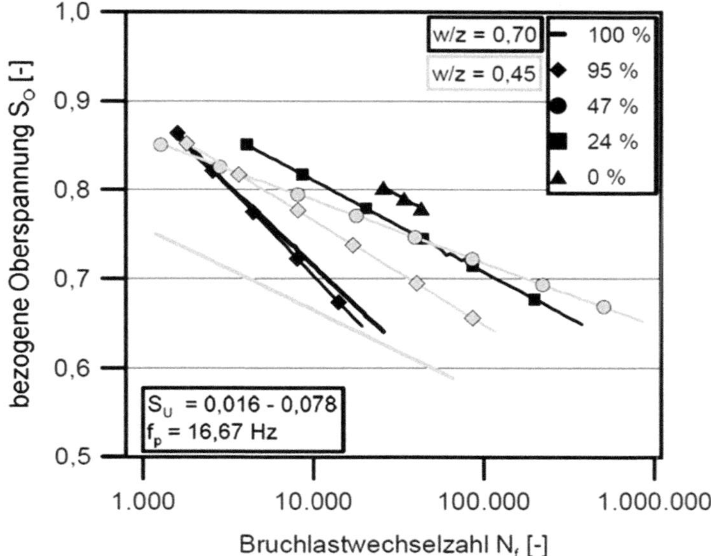

Bild 2-13: Einfluss des Feuchtegehaltes auf die Bruchlastwechselzahl von Beton, nach /1/

Einfluss der Probengröße/ -geometrie

NYGÅRD et al. /62/ untersuchten den Einfluss der Probengröße auf den Ermüdungswiderstand zyklisch beanspruchter Betone. Die bezogene Oberspannung S_{max} betrug dabei 70 % und die bezogene Unterspannung S_{min} 5 % der statischen Druckfestigkeit.

Wie Bild 2-14 entnommen werden kann, wiesen die Proben mit einem Durchmesser von 450 mm unabhängig von der Lagerungsbedingung sehr ähnliche logarithmierte Bruchlastwechselzahlen im Bereich $log\ N = 4{,}0$ auf. Folglich sind aufgrund der Probengröße erhöhte Feuchtegehalte im Beton der versiegelten und luftgelagerten Proben nicht auszuschließen. Zudem weisen NYGÅRD et al. /62/ darauf hin, dass die Druckflächen der Betonproben mit 450 mm Durchmesser eine nicht ausreichende Parallelität besaßen. Mittels Kunststoffunterlagen wurde während der Ermüdungsprüfung versucht, diese Fehlstellung auszugleichen. Zudem wurden die großformatigen Proben mit einer Belastungsfrequenz von 0,5 Hz anstelle von 1 Hz bei den kleinformatigen Versuchsreihen beansprucht. NYGÅRD et al. /62/ gehen hierbei von keinem Einfluss der Belastungsfrequenz aus. Dies deckt sich jedoch nicht mit den Ergebnissen von z. B. SØRNESEN et al. /82/, die in ihren Untersuchungen einen Einfluss der Belastungsfrequenz beobachteten.

Durch eine visuelle Analyse aufgebrochener Proben konnten NYGÅRD et al. /62/ für Normalbeton nachweisen, dass sich eine ca. 10 mm dicke Wasserfront im Randbereich der Probekörper, unabhängig vom Probendurchmesser, einstellte. HÜMME /41/ bestätigte dieses Ergebnis ebenfalls für hochfeste Betonproben der Abmessungen h/d = 300/100 mm.

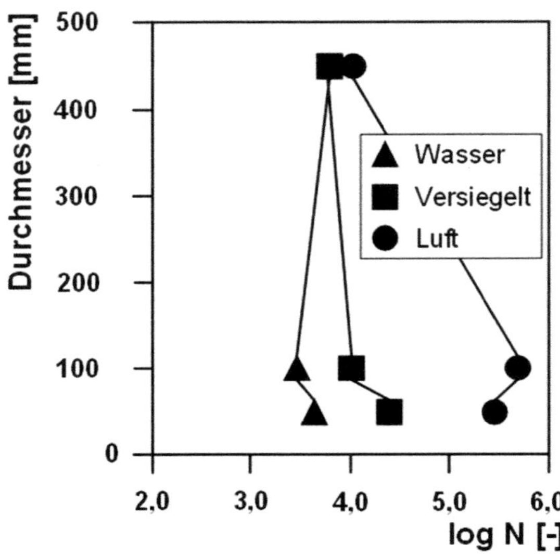

Bild 2-14: Bruchlastwechselzahlen eines hochfesten Betons und unterschiedlicher Probengröße, nach /62/

2.1.5.2 Ermüdungsverhalten

Dehnungs- und Steifigkeitsentwicklung

In Bild 2-15 ist die Dehnungsentwicklung und in Bild 2-16 die Steifigkeitsentwicklung von an der Luft und unter Wasser geprüften hochfesten Betonproben (vgl. HÜMME /41/) über die bezogene Lastwechselzahl N/N_f dargestellt. Die Ober- und Unterspannung betrugen S_{max} = 0,70 und S_{min} = 0,05. Die Prüffrequenz wurde in diesen Versuchen zu f_P = 1 Hz gewählt. Bei einer genaueren Betrachtung der Dehnungsentwicklung (vgl. Bild 2-15) zeigt sich, dass die unter Wasser geprüften hochfesten Betonproben im Vergleich zu trocken gelagerten in der bezogenen Darstellungsform N/N_f eine ähnliche dreiphasige Dehnungsentwicklung aufweisen. Aufgrund der stark unterschiedlichen mittleren Lastwechselzahlen zwischen den unter Wasser (N = 6.793 Lastwechsel) und den trocken gelagerten Proben (N = 148.563 Lastwechsel) ergeben sich jedoch, wie in HÜMME /41/ beschrieben, eine stark unterschiedliche Steigung der Ober- und Unterdehnungen insbesondere innerhalb der zweiten Phase des für Ermüdungsversuche charakteristischen dreiphasigen Verlaufs. In HÜMME /41/ wird für die unter Wasser gelagerten Proben dieser Serie ein Wert für die mittlere logarithmierte Steigung der Oberdehnung in Phase II von -4,36 und für die trocken gelagerten Proben ein Wert von – 5,38 angegeben. Demzufolge erfährt eine unter Wasser geprüfte Betonprobe mehr Dehnung pro Lastwechsel, was in Summe zu einem schnelleren Versagen führt. Ähnliches gilt für die Steifigkeitsentwicklung (vgl. Bild 2-16). Ein Vergleich der Steifigkeiten zwischen an der Luft und unter Wasser geprüften Proben zeigt in der bezogenen Darstellungsform N/N_f ebenfalls ähnliche Verläufe. Aufgrund der stark unterschiedlichen Laufzeit der Versuche ergibt sich jedoch auch hier, analog zur Dehnungsentwicklung, ein schnellerer und damit pro Lastwechsel größerer Verlust an Steifigkeit bei den unter Wasser gelagerten und geprüften Proben.

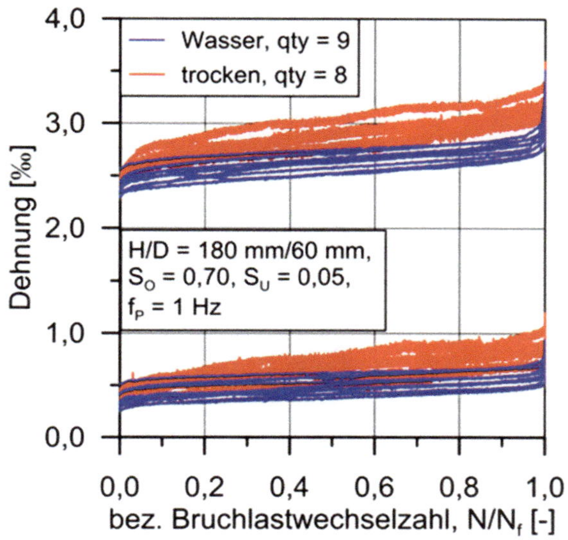

Bild 2-15: Ober- und Unterdehnung eines an der Luft (rot) und unter Wasser (blau) geprüften hochfesten Betons, aus /41/

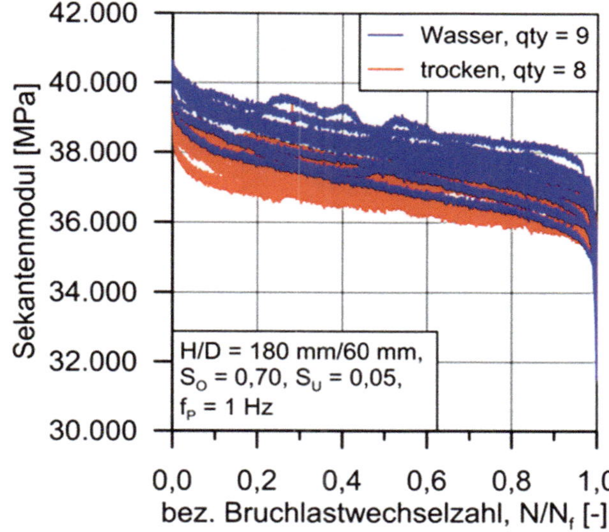

Bild 2-16: Steifigkeitsentwicklung eines an der Luft (rot) und unter Wasser (blau) geprüften hochfesten Betons, aus /41/

Auswaschungen von Feinstpartikeln

Untersuchungen von HÜMME & LOHAUS /43/ zeigen, dass es während der Ermüdungsbelastung kurzzeitig zur Auswaschung von Feinstpartikeln kam (vgl. Bild 2-17). HÜMME & LOHAUS /43/ nahmen an, dass dieser Effekt auf einem Wassertransport im Riss- und Porensystem des Probekörpers basiert. Folglich interagiert der Probekörper während der zyklischen Beanspruchung mit dem von außen anstehendem Wasser.

Oberflächennahe Abplatzungen

Neben den zuvor dargestellten Erkenntnissen konnte in HÜMME & LOHAUS /43/ und in HÜMME /41/ mit Hilfe von Videoaufnahmen ein verändertes Versagensverhalten bei den unter Wasser geprüften Betonproben detektiert werden. HÜMME & LOHAUS /43/ konnte bei den unter Wasser geprüften Betonproben ein vorzeitiges Abplatzen lokaler Teilbereiche der Betonproben beobachten, ohne dass gleich ein gesamtheitliches Versagen der Probe eintrat (vgl. Bild 2-18). Erklärt wurde dieser Effekt mit einem erhöhten Wasserdruck, welcher sich im wassergefüllten Riss- oder Porensystem des Betons in der Randzone aufbauen könnte. In trockener Prüfumgebung konnten HÜMME & LOHAUS /43/ hingegen solche vorzeitigen Abplatzungen in keinem der durchgeführten Versuche beobachten.

Frühzeitige Rissbildungen

Nach HÜMME /40/ konnte bei Ermüdungsuntersuchungen an hochfestem Beton unter Wasser schon ab ca. 50 % der Bruchlastwechselzahl eine Trübung des Wassers im Prüfstand beobachtet werden. Dieses Phänomen wurde auf eine frühzeitige (Mikro-) Rissbildung sowie auf Wassertransportvorgänge mit Auswaschungen von Feinstpartikeln zurückgeführt.

Aufsteigende Luftblasen während des Versuches

Auswertungen von Videoaufzeichnungen in HÜMME /41/ zeigten, dass während der zyklischen Beanspruchung unter Wasser Luft aus dem Poren- und Risssystem des Betons austritt. Dieses Phänomen äußert sich in Form von aufsteigenden kleinen Luftblasen an der Probenoberfläche (vgl. Bild 2-19). Diese Beobachtung deckt sich mit den Beobachtungen von NYGÅRD et al. /62/, die vermuten, dass das von außen anstehende Wasser aufgrund des Kapillareffektes in das Betongefüge eindringt und die im Porensystem vorhandene Luft verdrängt.

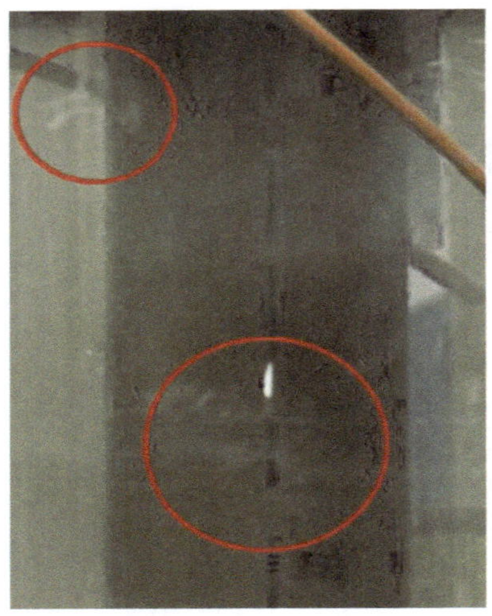

Bild 2-17: Auswaschungen von Feinstpartikeln ("Nebelschwaden"), aus /43/

Bild 2-18: Oberflächennahe Abplatzungen, aus /43/

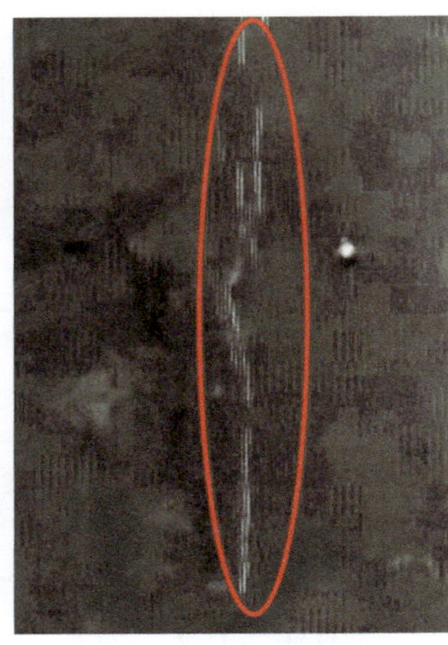

Bild 2-19: Aufsteigende Luftblasen, aus /41/

Schallemissionsaktivität

Im Bereich High-Cycle-Fatigue (HCF) wurde die Messmethode der Schallemissionsanalyse bislang nur selten angewendet. Vereinzelte Ergebnisse sind beispielsweise in MUGURUMA & WATANABE /59/, NISHIYAMA et al. /61/ und TAIT /86/ dokumentiert. MUGURUMA & WATANABE /59/ wiesen für eine unter Wasser geprüfte Betonprobe mit einem w/z-Wert von 0,40 eine ca. doppelt so hohe Schallemissionsaktivität nach wie für gleichartige trockene Proben. Hieraus schlossen MUGURUMA & WATANABE /59/, unter der Annahme, dass die aufgetretenen Schallsignale mit einem Schädigungsereignis gleichzusetzen sind, auf eine beschleunigte Mikrorissausbreitung zyklisch beanspruchter Betone unter Wasser. TAIT /86/ konnte in Untersuchungen an einem sehr feinkörnigen Mörtel für unter Wasser geprüfte Proben ebenfalls eine erhöhte Anzahl an Schallereignissen nachweisen. Nach TAIT /86/ traten diese oftmals in der Entlastungsphase eines Lastwechsels auf. TAIT /86/ führte das frühzeitige Versagen der unter Wasser geprüften Mörtelproben auf eine aufkeilende Wirkung des Wassers im Rissbereich zurück, wies jedoch darauf hin, dass dieser Effekt bei vergleichsweise kleinen (realitätsnahen) Transportgeschwindigkeiten (< 10^{-4} m/s) vernachlässigbar ist. Aus diesem Grund empfahl TAIT /86/ weitere umfangreiche Untersuchungen, bevor dieses Konzept als Ursache für Ermüdungsschäden in feuchten oder nassen Umgebungen herangezogen werden sollte. Des Weiteren untersuchten NISHIYAMA et al. /61/ an einer trocken gelagerten und geprüften sowie an einer trocken gelagerten und unter Wasser geprüften hochfesten Betonprobe ebenfalls die Schallemissionsaktivität. Mit Hilfe einer dreidimensionalen Ortung der Schallereignisse konnten NISHIYAMA et al. /61/ im Falle der Unterwasserprüfung vermehrt lokalisierte Schallereignisse im oberflächennahen Randzonenbereich nachweisen. Derartige Lokalisierungserscheinungen zeigte nach NISHIYAMA et al. /61/ hingegen die trocken gelagerte und geprüfte Probe nicht. NISHIYAMA et al. /61/ führen das frühzeitige Versagen der unter Wasser geprüften Probe auf diesen Effekt zurück, der nach HÜMME /41/ für einen Randzoneneffekt des Wassereinflusses spricht.

2.2 Berücksichtigung wasserinduzierter Ermüdungsschädigungen in den Regelwerken

Wie die vorangegangenen Kapitel zeigen, beeinflusst die Lagerung und Prüfung unter Wasser auf erhebliche Weise sowohl den Ermüdungswiderstand als auch das Ermüdungsverhalten von Beton. Dennoch bleibt die beeinflussende Wirkung des Mediums Wasser in den üblichen Regelwerken bzw. Normen bislang zumeist unberücksichtigt. Nach HÜMME /41/ wird dieses Phänomen mit einer zu geringen Datenbasis von unter Wasser durchgeführten Wöhlerversuchen und fehlenden abgesicherten Erkenntnissen zu den im Betongefüge ablaufenden Schädigungsmechanismen erklärt.

So sind dem Model Code 90 CEB/FIB /6/ sowie dem Eurocode 2 DIN EN 1992-2 /20/ keine Aussagen bzw. Vorgaben zum Umgang mit der beeinflussenden Wirkung des Mediums Wasser zu entnehmen.

Der Model Code 2010 /26/ berücksichtigt im Ermüdungsnachweis für Beton ebenfalls keine beeinflussende Wirkung des Mediums Wasser, weist jedoch auf eine mögliche Beeinflussung hin.

Zitat Model Code 2010:

„Permeable concrete immersed in water may have a lower fatigue strength than expressed by these relations. If pores are filled with water, even lower fatigue strength may be obtained due to water pressure."

Die kürzlich erschienene DIN 18088-2 /13/ zur Bemessung von Tragstrukturen für Windenergieanlagen und Plattformen aus Stahlbeton- und Spannbetontragwerken berücksichtigt die beeinflussende Wirkung des Mediums Wasser ebenfalls nicht, weil sich diese ausschließlich auf onshore-Bauwerke bezieht.

Zitat DIN 18088-2:

„Diese Norm behandelt ausschließlich Anforderungen an die Tragfähigkeit, die Gebrauchstauglichkeit und die Dauerhaftigkeit von Tragwerken aus Beton, Stahlbeton und Spannbeton. Sie berücksichtigt nicht die Besonderheiten der Tragstrukturen von Windenergieanlagen und Plattformen, die im Wasser errichtet werden."

Lediglich die privatrechtlichen Regelwerke des DNV GL AS /22/ berücksichtigen eine beeinflussende Wirkung des Mediums Wasser. Die Berücksichtigung erfolgt durch den Beiwert C_1. Je nach Exposition des geplanten Bauwerks/ Bauteils, kann der Beiwert C_1 Werte von 12,0 für Strukturen an der Luft, 10,0 für druckschwellbeanspruchte Strukturen in Wasser oder 8,0 für wechselbeanspruchte Strukturen in Wasser betragen. Nach HÜMME /41/ unterliegt der Bemessungsvorschlag des DNV GL AS /22/ aufgrund von bestehenden Wissenslücken starken Abminderungen, wodurch speziell das Potential hochfester Betone derzeit nicht ausgeschöpft wird. Aus diesem Grund wurde in HÜMME /41/ anhand von eigenen Messdaten sowie Messdaten aus der Literatur ein Alternativvorschlag zur Berücksichtigung des Mediums Wasser entwickelt. HÜMME /41/ führte einen starren Abminderungsterm α_w ein, der eine schnelle und leichte Übertragung der Ergebnisse in die Praxis ermöglichen soll. Dieses Vorgehen ist nach HÜMME /41/ der Neuentwicklung einer Wöhlerlinie vorzuziehen. Der Abminderungsterm α_w gilt hierbei ausschließlich für wassergelagerte und unter Wasser geprüfte Betone (entspricht der Lagerungs- und Prüfbedingung WST der hier vorliegenden Arbeit) und bewirkt eine Erhöhung der Steigung der vorhandenen Wöhlerlinien beispielsweise des Eurocode 2 DIN EN 1992-2 /20/ oder des Model Code 2010 /26/. Wie dem Bild 2-20 zu entnehmen ist, konnte HÜMME /41/ für $\alpha_w = 0{,}75$ eine gute Übereinstimmung der Versuchsergebnisse und der daraus resultierenden abgeminderten Wöhlerlinie sowohl nach /26/ als auch nach Eurocode 2 DIN EN 1992-2 /20/ feststellen. Die in dem Bild 2-20 dargestellte blaue Linie repräsentiert hierbei die Regressionsgrade, die auf Basis aller in HÜMME /41/ ausgewerteten Versuchsergebnisse (eigenen Messdaten sowie Messdaten aus der Literatur) entwickelt wurden.

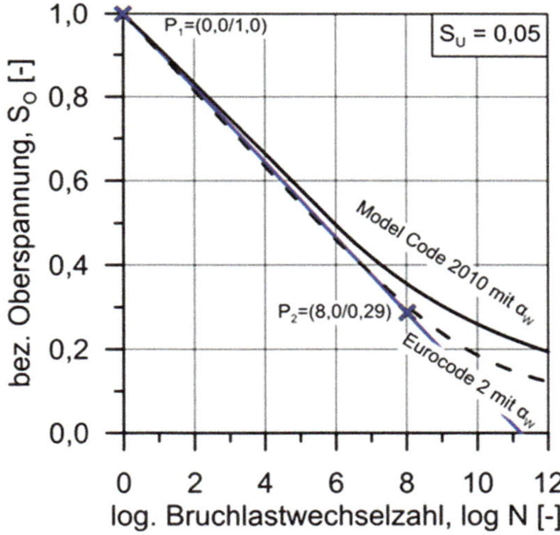

Bild 2-20: Wöhlerlinien nach MC2010 und EC2 mit dem Beiwert $\alpha_w = 0{,}75$ abgemindert, aus /41/

Der Abminderungsterm α_w für wassergelagerte und unter Wasser geprüfte Betone wird nach HÜMME /41/ wie folgt berücksichtigt.

Anpassung Eurocode 2:

$$N_{i,w} = 10^{\left(\alpha_w \cdot 14 \cdot \frac{1-E_{cd,max,i}}{\sqrt{1-R_i}}\right)} \tag{2.2}$$

Anpassung Model Code 2010 /26/:

$$\log N_{1,w} = \boldsymbol{\alpha_w} \cdot \left[\frac{8}{(Y-1)}\right] \cdot \left(S_{c,max} - 1\right) \tag{2.3}$$

$$\log N_{2,w} = \boldsymbol{\alpha_w} \cdot \left[8 + \frac{8 \cdot ln(10)}{(Y-1)}\right] \cdot \left(Y \cdot S_{c,max}\right) \cdot log\left(\frac{S_{c,max} - S_{c,min}}{Y - S_{c,min}}\right) \tag{2.4}$$

2.3 Mechanismen wasserinduzierter Ermüdungsschädigungen

In den vorangegangenen Absätzen wurden gezielt der Ermüdungswiderstand und das Ermüdungsverhalten zyklisch beanspruchter Betone bei variierenden Feuchtebedingungen und speziell unter Wasser diskutiert. Hierbei konnte gezeigt werden, dass das Medium Wasser einen signifikanten Einfluss auf den Ermüdungswiderstand zyklisch beanspruchter Betone ausübt.

Die Frage, wie genau das Medium Wasser das Ermüdungsverhalten beeinflusst und welche Mechanismen im Detail wirken, ist jedoch derzeit noch ungeklärt. Im Folgenden werden einige in der Literatur erwähnte Erklärungsansätze aufgezeigt, die jedoch bislang noch nicht hinreichend genau verstanden, belegt und beschrieben sind.

Rissaufkeilende Wirkung

MUGURUMA & WATANABE /59/ und TAIT /86/ vertreten die Ansicht, dass das im Riss vorhandene Wasser eine aufkeilende Wirkung erzeugt, welche zu einer frühzeitigen Schädigung des Betons führen kann.

Reduktion der inneren Reibung

MARX et al. /55/ vermuten, dass das in das Risssystem eingedrungene Wasser zu einem Schmiereffekt führt, welcher die Rissreibung bzw. nach NYGÅRD et al. /62/ die innere Reibung des Systems vermindert und so die Materialdegradation beschleunigen kann.

Erosion

Ein weiterer Erklärungsansatz basiert auf der Theorie eines möglichen Wassertransports im Poren- bzw. im Risssystem. SØRNESEN et al. /82/ vermuten infolge der zyklischen Beanspruchung eine alternierende Vorwärts- und Rückwärtsbewegung des Wassers innerhalb des Poren- und Risssystem, welche zu Erosionserscheinungen der Poren- und Risswandungen führen. Nach WAAGAARD /101/, WAAGAARD /102/ und PATERSON /65/ konnte bei Ermüdungsuntersuchungen unter Wasser ein Wasserstransport bzw. Wasserpumpen innerhalb des sich bildenden Risssystems beobachtet werden. Dieser Effekt äußerte sich nach HÜMME /40/ und HÜMME & LOHAUS /43/ durch Auswaschungen von Feinstpartikeln in Form von „Nebelschwaden". Nach WAAGAARD /101/ entsteht infolge der zyklischen Beanspruchung eine Bewegung des Wassers im Risssystem, die nach GERWICK, C, B. & VENUTI, J, W. /28/ lose oder nur schwach an den Rissflanken anhaftende Partikel lösen und ausspülen kann. Dieser Prozess könnte die Materialdegradation des Betons beschleunigen und so zu einem frühzeitigen Versagen führen.

Porenwasserdruck

HÜMME /41/, SØRNESEN et al. /82/, BROSGE /5/ und PESCH /66/ vertreten die These, dass sich in Poren und Mikrorissen während der Belastung ein auf den Ermüdungswiderstand ungünstig wirkender Porenwasserüberdruck aufbauen kann, der Zugspannungen in der Matrix des Betongefüges hervorruft. Bei der Überschreitung eines kritischen Grenzwertes könnten diese zusätzlich induzierten Zugspannungen zu einem vorzeitigen Versagen des Betons führen. Nach HÜMME /41/ stellt die Theorie eines wirkenden Porenwasserdruckes die am weitesten verbreitete dar.

Im Rahmen dieser Arbeit wird daher eine besondere Aufmerksamkeit auf die Überprüfung der Theorie eines wirkenden Porenwasserdruckes gelegt.

2.4 Porenstruktur und Transportmechanismen

Um die im Beton unter zyklischer Beanspruchung ablaufenden wasserinduzierten Schädigungsmechanismen weiter untersuchen und besser verstehen zu können, ist eine Auseinandersetzung mit dem hoch komplexen Porensystem, den Eigenschaften des darin enthaltenden Wassers und den wirkenden Wassertransportmechanismen notwendig.

2.4.1 Porenstruktur des Zementsteins

Nach TEICHMANN /90/ beeinflussen die Poren im Beton als Gefügebestandteil die Baustoffeigenschaften durch ihr Volumen, ihre Form und ihre Oberfläche in unterschiedlicher Weise. Wie in WÖRMANN /110/ beschrieben sind die Porosität sowie die Porengrößenverteilung von entscheidender Bedeutung für die makroskopischen Eigenschaften des Betons, wie z. B. die Druckfestigkeit oder auch die Frostbeständigkeit. Nach BECKMANN /3/ beeinflusst die Porosität neben der Druckfestigkeit ebenfalls den Elastizitätsmodul des Betons. Hierbei existieren sowohl isolierte bzw. abgeschlossene Poren als auch offene Poren, die mit der Feststoffoberfläche direkt oder über andere Poren in Verbindung stehen. Wie Bild 2-21 und Bild 2-22 zeigen, existieren sowohl offene miteinander verbundene Poren (durchgängiger Porenraum) als auch einseitig geschlossen Poren (Sackporen) mit engen flaschenhalsähnlichen Zugängen.

Beeinflusst wird das Porensystem des Betons maßgebend durch das Verhältnis von Wasser zu Zement (w/z-Wert) sowie dem Hydratationsgrad des Zementsteins. Weitere Einflussfaktoren bilden die Betonzusammensetzung, die Herstellungsart, die Nachbehandlung und das Alter des Betons.

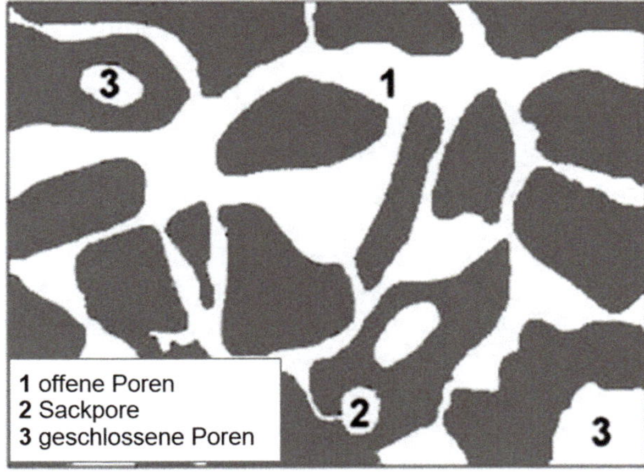

Bild 2-21: Porenarten auf der Makro-/ Mikroebene, nach /90/

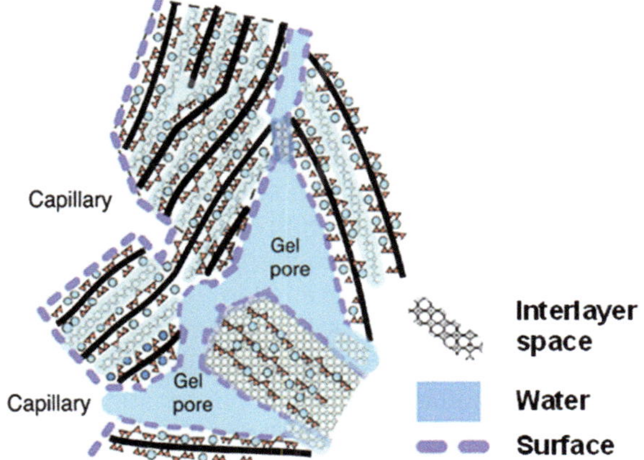

Bild 2-22: Porenarten auf der Mikro-/ Nanoebene, aus /71/

Die im Zementstein enthaltenen Poren erstrecken sich über mehreren Zehnerpotenzen von kleiner einem Nanometer bis hin zu einigen Millimetern Größe und lassen sich in die in Bild 2-23 dargestellten Klassen einteilen. Zum besseren Verständnis enthält Bild 2-23 zusätzlich die Dimensionen der im Beton enthaltenen Porenarten und Untersuchungsmethoden zur Erfassung dieser.

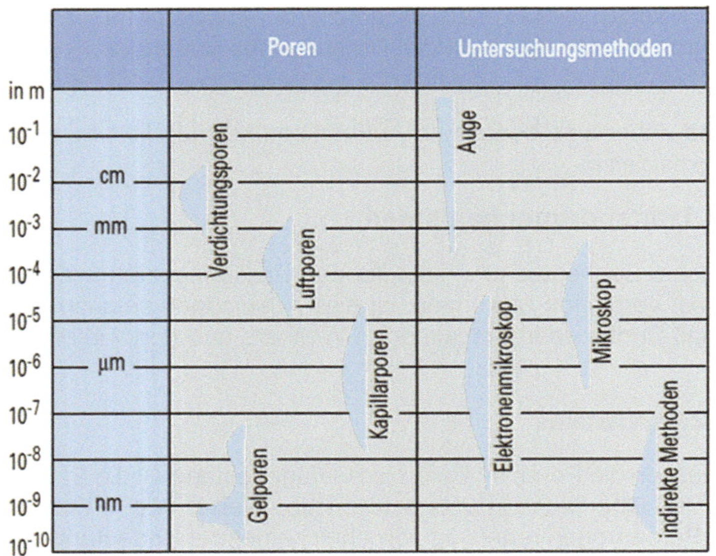

Bild 2-23: Porenarten im Beton und Darstellung von Messmethoden, aus /100/

Im Allgemeinen wird im Beton zwischen den Verdichtungsporen (Rüttelporen), Luftporen, Kapillarporen und Gelporen unterschieden. Hierbei weisen die Verdichtungs- und Luftporen Größen im Millimeterbereich auf und sind trotz guter Betonzusammensetzung und sorgfältiger Verdichtungsarbeit nicht vermeidbar. Diese Porenarten bilden in sich abgeschlossene Hohlräume aus und sind im Regelfall leer, können sich jedoch im Falle von drückendem Wasser füllen. Die Kapillarporen sind drei Zehnerpotenzen kleiner als die Verdichtungs- und Luftporen und entscheidend für die Wasserdurchlässigkeit des Betons verantwortlich. Bei den Kapillarporen handelt es sich um längliche, untereinander verbundene Poren, die das verbleibende Volumen des Überschusswassers, das vom Zementgel während des Hydratationsprozesses weder chemisch noch physikalisch gebunden wird, ausfüllen (vgl. STARK & WICHT /84/).

Wie dem Bild 2-24 zu entnehmen ist, sinkt die Kapillarporosität mit zunehmendem Hydratationsgrad und sich verringerndem w/z-Wert. Weitere drei Zehnerpotenzen kleiner als die Kapillarporen sind die Gelporen, die sich während des Hydratationsprozesses entwickeln und die Zwischenräume zwischen den Gelpartikeln ausbilden. Diese sind vornehmlich mit dem physikalisch im Zementgel gebundenen Wasser gefüllt und machen etwa 25 % des gesamten Gelvolumens aus. Nach VDZ /100/ ist eine scharfe Trennung zwischen den verschiedenen Wasseranteilen (chemisch gebundenes Wasser, Gelwasser und Kapillarwasser) im Beton nahezu unmöglich. Aus diesem Grund wird nach der Konvention von POWERS & BROWNYARD /72/ zwischen dem „verdampfbaren" und dem „nicht verdampfbaren" Wasser des Zementsteins unterschieden. Bei dem verdampfbaren Wasser, dem sogenannten „freien" Wasser, handelt es sich um Kapillar- und Gelwasser. Das nicht verdampfbare Wasser beschreibt hingegen das chemisch gebundene Wasser und kann lediglich durch das Glühverfahren bei ca. 1000°C erfasst werden. Da sich die hier vorliegende Arbeit mit Wassertransportprozessen infolge zyklischer Beanspruchung beschäftigt, wird im Weiteren nur der Anteil des „freien", beweglichen Wassers, betrachtet, der sich durch eine Trocknung bei 105 °C ermitteln lässt. Wie Bild 2-24 zeigt, steigt der Kapillarporenanteil mit steigendem w/z-Wert, wohingegen der Gelporenanteil nahezu konstant bleibt. Im Vergleich zum Zementstein ist nach WÖRMANN /110/ die Porosität des Zuschlags eine zu vernachlässigende Größe.

Neben dieser allgemeinen Beschreibung der Porenstruktur, greift Setzer die von der internationalen Vereinigung der Chemiker EVERETT /25/ vorgeschlagene Poreneinteilung (Makro- (> 50 nm), Meso- (2 - 50 nm) und Mikroporen (< 2 nm)) auf und verfeinert diese unter Berücksichtigung des physikalischen Verhaltens des Po-renwassers. Die Poreneinteilung in Porenart und Porengröße kann der folgenden Tabelle 2-2 entnommen werden.

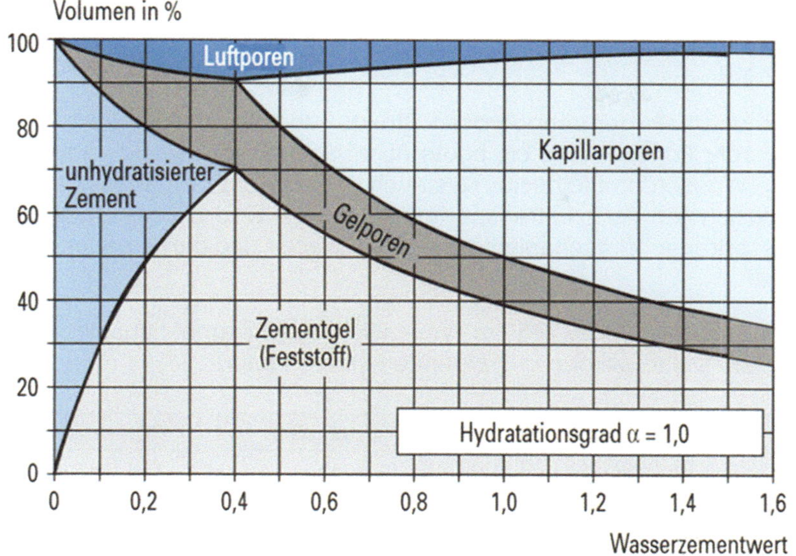

Bild 2-24: Volumenanteile im Zementstein in Abhängigkeit vom w/z-Wert, aus /100/

Wie Tabelle 2-2 zeigt, können die Kapillar- und Gelporen feinskaliger in die Makro-/ Meso- und Mikrokapillarporen sowie die Meso- und Mikrogelporen unterteilt werden. Tabelle 2-2 gibt zudem den hydraulischen Radius (halber Zylinderradius), die Charakteristika der Porenstruktur und die Art des Porenwassers an. Da das Porenwasser innerhalb der Porenstruktur mit der Oberfläche des Festkörpers interagiert, verändert sich in Abhängigkeit des Porenradius dessen Eigenschaften. Je nach Porengröße und Bindungsintensität spricht Setzer hierbei von vorstrukturiertem Wasser oder auch von strukturiertem Oberflächenwasser.

Tabelle 2-2: Unterteilung der Kapillar- und Gelporen nach Setzer, angelehnt an /23/

Porenklasse	r_h	**Charakteristika und Art des Porenwassers**
Grobporen	> 1 mm	Poren sind leer, nur bei drückendem Wasser befüllbar
Marko-kapillarporen	30 µm bis 1 mm	sofortiges kapillares Saugen in Sekunden, hohe Beweglichkeit, geringe Steighöhe, makroskopisches Wasser
Meso-kapillarporen	1 µm bis 30 µm	durch Reibung verzögertes Saugen über Tage, große Steighöhe in wenigen Tagen, makroskopisches Wasser
Mikro-kapillarporen	30 nm bis 1µm	Kapillares Sauen über kurze Distanzen möglich, großer Kapillardruck, makroskopisches Wasser
Meso-gelporen	1 nm bis 30 nm	Übergang von makroskopischen zu oberflächenphysikalischen Gesetzmäßigkeiten, Verdunstung in 50 % rel. Feuchte, vorstrukturiertes Wasser
Mikro-gelporen	< 1 nm	Oberflächenphysik, stark gestört, strukturiertes Oberflächenwasser

Zusammenfassend zeigt sich ein hoch komplexes Porensystem, welches sich über mehreren Zehnerpotenzen von wenigen Nanometern bis hin zu einigen Millimetern Größe erstreckt. Hierbei existieren verschiedenste Porenformen, von offenen, miteinander verbundenen Poren (durchgängiger Porenraum) bis hin zu einseitig geschlossen Poren (Sackporen) mit engen flaschenhalsähnlichen Zugängen. Zudem ist die Porosität sowie die Porengrößenverteilung von entscheidender Bedeutung für die makroskopischen Eigenschaften des Betons, wie z. B. die Festigkeits- und Verformungseigenschaften.

2.4.2 Wassertransportvorgänge im Zementstein

Wassertransportmechanismen

Der Transport von Wasser innerhalb der nanoporösen Struktur des Zementsteins ist von einer Vielzahl von Einflussfaktoren abhängig, sehr komplex und bis heute noch nicht abschließend verstanden. Erfolgen kann dieser sowohl dampfförmig (Wasserdampfdiffusion) als auch in flüssiger Form (Flüssigtransport). Ein ausführlicher Überblick über die wichtigsten Feuchtetransportmechanismen wird z. B. in RUCKER-GRAMM /75/ gegeben. Die wesentlichen Wassertransportmechanismen, deren Ursache und deren baupraktische Relevanz sind dem Bild 2-25 zu entnehmen.

In der Baupraxis wird nach RUCKER-GRAMM /75/ im Wesentlichen die Dampfdiffusion, die Kapillarleitung und die Permeation unterschieden. Diese werden im Folgenden kurz erläutert.

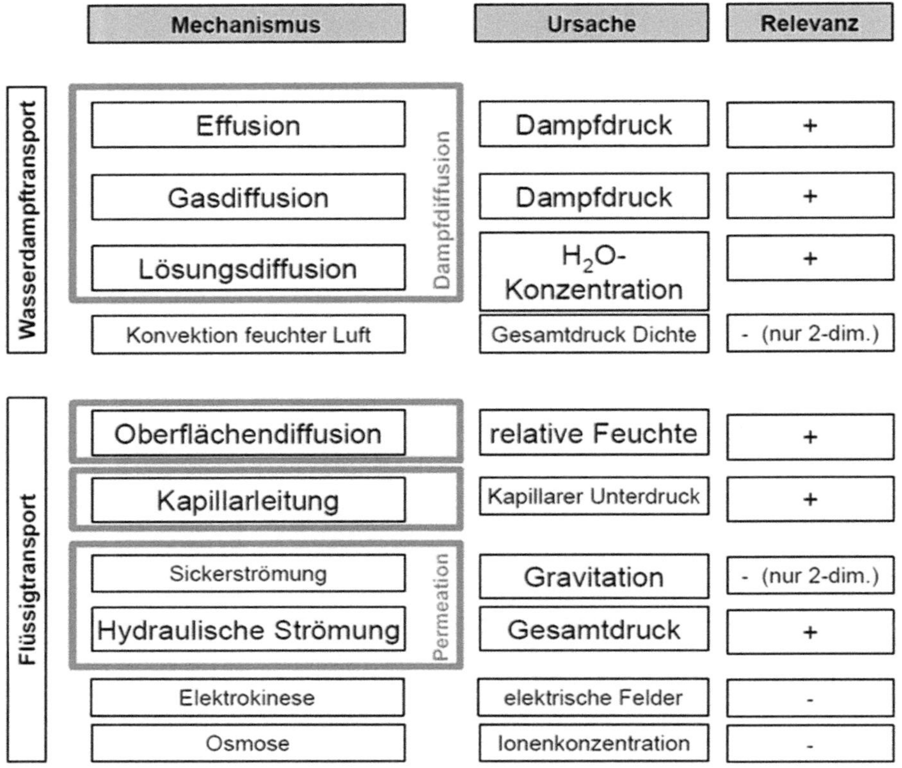

Bild 2-25: Überblick Wassertransportmechanismen im Beton, aus /75/

Diffusion (Wasserdampftransport im Porensystem)

Die Diffusion beschreibt nach LUTZ et al. /53/ den Bewegungsprozess von Wassermolekülen infolge eines Konzentrationsunterschieds bzw. eines Dampfdruckgefälles. Hierbei diffundieren die Wassermoleküle von Bereichen höherer Konzentration zu Bereichen niedrigerer Konzentration. Innerhalb des Betons können in Abhängigkeit des Porenraumes unterschiedliche Arten der Diffusion auftreten. Unterschieden wird hierbei in Abhängigkeit der Diffusionsgeschwindigkeit zwischen der Wasserdampfdiffusion, Effusion und Lösungsmitteldiffusion. Bei der Wasserdampfdiffusion erfolgt der Transport der Wassermoleküle im Porenraum durch das Aneinanderstoßen der Teilchen untereinander. Im Falle der Effusion wird der Transport der Wassermoleküle hingegen durch Stöße dieser mit der Porenwandung bestimmt. Nach RUCKER-GRAMM /75/ ist diese Art der Diffusion überwiegend für den Transport in kleineren Poren (Porenradius < 10 nm) verantwortlich. Aufgrund von zumeist sehr breiten Porenspektren im Beton ist eine klare Abgrenzung zwischen den Transportmechanimen Wasserdampfdiffusion und Effusion in der Realität nicht möglich, weshalb im Beton immer ein Mischprozess dieser beiden Transportmechanismen vorliegt. Auf die Lösungsdiffusion wird an dieser Stelle nicht weiter eingegangen, da diese, wie in RUCKER-GRAMM /75/ beschrieben, primär im baupraktischen Bereich organischer Polymere abläuft, die nicht Gegenstand dieser Arbeit sind. Mit zunehmender relativer Luftfeuchte werden an der inneren Oberfläche des Porenraumes Wassermoleküle angereichert. Bei ausreichend hoher

Luftfeuchte und dem Vorhandensein eines Luftfeuchtegradienten im Beton kann ein Massentransport innerhalb des sich gebildeten Flüssigkeitsfilms entlang der Porenwandungen entstehen. Diese Art der Diffusion wird als Oberflächendiffusion bezeichnet und ist speziell bei hohen Luftfeuchtegehalten um ein Vielfaches leistungsfähiger als die reine Wasserdampfdiffusion (vgl. KRUS /50/). Bild 2-26 stellt abschließend die Diffusion als Transportmechanismus für Gase und Flüssigkeiten im Zementstein schematisch dar.

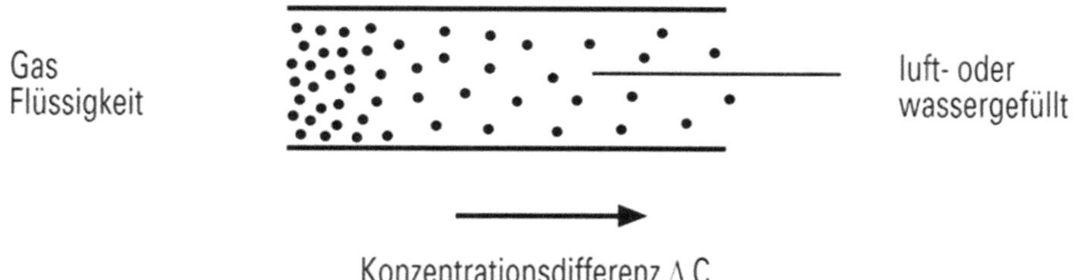

Bild 2-26: Schematische Darstellung der Diffusion als Transportmechanismus für Gase und Flüssigkeiten im Zementstein, aus /100/

Kapillarleitung (Flüssigtransport im teilgesättigten Porensystem)

Die kapillare Saugwirkung von Beton bzw. Zementstein wird durch spezifische Wechselwirkungskräfte (Adhäsionskräfte) zwischen den Molekülen des Wassers und der Oberfläche des Betons bestimmt. Wie in ĐURIC /23/ beschrieben, verursacht die zwischen den Phasen flüssig (Porenwasser), fest (Porenwandung) und gasförmig (Luft) wirkende Grenzflächenspannung eine Oberflächenkrümmung, die wiederum einen Meniskus ausbildet, der für das Ansteigen (Aszension) oder Absinken (Depression) des Meniskus in einer Kapillare verantwortlich ist. Bei Wasser bildet sich infolge einer konkaven (nach innen gewölbten) Oberfläche eine kapillare Zugkraft aus. Das Wasser ist bestrebt, so viel Festkörperoberfläche des Betons wie möglich zu benetzen. Das Wasser im Porenraum wird durch die kapillaren Zugkräfte so lange beschleunigt bis sich ein Gleichgewicht mit dem Strömungswiderstand einstellt. Nach RUCKER-GRAMM /75/ beschleunigt sich der kapillare Wassertransport mit steigender Porengröße. Aufgrund des sehr komplexen Porenraumes im Beton entstehen unterschiedlich große kapillare Zugkräfte und damit einhergehend ebenfalls unterschiedliche Eindringtiefen. Beim Kapillartransport handelt es sich zwar um eine Strömungserscheinung, in der Praxis wird diese jedoch, wie in RUCKER-GRAMM /75/ dargestellt, durch einen Diffusionsansatz beschrieben. Bild 2-27 stellt abschließend die Kapillarleitung als Transportmechanismus für Gase und Flüssigkeiten im Zementstein schematisch dar.

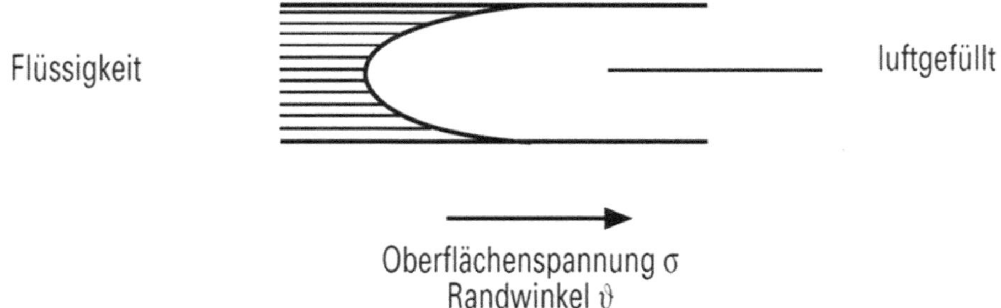

Bild 2-27: Schematische Darstellung der Kapillarleitung als Transportmechanismus für Gase und Flüssigkeiten im Zementstein, aus /100/

Permeation (Flüssigtransport im gesättigten Porensystem)

Die Permeation beschreibt den Wassertransport durch poröse Feststoffe infolge eines wirkenden Gesamtdruckgradienten. Voraussetzung für die reine Permeation ist eine vollständige Wassersättigung des Porenraumes. Im Falle der Permeation liegt nach RUCKER-GRAMM /75/ eine laminare, hydraulische Strömung im Porenraum des Zementsteins vor, die im Vergleich zur Diffusion und Kapillarleitung den effektivsten Wassertransportmechanismus ausbildet. Bild 2-28 zeigt in diesem Zusammenhang die Beeinflussung der Eindringtiefe von Kapillarwasser durch eine einwirkende äußere Druckbeanspruchung.

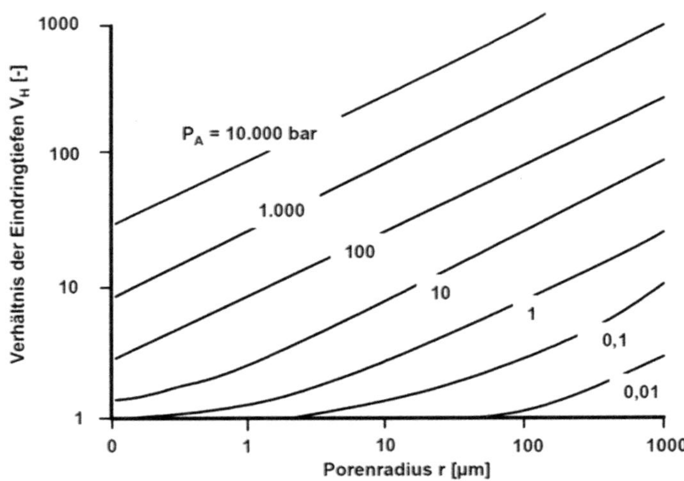

Bild 2-28: Beeinflussung der Eindringtiefe von Kapillarwasser durch eine äußere Druckbeanspruchung, aus /75/

Dargestellt wird das Verhältnis der Eindringtiefen mit und ohne Druckbeanspruchung in Abhängigkeit der Porengröße. Dem Bild 2-28 kann entnommen werden, dass speziell im Bereich höherer Drücke bis zu 1000-fach größere Eindringtiefen auftreten können. In der Baupraxis treten höhere Drücke beispielsweise beim Verpressen von Rissen oder bei drückendem Grundwasser auf. Der Wasserdurchfluss unter Druck wird nach LUTZ et al. /53/ auch als Sickerströmung bezeichnet. Nach LUTZ et al. /53/ wird die Sickerströmung von Wasser durch wassergesättigte poröse Festkörper unter der Wirkung von Druckunterschieden als einen besonderen Fall des viskosen Fließens beschrieben. Sickerströmungen können mit dem makroskopischen Modell für Strömungen in porösen Medien dem Gesetz von Darcy beschrieben werden. Dieses unterliegt nach LUTZ et al. /53/ den folgenden Gültigkeitsgrenzen. Hierbei setzt die Durchströmung von Baustoffen einen (Gesamt-) Druckunterschied voraus und gilt nur unter der Voraussetzung, dass der Widerstand des strömenden Wassers ausschließlich von seiner Viskosität abhängig ist. Im Falle von engporigen Festkörpern, wie z.B. Ziegeln, Sandstein usw., darf neben Wasser keine Luft im Porenraum vorhanden sein, da andernfalls die Oberflächenspannung des Wassers große Kräfte auf das Wasser ausüben würde. Bei dem Gesetz von Darcy handelt es sich um eine spezielle Lösung der Navier-Stokes-Gleichungen, mit deren Hilfe das makroskopische Transport- und Strömungsverhalten von Fluiden modelliert werden kann. Oberflächenspannungen werden hierbei nur am Rand des betrachteten Gebiets berücksichtigt. Wie in KOSTER /49/ beschrieben, erscheint durch die Verwendung von leistungsfähigeren Datenverarbeitungsanlagen die mikrostrukturbasierte Simulation von Feuchtetransportprozessen in der heutigen Zeit im Bereich des Möglichen. Erste Ansätze hierzu finden sich beispielsweise in DAIAN et al. /8/. Die grundlegende Vorgehensweise in DAIAN et al. /8/ basiert auf der Erstellung von Wassertransportnetzwerken bestehend aus unterschiedlich großen Poren. Der darin stattfindende Wassertransport wird anschließend unter Verwendung des Gesetzes von Hagen-Poiseuille im Falle der Permeation und des 1. Fickschen Gesetzes im Falle der Diffusion simuliert. Bild 2-29 stellt abschließend die Permeation als Transportmechanismus für Gase und Flüssigkeiten im Zementstein schematisch dar.

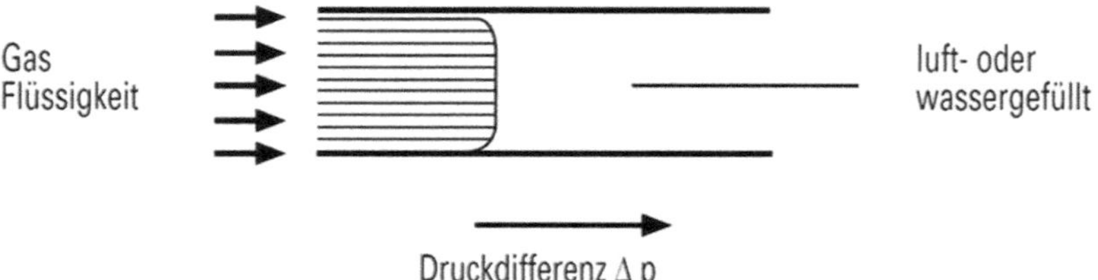

Bild 2-29: Schematische Darstellung der Permeation als Transportmechanismus für Gase und Flüssigkeiten im Zementstein, aus /100/

Wechselwirkungen zwischen Wasser und Zementstein

Wie schon in Kapitel 2.4.1 erwähnt, verhält sich Wasser in sehr feinen Porenstrukturen von < 30 nm abweichend zu den Eigenschaften flüssigen Wassers. Infolge von Wechselwirkungen (van der Waals Kräfte) zwischen den Wassermolekülen und der Feststoff-oberfläche des Zementsteines werden die angelagerten Wassermoleküle nach SETZER /80/ und STOCKHAUSEN et al. /85/ vorstrukturiert. Die Intensität dieser Wechselwirkungen sinkt jedoch mit zunehmender Schichtdicke der absorbierten Wassermoleküle. Nach WITTMANN /108/ gehen die Eigenschaften des vorstrukturierten Wassers mit wachsendem Porenradius und zunehmender Schichtdicke der absorbierten Wassermoleküle in die Eigenschaften von flüssigem Wasser über. Tabelle 2-3 stellt den Zusammenhang zwischen dem Porenradius und den Eigenschaften des Wassers schematisch dar.

Tabelle 2-3: Schematische Darstellung der Eigenschaften des Wassers in Abhängigkeit der Porengröße, angelehnt an /75/

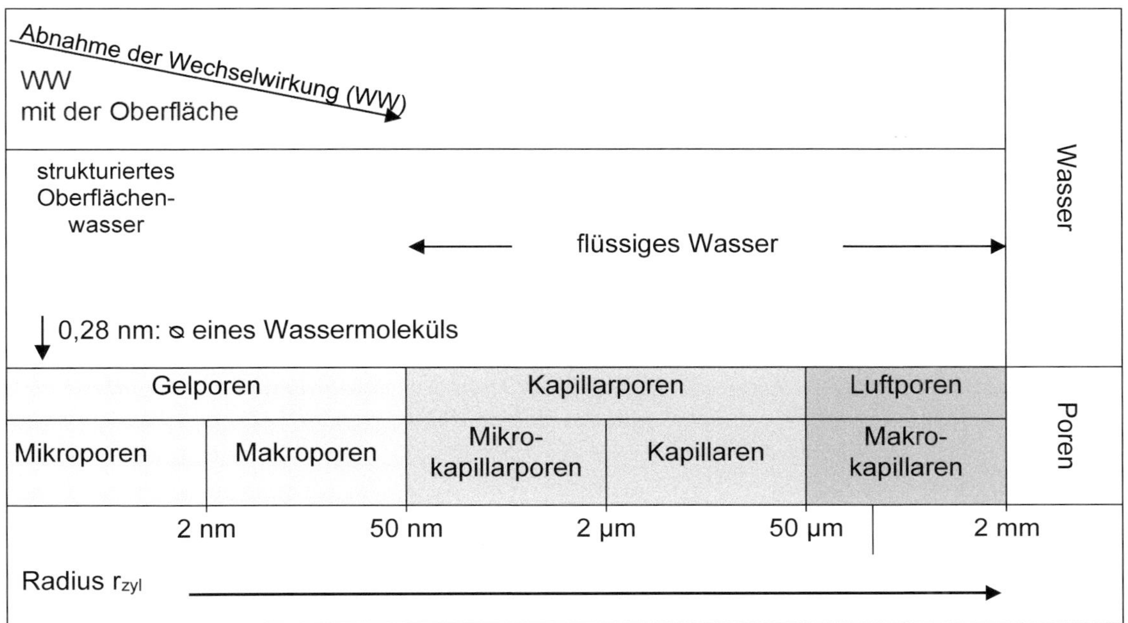

Wie in MOUHASSEB /57/ beschrieben, ist die Viskosität ein Maß für die Beweglichkeit von Wasser. Freies Wasser hat bei 20 °C eine Viskosität von 0,001 Pa·s. Nach MOUHASSEB /57/ ist die Viskosität und damit die Beweglichkeit des Wassers in den Kapillarporen des Zementsteins mit der Viskosität des freien Wassers vergleichbar. ZECH /112/ zufolge ist die Beweglichkeit des Wassers in den Gelporen um den Faktor 10^3 bis 10^4 und nach HELMUTH /34/ um den Faktor 10^2 bis 10^4 geringer als die Beweglichkeit von freiem Wasser. PESCHEL /67/ erfasste für eine 8 nm dicke Wasserschicht zwischen zwei Quarzplatten eine Viskosität von ~ 0,009 Pa·s bis ~0,01 Pa·s. Für wassergefüllte Poren mit einem Radius von 10 nm bestimmten ZECH & WITTMANN F. /113/ hingegen eine Viskosität von 0,02 Pa·s. Weiterhin ist DERYAGIN & FEDYAKIN /9/ zu entnehmen, dass Wasser in sehr dünnen Kapillaren eine um 12- bis 15-fach höhere Viskosität als freies Wasser ausweisen kann.

Zusammenfassend zeigt sich ein sehr komplexes Transportverhalten von Wasser im nanoporösen System des Zementsteins, welches bis heute noch nicht vollständig beschrieben und verstanden ist.

2.5 Abgrenzung des Themas und Ableitung von Hypothesen

Wie der dargestellte Stand der Forschung zeigt, handelt es sich bei dem Medium Wasser um eine wesentliche Einflussgröße auf den Ermüdungswiderstand und das Ermüdungsverhalten, deren beeinflussende Wirkung nicht allein durch den Bezug auf die statische Festigkeit „wegnormiert“ werden kann. Hinsichtlich der beeinflussenden Wirkung des Mediums Wasser sind derzeit einige degradierend wirkende Phänomene erkannt, jedoch noch nicht hinreichend genau identifiziert, verstanden und beschrieben. Folglich können sie bislang auch noch nicht zuverlässig quantifiziert werden. Aufgrund von zum Teil sehr geringen Stichprobenumfängen und zudem stark variierenden Lagerungs- und Prüfrandbedingungen der Probekörper bestehen auch heute noch große Wissenslücken zum Ermüdungsschädigungsverhalten unter Wasser bzw. unter sehr feuchten Bedingungen gelagerter und geprüfter Betone. Aus diesen Gründen entzieht sich die Berücksichtigung wasserinduzierter Schädigungsmechanismen bislang weitgehend den heutigen Regelwerken der Bemessung.

Im Folgenden sind Hypothesen für wasserinduzierte Schädigungsmechanismen formuliert, denen im Rahmen dieser Arbeit nachgegangen werden soll, um das Ermüdungsschädigungsverhalten unter Wasser quantifizieren und besser verstehen zu können. Die folgenden Hypothesen gliedern sich in zusätzlich wirkende wasserinduzierte Schädigungsmechanismen, die in der Randzone oder gleichsam in der Rand- und in der Kernzone der Probekörper wirksam werden können. Abgeleitet wurden diese aus den in der Literatur dokumentierten Untersuchungsergebnissen.

Hypothese H-1:

Im Porensystem des Betons führen Wasserumlagerungen zu einem Porenwasserdruck. Dieser induziert zusätzliche Zugspannungen in die Matrix des Betongefüges, die sich mit den Ermüdungsbeanspruchungen überlagern und zu einer verstärkten Schädigungsentwicklung beitragen.

Hypothese H-2:

Das Degradationsverhalten zyklisch beanspruchter Betone wird maßgebend durch den Feuchtegehalt des Betons und weniger durch externes, von außen anstehendes Wasser beeinflusst.

Hypothese H-3:

Da das „freie", sich infolge der zyklischen Beanspruchung bewegende Wasser primär im Porensystem des Bindemittels physikalisch eingelagert ist, verstärken sich wasserinduzierte Ermüdungsschädigungen mit steigendem Feuchtegehalt bzw. Sättigungsgrad des Bindemittels.

Hypothese H-4:

Da mit steigender Betondruckfestigkeit im Allgemeinen eine Reduktion des Porenraums einhergeht, nehmen wasserinduzierte Ermüdungsschädigungen wassergesättigter Betone mit steigender Betondruckfestigkeit ab.

Hypothese H-5:

Die Probengeometrie, die maßgebend das Größenverhältnis der Randzone- zu Kernzone bestimmt, beeinflusst darüber ebenfalls indirekt den Ermüdungswiderstand. Speziell bei Proben mit kleinem Durchmesser, die ein vergleichsweise großes Rand- zu Kernzonenverhältnis aufweisen, können sich Randzoneneffekte überproportional stark auf den Ermüdungswiderstand auswirken.

Hypothese H-6:

Ermüdungsinduzierte Wasserumlagerungsprozesse und daraus resultierende wasserinduzierte Schädigungen, laufen in Porengrößen von wenigen Nanometern ab.

Zusammenfassend lässt sich festhalten, dass die nano- und mikrostrukturellen Ursachen der Ermüdungsschädigung bislang noch weitgehend unverstanden sind. Dies gilt insbesondere dann, wenn das Porensystem des Betons mit Wasser gefüllt bzw. gesättigt ist.

3 Konzeption und Durchführung der experimentellen Untersuchungen

Dieses Kapitel stellt zunächst die Konzeption sowie die Durchführung der experimentellen Untersuchungen dar. Anschließend erfolgt eine Darstellung der verwendeten Betone und dessen Zusammensetzung sowie eine Beschreibung der Probenpräparation und die Definition der Lagerungs- und Prüfrandbedingungen. Daran anschließend wird das Arbeitsprogramm herausgearbeitet und die verwendete Prüfmaschinen- und Messtechnik sowie die verwendeten Versuchsaufbauten beschrieben. Dieses Kapitel schließt mit einer Beschreibung der Messdatenaufbereitung- und -auswertung. Auszüge dieses Kapitels wurden in TOMANN et al. /95/, TOMANN & ONESCHKOW /96/ und TOMANN & LOHAUS /94/ veröffentlicht.

3.1 Konzeptionelle Überlegungen

Wie das vorangegangene Kapitel 2 zeigt, sind hinsichtlich einer beeinflussenden Wirkung des Mediums Wasser derzeit einige degradierend wirkende Phänomene erkannt, jedoch noch nicht hinreichend genau identifiziert, verstanden und quantifiziert. Zudem fehlt derzeit eine Beschreibung der am Degradationsprozess beteiligten wasserinduzierten Schädigungsmechanismen bei der Betonermüdung.

Ziel der experimentellen Untersuchungen ist es, wirkende wasserinduzierte Schädigungsmechanismen ermüdungsbeanspruchter Betone zu erfassen, genauer zu charakterisieren und diese einem Ingenieurmodell zugänglich zu machen. Dabei wird überprüft, wie das Medium Wasser das Degradationsverhalten ermüdungsbeanspruchter Betone beeinflusst und welche zusätzlich wirkenden wasserinduzierten Schädigungsmechanismen maßgebend am Degradationsprozess beteiligt sind. Im Rahmen der experimentellen Untersuchungen werden sowohl der Einfluss des Feuchtegehaltes in der Mikrostruktur des Betons als auch der Einfluss eines von außen anstehenden Mediums Wasser untersucht. Hierbei sollen Bereiche mit zyklischem Wasseraustausch (Randzone des Probekörpers) sowie Bereiche mit Wasserumlagerungsvorgängen innerhalb eines geschlossenen Porensystems (Kernzone des Probekörpers) voneinander abgegrenzt werden. Bei den vergleichsweise wenigen bislang unter Wasser durchgeführten Versuchen, erfolgte eine Bewertung des Ermüdungswiderstandes zumeist allein auf Basis der Bruchlastwechselzahlen, die zwar den Einfluss wasserinduzierter Schädigungseffekte prinzipiell aufzeigen können, jedoch keine Beschreibung der wirkenden Mechanismen ermöglichen. Im Rahmen dieser Arbeit soll daher mit erheblich ausgeweiteter messtechnischer Instrumentierung der Ermüdungsversuche der Frage nachgegangen werden, wie das Vorhandensein des Mediums Wasser den Ermüdungswiderstand und das Ermüdungsverhalten von Beton beeinflusst. Zudem wird untersucht, wie sich unterschiedliche Betonzusammensetzungen und Probekörpergrößen auf die Ausprägung wasserinduzierter Schädigungen auswirken. Um die zuvor genannten Hypothesen, die ein frühzeitiges Ermüdungsversagen unter Wasser erklären können, überprüfen zu können, werden konsistente Versuchsreihen mit Probekörpern unterschiedlicher Feuchtezustände durchgeführt. Hierbei werden neben den Bruchlastwechselzahlen zudem Schädigungsindikatoren wie die Dehnungs- und Steifigkeitsentwicklung, die dissipierte Energie je Lastwechsel sowie die Schallemissionsaktivität während der gesamten Versuchslaufzeit kontinuierlich erfasst und analysiert. Eine zusammenfassende Darstellung der durchgeführten experimentellen Untersuchungen ist dem Kapitel 3.4.2 zu entnehmen.

3.2 Ausgangsstoffe und Betonzusammensetzung

Im Rahmen der experimentellen Untersuchungen wurden insgesamt fünf verschiedene Betone untersucht. Hierbei handelt es sich sowohl um normalfeste als auch hochfeste Betone mit Festigkeitsklassen zwischen C20/25 und C90/105. Die folgende Tabelle 3-1 stellt alle untersuchten Betone dieser Arbeit dar. Die Betone NC-A und HPC-C wurden im Rahmen dieser Arbeit als „fertiges Produkt" bezogen. „Fertiges Produkt" bedeutet in diesem Zusammenhang, dass die Probekörper dieser Betone in einem Beton-Fertigteilwerk hergestellt, vorbereitet (Ablängen und Schleifen) und für die Untersuchungen dieser Arbeit prüffertig zur Verfügung gestellt wurden. Die Probekörper der Betone NC-B, HPC-D und HPC-E wurden hingegen im Betonlabor des Instituts für Baustoffe am Standort Hannover hergestellt und prüffertig präpariert.

Tabelle 3-1: Übersicht der Betone und Druckfestigkeiten

Bezeichnung [-]	**Festigkeitsklasse [-]**	$f_{cm,cube(100)}$ **[N/mm²]**	$f_{cm,cube(150)}$ **[N/mm²]**	$f_{cm,cyl(150)}$ **[N/mm²]**
NC-A	C20/25	-	-	29
NC-B	C50/60	71	-	-
HPC-C	C80/95	-	-	94
HPC-D	C90/105	113	-	-
HPC-E	C90/105	-	119	-

*die Werte für $f_{cm,cyl(150)}$ wurden nach DIN 1045-2 /11/ in die Wasserbadlagerung umgerechnet

Die genaue Zusammensetzung des normalfesten Betons NC-A ist der folgenden Tabelle 3-2 zu entnehmen. Dieser weist einen w/z-Wert von 0,50 auf und besitzt ein maximales Größtkorn von 16 mm. Die enthaltende Gesteinskörnung besteht aus Kalkstein. Die Zusammensetzung beinhaltet als reaktives Bindemittel ausschließlich Zement, der mit einem Gehalt von 350 kg/m³ in der Zusammensetzung enthalten ist.

Tabelle 3-2: Normalfeste Betonzusammensetzung des NC-A

Bezeichnung	**Dichte [kg/dm³]**	**Gehalt [kg/m³]**
Zement: CEM II/A-LL 42,5 N	3,04	350
Quarz 0/1 NS	2,63	693
Kalkstein 2/8	2,68	464
Kalkstein 8/16	2,68	687
Fließmittel: DYNAMON RC 770	1,07	2,10
Zugabewasser	1,00	175

Die Zusammensetzung des normalfesten Betons NC-B beinhaltet, mit Ausnahme des Stabilisierers, die gleichen Ausgangsstoffe wie der später erläuterte hochfeste Beton HPC-D. Aus diesem Grund wird an dieser Stelle auf die nachfolgenden Erläuterungen des HPC-D verwiesen. Der normalfeste Beton NC-B weist ebenfalls einen w/z-Wert von 0,50 auf, besitzt hingegen ein maximales Größtkorn von 8 mm. Die Zusammensetzung beinhaltet als reaktives Bindemittel ebenfalls ausschließlich Zement, der mit einem Gehalt von 461 kg/m³ enthalten ist. Die genaue Zusammensetzung des NC-B ist in Tabelle 3-3 dargestellt.

Tabelle 3-3: Normalfeste Betonzusammensetzung des NC-B

Bezeichnung	Dichte [kg/dm^3]	Gehalt [kg/m^3]
Zement: Holcim Sulfo 5R - CEM I 52,5 R-SR3 (na)	3,09	461
Feinsand: Quarzwerke H33	2,70	69
Sand 0/2 Tündern (anlagengetrocknet)	2,64	783
Basalt 2/5 (anlagengetrocknet)	3,06	322
Basalt 5/8 (anlagengetrocknet)	3,06	525
Fließmittel: BASF MasterGlenium ACE 460	1,05	0,5
Zugabewasser	1,00	230

Die Probekörper des hochfesten Betons HPC-C wurde wie oben erwähnt als „fertiges Produkt" bezogen. Die genaue Zusammensetzung dieses hochfesten Betons ist dem Autor dieser Arbeit nicht bekannt. Es liegen lediglich Daten zur verwendeten Gesteinskörnung, Zementart und zum w/z-Wert vor. Die Gesteinskörnung des HPC-C besteht zu 50 % aus Kalksplitt und zu 50 % aus Quarz. Das verwendete Größtkorn besitzt einen Durchmesser von 16 mm und der verwendete Zement ist ein CEM I 52,5 R. Des Weiteren weist der hochfeste Beton HPC-C einen w/z-Wert von 0,47 auf. Die Zusammensetzung beinhaltet als reaktives Bindemittel ausschließlich Zement. Dieser ist mit einem Gehalt von 326 kg/m^3 in der Zusammensetzung enthalten.

Bei dem hochfesten Beton HPC-D handelt es sich um die Referenz-Betonzusammensetzung RH1 des DFG Schwerpunktprogrammes SPP 2020 „Zyklische Schädigungsprozesse in Hochleistungsbetonen im Experimental-Virtual-Lab". Dieser weist einen w/z-Wert von 0,35 auf und besitzt ein maximales Größtkorn von 8 mm. Die enthaltende Gesteinskörnung besteht aus Basalt. Zusatzstoffe, wie beispielsweise Flugasche oder Mikrosilika sind in der Zusammensetzung des HPC-D nicht enthalten. Das reaktive Bindemittel besteht hier ebenfalls ausschließlich aus Zement, der mit einem Gehalt von 500 kg/m^3 in der Zusammensetzung enthalten ist. Eine detaillierte Auflistung aller Komponenten der Betonzusammensetzung des HPC-D ist der folgenden Tabelle 3-4 zu entnehmen.

Tabelle 3-4: Hochfeste Betonzusammensetzung des HPC-D

Bezeichnung	Dichte [kg/dm^3]	Gehalt [kg/m^3]
Zement: Holcim Sulfo 5R - CEM I 52,5 R-SR3 (na)	3,09	500
Feinsand: Quarzwerke H33	2,70	75
Sand 0/2 Tündern (anlagengetrocknet)	2,64	850
Basalt 2/5 (anlagengetrocknet)	3,06	350
Basalt 5/8 (anlagengetrocknet)	3,06	570
Fließmittel: BASF MasterGlenium ACE 460	1,05	5,00
Stabilisierer: BASF MasterMatrix SDC 100	1,10	2,85
Zugabewasser	1,00	176

Die für den hochfesten Beton HPC-D benötigten Ausgangsstoffe entstammten weitgehend der gleichen Charge. Lediglich beim Überschreiten des vom Hersteller empfohlenen Verwendbarkeitsdatums wurden die jeweiligen Ausgangsstoffe ausgetauscht. Nach der Anlieferung der Ausgangsstoffe an das Labor des Instituts für Baustoffe wurden der Sand der Kornklasse (0/2) sowie der Basalt der Kornklassen (2/5) und (5/8) in einem gasbefeuerten Drehrohrofen bei ca. 70 °C im Umwälzverfahren anlagengetrocknet. Die Lagerung der Ausgangsstoffe erfolgte im Hallenklima unter kontrollierten Bedingungen.

Bei dem hochfesten Beton HPC-E handelt es sich um einen hochfesten Beton der Festigkeitsklasse C90/105. Die genaue Zusammensetzung dieses Betons ist dem Autor dieser Arbeit ebenfalls nicht bekannt. Es liegen wie bei dem oben dargestellten hochfesten Beton HPC-C lediglich Daten zur verwendeten Gesteinskörnung, Zementart und zum w/z-Wert vor. Die Gesteinskörnung des HPC-E besteht aus Quarz und das verwendete Größtkorn besitzt einen Durchmesser von 16 mm und der verwendete Zement ist ein CEM I 52,5 R. Des Weiteren weist der hochfeste Beton HPC-E einen w/z-Wert von 0,35 auf. Die Zusammensetzung beinhaltet als reaktives Bindemittel Zement und Flugasche. Der Gehalt des Bindemittels (470 kg/m^3) setzt sich aus 260 kg/m^3 Zement und 210 kg/m^3 Flugasche zusammen.

Wie die dargestellten Betonzusammensetzungen zeigen, handelt es sich bei den untersuchten Betonen dieser Arbeit um unterschiedliche Betone. Neben dem Größtkorn variieren ebenfalls die Art der Zusatzstoffe sowie die Zementart und Zementfestigkeitsklassen. Zudem sind die Betone NC-A, NC-B und HPC-D klassische Rüttelbetone, wohingegen die hochfesten Betone HPC-C und HPC-E selbstverdichtenden Betone (SVB) darstellen. Für speziell ausgewählte Fragestellungen (vgl. Kapitel 7.2.1) wurden im Rahmen dieser Arbeit orientierende Untersuchungen an einem sehr feinkörnigen Mörtel durchgeführt. Bei diesem Mörtel handelt es sich um eine abgesiebte Variante des hochfesten Betons HPC-D. Der Siebvorgang erfolgte direkt im Anschluss an die Herstellung des Frischbetons auf einem Sieb mit einer Maschenweite von 2,0 mm unter Einwirkung von Rüttelenergie. Der so hergestellte hochfeste Mörtel beinhaltet folglich, mit Ausnahme des gröberen Zuschlags (≥ 2,0 mm), dieselben Ausgangsstoffe wie der hochfeste Beton HPC-D. Im Folgenden wird dieser hochfeste Mörtel als HPM-A bezeichnet.

3.3 Probekörperpräparation

3.3.1 Probekörpergeometrie und Probekörperherstellung

Probekörpergeometrie

Um Einflüsse aus der Querdehnungsbehinderung zu minimieren und einen bereichsweise annähernd einaxialen Beanspruchungszustand zu erwirken, wurden die Versuche unter zyklischer Druckschwellbeanspruchung an rotationssymmetrischen zylindrischen Probekörpern mit einem Durchmesser zu Höhenverhältnis von d/h = 1/3 durchgeführt. Wie beispielsweise in THIELE /92/ beschrieben, sorgt eine rotationssymmetrische Zylinderform für eine möglichst gleichmäßige Spannungsverteilung im Querschnitt des Probekörpers. Zudem wurde der überwiegende Anteil der in der Literatur dokumentierten experimentellen Untersuchungen zur Betonermüdung, unter Druckschwellbeanspruchung vgl. z. B. ONESCHKOW /63/, THIELE /92/, ELSMEIER /24/ oder HÜMME /41/, ebenfalls mit einem Durchmesser- zu Höhenverhältnis von d/h = 1/3 geprüft, weshalb dieses Verhältnis auch in dieser Arbeit Verwendung findet. Untersucht wurden im Wesentlichen drei unterschiedliche Probekörpergrößen (G-1, G-2 und G-3). Die Probengröße G-4 wurde hingegen lediglich im Rahmen der orientierenden experimentellen Untersuchungen (vgl. Kapitel 7.2.1) verwendet. Die nachfolgende Tabelle 3-5 stellt die untersuchten Probekörpergrößen (G-1 bis G-4) zusammenfassend dar.

Tabelle 3-5: Probekörpergrößen

Größe	Höhe [mm]	Durchmesser [mm]	d/h-Verhältnis	Material
G-1	900	300	1/3	HPC-C
G-2	300	100	1/3	NC-A, NC-B, HPC-C, HPC-D, HPC-E
G-3	180	60	1/3	HPC-D
G-4	30	10	1/3	HPM-A

Probekörperherstellung

Die Herstellung der Probekörper dieser Arbeit erfolgte an unterschiedlichen Standorten. Die Probekörperherstellung der Betone NC-B, HPC-D und HPC-E erfolgte im Betonlabor des Instituts für Baustoffe, wohingegen die Probekörper der Betone NC-A und HPC-C in einem Beton-Fertigteilwerk hergestellt wurden.

Im Betonlabor am Standort Hannover wurden zunächst die benötigten Ausgangsstoffe auf einer Waage des Typs „Sartorius F61SD2" separat eingewogen. Der Mischvorgang des Betons erfolgte anschließend mittels eines Zwangsmischers des Unternehmens UEZ Mischtechnik GmbH vom Typ „ZM 100". Zu Beginn des Mischvorganges, wurde der Mischer, inklusive der Mischpaddel, mittels eines Schwamms angefeuchtet (mattfeucht) und anschließend mit den Ausgangsstoffen beschickt. Sand, Splitt und Zement wurden hierbei für 30 Sekunden trocken homogenisiert und anschließend das Wasser, Fließmittel und gegebenenfalls der Stabilisierer separat hinzugefügt. Die Gesamtmischzeit inklusive der trockenen Homogenisierung des Materials betrug für die Betone NC-B und HPC-D neun Minuten und für den HPC-E sechs Minuten. Für eine kontinuierliche Kontrolle der Frischbetonqualität wurden bei jeder Betonage die Frischbetontemperatur, das Ausbreitmaß nach DIN EN 12350-5 /16/ und die Frischbetonrohdichte sowie der Luftporengehalt nach DIN EN 12350-7 /17/ bestimmt. Für die experimentellen Untersuchungen erfolgte die Herstellung zylindrischer Probekörper mit einem Durchmesser von d = 100 mm (exakter Wert d = 99,4 mm; Durchmesser d wird im folgenden Verlauf vereinfacht zu d = 100 mm angegeben) und einer Höhe von h = 280 mm. Das Schalungsmaterial wurde als „Einmalschalung" verwendet und bestand aus einem zylindrischen Polyvinylchlorid-Rohr (PVC-Rohr) mit einem Außendurchmesser von 110,0 mm und einer Wanddicke von 5,3 mm. Nach dem Ablängen und Säubern der Rohrstücke wurden die Innenflächen dieser gleichmäßig mit Schalöl benetzt, deren Unterseite verschlossen und die Rohre zu Bündeln von mindestens fünf Proben zusammengefasst. Die Bündel wiederum wurden in Hobbocks-Eimern positioniert und fest verkeilt (vgl. Bild 3-1).

Bild 3-1: Schalungspräparation mittels PVC-Rohre links Größe G-3 und rechts Größe G-2, aus /41/

Der Betonageprozess der zylindrischen Probekörper der Betone NC-B und HPC-D erfolgte in drei Betonierlagen. Jede Betonierlage wurde nach dem Befüllen für 45 Sekunden auf einem Rütteltisch des Unternehmens Beckel vom Typ „S Magnet M6" verdichtet. Aufgrund der selbstverdichtenden Eigenschaften des HPC-E konnte bei der Probekörperherstellung dieser Serie auf den Rüttelvorgang verzichtet werden. 24 Stunden nach der Herstellung Probekörper wurde die Probekörper ausgeschalt. Frühestens vierzehn Tage nach dem Herstellungsprozess wurden die Probekörper im oberen und unteren Bereich auf Maß abgelängt (h = 280 mm) und es erfolgte der Poliervorgang der Druckeinleitungsflächen. Da die Probekörper der Betone NC-A und HPC-C, wie bereits erwähnt, als „fertiges Produkt" bezogen wurden, erfolgten die zuvor beschriebenen Arbeitsschritte in einem Beton-Fertigteilwerk und wurden nicht im Betonlabor des Instituts für Baustoffe in Hannover durchgeführt. Im Anschluss an den Herstellungsprozess im Beton-Fertigteilwerk wurden die Probekörper an das Institut für Baustoffe zur weiteren Bearbeitung und Prüfung gesandt.

In einem weiteren Schritt erfolgte das Vermessen aller Proben mittels elektronischer Schieblehre, um die genaue Geometrie eines jeden Probekörpers zu erfassen und zu dokumentieren. Hierbei wurde die mittlere Höhe der Probekörper an drei um 120° versetzt zueinander aufgetragenen vertikal verlaufenden Messachsen bestimmt. Die Bestimmung des mittleren Durchmessers erfolgte hingegen an drei Messstellen verteilt über die Höhe des Probekörpers, als Mittelwert des maximalen und minimalen Durchmessers der jeweiligen Messstelle. Als weitere Messgröße wurde zudem das Gewicht eines jeden Probekörpers gravimetrisch erfasst. Aus den erhobenen Daten konnten im Anschluss für jeden Probekörper, neben der Querschnittsfläche, zudem das Probekörpervolumen sowie die Festbetonrohdichte rechnerisch ermittelt werden.

Um weiterführend herstellungsbedingte Imperfektionen bzw. fehlerhafte Probekörper eliminieren zu können, erfolgte im Rahmen der Probekörperpräparation zudem die Bestimmung der Resonanzfrequenz sowie des dynamischen Elastizitätsmoduls (E_{dyn}) mit dem Messgerät „RA100“ der Firma Lang Sensorik GmbH. Hierbei wurde die longitudinale Schallgeschwindigkeit infolge eines Impulses (aufschlagende Stahlkugel) analysiert und die Resonanzfrequenz ausgegeben. Mittels der Resonanzfrequenz war weiterführend eine Berechnung des dynamischen Elastizitätsmoduls nach den folgenden Gleichungen möglich.

$$E_{dyn} = 16 \cdot m \cdot f_l^2 \cdot (l/\pi \cdot d^2 \cdot K) \quad (3.1)$$

$$K = 1 - (\pi^2 \cdot \upsilon^2 \cdot d^2/8 \cdot L^2) \quad (3.2)$$

mit:
$l =$ Länge [mm]
$d =$ Durchmesser [mm]
$f_l =$ Resonanzfrequenz [Hz]
$K =$ Korrekturfaktor der Longitudinalschwingungsform unter Berücksichtigung des Durchmesser-Längenverhältnisses, der Querdehnung, usw.
$\upsilon =$ Querdehnzahl des Betons [-]

Markante Abweichungen im dynamischen Elastizitätsmodul können auf Fehlstellen im Gefüge des Betons hindeuten. An dieser Stelle ist anzumerken, dass die Auswertung der Messdaten keinerlei markante Ausreißer zeigte, weshalb alle hergestellten und präparierten Probeköper als prüffähig eingestuft wurden.

Für die oben dargestellten Arbeitsschritte im Rahmen der Probekörperpräparation wurden die Probekörper kurzzeitig der jeweiligen Lagerungsbedingung entnommen und unmittelbar nach Abschluss der Arbeiten diesen wieder zugeführt. Die Definition der Probenlagerung ist detailliert im folgenden Kapitel 3.3.2 dargestellt. Aufgrund verhältnismäßig langsamer Feuchtetransportprozesse innerhalb des Betongefüges hochfester Betone begannen die experimentellen Untersuchungen frühestens in einem Betonalter von > 100 Tagen. Neben den zylindrischen Probekörpern wurden für die Betone NC-B, HPC-D und HPC-E zudem jeweils drei Würfel mit einer Kantenlänge von 100 mm für die Bestimmung der 28-Tage Druckfestigkeit hergestellt. Die Würfel wurden 24 Stunden nach der Herstellung ausgeschalt und bis zur Prüfung am 28. Tag nach DIN EN 12390-2 /18/ in einem Wasserbad gelagert. Die Bestimmung der Druckfestigkeit erfolgte anschließend analog zur beschriebenen Vorgehensweise in DIN EN 12390-3 /19/. Eine Ausnahme bilden hierbei die Betone NC-A und HPC-C, deren Druckfestigkeitsbestimmung direkt im Beton-Fertigteilwerk erfolgte. Die mittleren Druckfestigkeiten der untersuchten Betone dieser Arbeit können gesammelt der Tabelle 3-1 entnommen werden.

3.3.2 Lagerungsbedingungen

Um die Wirkung des Wassers auf den Ermüdungswiderstand und das Ermüdungsverhalten untersuchen zu können, wurden Versuchsreihen mit unterschiedlichen Lagerungsbedingungen (getrocknet, lufttrocken, versiegelt und unter Wasser) bzw. unterschiedlichen Feuchtegehalten innerhalb der Mikrostruktur des Betons durchgeführt. Zur Einstellung eines gut definierbaren und reproduzierbaren Feuchtezustandes der Probekörper wurden diese direkt nach dem Herstellungsprozess verschiedenen Lagerungsbedingungen zugeführt. Eine detaillierte Übersicht der verschiedenen Lagerungs- und Prüfbedingungen ist der folgenden Tabelle 3-6 zu entnehmen. Diese zeigt zudem, ob die Probekörper versiegelt oder unversiegelt gelagert und/ -oder geprüft wurden.

Bei der Lagerungsbedingung D erfolgt eine Trocknung der Proben für 40 Tage bei 105 ± 5°C bis zur Massekonstanz. Die so konditionierten Proben repräsentieren einen Feuchtezustand, in dem ausschließlich nicht-verdampfbares, im Wesentlichen chemisch gebundenes Wasser enthalten ist. Bei der Lagerungsbedingung C wurden die Proben für mindestens 100 Tage in einem Klimaraum bei konstanten Umgebungsbedingungen (20 °C, 65 % rel. Luftfeuchte) gelagert. Diese vergleichsweise lange Lagerungsdauer ermöglicht einen langsamen, jedoch stetigen Austrocknungsprozess des Betons, der einem quasi „natürlichen“ Feuchtegehalt (annähernd Ausgleichsfeuchte) entspricht. Lagerungsbedingung M hingegen repräsentiert den Kernzonenbereich des Betons, bei dem ein direkter Feuchteaustausch mit der Umgebung unterbunden ist. Hierfür werden die Proben direkt nach dem Ausschalen mit einer Versiegelung ((Al)-Butylband) versehen. Lagerungsbedingung WS repräsentiert eine vollständig wassergesättigte Probe. Hierzu werden die Proben direkt nach der Herstellung bis zum Beginn der Prüfung permanent mit Wasser überstaut und bei konstanter Temperatur (20 °C) gelagert.

Tabelle 3-6: Lagerungs- und Prüfbedingungen

Bezeichnung	Lagerungs-bedingung	Ver-siegelung	Prüf-umgebung
D	Getrocknet (105 ± 5 °C)	(Al)-Butylband	Luft
C	Klimaraum (20 °C, 65 % RH)	(Al)-Butylband	Luft
M	Eigenfeuchte (versiegelt bis zur Prüfung)	(Al)-Butylband	Luft
WS	Wasser gelagert (unter Wasser gelagert)	(Al)-Butylband	Luft
WST	Wasser gelagert (unter Wasser gelagert)	-	unter Wasser

Um hygrische Interaktionen mit der Umgebung während der Ermüdungsuntersuchungen zu vermeiden und den Einfluss des Feuchtegehaltes in der Mikrostruktur des Betons untersuchen zu können, wurden die Mantelflächen der Probekörper der Serien D, C und WS kurz vor der Prüfung mittels wasserdichtem (Al)-Butylband versiegelt (vgl. Bild 3-2). Die dem Bild 3-3 zu entnehmenden Aussparungen innerhalb der Versiegelung dienen der späteren Applikation der Messtechnik.

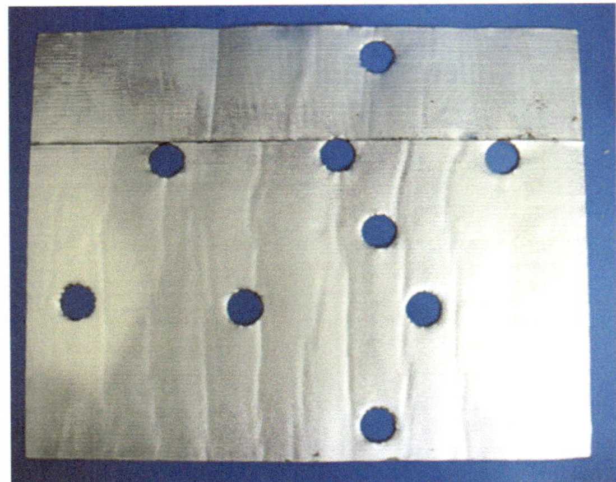

Bild 3-2: (Al)-Butylband Versiegelung

Bild 3-3: Applikation der Versiegelung

Die Proben der fünften Serie WST wurden analog zu den Proben der Serie WS konditioniert, jedoch unversiegelt unter Wasser geprüft. Dies geschah, um den Einfluss eines von außen anstehenden Mediums Wasser untersuchen zu können. Folglich stehen die Proben der Serie WST während der Prüfung in Interaktion mit dem von außen anstehendem Wasser. Eine genaue Darstellung der jeweiligen Lagerungs- und Prüfrandbedingungen der untersuchten Betone ist der folgenden Tabelle 3-7 zu entnehmen.

Tabelle 3-7: Übersicht der Lagerungs- und Prüfbedingungen der Betone

Bezeichnung	Festigkeitsklasse	Lagerungsart
NC-A	C 20/25	WST
NC-B	C 50/60	WST WS M C
HPC-C	C 80/95	WST
HPC-D	C 90/105	WST WS M C D
HPC-E	C 90/105	WST

3.3.3 Frisch- und Festbetoneigenschaften

Im Rahmen einer fortlaufenden Produktionskontrolle wurden alle in Hannover hergestellten Betone NC-B, HPC-C und HPC-E nach Abschluss des Mischvorganges analysiert. Eine Charge bestand hierbei, aus Kapazitätsgründen des Betonmischers, aus bis zu drei separaten Mischungen, die im Anschluss zu einer Gesamtmischung homogenisiert wurden. Zur Kontrolle der Frischbetoneigenschaften erfolgten eine Untersuchung der einzelnen Mischungen sowie der Gesamtmischung. Bestimmt wurden die Frischbetonrohdichte, der Luftporengehalt und die Frischbetonkonsistenz unter Verwendung des Ausbreitmaßes. Für die im Beton-Fertigteilwerk herstellten Probekörper der Betone NC-A und HPC-C liegen dem Autor dieser Arbeit lediglich Daten zum Luftgehalt sowie zum Elastizitätsmodul vor. Die folgende Tabelle 3-8 stellt die mittleren Frisch- und Festbetonkennwerte der hergestellten Betone dar.

Tabelle 3-8: Übersicht mittlere Frisch- und Festbetonkennwerte

			Frischbetonkennwerte		
Beton	**Charge [-]**	**Rohdichte [kg/dm³]**	**Luftgehalt [Vol.-%]**	**Ausbreitmaß [cm]**	**Konsistenzklasse [-]**
NC-A	1	-	1,5	-	F3
NC-B	1	2,42	1,4	59,0-	F5
HPC-C	1	-	-	-	-
HPC-D	1	2,49	1,6	49,5	F4
HPC-E	1	2,51	1,5	53,5	S2
			Festbetonkennwerte		
	Charge [-]	**E-Modul [N/mm²]**	**Probenalter [d]**	**f_{cm} [N/mm²]**	**Festigkeitsklasse [-]**
NC-A	1	29.800	28	29***	C 20/25
NC-B	1	-	28	71*	C 50/60
HPC-C	1	48.500	28	94***	C 80/95
HPC-D	1	-	28	113*	C 90/105
HPC-E	1	-	28	119**	C 90/105

*Würfel 100 mm, **Würfel 150 mm, ***Zylinder 150 mm

3.4 Prüfrandbedingungen und Arbeitsprogramm

3.4.1 Voruntersuchungen und Festlegung der Prüfrandbedingungen

Um auf Basis der eingangs erwähnten Fragestellungen ein zielorientiertes Versuchsprogramm erarbeiten zu können, wurde zunächst evaluiert, in welchen Beanspruchungsbereichen wasserinduzierte Schädigungsmechanismen verstärkt wirken.

Wie dem zuvor dargestellten Bild 2-12 zu entnehmen ist, zeigen die Untersuchungen von HÜMME/41/ an hochfesten Betonprobekörpern, dass sich wasserinduzierte Schädigungsmechanismen mit sinkendem Oberpannungsniveau tendenziell verstärken. Speziell ab einem Ober- und Unterspannungsniveau von S_{max} = 0,65 und S_{min} = 0,05 zeigen die gemessenen Bruchlastwechselzahlen klimaraumgelagerter Proben, im Vergleich zu unter Wasser gelagerter und geprüfter Proben, eine starke Abweichung von mehr als einer Zehnerpotenz. Folglich stellt speziell dieses Ober- und Unterspannungsniveau einen geeigneten Kompromiss zwischen der Ausprägung wasserinduzierter Schädigungen und der erforderlichen Versuchslaufzeiten dar. Im Rahmen dieser Arbeit wurden die experimentellen Untersuchungen demzufolge mit einem bezogenen Ober- und Unterspannungsniveau von S_{max} = 0,65 und S_{min} = 0,05 durchgeführt. Wie in ELSMEIER /24/ und SCHNEIDER & MARX /79/ beschrieben, können hohe Prüffrequenzen im Ermüdungsversuch infolge der zyklischer Beanspruchung zu einer Probekörpererwärmung führen, die mit einem frühzeitigen Probekörperversagen einhergehen kann.

Um diesen Einflussfaktor in den experimentellen Untersuchungen dieser Arbeit ausschließen zu können, wurde im Rahmen von eigenen Voruntersuchungen zunächst der Einfluss der Prüffrequenz f_P auf die Bruchlastwechselzahl bzw. den Ermüdungswiderstand eines unter Wasser gelagerten und geprüften Betons untersucht. Geprüft wurden Probekörper des hochfesten Betons HPC-C, der Geometrie G-2 (h/d = 300/100 mm) und der Lagerungsbedingung WST. Die Prüffrequenz f_P variierte in dieser Untersuchung von 0,35 Hz über 1,0 Hz und 5,0 Hz bis hin zu 10,0 Hz. Bild 3-4 zeigt die Abhängigkeit zwischen der logarithmierten Bruchlastwechselzahl und der Belastungsfrequenz f_P. Hierbei sind die Einzelwerte der Messergebnisse kreisförmig und die Mittelwerte rautenförmig dargestellt.

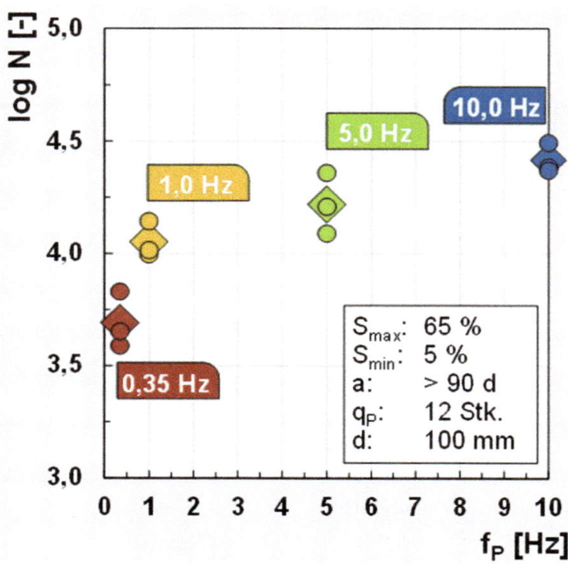

Bild 3-4: Ermüdungswiderstand unter Wasser gelagerter und geprüfter Proben in Abhängigkeit der Prüffrequenz

Aus Bild 3-4 ist ersichtlich, dass die Belastungsfrequenz einen wesentlichen Einfluss auf den Ermüdungswiderstand des Betons ausübt. Die Probekörper, die mit der niedrigsten Belastungsfrequenz von 0,35 Hz geprüft wurden, weisen die niedrigsten Bruchlastwechselzahlen ($\log N_f$ = 3,69) auf. Die höchsten Bruchlastwechselzahlen wurden hingegen bei der höchsten getesteten Belastungsfrequenz von 10,0 Hz erreicht ($\log N_f$ = 4,42). Demzufolge verstärken sich wasserbedingte Schädigungseffekte, wie auch in Sørnesen et al. /82/ beschrieben, mit sinkender Beanspruchungsfrequenz. Das in Elsmeier /24/ beschriebene Phänomen eines vorzeitigen Probekörperversagens infolge erhöhter Belastungsfrequenz kann somit bei unter Wasser gelagerten und geprüften Betonproben nicht bestätigt werden. Um jedoch insbesondere bei den versiegelt an der Luft geprüften Probekörpern der Lagerungsbedingungen D, C, M und WS einen guten Kompromiss zwischen der entstehenden Probekörpertemperatur und der erforderlichen Versuchslaufzeiten gewährleisten zu können, wurden die Ermüdungsversuche dieser Arbeit mit einer moderaten Prüffrequenz von f_P = 1,0 Hz durchgeführt.

3.4.2 Festlegung des Arbeitsprogramms

Das Arbeitsprogramm gliedert sich in sieben Arbeitspakete (AP-1 bis AP-7). Die Arbeitspakete AP-1, AP-2, AP-3, AP-4 und AP-7 bilden hierbei experimentell orientierte und die Arbeitspakte AP-5 und AP-6 theoretisch orientierte Arbeitspakete aus. Insgesamt werden im Rahmen dieser Arbeit ca. 100 Probekörper, sowohl unter monoton steigender als auch unter zyklischer Beanspruchung, untersucht und analysiert.

Im Arbeitspaket 1 (AP-1) wird zunächst die Wirkung des Wassers auf den Ermüdungswiderstand in Versuchsreihen mit unterschiedlichen Feuchtezuständen (getrocknet, lufttrocken, versiegelt, unter Wasser) untersucht. Von speziellem Interesse sind dabei die Unterschiede in den Bruchlastwechselzahlen zwischen versiegelten und unter Wasser geprüften, sowie zwischen getrockneten und an Luft gelagerten Proben. Die Proben werden wie in Kapitel 3.3.2 dargestellt konditioniert. Neben den Bruchlastwechselzahlen werden zudem die Längenänderung der Proben mit Hilfe von Laserdistanzsensoren (vgl. Kapitel 3.7) zur Ermittlung des Dehnungs- und Steifigkeitsverhaltens sowie der Entwicklung der dissipierten Energie erfasst. Parallel dazu werden mit Hilfe der Schallemissionsanalyse (vgl. Kapitel 3.7) Bruchvorgänge im Innern der Probe erfasst und vergleichend ausgewertet. Hierzu werden spezielle Schallsensoren verwendet, die für den Einsatz unter Wasser geeignet sind. Die Versuche dieses Arbeitspaketes werden an Proben des hochfesten Betons HPC-D und des normalfesten Betons NC-B der Probengröße G-2 durchgeführt. Tabelle 3-9 stellt den Umfang der Versuche dieses Arbeitspaktes zusammenfassend dar.

Tabelle 3-9: Übersichtstabelle der Versuche des AP-1

Betonart	Belastung	S_{max}/ S_{min} [-]	f_P [Hz]	Lagerungsbedingung / Feuchtezustand				
				WST	WS	M	C	D
HPC-D	Statisch	-	-	3		3	3	3
	Zyklisch	0,65/ 0,05	1,0	3	3	3	2	1
NC-B	Statisch	-	-	3		3	3	3
	Zyklisch	0,65/ 0,05	1,0	3	3	3	2	-

Im Arbeitspaket 2 (AP-2) werden „Rand"- und „Kernzoneneffekte" wasserinduzierter Schädigungsmechanismen voneinander abgegrenzt, indem der Ermüdungswiderstand bei unterschiedlichen Probengrößen ausgewertet wird. Die Probendurchmesser staffeln sich hierbei von 60 mm über 100 mm bis hin zu 300 mm. Die Versuche werden an Proben der hochfesten Betone HPC-C und HPC-D im Feuchtezustand WST (unter Wasser) durchgeführt. Die nachfolgende Tabelle 3-10 stellt den Umfang der Versuche dieses Arbeitspaketes zusammenfassend dar.

Tabelle 3-10: Übersichtstabelle der Versuche des AP-2

Betonart	Belastung	S_{max}/ S_{min} [-]	f_P [Hz]	Lagerung	Probengröße [mm]		
					900/300	300/100	180/60
HPC-C	Statisch	-	-	WST	3	3	-
	Zyklisch	0,65/ 0,05	1,0	WST	3	3	-
HPC-D	Statisch	-	-	WST	-	3	3
	Zyklisch	0,65/ 0,05	1,0	WST	-	3	3

Im Arbeitspaket 3 (AP-3) wird der Einfluss der Betondruckfestigkeit auf den Ermüdungswiderstand zyklisch beanspruchter wassergesättigter Betone untersucht. Hierfür werden neben dem hochfesten Beton HPC-D und dem normalfesten Beton NC-B die drei weiteren Betone NC-A, HPC-C und HPC-E untersucht. Erfasst wird in diesen Untersuchungen ausschließlich der Ermüdungswiderstand in Form von der Bruchlastwechselzahl. Die Versuche dieses Arbeitspakets werden an Proben der Größe G-2, die der Lagerungsbedingung WST unterlagen, durchgeführt. Tabelle 3-11 stellt den Umfang der Versuche dieses Arbeitspaktes zusammenfassend dar.

Tabelle 3-11: Übersichtstabelle der Versuche des AP-3

Betonart	Belastung	S_{max}/ S_{min} [-]	f_P [Hz]	Lagerungsbedingung / Feuchtezustand				
				WST	WS	M	C	D
NC-A	Statisch	-	-	3	-	-	-	-
	Zyklisch	0,65/ 0,05	1,0	3	-	-	-	-
HPC-C	Statisch	-	-	3	-	-	-	-
	Zyklisch	0,65/ 0,05	1,0	3	-	-	-	-
HPC-E	Statisch	-	-	3	-	-	-	-
	Zyklisch	0,65/ 0,05	1,0	3	-	-	-	-

Im Arbeitspaket 4 (AP-4) wird neben der Wirkung des Wassers auf den Ermüdungswiderstand zudem dessen Auswirkung auf das Ermüdungsverhalten untersucht. Im Fokus steht hierbei die Analyse des Dehnungs- und Steifigkeitsverhaltens, die Entwicklung der dissipierten Energie und die Schallemissionsaktivität der in AP-1 durchgeführten Versuche des hochfesten Betons HPC-D der Lagerungsbedingungen D, C M, WS und WST. Neben der axialen Verformung wird im Rahmen einer zusätzlichen Versuchsserie an Proben des NC-B (vgl. Tabelle 3-12) zudem der Einfluss des Wassers auf die Entwicklung der Querdehnzahl ermittelt. Des Weiteren erfolgt ebenfalls die Analyse der Schallemissionsaktivität wassergesättigter Proben des NC-A, NC-B, HPC-C und HPC-E.

Tabelle 3-12: Übersichtstabelle der Versuche des AP-5

Betonart	Belastung	S_{max}/ S_{min} [-]	f_P [Hz]	Lagerung	Probengröße [mm]	Längs- und Querdehnung
NC-B	Statisch	-	-	WS	300/100	3
	Zyklisch	0,65/ 0,05	1,0	WS	300/100	3
NC-B	Statisch	-	-	C	300/100	3
	Zyklisch	0,65/ 0,05	1,0	C	300/100	3

Basierend auf den gesammelten Erkenntnissen der Arbeitspakete AP-1 und AP-3 wird im Rahmen des Arbeitspaketes 5 (AP-5) ein Modellansatz zur Prognose des Ermüdungswiderstandes unter Berücksichtigung der Betonfeuchte entwickelt. Dieser ermöglicht eine quantitative Berücksichtigung wasserinduzierter Ermüdungsschädigungen und den Vorschlag von feuchteabhängigen Wöhlerlinien.

Basierend auf den gesammelten Erkenntnissen der Arbeitspakte AP-1 bis AP-4 wird zudem im Rahmen des Arbeitspaketes 6 (AP-6) ein auf den Grundprinzipien der Strömungsmechanik basierendes Ingenieurmodell entwickelt, das einen wirkenden Porenwasserdruck innerhalb der nanoporösen Struktur des Zementsteins als Schädigungsmechanismus wasserinduzierter Schädigungen plausibilisieren soll.

Im Arbeitspaket 7 (AP-7) werden abschließend orientierende Ergänzungsuntersuchungen durchgeführt, um das entwickelte Ingenieurmodell aus AP-6 zu untermauern. Von besonderem Interesse sind hierbei infolge der zyklischen Beanspruchung hervorgerufene Wassertransportvorgänge sowie Porenstrukturveränderungen innerhalb der nanoporösen Struktur des Zementsteins. Erfasst werden sollen diese sowohl mittels Kernspinresonanzspektroskopie (NMR-Spektroskopie) sowie mittels Quecksilberdruckporosimetrie und Gassorptionsmessungen. Die Analyse der Porenstruktur erfolgt hierbei an Proben des NC-B aus AP-2. Die ablaufenden Wassertransportvorgänge werden hingegen mittels der kleinformatigen Proben des HPM-A analysiert. Tabelle 3-13 stellt den Umfang der Versuche dieses Arbeitspaketes zusammenfassend dar.

Tabelle 3-13: Übersichtstabelle der Versuche des AP-7

Betonart	Belastung	S_{max}/ S_{min} [-]	f_P [Hz]	Lagerung	Probengröße [mm]	NMR-Spektroskopie
HPM-A	Statisch	-	-	WS	30/10	3
	Zyklisch	0,65/ 0,05	1,0	WS	30/10	3

Einen allgemeinen Überblick der die im Rahmen dieser Arbeit durchgeführten experimentellen Untersuchungen und deren Randbedingungen gibt abschließend die folgenden Tabelle 3-14.

Tabelle 3-14: Übersicht der experimentellen Untersuchungen

<table>
<tr><th colspan="13">Material</th></tr>
<tr><td>NC-A</td><td colspan="4">NC-B</td><td>HPC-C</td><td colspan="5">HPC-D</td><td>HPC-E</td><td>HPM-A</td></tr>
<tr><th colspan="13">Lagerungs- und Prüfrandbedingung</th></tr>
<tr><td>WST</td><td>WST</td><td>WS</td><td>M</td><td>C</td><td>WST</td><td>WST</td><td>WS</td><td>M</td><td>C</td><td>D</td><td>WST</td><td>WS</td></tr>
<tr><th colspan="13">Versuche</th></tr>
<tr><td colspan="13">statische Druckfestigkeit</td></tr>
<tr><td colspan="12">dynamischer Elastizitätsmodul</td><td></td></tr>
<tr><td colspan="13">Ermüdungsversuch (Ermüdungswiderstand/ Ermüdungsverhalten)</td></tr>
<tr><th colspan="13">Probekörpergröße</th></tr>
<tr><td></td><td></td><td></td><td></td><td></td><td>900/300</td><td></td><td></td><td></td><td></td><td></td><td></td><td></td></tr>
<tr><td colspan="12">300/100</td><td></td></tr>
<tr><td></td><td></td><td></td><td></td><td></td><td></td><td>180/60</td><td></td><td></td><td></td><td></td><td></td><td></td></tr>
<tr><td></td><td></td><td></td><td></td><td></td><td></td><td></td><td></td><td></td><td></td><td></td><td></td><td>30/10</td></tr>
<tr><th colspan="13">Bezogene Ober- / Unterspannung (S_{max}, S_{min})</th></tr>
<tr><td colspan="13">0,65/0,05</td></tr>
<tr><th colspan="13">Prüffrequenz (Hz)</th></tr>
<tr><td></td><td></td><td></td><td></td><td></td><td>0,35</td><td></td><td></td><td></td><td></td><td></td><td></td><td></td></tr>
<tr><td colspan="13">1,0</td></tr>
<tr><td></td><td></td><td></td><td></td><td></td><td>5,0</td><td></td><td></td><td></td><td></td><td></td><td></td><td></td></tr>
<tr><td></td><td></td><td></td><td></td><td></td><td>10,0</td><td></td><td></td><td></td><td></td><td></td><td></td><td></td></tr>
</table>

3.4.3 Versuche unter monoton steigender Beanspruchung

Für die Ermittlung der bezogenen Ober- und Unterspannung innerhalb der Ermüdungsuntersuchungen wird als Bezugskenngröße die Druckfestigkeit des Betons herangezogen. Ermittelt wurde diese Referenzdruckfestigkeit f_{cm} an mindestens drei Probekörpern derselben Charge und Geometrie, die den identischen Lagerungs- und Präparationsrandbedingungen unterlagen wie die Proben der anschließenden Ermüdungsuntersuchungen. Die Bestimmung der Referenzdruckfestigkeit erfolgte nach DIN EN 12390-3 (2019) mit einer Spannungsgeschwindigkeit von 0,5 MPa/s.

3.4.4 Versuche unter zyklischer Beanspruchung

Im Rahmen dieser Arbeit wurden ausschließlich einaxiale Druckschwellversuche mit einer sinusförmigen Belastung durchgeführt. Die bezogenen Ober- und Unterspannung wurde, wie in Kapitel 3.4.1 beschrieben in allen Versuchen einheitlich zu $S_{max} = 65$ % und $S_{min} = 5$ % der Referenzdruckfestigkeit gewählt. Die zyklische Belastung wurde in allen Versuchen kraftgeregelt mit einer Prüffrequenz von 1,0 Hz aufgebracht.

Um mögliche Setzungserscheinungen aus den Versuchsaufbauten zu vermeiden, wurden die Probekörper der Probengrößen G-2 und G-3 vor dem Beginn der zyklischen Beanspruchung zunächst mit dem in DIN 1048-5 /12/ dargestellten Spannungs-Zeitverlauf des statischen Elastizitätsmoduls beansprucht. Daran anschließend wurde die Mittellast mit einer Belastungsgeschwindigkeit von 0,5 MPa/s angefahren und darauffolgend die sinusförmige Beanspruchung aufgebracht. Um den Einfluss wasserinduzierter Schädigungen erfassen, beschreiben und quantifizieren zu können, wurden alle Ermüdungsversuche entweder bis zum vollständigen Versagen oder bis zu einer definierten Anzahl an Lastwechseln geprüft. Im zweiten Fall (definierte Anzahl an Lastwechseln) handelt es sich um einen abgebrochenen Versuch ohne ein Versagen des Probeköpers. Die tatsächliche Bruchlastwechselzahl dieser Probeköper ist unbekannt, liegt aber in jedem Fall über dem markierten Wert. Solche sogenannten „Abbrecher-Proben“ werden in den entsprechenden Diagrammen mit einem Pfeil gekennzeichnet.

3.5 Prüfmaschinentechnik

Aufgrund der verschiedenen Probekörpergrößen wurden die Versuche, angepasst an die jeweiligen Anforderungen, an unterschiedlichen Prüfmaschinen durchgeführt. Zum Einsatz kamen im Rahmen der Ermüdungsuntersuchungen, neben einer servo-hydraulischen Universalprüfmaschine des Unternehmens Walter+Bai GmbH mit einer Maximallast von 2,5 MN, eine servo-hydraulischen Universalprüfmaschine des Unternehmens IST mit einer Maximallast von 10 MN sowie eine servo-hydraulische Universalprüfmaschine des Unternehmens ZwickRoell GmbH & Co. KG mit einer Maximallast von 10 kN. Die Lastaufbringung innerhalb der durchgeführten Druckschwellversuche erfolgte, mit Ausnahme der Versuche unter monoton steigender Beanspruchung der Probekörper der Größe G-1, kraftgeregelt gemäß DIN EN 12390-3 /19/ mit einer Spannungsgeschwindigkeit von 0,5 MPa/s. Die Probekörper der statischen Versuche der Größe G-1 wurden hingegen weggeregelt mit einer Belastungsgeschwindigkeit von 0,9 mm/min bis zum vollständigen Versagen geprüft. Diese Belastungsgeschwindigkeit entspricht, unter der Annahme einer ähnlichen Bruchdehnung, tendenziell der Spannungsgeschwindigkeit der Probekörper G-2. Im Falle der 2,5 MN Universalprüfmaschine ist der sich bewegende Zylinder im unteren Teil der Maschine verbaut und appliziert somit die Kraft von unten. Die Kraftmessdose mit einer Nennlast von max. 2,5 MN ist hingegen im starren oberen Teil (Querhaupt) verbaut. Die servo-hydraulischen Prüfmaschinen mit einer Nennlast von 10 MN sowie 10 kN applizieren hingegen die Kraft von oben. Bild 3-5 bildet die verwendeten servo-hydraulischen Universalprüfmaschinen dieser Arbeit ab.

  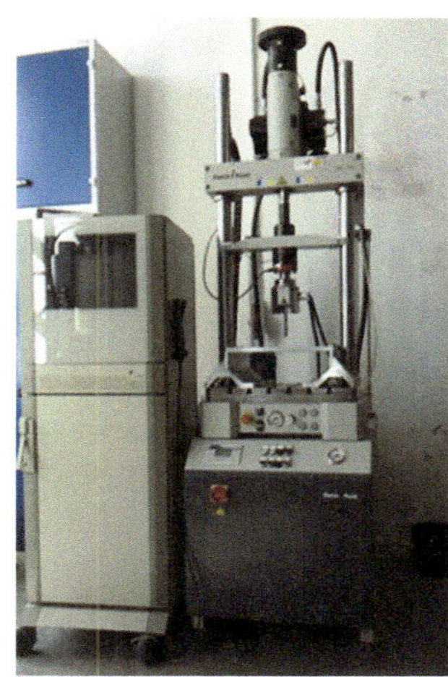

Bild 3-5: Servo-hydraulische Prüfmaschinen links: 10 MN Prüfmaschine, Mitte: 2,5 MN Prüfmaschine; rechts: 10 kN Prüfmaschine

Die Prüfung der 28-Tage Druckfestigkeiten an den Würfeln mit einer Kantenlänge von 100 mm wurde hingegen an einer 5 MN-Universalprüfmaschine des Unternehmens Toni Technik Baustoffprüfsysteme GmbH durchgeführt.

3.6 Versuchsaufbauten

Die experimentellen Untersuchungen unter monoton steigender Beanspruchung zur Bestimmung der Referenzfestigkeit f_{cm}, sowie die Versuche unter zyklischer Beanspruchung wurden in speziell entwickelten Versuchsaufbauten durchgeführt. Die Besonderheit der entwickelten Versuchsaufbauten liegt in einem Wasserbassin, welches sowohl Versuche in trockener Umgebungsbedingung als auch Versuche vollkommen unter Wasser ermöglicht. Aufgrund der unterschiedlichen Probekörpergrößen wurden drei verschiedene Versuchsaufbauten verwendet, die in Bild 3-6 schematisch und in Bild 3-7 fotografisch dargestellt sind.

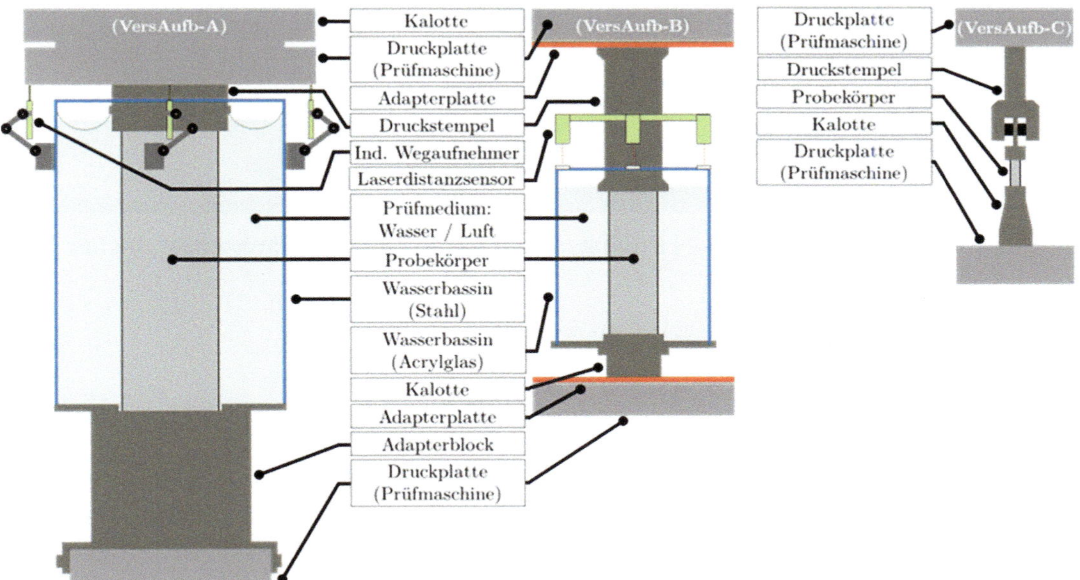

Bild 3-6: Schematische Darstellung der Versuchsaufbauten links: 10 MN Prüfmaschine, Mitte: 2,5 MN Prüfmaschine, rechts: 10 kN Prüfmaschine

Die Probekörper der Größe G-1 wurden in dem Versuchsaufbau A (VersAufb-A) geprüft. Dieser besteht aus einem feuerverzinkten Stahlrohr mit den Abmessungen h/d = 1050/600 mm. Das Wasservolumen im Wasserbassin beträgt ca. 200 Liter. Der Anschluss des Versuchsstands an die Prüfmaschine (Universalprüfmaschine

10 MN) erfolgte im oberen Bereich über eine stählerne Adapterpatte und im unteren Bereich über einen quadratischen massiven Stahlquader mit den Abmessungen l/b/h = 500/500/500 mm. Die Adapterplatte im oberen Bereich ragte um ca. 100 mm in das Wasserbassin hinein, wodurch eine Prüfung vollständig unter Wasser ermöglicht wurde.

Für die Probekörper Größe G-2 und G-3 wurde basierend auf der Konstruktion des Versuchsaufbaus A ein zweiter Versuchsaufbau B (VersAufb-B) entwickelt. Bei diesem wurde die stählerne Außenhaut des Wasserbassins durch ein transparentes Acrylglasrohr ersetzt. Der Anschluss des Versuchsstands an die Prüfmaschine (Universalprüfmaschine 2,5 MN) erfolgte im oberen Bereich über einen stählernen massiven Stempel und im unteren Bereich über eine Kugelkalotte. Das verwendete Acrylglasrohr weist die Abmessungen h/d = 400/340 mm auf und besitzt eine Wanddicke von s = 20 mm. Hieraus ergibt sich ein Wasservolumen im Versuch von ca. 20 Litern. Die axiale Verformung wird in Abhängigkeit der Versuchsaufbauten mit drei Laserdistanzsensoren (VersAufb-A) oder drei induktiven Wegaufnehmern (VersAufb-B) erfasst. In beiden Fällen wurden die Sensoren zur Dehnungsmessung um 120° (0°, 120° und 240°) versetzt um die Probe positioniert. Im Falle der Laserdistanzsensoren wurde auf matt-weiße Messpunkte, die auf der oberen Stirnfläche des Wasserbassins appliziert waren, gemessen (vgl. Bild 3-6, Mitte). Die induktiven Wegaufnehmer im Versuchsaufbau A (VersAufb-A) wurden hingegen im oberen Bereich des Wasserbassins mittels Magnet-armstativhaltern befestigt. Als Messpunkt diente die obere Krafteinleitungsplatte der Prüfmaschine (vgl. Bild 3-6, links). Die kleinsten Proben der Größe G-4 wurden hingegen in Versuchsaufbau C (VersAufb-C) geprüft. Die Proben dieser Geometrie wurden ausschließlich versiegelt an der Luft untersucht.

Bild 3-7: Versuchsaufbauten links: 10 MN Prüfmaschine, Mitte: 2,5 MN Prüfmaschine, rechts: 10 kN Prüfmaschine

3.7 Messtechnik

Kraftmessung

Eine elementare Messgröße, nicht nur in den Versuchen unter monoton steigender Beanspruchung, sondern ebenfalls im Rahmen der zyklischen Versuche, ist die Prüfkraft. Diese dient einerseits zur Überprüfung der auf den Probekörper applizierten Belastung im Ermüdungsversuch, und andererseits geht die Prüfkraft als ein empfindlicher Parameter in die spätere Messdatenauswertung (z.B. Steifigkeitsdegradation) ein. Erfasst wurde die Prüfkraft in allen drei verwendeten Prüfmaschinen mittels einer fest verbauten und kalibrierten Kraftmessdose.

Dehnungsmessung

Die Erfassung der Dehnungen in axialer Richtung erfolgte angepasst an die jeweiligen Versuchsaufbauten mit unterschiedlichen Messmitteln. Zum Einsatz kamen, wie im vorherigen Kapitel erwähnt, sowohl Laser-Distanzsensoren, als auch induktive Wegaufnehmer. Die Aufzeichnung der Messdaten erfolgte sowohl in den Versuchen unter monoton steigender als auch unter zyklischer Beanspruchung kontinuierlich über die gesamte Versuchslaufzeit. Die Messrate betrug in allen Versuchen konstant 300 Hz. Die Dehnungen in axialer Richtung der Probekörper der Größe G-2 wurden mit drei um jeweils 120 ° zueinander versetzten Laser-Distanzsensoren des Unternehmens Welotec GmbH vom Typ AWLG 008 S erfasst. Es handelt sich hierbei um Laser-Distanzsensoren mit einem Messbereich von 26 - 34 mm, einer Auflösung von 0,5 µm und einer Linearitätsabweichung von 0,008 mm bei einer maximalen Messfrequenz von bis zu 5.000 Hz. Der verwendete Lasertyp basiert auf dem Prinzip der Triangulation und wurde im Rahmen der Kalibrierung auf Klasse 0,5 geprüft. Aufgrund der hohen benötigten Versorgungsspannung wurden die Laser dieses Typs mit einer externen Stromversorgung gespeist, bevor sie in den Universalmessverstärker des Unternehmens HBM vom Typ Quantum MX840 der Prüfmaschinenregelung eingebunden wurden. Für die Probekörper mit der Größe G-3 wurden die Dehnungen in axialer Richtung ebenfalls mit drei um jeweils 120 ° zueinander versetzten Laser-Distanzsensoren des Unternehmens Welotec GmbH erfasst. Aufgrund der reduzierten Probekörperhöhe und der daraus resultierenden Anpassungen am Versuchsaufbau erfolgten die Dehnungsmessung dieser Versuche jedoch mit kleineren Laser-Distanzsensoren vom Typ OWLG 4003 AA S2. Es handelt sich hierbei um Laser-Distanzsensoren mit einem Messbereich von ± 5 mm, einer Auflösung von 2 - 5 µm und einer Linearitätsabweichung von 0,006 - 0,015 mm bei einer maximalen Messfrequenz von bis zu 1.100 Hz. Der verwendete Lasertyp basiert ebenfalls auf dem Prinzip der Triangulation. Eingebunden wurden diese Sensoren ohne eine externe Stromversorgung direkt in den Universalmessverstärker der Prüfmaschinenregelung. Die Erfassung der axialen Dehnung der Probekörper der Größe G-1 erfolgte hingegen mit drei um jeweils 120 ° zueinander versetzten induktiven Wegaufnehmern des Unternehmens HBM. Es handelt sich hierbei um Feinwegtaster mit einem Messbereich von 50 mm, die ebenfalls direkt in den Universalmessverstärker der Prüfmaschine eingebunden wurden.

Neben der Erfassung der Dehnungen in axialer Richtung (vertikal) wurden in ausgewählten Versuchen zudem die auftretenden Dehnungen in horizontaler Richtung mittels Dehnungsmessstreifen (DMS) bestimmt. Hierfür wurden DMS des Unternehmers HBM vom Typ 50/120 CLY41-3L-0.5M verwendet, die eine auf das Größtkorn (NC-B, Gk = 8 mm) abgestimmte Gitterlänge von 50 mm aufwiesen. Zur Erfassung der Querdehnung wurden jeweils drei DMS um jeweils 120° versetzt zueinander in der mittleren Höhe der Probeköper appliziert.

Schallemissionsmessung

Im Rahmen der durchgeführten Untersuchungen wurde neben der Dehnungsentwicklung eine Messung von Schallemissionsereignissen, den sogenannten Hits, vorgenommen. Eingesetzt wurde hierbei ein Messgerät des Unternehmens GMA-Werkstoffprüfung GmbH. Die Schallereignisse wurden mittels piezoelektrischer Sensoren vom Typ HD 2 WD mit einem Frequenzbereich von 250 – 1.600 kHz aufgezeichnet. Zum Einsatz kamen sechs um 60° versetzt zueinander, alternierend im oberen und unteren Drittel, auf der Mantelfläche des Probekörpers applizierte Sensoren. Appliziert wurden die Sensoren mittels herkömmlichem Heißkleber, der zeitgleich ebenfalls als Koppelmittel diente. Zudem waren die Sensoren sowohl für den Einsatz unter Wasser als auch an der Luft konzipiert.

Temperaturmessung

Um die Probekörpertemperatur während des Ermüdungsversuches überwachen und um mögliche Verformungen des Prüfaufbaus infolge eines Temperaturanstiegs berücksichtigen zu können, wurde die Oberflächentemperatur der Probekörper und des Versuchsaufbaus an verschiedenen Stellen mittels Thermoelemente erfasst. Hierbei erfolgte die Messung der Probekörpertemperatur an drei Messstellen verteilt über die Höhe (obere, mittlere und untere Sektion) des Probekörpers. Die genaue Positionierung der Thermoelemente am Versuchsaufbau ist dem Bild 3-8 zu entnehmen.

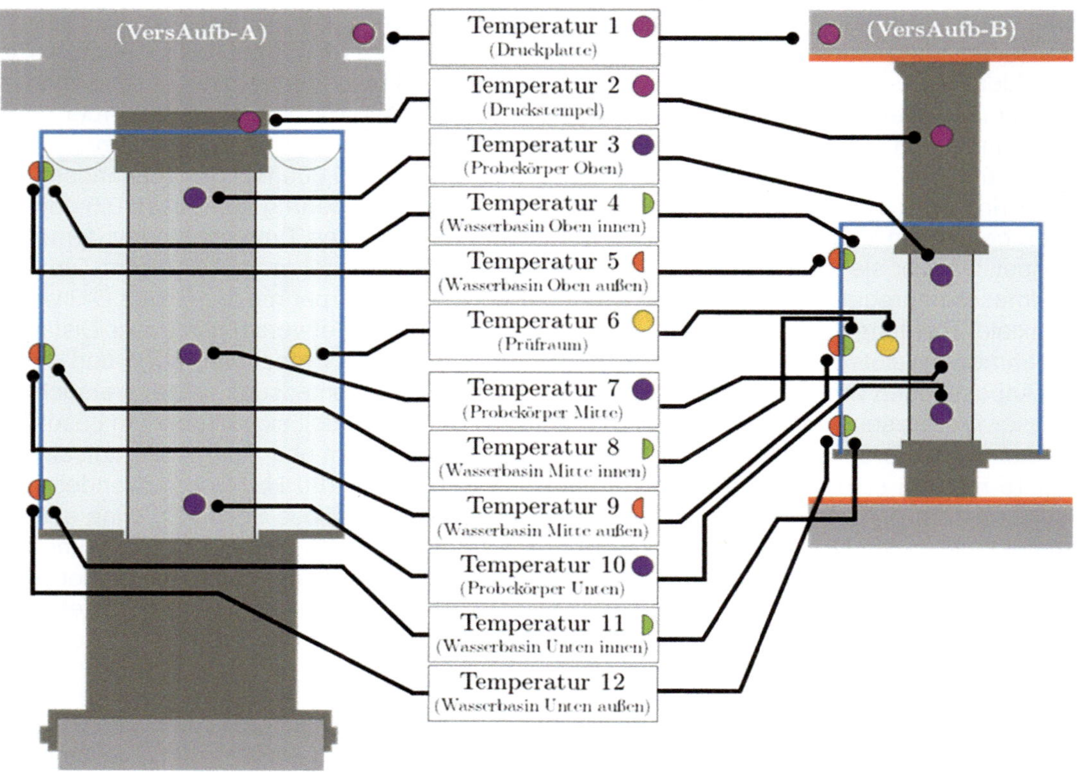

Bild 3-8: Position der Temperaturmessstellen der Aufbauten VersAuf-A und VersAuf-B

Eingesetzt wurden Thermoelemente vom Hersteller RS Components GmbH des Typs „K". Eine genaue Positionierung der gesamten Messtechnik am Probekörper kann dem nachfolgenden Bild 3-9 und Bild 3-10, beispielhaft für einen Probekörper der Größe G-2, entnommen werden. Bild 3-9 zeigt hierbei einen unversiegelten Probekörper der Lagerungsbedingung WST. Bild 3-10 hingegen zeigt die Applikation der Messtechnik an den versiegelten Proben der Lagerungsbedingungen WS, M, C und D.

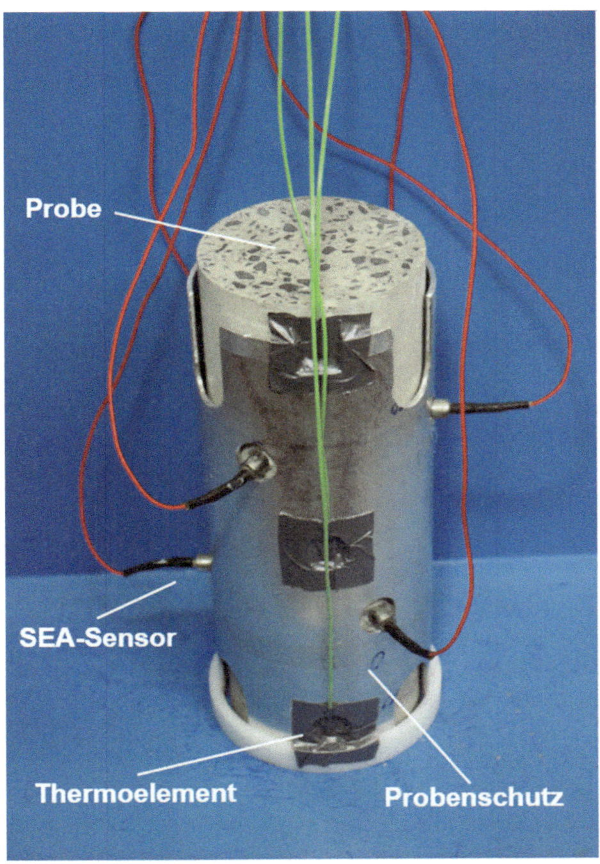

Bild 3-9: Applikationsübersicht der Messtechnik an den Proben der Lagerungsbedingung WST (Prüfung unversiegelt unter Wasser)

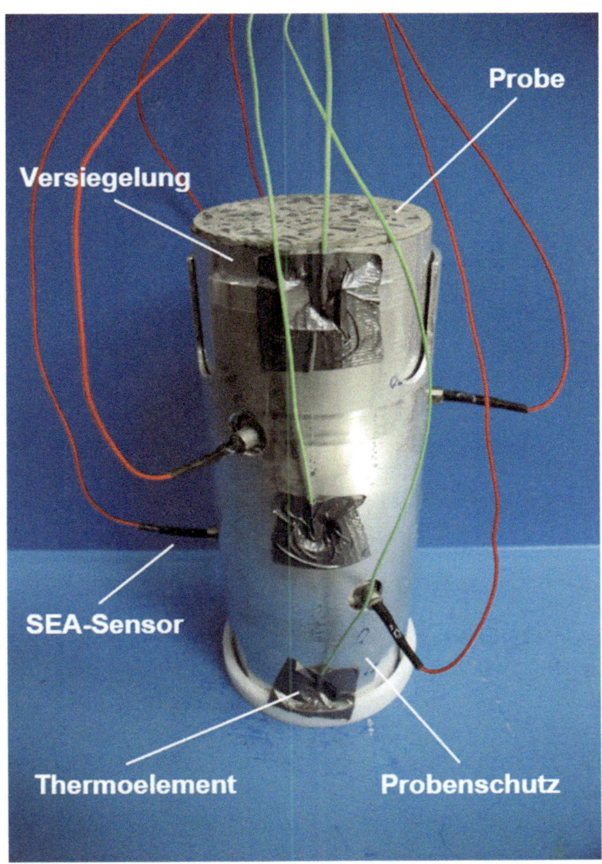

Bild 3-10: Applikationsübersicht der Messtechnik an den Proben der Lagerungsbedingungen WS, M, C, D (Prüfung versiegelt an der Luft)

3.8 Messdatenaufbereitung und -auswertung

3.8.1 Bruchlastwechselzahl

Der Ermüdungswiderstand von Beton wird üblicherweise durch die Bruchlastwechselzahl N_f ausgedrückt. Diese kann in Abhängigkeit der Prüfrandbedingungen (z. B. Beanspruchungsniveau, Lagerungsbedingung der Probekörper) um bis zu mehrere Zehnerpotenzen variieren. Aufgrund der großen Spannweite der Bruchlastwechselzahlen erfolgt die Darstellung der Bruchlastwechselzahl üblicherweise in Form von Wöhlerdiagrammen. In diesen wird die Bruchlastwechselzahl N_f im logarithmischen Maßstab auf der Abszissenachse über die bezogene Oberspannung S_{max} auf der Ordinatenachse dargestellt. Zu beachten sei an dieser Stelle, dass Unterschiede in den Bruchlastwechselzahlen mit steigender Größenordnung dieser gestaucht werden. Des Weiteren unterliegen Wiederholungsversuche im Bereich der Betonermüdung, wie in Kapitel 2.1.3 erwähnt, zum Teil erheblichen Streuungen, die hauptsächlich auf Streuungen innerhalb der Betondruckfestigkeit zurückgeführt werden. Für die Bewertung und Interpretation des Ermüdungswiderstandes werden die logarithmierten Bruchlastwechselzahlen $\log N_f$ üblicherweise als Mittelwerte $\log N_{f,m}$ ausgewertet. Im Rahmen dieser Arbeit werden nach Gleichung 3.3 zunächst die Bruchlastwechselzahlen N_f logarithmiert ($\log N_f$) und abschließend diese gemittelt ($\log N_{f,m}$).

$$log\ N_{f,m} = \frac{\sum_{i=1}^{n} log\ N_i}{n} \tag{3.3}$$

Aufgrund der Regelungstechnik der verwendeten Prüfmaschinen kam es zu Beginn der zyklischen Beanspruchung im Bereich der Einschwingphase teilweise zu einem leichten Über- bzw. Unterschwingen der angestrebten Spannungsamplitude. Hierbei wich die aufgebrachte Prüfkraft von der Sollkraft ab. Anlehnend an die

DIN 50100 /14/, in der die Durchführung von Schwingfestigkeitsversuchen von metallischen Werkstoffen geregelt wird, wurden Lastwechsel bei denen eine Abweichung der Istkraft zur Sollkraft von mehr als 3,0 % auftrat, im Rahmen den Auswertungen vernachlässigt. Die Auswertung der Versuchsergebnisse erfolgte einheitlich beginnend mit dem 10. Lastwechsel.

3.8.2 Dehnungs- und Steifigkeitsentwicklung

Monoton steigende Beanspruchung

Ausgewertet wurde das arithmetische Mittel der drei um 120° versetzt zueinander angeordneten Laserdistanzsensoren. Vor dem Beginn der Messdatenaufzeichnung wurden zunächst alle Probekörper mit einer Vorlast von 5 kN beaufschlagt. Dieses Vorgehen erfüllt den Zweck, mögliche Setzungserscheinungen einzelner Komponenten des Versuchsaufbaus ausschließen zu können. Nach Erreichen der 5 kN Vorlast wurden die Laserdistanzsensoren genullt und der Versuch gestartet. Folglich sind in den Auswertungen dieser Arbeit mögliche Verformungen infolge der 5 kN Vorlast nicht enthalten. Weiterhin wird im Rahmen dieser Arbeit die Druckfestigkeit f_c unter monoton steigender Beanspruchung als Maximalwert der ertragbaren Beanspruchung definiert. Der zur Druckfestigkeit f_c gehörende Wert der Dehnung unter monoton seigender Beanspruchung ε_c wird weiterführend als Bruchdehnung definiert.

Zyklische Beanspruchung

Analog zur Vorgehensweise unter monoton steigender Beanspruchung wurde ebenfalls im Falle der zyklischen Beanspruchung zunächst eine Vorlast von 5 kN auf die Probekörper aufgebracht und anschließend die Laserdistanzsensoren „genullt". Demzufolge sind ebenfalls in den Messdaten der zyklischen Beanspruchung mögliche Verformungen infolge der 5 kN Vorlast nicht enthalten. Für die Auswertung der in Kapitel 2.1.4 beschriebenen Dehnungsverläufe bei Ober- und Unterspannung wurden im Rahmen der Messdatenauswertung zunächst die Extremwerte der Axialverformung bei maximaler Kraft F_{max} und minimaler Kraft F_{min} herausgefiltert. Anschließend erfolgte unter Berücksichtigung der Probenlänge eine Berechnung der Probekörperstauchung, die im Folgenden als Probekörperdehnung bezeichnet wird. Die berechneten Dehnungen werden im Rahmen dieser Arbeit zur besseren Darstellung als positive Werte (multipliziert mit dem Wert minus eins) angegeben. Die berechneten Dehnungswerte besitzen die Verhältniseinheit Promille. Aufgrund von Temperaturschwankungen der Raumluft kann es zu einer Beeinflussung des Messsignals kommen, wodurch Dehnungen erfasst werden, die in keinem direkten Zusammenhang mit der infolge der Ermüdungsbeanspruchung induzierten Probekörperdehnung stehen. Diese temperaturbedingten Dehnungen können sich mit sowohl positivem als auch negativem Vorzeichen auf die ermüdungsbedingten Dehnungen auswirken. Fälschlicherweise erfasste Dehnungsanteile infolge von Temperaturschwankungen der Raumluft wurden daher bei der Dehnungsauswertung berücksichtigt und herausgerechnet.

Die Dehnung infolge zyklischer Druckschwellbeanspruchung errechnet sich abzüglich der elastischen und temperaturbedingten Dehnungsanteile wie folgt dargestellt.

$$|\varepsilon| = |\varepsilon_{ges}| - |\varepsilon_{el}| - |\varepsilon_{\Delta T}| \tag{3.4}$$

mit:

$$|\varepsilon_{el}| = \sigma_{max}/E_S \tag{3.5}$$

mit:

$E_S = 210.000\ N/mm^2$

$$|\varepsilon_{\Delta T}| = -\Delta T_{m,Beton} \cdot \alpha_{T,Beton} + \Delta T_{m,Acryl} \cdot \alpha_{T,Acrly} - \Delta T_{Stahl} \cdot \alpha_{T,Stahl} \quad (3.6)$$

mit: $\alpha_{T,Beton} = 1{,}1 \cdot 10^{-5}\ K^{-1}$

(HÜMME /41/)

$\alpha_{T,Stahl} = 1{,}2 \cdot 10^{-5}\ K^{-1}$

(/87/)

$\alpha_{T,Acryl} = 7{,}0 \cdot 10^{-5}\ K^{-1}$

(/88/)

Ermüdungsversuche versagen üblicherweise explosionsartig. Um dieses sehr abrupte Versuchsende, dass in jedem Versuch individuell variiert, zielsicher erfassen zu können, blieben in Anlehnung an die in ONESCHKOW /63/ und HÜMME /41/ beschriebenen Vorgehensweisen die letzten drei Lastwechsel in der Messdatenauswertung unberücksichtigt. Wird nachfolgend von der Bruchdehnung unter zyklischer Beanspruchung gesprochen, bezieht sich diese auf den Wert des drittletzten Lastwechsels. Weiterführend werden in dieser Arbeit zusätzlich die Gradienten der Dehnungs- und Steifigkeitsentwicklung innerhalb der zweiten Phase des für Ermüdungsversuche charakteristischen dreiphasigen Verlaufs der Dehnungsentwicklung ausgewertet. Für diese Art der Auswertung ist eine Definition der Phasenübergänge zwischen Phase I und II sowie Phase II und III notwendig. Wie schon in Kapitel 2.1.4 dargestellt, liegt der Phasenübergang für Beton zwischen Phase I und II bei ca. 10 - 20 % und zwischen Phase II und III bei ca. 80 - 90 % der ertragbaren Lastwechsel. Um den nahezu linearen Verlauf innerhalb der Phase II hinreichend genau abschätzen zu können, wurden für die Berechnungen der Phasenübergang zwischen Phase I und II zu 20 % und der Phasenübergang zwischen Phase II und III zu 80 % der ertragbaren Lastwechsel N definiert. Folglich beschreibt die Phase II im Rahmen dieser Arbeit den Bereich von 20 % bis 80 % der ertragbaren Lastwechsel. Diese Art der Phaseneinteilung wurde für alle phasenabhängigen Auswertungen angewandt. Um die Dehnungsdegradation speziell in Phase II beschreiben zu können, wird der logarithmierte Gradient der Dehnung in Phase II wie folgt berechnet.

$$log\ grad\ \varepsilon_{max,min}^{0,2-0,8} = \log\left(\frac{\varepsilon_{max,min}^{0,8} - \varepsilon_{max,min}^{0,2}}{N^{0,8} - N^{0,2}}\right) \quad (3.7)$$

mit:

$\varepsilon_{max,min}^{0,2}$ = Ober-/ Unterdehnung am Phasenübergang I/II

$\varepsilon_{max,min}^{0,8}$ = Ober-/ Unterdehnung am Phasenübergang II/III

$N^{0,2}$ = Lastwechselzahl am Phasenübergang I/II

$N^{0,8}$ = Lastwechselzahl am Phasenübergang II/III

Die Berechnung der Steifigkeit erfolgt hingegen analog zu der in Kapitel 2.1.4 dargestellten Gleichung 2.1. Berechnet wird hierbei der Sekantenmodul E_S im Entlastungsast eines jeden Lastzyklus. Die oben erläuterte Phaseneinteilung der Dehnungsentwicklung von 20 % (Phasenübergang I/II) und 80 % (Phasenübergang II/III) gilt ebenfalls für die Auswertungen der Steifigkeitsentwicklung. Um diese in Phase II auszuwerten, wird analog zur Vorgehensweise der Dehnungsauswertung der logarithmierte Gradient der Steifigkeit in Phase II nach folgender Gleichung 3.8 berechnet.

$$log\ grad\ E_S^{0,2-0,8} = \log\left(\frac{E_S^{0,8} - E_S^{0,2}}{N^{0,8} - N^{0,2}}\right) \quad (3.8)$$

mit:

$E_S^{0,2}$ = Sekantenmodul am Phasenübergang I/II

$E_S^{0,8}$ = Sekantenmodul am Phasenübergang II/III

$N^{0,2}$ = Lastwechselzahl am Phasenübergang I/II

$N^{0,8}$ = Lastwechselzahl am Phasenübergang II/III

Neben der Dehnung in Längsrichtung erfolgt zudem eine Auswertung der Querdehnzahl. Diese beschreibt den Verhältniswert aus der gemessenen Längs-/ zur Querdehnung. Die Berechnung der Querdehnzahl erfolgt auf Basis der ermittelten Längs- und Querdehnungen zum Zeitpunkt der Oberspannung.

Die Querdehnzahl errechnet sich nach TGL 21094 /91/ wie folgt.

$$\upsilon_{max} = \frac{\varepsilon_{max,Quer}}{\varepsilon_{max,Längs}} \quad (3.9)$$

mit:

$\varepsilon_{max,Quer}$ = relative Formänderung in Querrichtung [‰]

$\varepsilon_{max,Längs}$ = relative Formänderung in Längsrichtung [‰]

3.8.3 Dissipierte Energie

Die dissipierte Energie wird aus der im Ermüdungsversuch bestimmten Spannungs-Dehnungs-Beziehung für jeden einzelnen Lastwechsel bestimmt. Aufgrund des visko-elasto-plastischen Materialverhaltens von Beton ergibt sich, wie in Kapitel 2.1.4 beschrieben, in jedem Beanspruchungszyklus eine näherungsweise ellipsenförmige Hystereseschleife. Die dissipierte Energie je Lastwechsel E_D repräsentiert den Flächeninhalt dieser sich zwischen dem Be- und Entlastungsast aufspannenden Hystereseschleife eines jeden Lastzyklus.

3.8.4 Schallemissionsanalyse

Um tiefergehende Informationen über die am Degradationsprozess beteiligten Schädigungsmechanismen zyklisch beanspruchter Betone erfassen zu können, wurde neben den Verformungsmessungen zudem die Schallemissionsaktivität in Form von Hits (H_{SEA}) erfasst. Ein Hit steht hierbei für ein aufgezeichnetes Emissionssignal. Aufgrund der zum Teil erheblich variierenden Versuchslaufzeiten erfolgt die Darstellung der Hits ebenfalls als bezogene, auf einen Lastwechsel normierte Größe $H_{SEA,Lw}$ (Hits pro Lastwechsel). Des Weiteren wird diese zum besseren Verständnis ebenfalls als logarithmierte Größe $\log H_{SEA,Lw}$ angegeben. Neben der reinen Anzahl an Hits war zudem der „Auftretenspunkt“ (Zeitpunkt des Auftretens) dieser für die spätere Auswertung von Bedeutung. Um eine Zuordnung der detektierten Hits zum gemessenen Dehnungsverlauf des Probekörpers ermöglichen zu können, wurde die Prüfmaschinenregelungen der verwendeten servo-hydraulischen Prüfmaschine mit dem Schallanalysegerät gekoppelt.

3.9 Ergänzende Messmethoden

NMR-Spektroskopie

Im Rahmen dieser Arbeit wurden Wasserumlagerungsvorgänge innerhalb der nanoporösen Struktur des Zementsteins infolge zyklischer Beanspruchung mittels orientierender Nuclear-Magnetic-Resonaz (NMR) Analysen untersucht. Verwendet wurde hierfür ein NMR-Gerät des Herstellers BRUKER vom Typ minispec mq10 NMR Analyzer (B0-Feld 0,235 Tesla). Aufgrund der Platzverhältnisse im Prüfraum des NMR-Geräts erfolgten die Ermüdungsversuche an kleinformatigen Mörtelproben des Materials HPM-A der Größe G-4 (h/d = 30/ 10 mm) und der Lagerungsbedingung WS. Die Proben wurden bis in die zweite Phase der Dehnungsentwicklung belastet und sowohl vor als auch nach der Ermüdungsbelastung mittels der 1H NMR Methode auf ihre Porenstruktur hin untersucht. Hierzu wurde, wie in HARDY /33/ beschrieben, der T2-Signalzerfall in einem CPMG-Experiment mittels einer inversen Laplace Transformation auf Anteile unterschiedlicher Porengrößen untersucht.

Quecksilberdruckporosimetrie

Um Veränderungen der nanoporösen Struktur des Zementsteins infolge der zyklischen Beanspruchung erfassen zu können, werden in dieser Arbeit orientierende Quecksilberdruckporosimetriemessungen (MIP) durchgeführt. Untersucht wurden hierbei sowohl Proben vor als auch nach der Ermüdungsbelastung. Die Analyse des Probenmaterials erfolgte durch die Micromeritics GmbH mit Sitz in Unterschleißheim. Quecksilber stellt für viele Feststoffe eine nicht benetzende Flüssigkeit dar, die lediglich infolge eines von außen aufgebrachten Drucks in dessen Porenstruktur eindringt. Bei MIP-Messungen wird dieser Effekt ausgenutzt, indem Quecksilber mit kontinuierlichem oder schrittweise gesteigertem Druck in das Probenmaterial gezwungen wird. Wie in DIN 66133 /15/ beschrieben, lässt sich aus dem aufgebrachten Druck und der intrudierten Quecksilbermenge die Gesamtporosität sowie die Porenradienverteilung bestimmen. Erfasst werden können mit diesem Verfahren nach WEBER /103/ Porengrößen im Meso- bis Makrobereich mit Porenradien von ca. 2 nm bis 200 µm Größe. Der Hersteller Micromeritics GmbH gibt hingegen einen Auflösungsbereich von 3,6 nm bis 500 µm an. Die Quecksilberdruckuntersuchungen erfolgten an einem aufbereiteten Granulat mit Korngrößen von ca. 2 mm bis 5 mm, welches makroskopischen Probekörpern aus der oberen, unteren und mittleren Sektion entnommen wurde. Im Rahmen der Probenvorbereitung wurde das Granulat unmittelbar vor der Untersuchung bei einer Temperatur von 105 °C in einer Petrischale getrocknet und anschließend für zwei Stunden bei 105 °C im Vakuum ausgeheizt. Der maximale Intrusionsdruck der an die Probenvorbereitung anschließenden Quecksilberdruckuntersuchungen betrug nach Angaben der Micromeritics GmbH ca. 60.000 psia (~ 4100 bar).

Gassorption

Neben der Quecksilberdruckporosimetrie bietet das BET-Verfahren (benannt nach Brunauer, Emmett und Teller) eine weitere Kenngröße der Porenraumstruktur, bei der die innere Porenwandoberfläche, auch als spezifische Oberfläche bezeichnet, mit Hilfe von Stickstoffadsorptionsisothermen bestimmt wird. Im Gegensatz zu der Quecksilberdruckporosimetrie können mit dem BET-Verfahren feinere Porengrößen im Meso- bis Nanobereich mit Porenradien von ca. 50 nm bis 2 nm Größe (vgl. DIN ISO 9277 /21/) aufgelöst werden. Die BET-Untersuchungen erfolgten, wie die zuvor dargestellten Untersuchungen zur Quecksilberdruckporosimetrie, ebenfalls an einem aufbereiteten Granulat mit Korngrößen von ca. 2 mm bis ca. 5 mm, welches makroskopischen Probekörpern aus der oberen, unteren und mittleren Sektion entnommen wurde. Im Rahmen der Probenvorbereitung wurde das Granulat analog zur beschriebenen Vorgehensweise der Quecksilberdruckporosimetrie unmittelbar vor der Untersuchung bei einer Temperatur von 105 °C getrocknet und anschließend für zwei Stunden bei 105 °C im Vakuum ausgeheizt. Auch diese Untersuchungen wurden durch das Unternehmen Micromeritics GmbH durchgeführt.

4 Ergebnisse und Auswertung der experimentellen Untersuchungen

In diesem Kapitel werden die experimentellen Untersuchungsergebnisse unter monoton steigender und unter zyklischer Beanspruchung dargestellt und diskutiert. Zunächst erfolgt eine Darstellung der zerstörungsfreien Voruntersuchungen, in denen die Ergebnisse zum Feuchtegehalt und zum dynamischen Elastizitätsmodul präsentiert werden. Daran anschließend erfolgt die Darstellung und Diskussion der Ergebnisse sowohl unter monoton steigender als auch unter zyklischer Beanspruchung. Im Fokus der Untersuchungen steht hierbei die Analyse des Ermüdungswiderstandes auf der Makroebene und die Analyse des Ermüdungsverhaltens auf der Mesoebene. Auszüge dieses Kapitels wurden in TOMANN et al. /95/, TOMANN & ONESCHKOW /96/ und TOMANN & LOHAUS /94/ veröffentlicht.

4.1 Ergebnisse der zerstörungsfreien Voruntersuchungen

4.1.1 Gravimetrische Bestimmung des Feuchtegehaltes

Vor dem Beginn der experimentellen Untersuchungen wurde zunächst der Feuchtigkeitsgehalt mittels Darrmethode sowie der Sättigungsgrad der Probekörper in Abhängigkeit der Lagerungsbedingungen D, C, M und WS/WST für die Betone NC-A bis HPC-E bestimmt. Hierfür wurde eine repräsentative Anzahl (mindestens zwei) an Probekörpern je Lagerungs- und Betonart in einem Trockenschrank bei 105 °C bis zur Massekonstanz getrocknet. Der jeweilige Masseverlust wurde gravimetrisch erfasst. Der Trocknungsprozess dauerte je nach Lagerungs- und Betonart bis zu mehreren Wochen. Um die ermittelten Ergebnisse zum Feuchtegehalt im direkten Zusammenhang mit den späteren Ermüdungsuntersuchungen betrachten zu können, wurde der Feuchtegehalt kurz vor dem Start der jeweiligen Ermüdungsuntersuchungen bestimmt. Die Rücktrocknung erfolgte für die Probekörpergrößen G-2 und G-3 an ganzen Probekörpern, wohingegen aufgrund des hohen Eigengewichts der Probekörper der Größe G-1 die Rücktrocknung an entnommenen Teilsegmenten (6 Segmente aus der Kernzone und 6 Segmente aus der Randzone) erfolgte. Zur Angabe eines repräsentativen Feuchtegehaltes der Probekörper der Geometrie G-1 wurde abschließend der Mittelwert aus den separat bestimmten Feuchtegehalten der zwölf Teilsegmente errechnet. Der Feuchtegehalt F_R berechnet sich nach Gleichung 4.1 wie folgt.

$$F_R = (m_{Startwert} - m_{Endewert})/m_{Startwert} \cdot 100 \text{ [M.-\%]} \tag{4.1}$$

Hierbei repräsentiert $m_{Startwert}$ die Masse des Probekörpers vor der Rücktrocknung und $m_{Endewert}$ die Masse des Probekörpers nach der Rücktrocknung.

In der folgenden Tabelle 4-1 werden die ermittelten Feuchtegehalte in Abhängigkeit der Lagerungsart, Betonart und der Probekörpergröße dargestellt.

Tabelle 4-1: Mittlerer Feuchtegehalt F_R in Abhängigkeit der Lagerungsbedingung

Beton	Größe	⌀-$F_{R,D}$ [M.-%]	⌀-$F_{R,C}$ [M.-%]	⌀-$F_{R,M}$ [M.-%]	⌀-$F_{R,WS/WST}$ [M.-%]
NC-A	G-2	-	-	-	7,4
NC-B	G-2	0	5,5	6,4	7,6
HPC-C	G-1	-	-	-	4,3
HPC-C	G-2	-	-	-	4,3
HPC-D	G-2	0	3,5	4,3	5,1
HPC-D	G-3	-	-	-	5,3
HPC-E	G-2	-	-	-	3,3

Erkennbar ist, dass mittels der unterschiedlichen Lagerungsbedingungen D, C, M und WS/WST eine gut reproduzierbare Bandbreite von unterschiedlichen Feuchtegehalten im Beton einstellbar war. Hierbei ergaben sich Feuchtegehalt F_R zwischen 0 M.-% und 7,6 M.-%.

Neben der Angabe des Feuchtegehaltes in Masseprozent lässt sich wie beispielsweise in MOSIG & CURBACH /56/ beschrieben der Feuchtegehalt des Betons ebenfalls als Sättigungsgrad S_R darstellen. Der Sättigungsgrad S_R berechnet sich nach Gleichung 4.2 wie folgt.

$$S_R = ((m_x - m_d)/(m_w - m_d)) \cdot 100\ [\%] \tag{4.2}$$

Hierbei stellt m_x die Masse des betrachteten Probekörpers, m_d die Masse des vollständig getrockneten Probekörpers und m_w die Masse des vollständig gesättigten Probekörpers dar. Unter der Annahme, dass eine Wasserlagerung > 100 Tage (Lagerungsart WS/ WST) zu einer vollständigen Sättigung des Betongefüges führt und dass zudem eine Rücktrocknung bis zur Massenkonstanz einem Feuchtegehalt („freies" Wasser) von 0 M.-% entspricht, lässt sich Gleichung 4.3 wie folgt dargestellt umformen.

$$S_{R,x} = \left(\left(F_{R,x} - F_{R,D}\right)/\left(F_{R,WS/WST} - F_{R,D}\right)\right) \cdot 100\ [\%] \tag{4.3}$$

Im Rahmen dieser Arbeit werden die Probekörper der Lagerungsbedingungen WS und WST im Folgenden als wassergesättigt angenommen. Zum besseren Verständnis wird nachfolgend die Berechnung der Sättigungsgrade der Lagerungsarten WS/WST, M, C und D am Beton HPC-D beispielhaft dargestellt.

$$S_{R,WS/WST} = ((5{,}1 - 0{,}0)/(5{,}1 - 0{,}0)) \cdot 100 = 100\ [\%]$$

$$S_{R,M} = ((4{,}3 - 0{,}0)/(5{,}1 - 0{,}0)) \cdot 100 = 84\ [\%]$$

$$\mathrm{S_{R,C}} = ((3{,}5 - 0{,}0)/(5{,}1 - 0{,}0)) \cdot 100 = 69\ [\%]$$

$$\mathrm{S_{R,D}} = ((0{,}0 - 0{,}0)/(5{,}1 - 0{,}0)) \cdot 100 = 0\ [\%]$$

Eine übersichtliche Darstellung aller berechneten mittleren Sättigungsgrade S_R zeigt abschließend die nachfolgende Tabelle 4-2.

Tabelle 4-2: Mittlerer Sättigungsgrad S_R in Abhängigkeit der Lagerungsbedingung

Beton	Größe	⌀-$S_{R,D}$ [M.-%]	⌀-$S_{R,C}$ [M.-%]	⌀-$S_{R,M}$ [M.-%]	⌀-$S_{R,WS/WST}$ [M.-%]
NC-A	G-2	-	-	-	100
NC-B	G-2	0	72	84	100
HPC-C	G-1	-	-	-	100
HPC-C	G-2	-	-	-	100
HPC-D	G-2	0	69	84	100
HPC-D	G-3	-	-	-	100
HPC-E	G-2	-	-	-	100

4.1.2 Dynamischer Elastizitätsmodul

In diesem Abschnitt werden die Ergebnisse des dynamischen Elastizitätsmoduls E_{dyn} als Mittelwerte, sowohl für den hochfesten Beton HPC-D als auch für den normalfesten Beton NC-B, in Abhängigkeit der Lagerungs-bedingung WS/WST, M, C und D dargestellt. Untersucht wurden Probekörper der Größe G-2. Ausgewertet wurden sowohl die Probekörper der statischen (vgl. Anhang A-2.1) als auch zyklischen (vgl. Anhang A-3.1) Untersuchungen.

Wie Bild 4-1 und Bild 4-2 zu entnehmen ist, steigt mit steigendem Feuchtegehalt F_R der mittlere dynamische Elastizitätsmodul E_{dyn} an. Diese Erkenntnis ist sowohl für den untersuchten hochfesten (HPC-D) als auch normalfesten Beton (NC-B) nachweisbar. Bild 4-1 zeigt für die Proben des hochfesten Beton HPC-D der Lagerungsbedingung WS/WST mit einem Wert von 53,3 GPa den höchsten dynamischen Elastizitätsmodul.

Demgegenüber stehen die Ergebnisse der Lagerungsbedingung D, die mit einem Wert von 41,1 GPa den niedrigsten dynamischen Elastizitätsmodul aufzeigen. Zwischen den Lagerungsbedingungen D und WS/WST gliedern sich mit einem Wert von 47,0 GPa und 52,6 GPa die Lagerungsbedingungen C und M in logischer Reihenfolge ein. Der größte Unterschied konnte, mit einer Abweichung von 28,1 %, zwischen den Ergebnissen des Lagerungsbedingung D und WS/WST nachgewiesen werden. Zwischen den Ergebnissen der Lagerungsbedingung C und WS/WST ergibt sich hingegen eine Abweichung von 13,4 %.

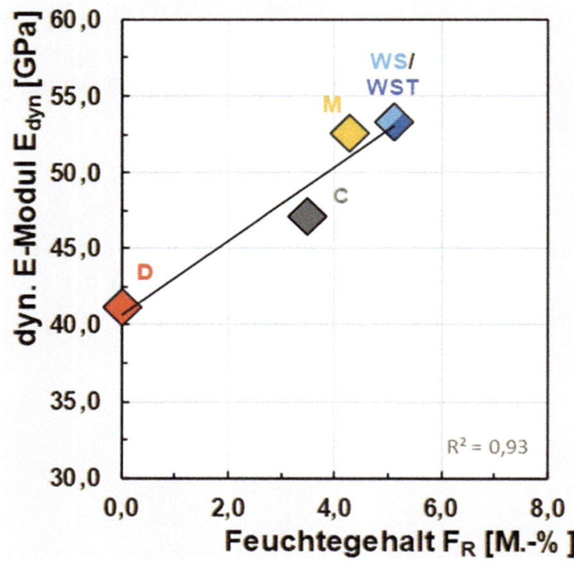

Bild 4-1: Dynamischer Elastizitätsmodul in Abhängigkeit des Feuchtegehaltes (HPC-D)

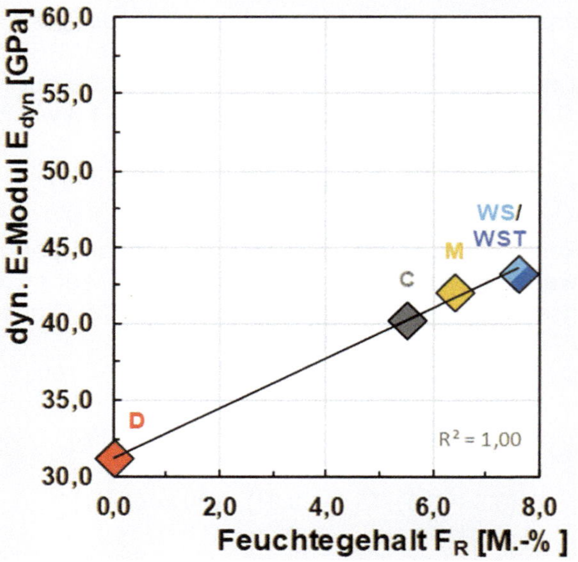

Bild 4-2: Dynamischer Elastizitätsmodul in Abhängigkeit des Feuchtegehaltes (NC-B)

Wird im Weiteren das Bild 4-2 betrachtet, zeigt sich ein vergleichbares Bild. Auch bei dem normalfesten Beton (NC-B) steigt mit steigendem Feuchtegehalt F_R der dynamische Elastizitätsmodul E_{dyn} an. Hierbei weist der normalfeste Beton (NC-B) für den dynamischen Elastizitätsmodul Werte zwischen 43,3 GPa (WST) und 31,2 GPa (D) auf, was einer Abweichung von 38,8 % entspricht. Zwischen den Ergebnissen der Lagerungsbedingung C und WS/WST ergibt sich hingegen erwartungsgemäß eine geringere Abweichung von 7,7 %. Die hier dargestellten Ergebnisse zum dynamischen Elastizitätsmodul bestätigen somit die in HÜMME /41/ und WINKLER /106/ dargestellten Untersuchungen. HÜMME /41/ ermittelte Unterschiede im dynamischen Elastizitätsmodul zwischen klimaraum- und wassergelagerten Probekörpern von etwa 5 bis 12 %. WINKLER /106/ erklärte die Zunahme des dynamischen Elastizitätsmoduls von wassergelagerten Probekörper mit einem erhöhten Feuchtigkeitsgehalt innerhalb der Porenstruktur des Betons. In weiteren Untersuchungen konnte HÜMME /41/ zeigen, dass Probekörper mit einem erhöhten Feuchtegehalt, neben einem erhöhten dynamischen Elastizitätsmodul zudem ein verändertes Schwingungsverhalten aufweisen. So zeigten unter Wasser gelagerte Proben im Vergleich zu trockenen eine geringere maximale Schwingungsamplitude sowie eine breitere Resonanzkurve. Wie in HÜMME /41/ beschrieben, lässt sich daraus nach TEICHEN /89/ und DIETERLE /10/ für erhöhte Feuchtegehalte im Beton eine erhöhte flüssige Reibung und damit einhergehend ebenfalls eine erhöhte innere Dämpfung ableiten, die im Falle einer zyklischen Beanspruchung die Materialdegradation des Betons beeinflussen könnte.

Werden abschließend die Werte der dynamischen Elastizitätsmodulen in Bild 4-1 und Bild 4-2 verglichen, ergeben sich für den hochfesten Beton HPC-D im Vergleich zu dem normalfesten Beton NC-B überschlägig (gemittelt über alle Lagerungsbedingung) ~25 % höhere Werte.

4.1.3 Zusammenfassung und Fazit

Zusammenfassend zeigen die Ergebnisse der zerstörungsfreien Voruntersuchungen, dass mittels der unterschiedlichen Lagerungsbedingungen D, C, M und WS/WST eine gut reproduzierbare Bandbreite von unterschiedlichen Feuchtegehalten bzw. Sättigungsgraden im Beton eingestellt werden konnte. Der Feuchtegehalt F_R innerhalb der Betone variierte hierbei zwischen 0 M.-% und 7,6 M.-%, was einem Sättigungsgrad des Betons von 0 % bzw. 100 % entspricht. Weiterhin zeigte sich mit steigendem Feuchtegehalt des Betons ein steigender dynamischer Elastizitätsmodul E_{dyn}, was nach WINKLER /106/ auf einen erhöhten Feuchtigkeitsgehalt innerhalb der Porenstruktur des Betons hindeutet.

4.2 Ergebnisse unter monoton steigender Beanspruchung

In diesem Kapitel werden die Ergebnisse der Betondruckfestigkeit unter monoton steigender Beanspruchung dargestellt. Hierbei handelt es sich um die Referenzdruckfestigkeiten f_{cm}, die zur Bestimmung der bezogenen Ober- und Unterspannung im Ermüdungsversuches herangezogen werden. Eine Zusammenstellung der Ein-zelwerte der nachfolgend dargestellten Untersuchungen ist dem Anhang A-2.3 zu entnehmen.

4.2.1 Einfluss des Feuchtegehaltes auf die Betondruckfestigkeit

In diesem Abschnitt werden zunächst die Ergebnisse der Betondruckfestigkeit unter monoton steigender Beanspruchung des hochfesten Betons HPC-D sowie des normalfesten Betons NC-B vorgestellt. Untersucht wurden Probekörper der Größe G-2, die den Lagerungsbedingungen D, C, M und WS/WST unterlagen. Die in diesem Kapitel dargestellten Diagramme zeigen Mittelwerte, die aus mindestens drei Probeköpern bestimmt wurden. Das folgende Bild 4-3 und Bild 4-4 bilden die mittleren Druckfestigkeiten einerseits aufgetragen über die Lagerungsbedingungen D, C, M und WS/WST und andererseits aufgetragen über den Feuchtegehalt F_R ab.

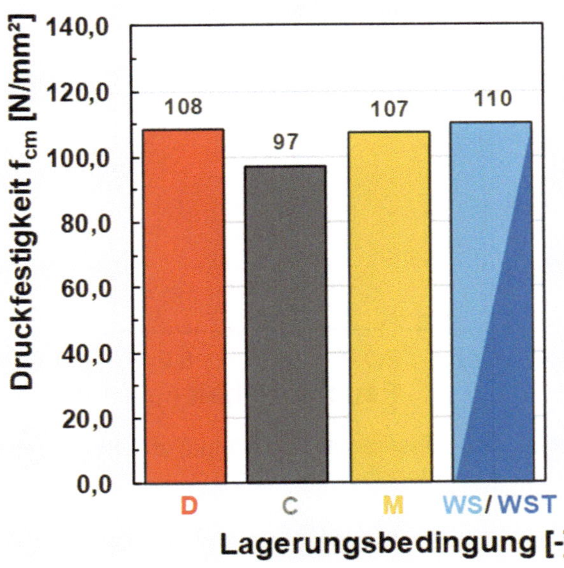

Bild 4-3: Druckfestigkeit in Abhängigkeit der Lagerungsart (HPC-D)

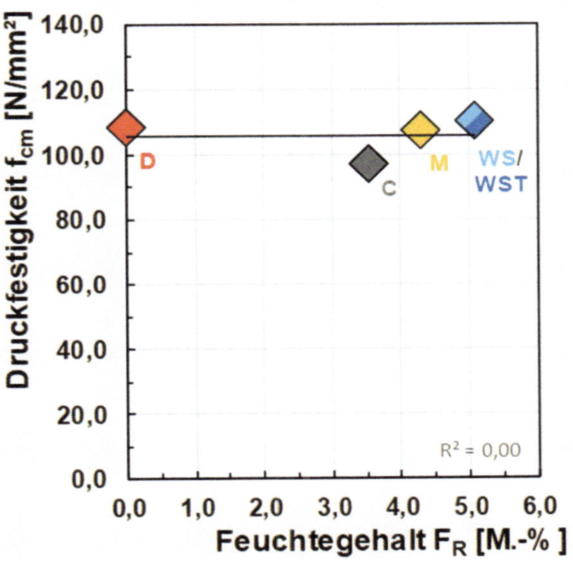

Bild 4-4: Druckfestigkeit in Abhängigkeit des Feuchtegehaltes (HPC-D)

Wird zunächst Bild 4-3 betrachtet, zeigen die Probekörper des hochfesten Betons HPC-D der Lagerungsbedingung C mit einem Wert von 97 N/mm² die geringste Druckfestigkeit. Die Probekörper der restlichen Lagerungsbedingungen dieses Betons weisen hingegen mit Werten zwischen 107 N/mm² und 110 N/mm² sehr ähnliche Ergebnisse auf. Hierbei konnte der größte Unterschied, mit einer Abweichung von 13,4 %, zwischen den Ergebnissen der Lagerungsbedingungen C und WS/WST nachgewiesen werden. Offensichtlich überlagern sich hier die festigkeitssteigernden Effekte der Nacherhärtung einerseits und der trockenen Prüfrandbedingungen andererseits. Bei der Lagerungsbedingung C könnten noch hygrisch bedingte Eigenspannungen hinzukommen. Werden die hier dargestellten Ergebnisse mit denen in MARKERT et al. /54/ verglichen, zeigt sich ein nahezu identisches Bild. Auch die in MARKERT et al. /54/ bestimmten Druckfestigkeiten desselben Betons (DFG-SPP RH1) weisen für die unter Wasser gelagerten Proben einen höheren Wert auf als für die klimaraumgelagerten. Nach HÜMME /41/ liegt ein möglicher Erklärungsansatz für dieses Phänomen in einer austrocknenden Randzone der an Luft gelagerten Proben der Lagerungsbedingung C, wodurch ein Wassermangel in der Randzone erzwungen wird, der den Hydratationsgrad speziell der Betonrandzone ungünstig beeinflusst. Des Weiteren ist nach HÜMME/41/ für die an Luft gelagerten Proben mit einem erhöhten Mikrorisswachstum infolge thermischer und hygrischer Inkompatibilitäten zwischen dem Gesteinskorn und dem Zementstein sowie erhöhten Schwindspannungen infolge der Selbstaustrocknung zu rechnen. Im Gegensatz hierzu stellt die permanente Wasserlagerung in Bezug auf den Hydratationsgrad die optimalen Bedingungen dar, weshalb für die Druckfestigkeiten der unter Wasser gelagerten Proben höhere Werte zu erwarten sind.

Im Allgemeinen zeigen die Ergebnisse des hochfesten Betons HPC-D unter einer monoton steigenden Beanspruchung jedoch keine signifikante Beeinflussung des Feuchtegehaltes innerhalb der Mikrostruktur des Betons auf dessen Druckfestigkeit (vgl. Bild 4-4).

Wie dem folgenden Bild 4-5 und Bild 4-6 zu entnehmen ist, bestätigt sich diese Erkenntnis ebenfalls für den untersuchten normalfesten Beton NC-B. Auch dieser zeigt keine signifikante Beeinflussung des Feuchtegehaltes auf die Druckfestigkeit des Betons. Die Probekörper der untersuchten Lagerungsbedingungen weisen mit Werten zwischen 68 N/mm² und 70 N/mm² nahezu identische Betondruckfestigkeiten auf. Der größte Unterschied, mit einer Abweichung von 6,1 %, konnte zwischen den Ergebnissen der Lagerungsbedingung M und WS/WST nachgewiesen werden.

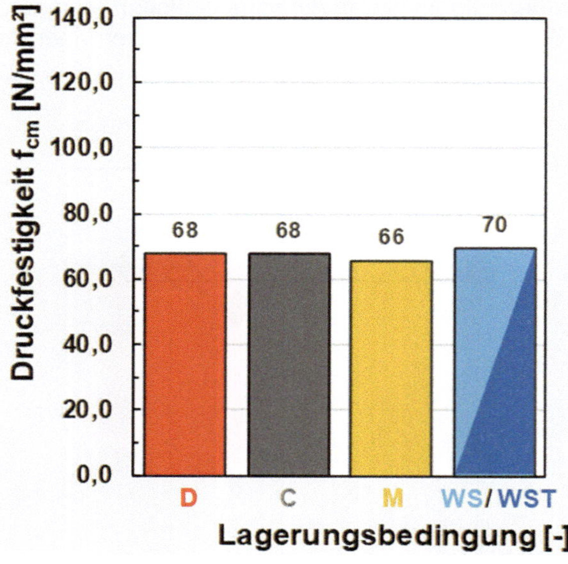

Bild 4-5: Druckfestigkeit in Abhängigkeit der Lagerungsart (NC-B)

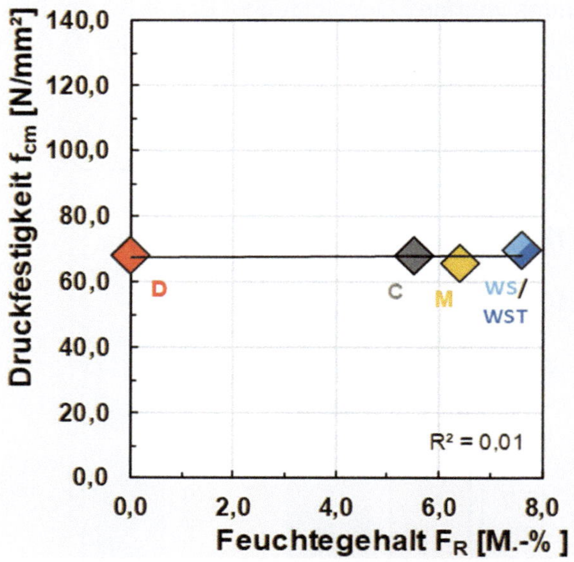

Bild 4-6: Druckfestigkeit in Abhängigkeit des Feuchtegehaltes (NC-B)

Eine Verminderung der Druckfestigkeit wassergelagerter Proben, wie sie häufig in der Literatur diskutiert wird, ist in den Ergebnissen dieser Arbeit nicht nachweisbar. Die gewonnenen Ergebnisse stehen somit in einem Widerspruch zu den in DIN 1045-2 /11/ dargestellten Umrechnungsfaktoren für trocken und unter Wasser gelagerte Betonprobekörper. DIN 1045-2 /11/ besagt: „erfolgt die Lagerung der Probekörper nach DIN EN 12390-2 /18/ („Trockenlagerung") muss die geprüfte Festigkeit $f_{c,dry}$ auf die Referenzlagerung (Wasserlagerung) für Normalbetone einer Druckfestigkeitsklasse ≤ C 50/60 nach Gleichung 4.4 und für hochfeste Normalbetone einer Druckfestigkeitsklasse ≥ C55/67 nach Gleichung 4.5 umgerechnet werden".

$$\mathrm{f_{c,cube}} = 0{,}92 \cdot f_{c,dry} \qquad [N/mm^2] \qquad (4.4)$$

$$\mathrm{f_{c,cube}} = 0{,}95 \cdot f_{c,dry} \qquad [N/mm^2] \qquad (4.5)$$

Für einen hochfesten Beton der Festigkeitsklasse C 80/95 konnte HÜMME /41/ die in DIN 1045-2 /11/ dargestellten Umrechnungsfaktoren ebenfalls nicht zielsicher bestätigen. Auch in HÜMME /41/ waren die Druckfestigkeiten der wassergelagerten Probekörper zum Teil höher als die trocken gelagerten. Gleiches gilt ebenfalls für Untersuchungen von HOHBERG /36/ an Betonen der Druckfestigkeitsklassen B45 und B95. HÜMME/41/ schlussfolgert, wie auch der Autor dieser Arbeit, dass kein wesentlicher Einfluss der Lagerungsbedingung für die Betondruckfestigkeit der untersuchten Betone nachweisbar war.

4.2.2 Einfluss des Feuchtegehaltes auf die Spannungs-/Dehnungsbeziehung

Neben den Auswirkungen des Feuchtegehaltes auf die Betondruckfestigkeit wurden in dieser Arbeit zudem die Auswirkungen des Feuchtegehaltes auf die Spannungs-/Dehnungsbeziehung untersucht. Es erfolgte eine Auswertung der Probekörper des hochfesten Betons HPC-D sowie des normalfesten Betons NC-B der Größe G-2.

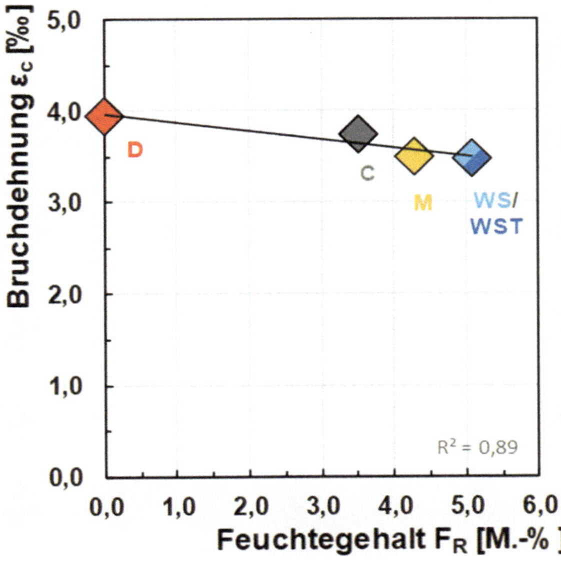

Bild 4-7: Bruchdehnung in Abhängigkeit des Feuchtegehaltes (HPC-D)

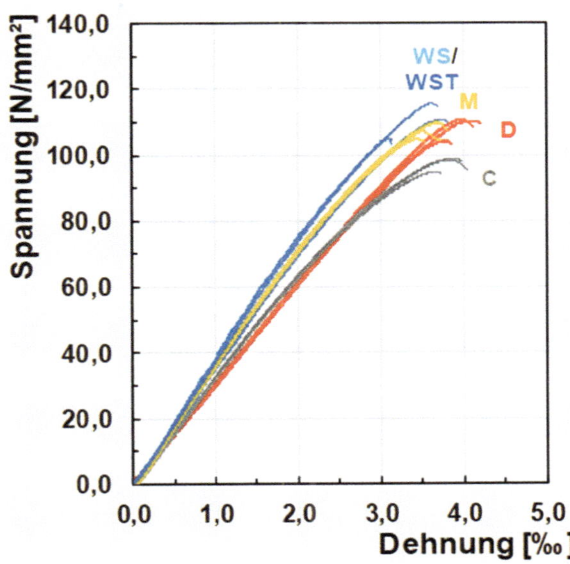

Bild 4-8: Spannungs-Dehnungslinien in Abhängigkeit der Lagerungsart (HPC-D)

Wie Bild 4-7 zu entnehmen ist, fällt mit steigendem Feuchtegehalt F_R die mittlere Bruchdehnung ε_c des hochfesten Betons HPC-D ab. Mit einem Wert von 3,47 ‰ zeigen die Probekörper der Lagerungsbedingung WS/WST hierbei die geringste Bruchdehnung. Demgegenüber stehen die Ergebnisse der Lagerungsbedingung D, die mit einem Wert von 3,94 ‰ die höchste mittlere Bruchdehnung aufzeigen. Zwischen den Lagerungsbedingungen D und WS/WST gliedern sich mit Werten von 3,74 ‰ und 3,50 ‰ die Lagerungsbedingungen C und M in logischer Reihenfolge ein. Folglich konnte der größte Unterschied, mit einer Abweichung von 13,5 %, zwischen den Ergebnissen des Lagerungsbedingung D und WS/WST nachgewiesen werden. Weiterführend wird in Bild 4-8 die Spannungs-/ Dehnungsbeziehung in Abhängigkeit des Feuchtegehaltes dargestellt. Wie den einzelnen Spannungs-Dehnungslinien zu entnehmen ist, zeigt sich zunächst bis ca. 80 % der Spannung ein annähernd linearer Verlauf, an den ein für hochfeste Betone übliches Versagen mit wenig Vorankündigung anknüpft. Erkennbar ist dies an der kurzen überproportionalen Dehnungszunahme nahe dem Probekörperversagen. Auffällig ist jedoch, dass die Steigungen der Spannungs-Dehnungslinien in Abhängigkeit der Lagerungsbedingung bzw. des Feuchtegehaltes zu variieren scheinen.

Um dieses Phänomen quantifizieren zu können, wurden in einem weiteren Schritt die Steifigkeiten $E_{stat}^{0,1-0,5}$ der untersuchten Probekörper bestimmt. Die Steifigkeit $E_{stat}^{0,1-0,5}$ wird hierbei für jeden Probekörper separat als Sekantenmodul zwischen 10 % und 50 % der Druckfestigkeit f_c aus der Spannungs-/Dehnungslinie berechnet. Tabelle 4-3 stellt die mittleren Steifigkeiten $E_{stat}^{0,1-0,5}$ in Abhängigkeit des Feuchtegehaltes F_R sowie des Sättigungsgrades S_R dar.

Tabelle 4-3: Steifigkeit des HPC-D unter monoton steigender Beanspruchung

Beton	Größe	Lagerung	Feuchtegehalt F_R [M.-%]	Sättigungsgrad S_R [%]	Steifigkeit $E_{stat}^{0,1-0,5}$ [N/mm²]
HPC-D	G-2	WS/WST	5,1	100	37.891
		M	4,3	84	37.056
		C	3,4	69	33.467
		D	0	0	30.661

Die Ergebnisse zeigen, dass mit steigendem Feuchtegehalt die Steifigkeit $E_{stat}^{0,1-0,5}$ der Proben zunimmt. Mit einem Wert von 37.891 N/mm² weisen die Probekörper der Lagerungsbedingung WS/WST hierbei die höchste mittlere Steifigkeit auf. Demgegenüber stehen die Ergebnisse der Lagerungsbedingung D, die mit einem Wert von 30.661 N/mm² die niedrigste mittlere Steifigkeit aufzeigen. Zwischen den Lagerungsbedingungen D und WS/WST gliedern sich mit Werten von 37.056 N/mm² und 33.467 N/mm² die Lagerungsbedingungen M und C in logischer Reihenfolge ein. WINKLER /106/ führt die Steifigkeitserhöhung wassergelagerter Probekörper, wie schon in Kapitel 4.1.2 erwähnt, auf einen erhöhten Feuchtigkeitsgehalt innerhalb der Porenstruktur des Betons zurück. Nach WINKLER /106/ sind mit Wasser gefüllte Poren nahezu inkompressibel und erhöhen somit die Steifigkeit, da das in der Porenstruktur vorhandene Wasser unter kurzzeitigem Druck nicht oder nur langsam entweicht.

Wie Bild 4-9 und Bild 4-10 zu entnehmen ist, bestätigt sich diese Erkenntnis ebenfalls für den untersuchten normalfesten Beton NC-B. Auch dieser zeigt zunächst eine Reduktion der mittlere Bruchdehnung ε_c mit steigendem Feuchtegehalt (vgl. Bild 4-9). Mit einem Wert von 3,03 ‰ zeigen die Probekörper des Feuchtezustandes WS/WST hierbei die geringste Bruchdehnung. Demgegenüber stehen die Ergebnisse der Lagerungsbedingung D, die mit einem Wert von 3,43 ‰ die höchste mittlere Bruchdehnung aufzeigen. Zwischen den Lagerungsbedingungen D und WS/WST gliedern sich mit einem Wert für die Bruchdehnung von 3,09 ‰ und 3,30 ‰ die Proben der Lagerungsbedingungen M und C in logischer Reihenfolge ein. Der größte Unterschied, mit einer Abweichung von 13,2 %, konnte somit zwischen den Ergebnissen des Lagerungsbedingung D und WS/WST nachgewiesen werden.

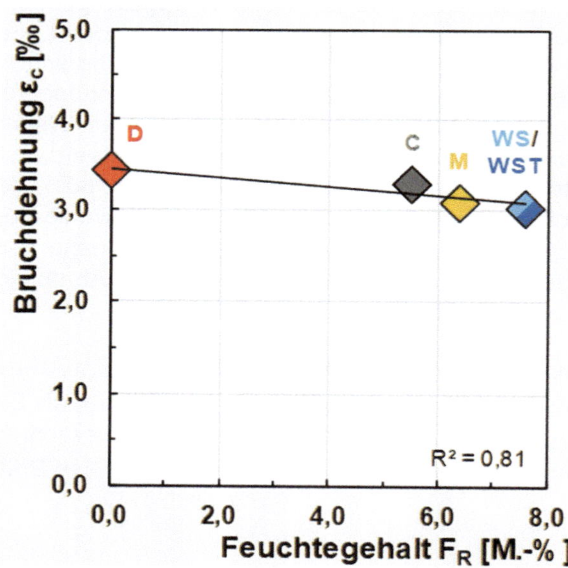

Bild 4-9: Bruchdehnung in Abhängigkeit des Feuchtegehaltes (NC-B)

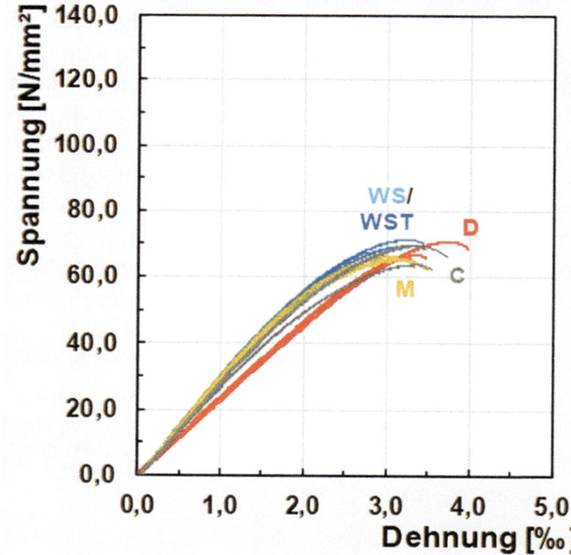

Bild 4-10: Spannungs-Dehnungslinien in Abhängigkeit der Lagerungsart (NC-B)

Des Weiteren zeigen neben den Ergebnissen der Bruchdehnung, auch die Ergebnisse der mittlere Steifigkeit $E_{stat}^{0,1-0,5}$ des normalfesten Betons NC-B analog zu denen des hochfesten Betons HPC-D mit steigendem Feuchtegehalt eine zunehmende mittlere Steifigkeit $E_{stat}^{0,1-0,5}$ (vgl. Bild 4-10 und Tabelle 4-4).

Tabelle 4-4: Steifigkeit des NC-B unter monoton steigender Beanspruchung

Beton	Größe	Lagerung	Feuchtegehalt F_R [M.-%]	Sättigungsgrad S_R [%]	Steifigkeit $E_{stat}^{0,1-0,5}$ [N/mm²]
NC-B	G-2	WS/WST	7,6	100	30.565
		M	6,4	84	30.375
		C	5,5	72	28.442
		D	0	0	23.633

4.2.3 Betondruckfestigkeit und Spannungs-/ Dehnungsbeziehung wassergesättigter Betone

In diesem Abschnitt werden die Druckfestigkeiten sowie die Spannungs-/ Dehnungsbeziehungen der untersuchten normalfesten und hochfesten Betone (NC-A, NC-B, HPC-C, HPC-D und HPC-E) der Lagerungsbedingung WST vergleichend analysiert. Ausgewertet wurden hierfür Probekörper der Größe G-2.

Betondruckfestigkeit

Das folgende Bild 4-11 bildet die mittleren Druckfestigkeiten, aufgetragen über die untersuchten Betone NC-A, NC-B, HPC-C, HPC-D und HPC-E, ab. Wie den Ergebnissen zu entnehmen ist, steigt zunächst erwartungsgemäß die ermittelte Druckfestigkeit f_{cm} der zylindrischen Probekörper mit steigender Druckfestigkeitsklasse.

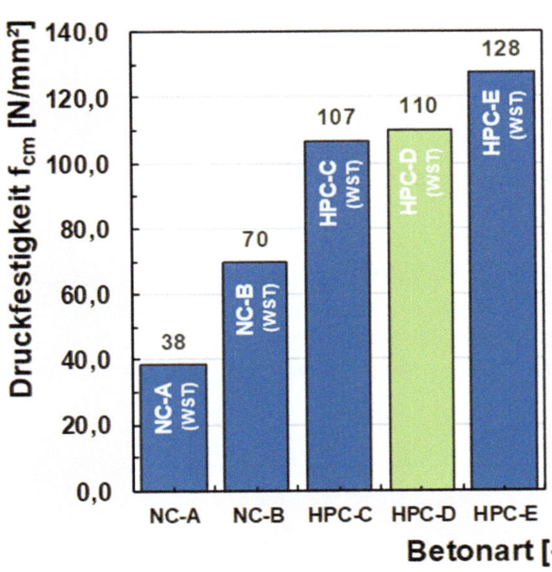

Bild 4-11: Betondruckfestigkeit in Abhängigkeit der Betonart

Mit einem Wert von 38 N/mm² zeigen die Probekörper des normalfesten Betons NC-A die geringste Druckfestigkeit auf. Die Proben des ebenfalls normalfesten Betons NC-B weisen hingegen eine Druckfestigkeit unter monoton steigender Beanspruchung von 70 N/mm² auf. Die daran anschließenden hochfesten Betone HPC-C und HPC-D weisen mit Werten von 107 N/mm² (HPC-C) und 110 N/mm² (HPC-D) sehr ähnliche Ergebnisse auf. Des Weiteren kann man dem Bild 4-11 entnehmen, dass der hochfeste Beton HPC-E mit einem Wert von 128 N/mm² die höchste im Rahmen dieser Arbeit nachgewiesene Druckfestigkeit besitzt.

Im Allgemeinen zeigen die Ergebnisse der Betondruckfestigkeitsuntersuchungen, dass die betrachteten Betone dieser Arbeit ein sehr großes Spektrum der auf dem Markt zur Verfügung stehenden Betonfestigkeitsklassen abdecken.

Spannungs-/ Dehnungsbeziehung

Bild 4-12 stellt die Bruchdehnungen ε_c unter monoton steigender Beanspruchung der untersuchten Betone NC-A bis HPC-E vergleichend dar. Erkennbar ist, dass mit zunächst steigender Betondruckfestigkeit die

Bruchdehnung ε_c zunimmt. Einzig die Proben des hochfesten Betons HPC-E folgen mit einem Wert für die Bruchdehnung ε_c von 3,1 ‰ diesem steigenden Trend nicht. Wie in JÄHRING /45/ beschrieben, fällt wegen des mit der Betonfestigkeit steigenden Elastizitätsmoduls und der geringeren plastischen Verformungsanteile die Zunahme der Bruchdehnung deutlich geringer aus als die Zunahme der Druckfestigkeit. Der Vergleich der Ergebnisse der Betone NC-A und HPC-D bestätigt diese Aussage. NC-A und HPC-D weisen mit Werten von 2,5 ‰ und 3,5 ‰ innerhalb der Bruchdehnung eine Abweichung von 40,0 % auf. Innerhalb der Druckfestigkeit f_{cm} konnte jedoch für diese Betone eine sehr viel höhere Abweichung von ca. dem 3-fachen Wert festgestellt werden.

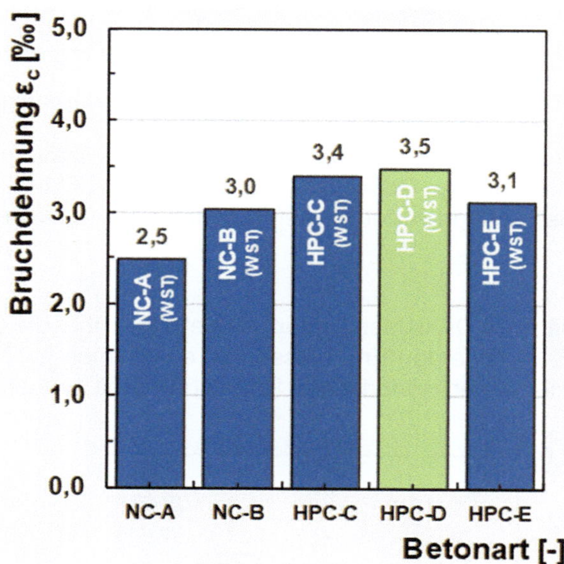

Bild 4-12: Bruchdehnung in Abhängigkeit der Betonart

Weiterhin zeigen die Ergebnisse in Bild 4-13, unabhängig der Betondruckfestigkeitsklasse, zunächst ein linear-elastisches Verformungsverhalten in der frühen Belastungsphase. An diese schließt mit steigender Druckbeanspruchung eine zunehmend inelastische Stauchung des Betons an, die wie in JÄHRING /45/ beschrieben aus einem Zusammenbruch der in der Übergangszone zwischen der Zementsteinmatrix und Gesteinskörnung vorhandenen Mikroporen resultiert.

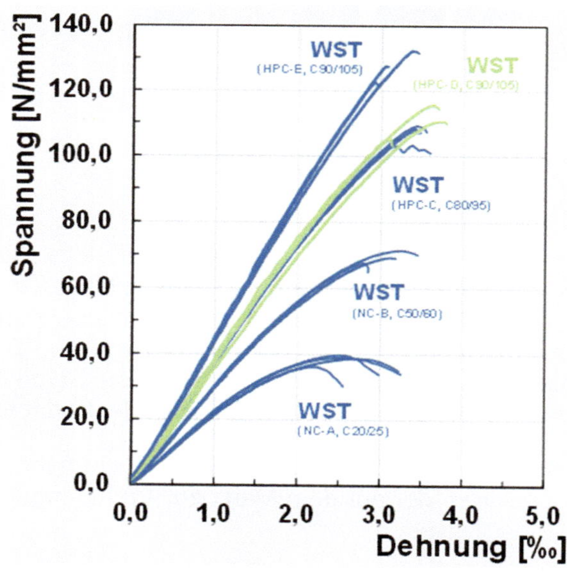

Bild 4-13: Spannungs-Dehnungslinien in Abhängigkeit der Betonart

Nach ROGGE /73/ flacht speziell in diesen Bereichen die Spannungs-/ Dehnungslinie deutlich ab, was ebenfalls den in Bild 4-13 dargestellten Ergebnissen zu entnehmen ist. Nach JÄHRING /45/ liegt der Übergang zwischen dem linear-elastischem Verhalten und der Phase des Zusammenbruchs der Mikroporen für normalfesten Beton bei ca. 40 % der ertragbaren Betondruckfestigkeit. Der Übergang zu der Phase der Gefügezerstörung liegt für normalfeste Betone nach ROGGE /73/) hingegen bei etwa 80 % der ertragbaren Betondruckfestigkeit. Auch diese Aussagen können mit Hilfe der in Bild 4-13 dargestellten Ergebnisse der Betone NC-A und NC-B bestätigt werden. Bei höherfesten Betonen mit Druckfestigkeiten größer 100 N/mm² gehen nach KÖNIG et al. /48/ hingegen das nahezu linear-elastische Verhalten direkt in die Gefügezerstörung über. Sich bildende Makrorisse laufen bei hochfesten Betonen nicht mehr ausschließlich um die Gesteinskörner herum, sondern ebenfalls durch diese hindurch. Nach JÄHRING /45/ wird hierdurch die Rauhigkeit der Bruchflächen und damit einhergehend ebenfalls das Vermögen, Zugspannungen über Makrorisse zu übertragen, reduziert. Schlussendlich resultieren diese Effekte in einem wesentlich spröderen Bruchverhalten hochfester Betone, welches ebenfalls die Ergebnisse in Bild 4-13 (HPC-C, HPC-D und HPC-E) zeigen. Zudem sinkt die Verformungskapazität bis zum Versagen des Probekörpers mit zunehmender Betondruckfestigkeit, was den in Tabelle 4-5 dargestellten steigenden Steifigkeitswerten $E_{stat}^{0,1-0,5}$ mit steigender Betondruckfestigkeit zu entnehmen ist.

Tabelle 4-5: Steifigkeiten der Betone NC-A bis HPC-E unter monoton steigender Beanspruchung

Beton	Größe	Lagerung	Feuchtegehalt F_R [M.-%]	Sättigungsgrad S_R [%]	Steifigkeit $E_{stat}^{0,1-0,5}$ [N/mm²]
NC-A	G-2	WST	7,4	100	22.677
NC-B	G-2	WST	7,6	100	30.565
HPC-C	G-2	WST	4,3	100	37.783
HPC-D	G-2	WST	5,1	100	37.891
HPC-E	G-2	WST	3,3	100	44.381

Bild 4-14 stellt weiterführend idealisierte Spannungs-/ Dehnungslinien für verschiedene Betonfestigkeitsklassen dar. Ein Vergleich dieser idealisierten Spannungs-/ Dehnungslinien mit denen der wassergesättigten Proben dieser Arbeit (vgl. Bild 4-13) zeigt keine wesentlichen Unterschiede in der Charakteristik der Spannungs-/Dehnungsbeziehungen. Folglich weisen die hier untersuchten wassergesättigten Probeköper der Betone NC-A bis HPC-E eine für Beton typische Spannungs-/ Dehnungscharakteristik auf.

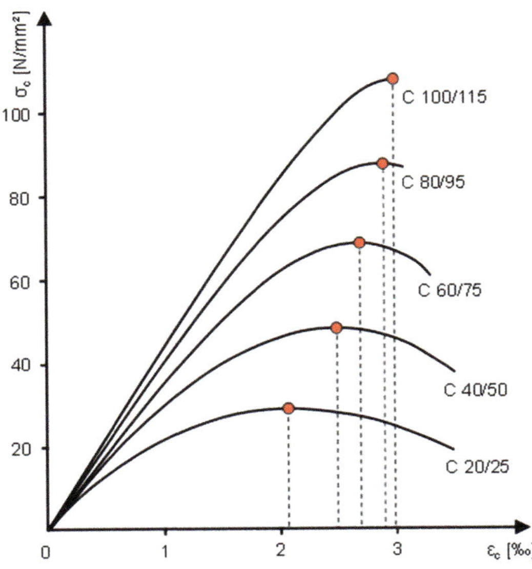

Bild 4-14: Idealisierte Spannungs-/ Dehnungslinien für verschiedene Betonfestigkeitsklassen, angelehnt an /115/

4.2.4 Einfluss der Probekörpergröße auf die Betondruckfestigkeit und Spannungs-/ Dehnungsbeziehung wassergesättigter Betone

In diesem Abschnitt wird der Einfluss der Probekörpergröße auf die Druckfestigkeit sowie die Spannungs-/ Dehnungsbeziehungen analysiert. Ausgewertet werden hierfür Probekörper des hochfesten Betons HPC-C der Größe G1 und G-2 sowie Probekörper des hochfesten Betons HPC-D G-2 und G-3.

Betondruckfestigkeit

Wie in Bild 4-15 dargestellt, weisen die untersuchten hochfesten Betone HPC-C und HPC-D speziell für die Größe G-2 mit mittleren Druckfestigkeiten von 107 N/mm² und 110 N/mm² vergleichbare Druckfestigkeitswerte auf. Ein Vergleich der zugehörigen Standardabweichungen von 2,6 N/mm² für die Proben des HPC-C und 4,3 N/ mm² für die Proben des HPC-D untermauern dieses Ergebnis.

Bild 4-15 kann mit sinkendem Probendurchmesser eine steigende Betondruckfestigkeit entnommen werden. Der größte Unterschied, mit einer Abweichung von 21,3 %, zeigt sich zwischen den Ergebnissen der Größe G-1 (h/d = 900/300 mm) und G-3 (h/d = 180/60 mm). Werden im Weiteren Abweichungen innerhalb der betrachteten Betonarten HPC-C und HPC-D betrachtet, zeigen sich eine Abweichung von 13,8 % zwischen der Größe G-1 und G-2 des HPC-C und eine Abweichung von 3,6 % zwischen der Größe G-2 und G-3 des HPC-D. Werden diese Abweichungen mit den jeweiligen Standardabweichungen der einzelnen Serien (HPC-C G-1 s = 1,9 N/mm², G-2 s = 2,6 N/mm²; HPC-D G-2 s = 4,3 N/mm², G-3 s = 0,1 N/mm²) verglichen, wird deutlich, dass entgegen den Ergebnissen des HPC-D zwischen den Proben der Größe G-1 und G-2 des HPC-C eine signifikante Beeinflussung der Probengröße feststellbar ist. Wie z.B. in SCHMIDT & CURBACH /77/ beschrieben, kann es jedoch schon unter trockenen Lagerungs- und Prüfumgebungen zu Abweichung von > 24,0 % in der Druckfestigkeit f_c zwischen klein- und großformatigen stützenähnlichen Probekörpern (Breite zu Längenverhältnis b/l = ~1/2) kommen. Folglich ist im Rahmen dieser Arbeit für wassergesättigte Probekörper kein andersartiger oder stärker ausgeprägter Einfluss der Probengröße auf die Druckfestigkeit nachweisbar.

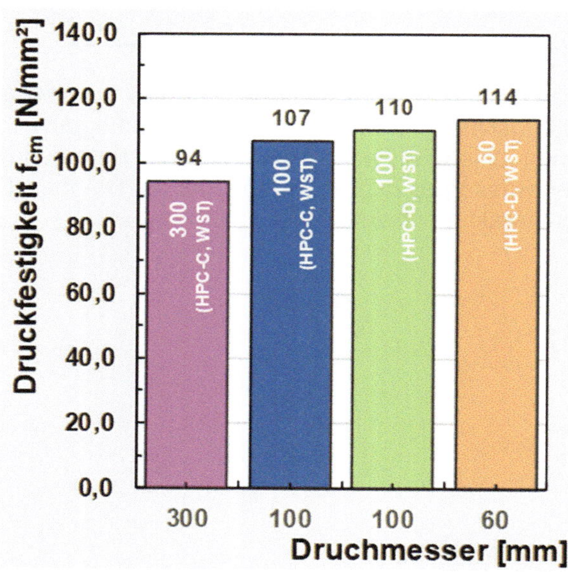

Bild 4-15: Betondruckfestigkeit in Abhängigkeit des Probendurchmessers (HPC-C, HPC-D)

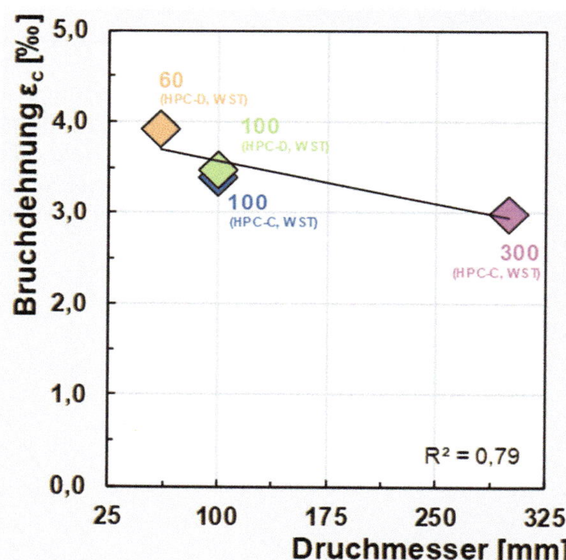

Bild 4-16: Bruchdehnung in Abhängigkeit des Probendurchmessers (HPC-C, HPC-D)

Spannungs-/ Dehnungsbeziehung

Wie Bild 4-16 zu entnehmen ist, fällt mit steigender Probengröße die mittlere Bruchdehnung ε_c ab. Dieses Ergebnis korreliert im Allgemeinen mit der zuvor dargestellten ebenfalls fallenden Druckfestigkeit mit steigender Probengröße. Mit einem Wert von 2,98 ‰ zeigen die Probekörper Größe G-1 des HPC-C die geringste Bruchdehnung. Dem gegenüber stehen die Ergebnisse der Größe G-3 des HPC-D, die mit einem Wert von 3,92 ‰ die höchste mittlere Bruchdehnung aufzeigen. Zwischen den Größen G-1 und G-3 gliedern sich mit vergleichbaren Werten von 3,40 ‰ und 3,47 ‰ die Proben des HPC-C und des HPC-D der Größe G-2 ein.

Weiterführend wird in Bild 4-17 die Spannungs-/ Dehnungsbeziehung der Proben des HPC-C der Größen G-1 und G-2 und in Bild 4-18 die Spannungs-/ Dehnungsbeziehung der Proben des HPC-D der Größen G-2 und G-3 dargestellt. Wie den Spannungs-Dehnungslinien in beiden Abbildungen zu entnehmen ist, zeigt sich zunächst ein für hochfeste Betone üblicher annähernd linearen Verlauf mit einem spröden Materialversagen.

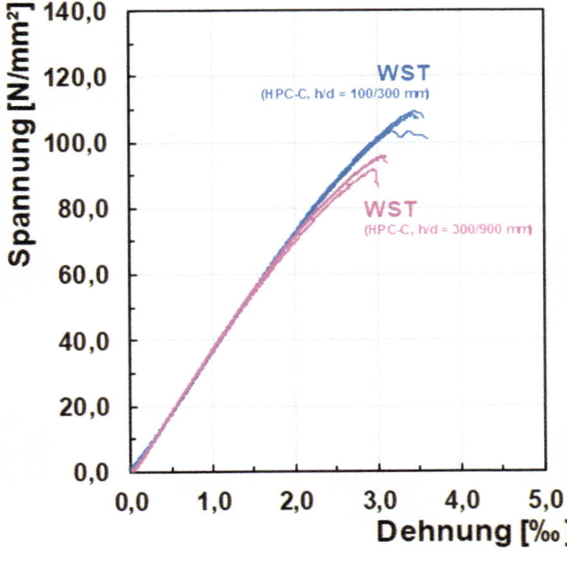

Bild 4-17: Spannungs-Dehnungslinien der Größe G-1 und G-2 (HPC-C)

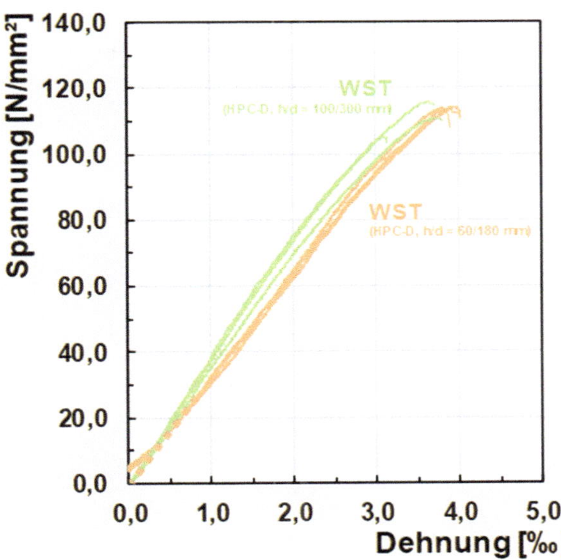

Bild 4-18: Spannungs-Dehnungslinien der Größe G-2 und G-3 (HPC-D)

Auffällig ist, dass die Spannungs-Dehnungslinien der Probekörper des HPC-C der Größen G-1 und G-2 über weite Teile des Versuchs nahezu deckungsgleich verlaufen. Bestätigt wird dieser visuelle Eindruck ebenfalls durch die in Tabelle 4-6 dargestellten Steifigkeiten $E_{stat}^{0,1-0,5}$. Diese weisen mit Werten von 38.341 N/mm² für die Größe G-1 und 37.783 N/mm² für die Größe G-2 sehr ähnliche Ergebnisse auf.

Tabelle 4-6: Steifigkeit der Probengröße G-1 bis G-3 unter monoton steigender Beanspruchung

Beton	Größe	Lagerung	Feuchtegehalt F_R [M.-%]	Sättigungsgrad S_R [%]	Steifigkeit $E_{stat}^{0,1-0,5}$ [N/mm²]
HPC-C	G-1	WST	4,3	100	38.341
	G-2		4,3	100	37.783
HPC-D	G-2	WST	5,1	100	37.891
	G-3		5,3	100	31.340

Werden im Weiteren die Ergebnisse in Bild 4-18 betrachtet, sind visuell leichte Unterschiede innerhalb der ermittelten Spannungs-/ Dehnungsbeziehung zwischen den Proben der Größe G-2 und G-3 des Betons HPC-D erkennbar. Die in Tabelle 4-6 dargestellten Steifigkeiten bestätigen diesen visuellen Eindruck. Zwischen den Größen G-2 und G-3 ergibt sich eine Abweichung von 20,9 %. An dieser Stelle ist jedoch anzumerken, dass die Messdaten des HPC-D der Größe G-3 im Zuge der Datenaufbereitung rechnerisch bereinigt wurden. Aufgrund von Setzungserscheinungen des Versuchsstands während dieser Untersuchungen zeigte sich ein für Beton untypisches Verformungsverhalten speziell im Startbereich der Versuche. Bis zu einer Beanspruchung von etwa 15 N/mm² verliefen die Spannungs-/ Dehnungslinien stark abweichend zu dem für Beton charakteristischen und ebenfalls in den restlichen Ergebnissen dieser Arbeit ermittelten linearen Spannungs-Dehnungszusammenhängen. Für die rechnerische Bereinigung der Messdaten wurden analog zur Berechnung der Steifigkeit $E_{stat}^{0,1-0,5}$ in einem ersten Schritt die Steigungen zwischen 10 % und 50 % der Druckfestigkeit f_c ermittelt. Daran anschließend erfolgten eine Extrapolation und eine Verschiebung der Kurve in den Ursprung des Koordinatensystems (vgl. gestichelte Linie in Bild 4-18).

Wie den vorangegangenen Ausführungen zu entnehmen ist, konnten anhand der Ergebnisse dieser Arbeit kein andersartiger Einfluss der Probekörpergröße auf die Spannungs- /Dehnungsbeziehung wassergesättigter Betone nachgewiesen werden. Die nachfolgende Tabelle 4-7 stellt alle Ergebnisse der in Kapitel 4.2.1 bis 4.2.4 dargestellten Festigkeitsuntersuchungen unter monoton steigender Beanspruchung für die Betone NC-A, NC-B, HPC-C, HPC-D und HPC-E zusammenfassend dar.

Tabelle 4-7: Übersichtsdarstellung der Kenngrößen unter monoton steigender Beanspruchung

Beton	Proben-größe	Lagerung	F_R [M.-%]	S_R [%]	Anzahl [-]	Pk.-Alter [Tage]	f_{cm} [N/mm²]	s [N/mm²]	ε_c [‰]	$E_{stat}^{0,1-0,5}$ [N/mm²]
NC-A	G-2	WST	7,4	100	4	206	38,5	1,3	2,48	22.677
NC-B	G-2	WS/WST	7,6	100	3	211	69,6	1,6	3,03	30.565
NC-B	G-2	M	6,4	84	3	213	65,8	0,5	3,09	30.375
NC-B	G-2	C	5,5	72	3	239	67,8	2,8	3,30	28.442
NC-B	G-2	D	0	0	3	253	67,8	2,3	3,43	23.633
HPC-C	G-1	WST	4,3	100	3	113	94,4	1,9	2,98	38.341
HPC-C	G-2	WST	4,3	100	3	104	106,9	2,6	3,40	37.783
HPC-D	G-2	WS/WST	5,1	100	3	144	110,4	4,3	3,47	37.891
HPC-D	G-2	M	4,3	84	3	150	107,2	2,0	3,50	37.056
HPC-D	G-2	C	3,5	69	3	156	97,3	1,8	3,74	33.467
HPC-D	G-2	D	0	0	3	211	108,3	3,0	3,94	30.661
HPC-D	G-3	WST	5,3	100	3	381	113,8	0,1	3,92	31.340
HPC-E	G-2	WST	3,3	100	3	601	127,7	4,0	3,11	44.381

Wird abschließend die Standardabweichung s der Betondruckfestigkeiten in Tabelle 4-7 betrachtet, zeigt sich nach GRÜBL et al. /30/ mit einer maximalen Standardabweichung ≤ 5,0 N/mm² eine sehr gute Qualität der Betonherstellung und Versuchsdurchführung.

Zudem ist Tabelle 4-7 zu entnehmen, dass das Probenalter zum Start der jeweiligen Untersuchungen zwischen 104 und 601 Tagen variierte. Eine Beeinflussung des Probenalters war nicht Untersuchungsgegenstand dieser Arbeit, wird jedoch aufgrund des hohen gewählten Mindestalters der Proben von > 100 Tagen als vernachlässigbar betrachtet.

Bild 4-19 zeigt in diesem Zusammenhang die nach Model Code 2010 (/26/) prognostizierten Druckfestigkeiten $f_{cm}(t)$ der untersuchten Betone NC-A bis HPC-E.

Errechnet wurden diese auf Basis der in Kapitel 3.3.3 dargestellten 28-Tage Druckfestigkeiten. Wie den roten Kreisen (frühester Startpunkt der Untersuchungen) im Bild 4-19 zu entnehmen ist, liegt der Startpunkt aller Untersuchungen näherungsweise im waagerecht asymptotischen Bereich der Kurven, in dem keine wesentliche Veränderung der Druckfestigkeit mehr zu erwarten ist.

Die in Tabelle 4-7 dargestellten Druckfestigkeiten f_{cm} (Referenzdruckfestigkeit) bilden die Grundlage für die Bestimmung der bezogenen Ober- und Unterspannungsniveaus der nachfolgend dargestellten Untersuchungen unter zyklischer Beanspruchung.

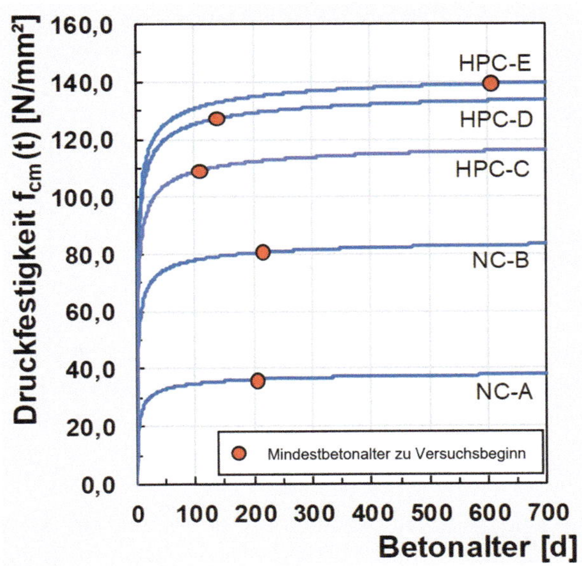

Bild 4-19: Nach /26/ prognostizierte Druckfestigkeiten

4.2.5 Zusammenfassung und Fazit

In diesem Abschnitt werden die Ergebnisse unter monoton steigender Beanspruchung zusammenfassend dargestellt und diskutiert.

Einfluss des Feuchtegehaltes

Die Versuche unter monoton steigender Beanspruchung zeigen, dass der Feuchtegehalt des Betons keinen wesentlichen Einfluss auf die Druckfestigkeit ausübt. Sowohl der hochfeste Beton HPC-D als auch der normalfeste Beton NC-B wiesen über die untersuchten Lagerungsbedingungen D, C, M und WS/WST tendenziell vergleichbare Druckfestigkeiten auf. Neben den Auswirkungen des Feuchtegehaltes auf die Betondruckfestigkeit wurden zudem die Auswirkungen des Feuchtegehaltes auf die Bruchdehnung und die Spannungs-/Dehnungsbeziehung untersucht. Hierbei zeigen sowohl die Ergebnisse des hochfesten Betons HPC-D als auch die des normalfesten Betons NC-B zunächst mit steigendem Feuchtegehalt F_R abnehmende Werte der Bruchdehnung ε_c. Demzufolge wird das Verformungsverhalten des Betons von dessen Feuchtegehalt F_R beeinflusst. Gestützt wird diese These durch die Ergebnisse des Sekantenmoduls $E_{stat}^{0,1-0,5}$, bei denen mit steigendem Feuchtegehalt F_R eine Zunahme des Sekantenmoduls $E_{stat}^{0,1-0,5}$ nachweisbar war. Zusammenfassend deuten die Ergebnisse zum Einfluss des Feuchtegehaltes unter monoton steigender Beanspruchung auf eine mittragende bzw. versteifende Wirkung des im Beton eingelagerten Wassers hin.

Einfluss Probengröße

Hinsichtlich der Probengröße zeigten die Ergebnisse mit steigendem Probendurchmesser sinkende Werte der Betondruckfestigkeit. Der größte Unterschied ergab sich hierbei mit einer Abweichung von 21,3 % zwischen den Ergebnissen der Größe G-1 (h/d = 900/300 mm) und G-3 (h/d = 180/60 mm). Ein Vergleich mit Angaben aus der Literatur für trockene Lagerungs- und Prüfrandbedingungen verdeutlichte jedoch, dass für die hier untersuchten wassergesättigten Probekörper kein andersartiger oder stärker ausgeprägter Einfluss der Probengröße auf die Druckfestigkeit des Betons nachzuweisen war. Dies gilt sowohl für die Betondruckfestigkeit als auch für die Spannungs- /Dehnungsbeziehung.

Einfluss der Betondruckfestigkeit

Wie den Ergebnissen zu entnehmen ist, steigt erwartungsgemäß die ermittelte Druckfestigkeit f_{cm} mit steigender Druckfestigkeitsklasse. Hierbei konnten Werte für die Betondruckfestigkeit zwischen 38 N/mm² und 128 N/mm² nachgewiesen werden. Demzufolge decken die betrachteten Betone dieser Arbeit ein großes Spektrum der auf dem Markt zur Verfügung stehenden Betonfestigkeitsklassen normalfester bis hochfester Betone ab. Die Ergebnisse zeigen, dass zunächst ebenfalls erwartungsgemäß mit steigender Betondruckfestigkeit die Bruchdehnung ε_c (Dehnung bei dem Maximalwert der ertragbaren Beanspruchung, vgl. Kapitel 3.8.2) zunimmt. Hierbei konnte unabhängig von der Betondruckfestigkeitsklasse ein linear-elastisches Verformungsverhalten in der frühen Belastungsphase nachgewiesen werden. Weiterhin zeigen die Ergebnisse eine Zunahme der Steifigkeit sowie ein immer spröder werdendes Versagensverhalten, mit steigender Druckfestigkeit des Betons. Hinsichtlich der Spannungs-/Dehnungsbeziehung konnte für die hier untersuchten wassergesättigten Probekörper im Vergleich zu idealisierten Spannungs-Dehnungslinien trockener Lagerungs- und Prüfrandbedingungen kein wesentlicher Unterschied festgestellt werden. Demzufolge weisen unter monoton steigender Beanspruchung auch die wassergesättigten Probeköper der Betone NC-A bis HPC-E eine für Beton charakteristische Spannungs-/ Dehnungsbeziehungen auf.

4.3 Ergebnisse unter zyklischer Beanspruchung

Die Ergebnisse dieses Abschnitts werden aus Gründen der Übersichtlichkeit überwiegend in grafischer Form präsentiert. Die in den Abbildungen enthaltenen Einzel- und Mittelwerte können ebenfalls gesammelt dem Anhang A-3 entnommen werden.

4.3.1 Einfluss des Feuchtegehaltes auf den Ermüdungswiderstand von Beton

In diesem Abschnitt wird der Einfluss des Feuchtegehaltes auf den Ermüdungswiderstand analysiert. Ausgewertet werden Probekörper des hochfesten Betons HPC-D sowie des normalfesten Betons NC-B der Größe G-2, welches den Untersuchungen des Arbeitspaketes AP-1 entspricht.

Das folgende Bild 4-20 zeigt den Zusammenhang zwischen der bezogenen Oberspannung S_{max} und der logarithmierten Bruchlastwechselzahl $\log N_f$. Die Anzahl der Lastwechsel bis zum Versagen wird auf der Abszissenachse logarithmiert dargestellt. Die Versuchsergebnisse sind sowohl als Einzelwerte (Kreis) als auch als Mittelwerte (Raute) für die jeweiligen Lagerungsbedingungen D, C, M, WS und WST dargestellt. Für eine bessere Einordung der Ergebnisse beinhaltet Bild 4-20 zudem die Wöhlerlinie nach Model Code 2010 /26/ für trockene Umgebungsbedingungen sowie die Wöhlerlinie nach DNV GL AS /22/ (C_1 = 10 und C_5 = 1,0) für nasse Umgebungsbedingungen.

Dem Bild 4-20 ist zu entnehmen, dass die Probekörper aller Lagerungsbedingungen die Anforderungen des DNV GL übertreffen. Weiterhin zeigt diese Abbildung, dass die Ergebnisse der Probekörper der Lagerungsbedingung C sehr nahe an den zu erwartenden Werten nach Model Code 2010 /26/ liegen. Demzufolge weist der hier untersuchte hochfeste Beton HPC-D grundsätzlich einen für Beton typischen Ermüdungswiderstand auf. Die in Bild 4-20 dargestellten Bruchlastwechselzahlen zeigen weiterhin einen sinkenden Ermüdungswiderstand mit steigendem Feuchtegehalt innerhalb der Mikrostruktur des Betons.

Zur besseren Verdeutlichung stellt Bild 4-21 den Zusammenhang zwischen der mittleren logarithmierten Bruchlastwechselzahl und dem Feuchtegehalt F_R dar. Wie sich erkennen lässt, beeinflusst der Feuchtegehalt des hier untersuchten hochfesten Betons HPC-D stark dessen Ermüdungswiderstand. Die größte Abweichung innerhalb der logarithmierten Bruchlastwechselzahlen ergibt sich mit ca. 2,5 Zehnerpotenzen Unterschied zwischen den Proben der Lagerungsbedingungen D und WST. An dieser Stelle ist zu beachten, dass es sich bei dem untersuchten Probeköper der Lagerungsbedingung D um einen abgebrochenen Versuch ohne ein Versagen handelt. Die tatsächliche Bruchlastwechselzahl dieses Probeköpers ist unbekannt, liegt jedoch in jedem Fall über dem markierten Wert. Die Bruchlastwechselzahlen der Lagerungsbedingungen C und M gliedern sich logisch zwischen den Ergebnissen der Lagerungsbedingungen WST und D ein. Weiterhin zeigt Bild 4-21, dass die Bruchlastwechselzahl der Lagerungsbedingung WS ($\log N_{f,m}$ = 4,26) sehr nahe an dem Wert der Lagerungsbedingung WST ($\log N_{f,m}$ = 4,20) liegt. Diese Tatsache deutet darauf hin, dass nicht das Wasser als Umgebungsbedingung, sondern die Feuchtigkeit innerhalb der Mikrostruktur des Betons wesentlich für die Reduzierung des Ermüdungswiderstandes verantwortlich ist. Externes Umgebungswasser reduziert den Ermüdungswiderstand des Betons weiter, jedoch nur in einem geringen Maße.

Folglich bestätigen die Ergebnisse dieser Arbeit die Hypothese H-2 (vgl. Kapitel 2.5) und erweitern die in HÜMME /41/ dargestellten Ergebnisse, in denen ein ebenfalls sehr geringer Unterschied von $\Delta \log N_f = 0{,}03$ zwischen versiegelt und unversiegelt geprüften unter Wasser gelagerten Probekörpern eines hochfesten Betons der Festigkeitsklasse C80/95 festgestellt werden konnte.

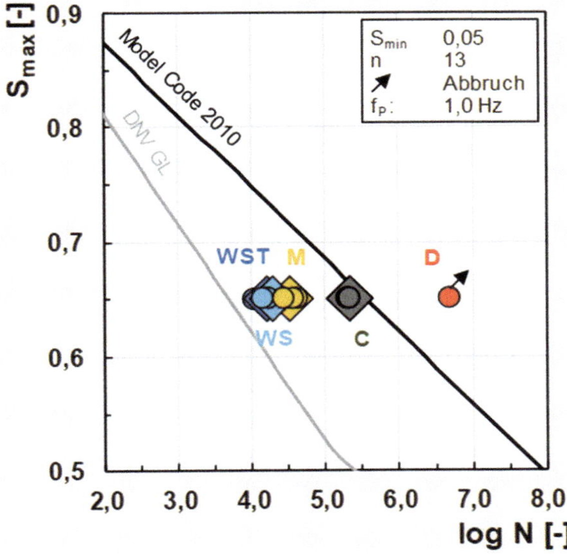

Bild 4-20: Wöhlerdarstellung der logarithmierte Bruchlastwechselzahlen in Abhängigkeit der Lagerungsbedingung (HPC-D)

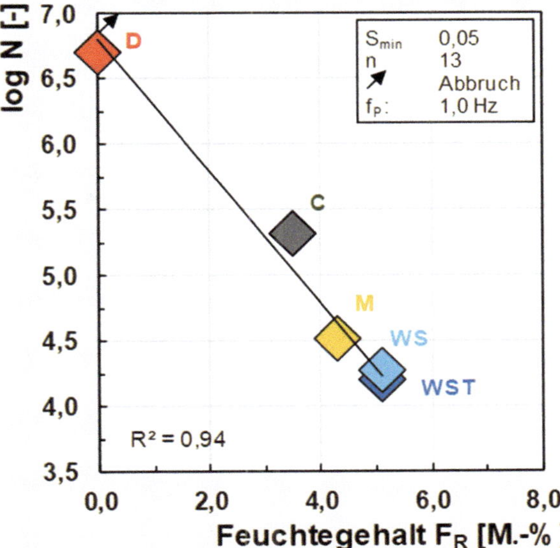

Bild 4-21: Logarithmierte Bruchlastwechselzahlen in Abhängigkeit des Feuchtegehaltes (HPC-D)

Neben dem hochfesten Beton HPC-D wurden ebenfalls Probekörper des normalfesten Betons NC-B untersucht. Das folgende Bild 4-22 zeigt den Zusammenhang zwischen der bezogenen Oberspannung S_{max} und der logarithmierten Bruchlastwechselzahl N_f. Die Versuchsergebnisse sind sowohl als Einzelwerte (Kreis) als auch Mittelwerte (Raute) für die jeweiligen Lagerungsbedingungen C, M, WS und WST dargestellt. Eine Untersuchung der Lagerungsbedingung D erfolgte aufgrund der zu erwartenden langen Versuchslaufzeit von mehreren Wochen in dieser Serie nicht.

Wie aus Bild 4-22 ersichtlich, übertreffen auch die Probekörper des normalfesten Betons NC-B der untersuchten Lagerungsbedingungen C, M, WS und WST die Anforderungen des DNV GL AS /22/. Weiterhin zeigen die Ergebnisse in Bild 4-22 analog zu denen des hochfesten Betons HPC-D, dass die Ergebnisse der Probekörper der Lagerungsbedingung C ebenfalls sehr nahe an den zu erwartenden Werten nach Model Code 2010 /26/ liegen. Demzufolge weist auch der hier untersuchte normalfeste Beton NC-B grundsätzlich einen für Beton typischen Ermüdungswiderstand auf.

Des Weiteren ist dem Bild 4-23 ebenfalls ein sinkender Ermüdungswiderstand mit steigendem Feuchtegehalt innerhalb der Mikrostruktur des Betons zu entnehmen. Die Ergebnisse zeigen, dass wassergelagerte Probeköper (WS/ WST) im Vergleich zu klimaraumgelagerten (C) einer starken wasserinduzierten Reduktion des Ermüdungswiderstandes unterliegen. Die größte Abweichung innerhalb der logarithmierten Bruchlastwechselzahlen ergibt sich mit ca. 1,4 Zehnerpotenzen Unterschied zwischen den Lagerungsbedingungen C und WS. Die Proben der Lagerungsbedingung M ($\log N_{f,m}$ = 3,84) gliedern sich zwar logisch zwischen die der Lagerungsbedingungen C ($\log N_{f,m}$ = 5,17), WS ($\log N_{f,m}$ = 3,76) und WST ($\log N_{f,m}$ = 3,86) ein, weisen jedoch mit einer mittleren logarithmierten Bruchlastwechselzahl von 3,84 einen unerwartet niedrigen Ermüdungswiderstand auf.

Im Allgemeinen zeigen die Ergebnisse des untersuchen normalfesten Betons NC-B ähnliche Tendenzen wie die zuvor dargestellten Ergebnisse des HPC-D. Auch bei dem normalfesten Beton NC-B konnte eine starke wasserinduzierte Reduktion des Ermüdungswiderstandes nachgewiesen werden.

Zusammenfassend zeigen die dargestellten Ergebnisse der Bruchlastwechselzahlen, dass der Feuchtegehalt innerhalb der Mikrostruktur den Ermüdungswiderstand der untersuchten hochfesten und normalfesten Betone HPC-D und NC-B erheblich beeinflusst. Mit steigendem Feuchtegehalt in der Mikrostruktur des Betons konnte eine Reduktion des Ermüdungswiderstandes, sowohl für den normalfesten als auch für den hochfesten Beton, nachgewiesen werden. Die Ergebnisse deuten folglich darauf hin, dass in Abhängigkeit des Feuchtegehaltes innerhalb der Mikrostruktur des Betons unterschiedliche bzw. zusätzliche Schädigungsmechanismen wirksam sind. Neben den typischen mechanischen Schädigungsmechanismen, wie sie in trockenen Proben wirken, beteiligen sich diese zusätzlich wirkenden wasserinduzierten Schädigungsmechanismen offensichtlich in einem entscheidenden Maße am Degradationsprozess zyklisch beanspruchter Betone. Zudem konnte gezeigt werden, dass nicht das Wasser als Umgebungsbedingung, sondern vielmehr das Wasser im Beton für die starke Reduktion des Ermüdungswiderstandes verantwortlich ist.

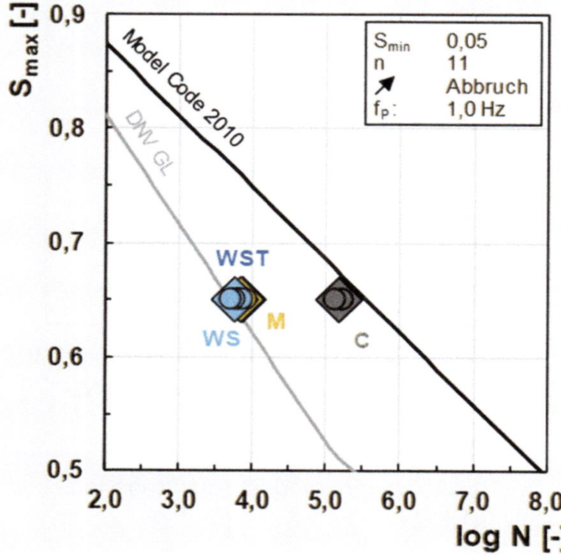

Bild 4-22: Wöhlerdarstellung der logarithmierte Bruchlastwechselzahlen in Abhängigkeit der Lagerungsbedingung (NC-B)

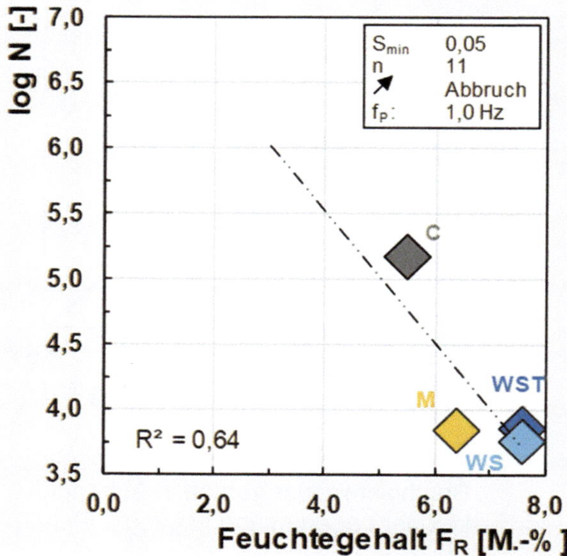

Bild 4-23: Logarithmierte Bruchlastwechselzahlen in Abhängigkeit des Feuchtegehaltes (NC-B)

4.3.2 Einfluss der Probengröße auf den Ermüdungswiderstand wassergesättigter Betone

Im Folgenden wird der Einfluss der Probengröße auf den Ermüdungswiderstand wassergesättigter Betone analysiert. Ausgewertet werden hierbei Probekörper des hochfesten Betons HPC-C der Größen G-1 und G-2 sowie Probekörper des hochfesten Betons HPC-D der Größen G-2 und G-3 (vgl. Arbeitspaket AP-2). Alle untersuchten Probekörper dieses Abschnittes unterlagen der Lagerungsbedingung WST.

Das folgende Bild 4-24 zeigt den Zusammenhang zwischen der Probengröße und der logarithmierten Bruchlastwechselzahl $\log N_f$. Die Anzahl der Lastwechsel bis zum Versagen wird wie im vorherigen Kapitel ebenfalls auf der Abszissenachse logarithmiert dargestellt. Die Versuchsergebnisse sind sowohl als Einzelwerte (Kreis) als auch als Mittelwerte (Raute) für die jeweiligen Betone HPC-C und HPC-D sowie die Probengrößen G-1, G-2 und G-3 dargestellt.

Dem Bild 4-24 ist zunächst zu entnehmen, dass die Probekörper aller Größen die Annahmen des DNV GL AS /22/ übertreffen. Die untersuchten Proben weisen hierbei logarithmierte Bruchlastwechselzahlen zwischen 4,37 (G-1) und 4,23 (G-3) auf. Auffällig ist, dass alle Proben die Annahmen des DNV GL AS /22/ lediglich in einem geringen Maße überschreiten. Demzufolge unterliegen alle untersuchten Probengrößen der Lagerungsbedingung WST einer erheblichen wasserinduzierten Reduktion des Ermüdungswiderstandes. Zur besseren Veranschaulichung zeigt Bild 4-25 den Zusammenhang zwischen dem Probendurchmesser und der logarithmierten Bruchlastwechselzahl $\log N_f$. Erkennbar ist, dass alle untersuchten Probengrößen mit Werten zwischen 4,05 und 4,37 sehr ähnliche mittlere logarithmierte Bruchlastwechselzahlen mit verhältnismäßig geringen Streuungen aufweisen.

Werden die erzielten Bruchlastwechselzahlen der Probengrößen G-1 bis G-3 mit den Annahmen nach Model Code 2010 /26/ für trockene Betonproben verglichen (vgl. Bild 4-25), zeigt sich eine deutliche Unterschreitung der zu erwartenden Bruchlastwechselzahl.

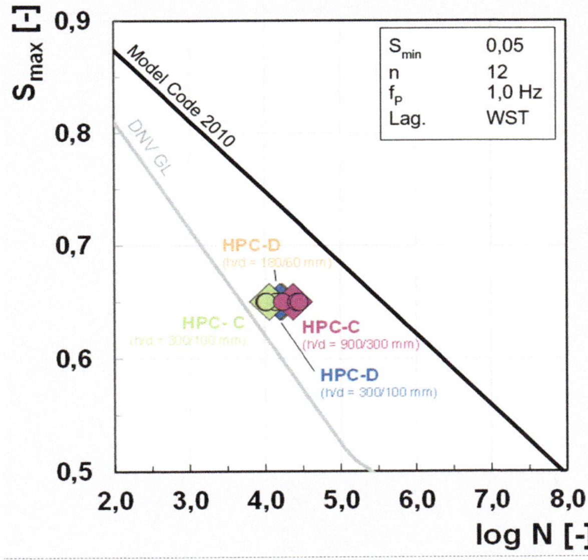

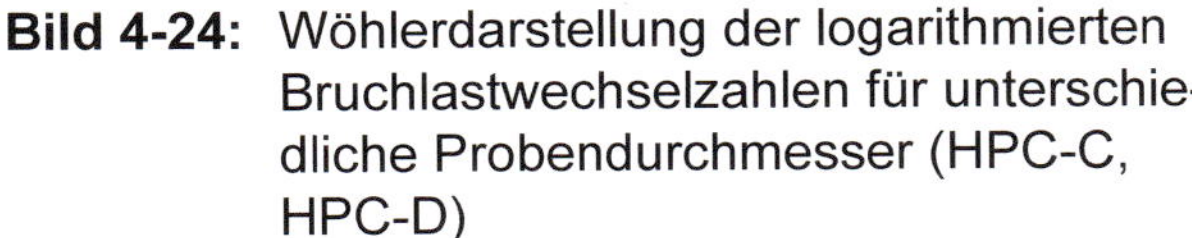

Bild 4-24: Wöhlerdarstellung der logarithmierten Bruchlastwechselzahlen für unterschiedliche Probendurchmesser (HPC-C, HPC-D)

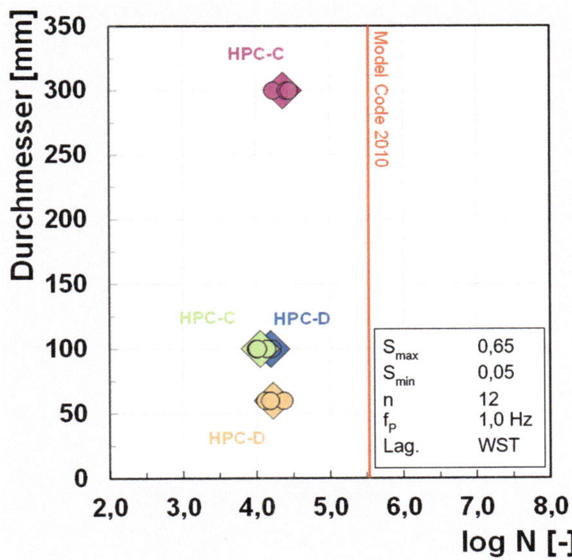

Bild 4-25: Logarithmierte Bruchlastwechselzahlen in Abhängigkeit des Probendurchmessers (HPC-C, HPC-D)

Aufgrund der geringfügigen Unterschiede innerhalb der logarithmierten Bruchlastwechselzahlen zwischen den Größen G-1 bis G-3 kann den Untersuchungsergebnissen kein signifikanter Einfluss der Probengröße auf den Ermüdungswiderstand hochfester Betone entnommen werden. Die hier dargestellten Ergebnisse bestätigen somit nicht die in Kapitel 2.5 dargestellte Hypothese H-5 zum Einfluss der Probengröße. Ein Größeneinfluss (Size-Effekt) ist bei wassergesättigten Betonprobekörpern offensichtlich nur in einem geringen Maße vorhanden. Folglich bestätigen sowohl die in diesem Kapitel als auch die im vorherigen Kapitel 4.3.1 dargestellten Untersuchungen zum Einfluss des Feuchtegehaltes, dass der maßgebende Einfluss wasserinduzierter Schädigungen weniger aus einem äußeren Wasserzutritt während der Ermüdungsbeanspruchung, sondern vielmehr aus dem im Porenraum gespeicherten Wasser resultiert (vgl. Kapitel 2.5, Hypothese H-2).

4.3.3 Einfluss der Betondruckfestigkeit auf den Ermüdungswiderstand wassergesättigter Betone

Wie in den vorangegangenen Kapiteln erläutert, weisen die untersuchten Betone NC-B, HPC-C und HPC-D im Falle einer Wassersättigung des Porenraums eine stark reduzierte Bruchlastwechselzahl auf. Um zukünftig wasserinduzierte Schädigungen bzw. eine wasserinduzierte Reduktion des Ermüdungswiderstandes in den Regelwerken der Bemessung berücksichtigen zu können, soll im Weiteren die Bandbreite der betrachteten Betone erweitert werden. Hierbei wird speziell der Frage nachgegangen, wie sich wasserinduzierte Schädigungsmechanismen auf sowohl festere als auch weniger feste Betone auswirken. Aus diesem Grund werden in diesem Abschnitt weitere Untersuchungsergebnisse zum Einfluss der Betondruckfestigkeit auf den Ermüdungswiderstand wassergesättigter Betone präsentiert. Neben den oben dargestellten Betonen NC-B (f_{cm} = 70 N/mm²), HPC-C (f_{cm} = 107 N/mm²) und HPC-D (f_{cm} = 110 N/mm²) wurden im Rahmen dieser Arbeit ein weiterer hochfester Beton HPC-E mit einer Druckfestigkeit von f_{cm} = 128 N/mm² sowie ein weiterer Normalbetone NC-A mit einer Druckfestigkeit von f_{cm} = 38 N/mm² untersucht. Ausgewertet wurden hierbei ausschließlich Probekörper der Größen G-2 und der Lagerungsbedingung WST. Die Untersuchungen dieses Abschnitts entsprechen denen des Arbeitspakets AP-3.

Das folgende Bild 4-26 zeigt zunächst den Zusammenhang zwischen der Betonart und der logarithmierten Bruchlastwechselzahl $\log N_f$ für das Oberspannungsniveau $S_{max} =$ 0,65. Die Anzahl der Lastwechsel bis zum Versagen wird analog zu den oben dargestellten Untersuchungen auf der Abszissenachse logarithmiert abgebildet. Die Versuchsergebnisse sind als Einzelwerte mit denen der Legende zu entnehmenden Symbolen dargestellt. Aus Gründen der Übersichtlichkeit wird an diese Stellte auf die Mittelwertbildung verzichtet.

Bild 4-26 ist zu entnehmen, dass die logarithmierten Bruchlastwechselzahlen der Betone NC-A bis HPC-D sehr nah beieinander liegen. Hierbei kommt es sogar zu Überschneidungen innerhalb der Ergebnisse (vgl.

NC-A und NC-B). Mit einem Wert von 3,67 zeigen die Probekörper des normalfesten Betons NC-A die geringste mittlere logarithmierte Bruchlastwechselzahl auf. Wird dieser Wert mit den Anforderungen des DNV GL AS /22/ verglichen, wird deutlich, dass die Probekörper des untersuchten Betons HPC-A im Mittel die Anforderungen des DNV GL AS /22/ ($\log N_{f,m}$ = 3,68) bei dem hier untersuchten Spannungsniveau (S_{max}/S_{min} = 0,65/ 0,05) knapp unterschreiten.

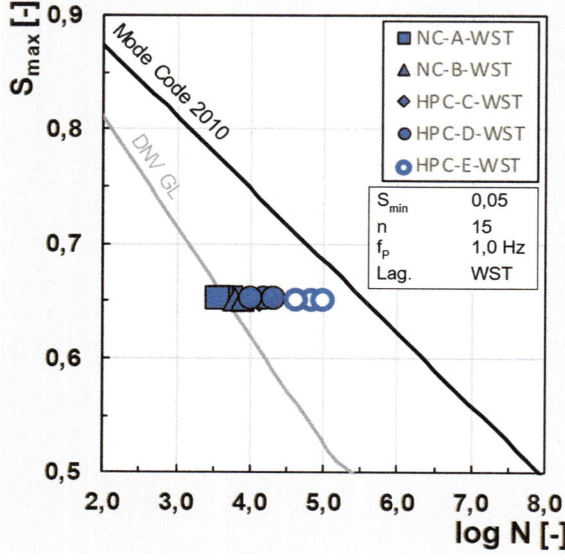

Bild 4-26: Wöhlerdarstellung der logarithmierten Bruchlastwechselzahlen in Abhängigkeit der Betonart

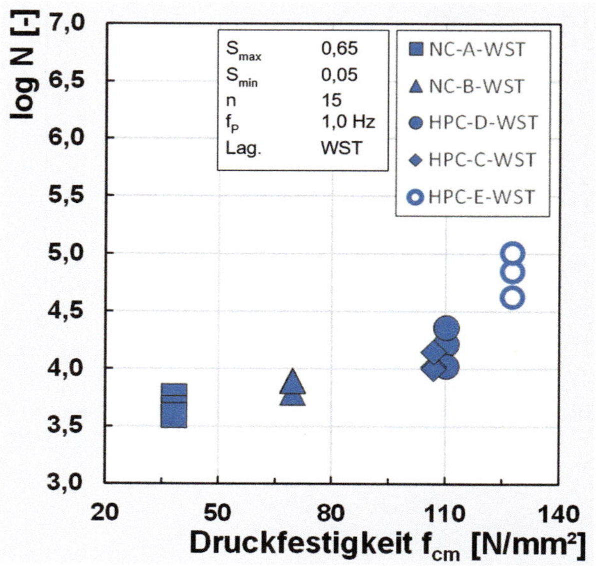

Bild 4-27: Logarithmierte Bruchlastwechselzahlen in Abhängigkeit der Betondruckfestigkeit

Zur besseren Veranschaulichung zeigt Bild 4-27 den Zusammenhang zwischen der logarithmierten Bruchlastwechselzahl $\log N_f$ und der Betondruckfestigkeit. Wie erkennbar ist, steigt die logarithmierte Bruchlastwechselzahl mit steigender Betondruckfestigkeit, was die Hypothese H-4 (vgl. Kapitel 2.5) bestätigt. Die größte Abweichung innerhalb der logarithmierten Bruchlastwechselzahlen ergibt sich mit ca. 1,3 Zehnerpotenzen Unterschied zwischen den Proben des NC-A ($\log N_{f,m}$ = 3,67) und des HPC-E ($\log N_{f,m}$ = 4,83). Die Bruchlastwechselzahlen des NC-B ($\log N_{f,m}$ = 3,86), HPC-C ($\log N_{f,m}$ = 4,05) und HPC-D ($\log N_{f,m}$ = 4,20) gliedern sich logisch zwischen den Ergebnissen des NC-A und HPC-E ein. Insbesondere der Schritt vom HPC-D (f_{cm} = 110 N/mm²) zum HPC-E (f_{cm} = 128 N/mm²) fällt verhältnismäßig groß aus.

Die in diesem Abschnitt dargestellten Ergebnisse der Bruchlastwechselzahlen zeigen, dass die Betondruckfestigkeit einen erheblichen Einfluss auf die ertragbare Bruchlastwechselzahl und damit einhergehend auf den Ermüdungswiderstand wassergesättigter Betone ausübt. Demzufolge bestätigen und erweitern die hier dargestellten Ergebnisse die in Hohberg /36/ beschriebenen Resultate, in denen mit einem geringen Probenumfang ebenfalls erste Tendenzen hinsichtlich eines reduzierten Ermüdungswiderstandes mit sinkender Betondruckfestigkeitsklasse festgestellt wurden. Wie in Hohberg /36/ beschrieben, führt auch der Autor dieser Arbeit die Reduktion des Ermüdungswiderstandes mit sinkender Betondruckfestigkeit auf eine mit sinkender Betondruckfestigkeit steigende Porosität und damit einhergehend einem erhöhten Wassereinlagerungsvermögen des Betons zurück.

4.3.4 Einfluss des Feuchtegehaltes und der Betondruckfestigkeit auf den Ermüdungswiderstand von Beton

Nachdem in einem ersten Schritt der Einfluss des Feuchtegehaltes F_R auf den Ermüdungswiderstand von Beton (Kapitel 4.3.1) sowie in einem zweiten Schritt der Einfluss der Betondruckfestigkeit auf den Ermüdungswiderstand wassergesättigter Betone (Kapitel 4.3.3) analysiert wurde, soll in diesem Abschnitt eine gekoppelte Betrachtung beider Einflussfaktoren erfolgen. Hierzu werden zunächst alle untersuchten Betone NC-A bis HPC-E der Lagerungsbedingungen D, C, M, WS und WST sowie der Größe G-2 gegenübergestellt und vergleichend analysiert. Das folgende Bild 4-28 stellt zunächst den Zusammenhang zwischen der bezogenen Oberspannung S_{max} und der logarithmierten Bruchlastwechselzahl $\log N_f$ dar. Die Versuchsergebnisse sind aus Gründen der Übersichtlichkeit lediglich als Einzelwerte dargestellt. Die Bezeichnungen der untersuchten Betone sind der Legende zu entnehmen. Wie Bild 4-28 zeigt, weisen die logarithmierten Bruchlastwechselzahlen der untersuchten Betone ein breites Spektrum an Bruchlastwechselzahlen auf. Diese decken den gesamten Bereich zwischen der Wöhlerlinie des Model Codes 2010 /26/ (trockene Bedingungen) und der des DNV GL AS /22/ (nasse Bedingungen) ab. Aufgrund von teilweise nur leicht differierenden logarithmierten Bruchlastwechselzahlen innerhalb der einzelnen Versuchsserien kommt es zu Überlagerungen innerhalb der Datenpunkte, weshalb die Darstellungsform des Wöhlerdiagramms zur Deutung der Ergebnisse ungeeignet ist. Zur besseren Veranschaulichung der Ergebnisse stellt Bild 4-29 den Zusammenhang zwischen den logarithmierten Bruchlastwechselzahlen und den Feuchtegehalten in einer detaillierteren Weise dar.

Wie Bild 4-29 zu entnehmen ist, bestätigt sich auch in dieser Darstellung das große Spektrum der Bruchlastwechselzahlen bzw. die starke Beeinflussung des Feuchtegehaltes auf den Ermüdungswiderstand von Beton. Eine genauere Analyse der Bruchlastwechselzahlen zeigt jedoch, dass sich die dargestellten Ergebnisse nicht vollständig in logischer Reihenfolge aufbauen. So weisen beispielsweise verschiedene Betone unterschiedlicher Lagerungsbedingungen den gleichen Feuchtegehalt auf (vgl. HPC-C-WST und HPC-D-M), zeigen jedoch mit Werten von 4,05 (HPC-C-WST) und 4,51 (HPC-D-M) differierende Bruchlastwechselzahlen. Des Weiteren ist den Ergebnissen der klimaraumgelagerten Proben des normalfesten Betons NC-B (NC-B-C) sowie des hochfesten Betons HPC-D (HPC-D-C) zu entnehmen, dass die erreichten Bruchlastwechselzahlen dieser Proben trotz hoher Feuchtegehalte vergleichsweise hoch sind (vgl. Bild 4-29). Aufgrund dieser Unstimmigkeiten scheint eine Beschreibung des Ermüdungswiderstandes des Betons alleine mit Hilfe des Feuchtegehaltes F_R nicht zielführend zu sein. Der Feuchtegehalt F_R beeinflusst zwar deutlich den Ermüdungswiderstand des Betons, reicht jedoch für eine hinreichend genaue Prognose der Bruchlastwechselzahl alleine nicht aus.

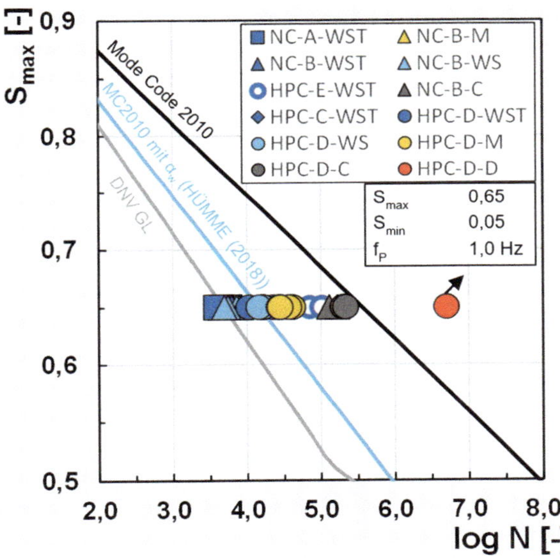

Bild 4-28: Wöhlerdarstellung aller logarithmierten Bruchlastwechselzahlen (NC-A bis HPC-E; D bis WST)

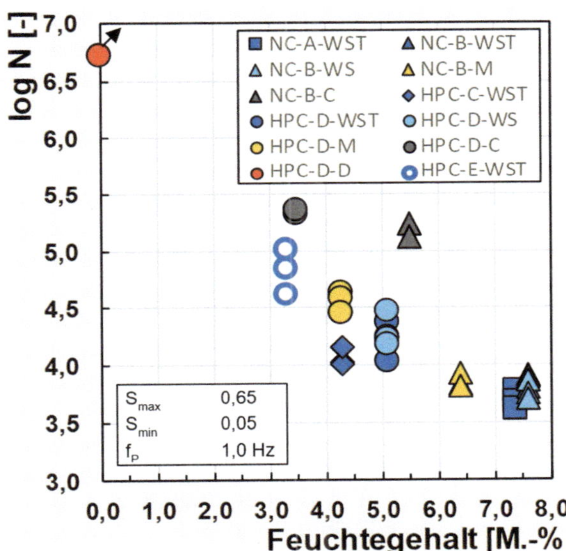

Bild 4-29: Logarithmierte Bruchlastwechselzahlen in Abhängigkeit des Feuchtegehaltes (NC-A bis HPC-E; D bis WST)

Im Allgemeinen zeigt die Gegenüberstellung der Ergebnisse, dass sich der Ermüdungswiderstand unabhängig von der Betondruckfestigkeit sowie der Betonzusammensetzung mit steigendem Feuchtegehalt F_R innerhalb der Mikrostruktur des Betons reduziert. Folglich spielt der Feuchtegehalt F_R eine wichtige Rolle im Degradationsprozess zyklisch beanspruchter Betone. Wie die Ergebnisse dieses Kapitels jedoch weiterhin zeigen, reicht der Feuchtegehalt F_R alleine nicht aus, um wasserinduzierte Schädigungen zu quantifizieren bzw. den Ermüdungswiderstand zu prognostizieren. Aus diesem Grund wird in dem späteren Kapitel 5 ein Modellansatz entwickelt und die Einführung feuchteabhängiger Wöhlerlinien vorgeschlagen.

4.3.5 Zusammenfassung und Fazit

In diesem Abschnitt werden die Ergebnisse zum Ermüdungswiderstand zusammenfassend dargestellt und diskutiert.

Einfluss des Feuchtegehaltes

Die Ergebnisse der Bruchlastwechselzahlen zum Einfluss des Feuchtegehaltes zeigen, dass der Feuchtegehalt im Beton dessen Ermüdungswiderstand erheblich beeinflusst. Mit steigendem Feuchtegehalt konnte hierbei sowohl für einen hochfesten als auch für einen normalfesten Beton eine Reduktion des Ermüdungswiderstandes nachgewiesen werden. Des Weiteren konnte klar abgegrenzt werden, dass maßgebend das Wasser innerhalb des Betons und nicht das von außen anstehende Wasser für die Reduktion des Ermüdungswiderstandes verantwortlich ist. Die ermittelten Ergebnisse bestätigen somit die in Kapitel 2.5 dargestellte Hypothese H-2 zum Feuchteeinfluss. Je nach Feuchtegehalt innerhalb der Mikrostruktur des Betons scheinen unterschiedliche Schädigungsmechanismen wirksam zu sein. Neben den typischen mechanischen Schädigungsmechanismen, wie sie in trockenen Betonproben wirken, beteiligen sich zusätzlich wirkende wasserinduzierte Schädigungsmechanismen offensichtlich in einem entscheidenden Maße am Degradationsprozess zyklisch beanspruchter Betone.

Einfluss der Probengröße

Die Ergebnisse der Bruchlastwechselzahlen zum Einfluss der Probengröße zeigen lediglich geringfügige Unterschiede zwischen den Probengrößen G-1 bis G-3. Es konnte kein signifikanter Einfluss der Probengröße auf den Ermüdungswiderstand des Betons festgestellt werden. Die ermittelten Ergebnisse bestätigen somit nicht die in Kapitel 4.3.2 dargestellte Hypothese H-5 zum Einfluss der Probengröße. Ein Größeneinfluss (Size-Effekt) ist bei wassergesättigten Betonprobekörpern offensichtlich nur in einem geringen untergeordneten Maße vorhanden. Dieses Ergebnis untermauert zudem das zuvor gewonnene Ergebnis, dass der maßgebende Einfluss wasserinduzierter Schädigungen weniger aus einem äußeren Wasserzutritt während der Ermüdungsbeanspruchung, sondern vielmehr aus dem im Porenraum gespeicherten Wasser resultiert.

Einfluss der Betondruckfestigkeit

Betrachtet man die Ergebnisse der Bruchlastwechselzahlen zum Einfluss der Betondruckfestigkeit, zeigen diese, dass die Betondruckfestigkeit wassergesättigter Betone einen erheblichen Einfluss auf die ertragbare Bruchlastwechselzahl und damit einhergehend auf den Ermüdungswiderstand ausübt. Hierbei konnte eine Reduktion des Ermüdungswiderstandes mit sinkender Betondruckfestigkeit nachgewiesen werden. Demzufolge bestätigen die Ergebnisse dieser Arbeit die Hypothese H-4 (vgl. Kapitel 2.5) und erweitern die in HOHBERG /36/ dargestellten Erkenntnisse, in denen mit einem geringen Probenumfang ebenfalls erste Indizien für eine Reduktion des Ermüdungswiderstandes mit sinkender Betondruckfestigkeitsklasse festgestellt wurde. Wie in HOHBERG /36/ beschrieben, führt auch der Autor dieser Arbeit die Reduktion des Ermüdungswiderstandes mit sinkender Betondruckfestigkeit auf eine mit steigender Betondruckfestigkeit sinkende Porosität und damit einhergehend auf ein reduziertes Wassereinlagerungsvermögen des Betons zurück.

4.3.6 Einfluss des Feuchtegehaltes auf das Ermüdungsverhalten von Beton

In diesem Abschnitt wird nachfolgend zu der makroskopischen Betrachtung des Ermüdungswiderstandes das Ermüdungsverhalten auf der Mesoebene analysiert. In den nachfolgenden Kapiteln erfolgt die Auswertung verschiedener Schädigungsindikatoren, mit deren Hilfe wasserinduzierte Schädigungsmechanismen zunächst identifiziert und weiterführend charakterisiert werden sollen. Ausgewertet werden hierbei überwiegend Probekörper des hochfesten Betons HPC-D der Größe G-2, die den Lagerungsbedingungen D, C, M, WS und WST unterlagen. In ausgewählten Fällen erfolgt zudem die Analyse von Proben der Betone NC-A, NC-B, HPC-C und HPC-E. Die Untersuchungen dieses Abschnitts entsprechen denen des Arbeitspakets AP-4.

4.3.6.1 Dehnungsentwicklung

Als erste Schädigungsindikatoren werden die Entwicklungen der Ober-/ und Unterdehnung analysiert. Bild 4-30 a) - f) stellt die Entwicklungen der Ober-/ und Unterdehnung des untersuchten hochfesten Betons HPC-D in Abhängigkeit der Lagerungsbedingung (D, C, M, WS und WST) dar. Auf der Abszissenachse werden hierbei die Lastwechselzahl und auf der Ordinatenachse die Dehnung in ‰ aufgetragen. Diese Art der Darstellungsform wurde gewählt, um die Dehnungszunahme mit steigender Lastwechselzahl, also die Steigung der Graphen, speziell in der zweiten Phase des für Ermüdungsversuche charakteristischen dreiphasigen Verlaufs darstellen zu können. An dieser Stelle ist zu beachten, dass aufgrund der unterschiedlichen Laufzeiten der Ermüdungsversuche die Einteilung der Ordinatenachse innerhalb des Bild 4-30 a) – e) variiert.

Wie den Ergebnissen in Bild 4-30 a) – e) zu entnehmen ist, weisen mit Ausnahme der Probe der Lagerungsbedingung D alle weiteren dargestellten Dehnungsverläufe den für Ermüdungsversuche charakteristischen dreiphasigen Verlauf auf. Hierbei steigt zum Versuchsbeginn die Dehnung zunächst überproportional an (Phase I), geht im Weiteren in einen linearen Verlauf über (Phase II), bevor zum Versuchsende erneut eine überproportionale Zunahme bis zum Bruch erfolgt (Phase III). Da es sich bei dem Probekörper der Lagerungsbedingung D um einen Abbrecher-Versuch handelt, zeigt dieser die beschriebene überproportionale Dehnungszunahme der Phase III nicht. Bei weiterer Betrachtung der Dehnungsentwicklung dieses Probekörpers ergibt sich über die ersten ~300.000 Lastwechsel ein nahezu horizontal verlaufender Graph mit keinerlei positiver Steigung. Demzufolge erfährt dieser Probeköper über die ersten 300.000 Lastwechsel sowohl in Phase I als auch in Phase II nahezu keinerlei Dehnungszunahme. Mit zunehmendem Feuchtegehalt zeigen die Ergebnisse in Bild 4-30 b) - e) hingegen einen Zuwachs der Steigung speziell in Phase II, welches mit einer Zunahme sowohl der Ober- als auch Unterdehnung einhergeht. Zum besseren Verständnis stellt die Tabelle 4-8 die ausgewerteten Kenngrößen der Dehnungsentwicklung als Mittelwerte in Abhängigkeit der Lagerungsbedingungen D, C, M, WS und WST dar.

Tabelle 4-8: Kenngrößen der Dehnungsentwicklung in Abhängigkeit des Feuchtegehaltes

Beton-art	Lag.	F_R [M.-%]	S_R [%]	ε_{min}^{0*} [‰]	ε_{min}^{B} [‰]	$\Delta\varepsilon_{min}$ [‰]	log grad $\varepsilon_{min}^{0,2\text{-}0,8}$ [-]	ε_{max}^{0*} [‰]	ε_{max}^{B} [‰]	$\Delta\varepsilon_{max}$ [‰]	log grad $\varepsilon_{max}^{0,2\text{-}0,8}$ [-]	ε_{A}^{0*} [‰]	ε_{A}^{B} [‰]	$\Delta\varepsilon_{A}$ [‰]
HPC-D	WST	5,1	100	0,25	0,81	0,56	-4,76	1,72	2,88	1,16	-4,60	1,47	2,07	0,60
	WS	5,1	100	0,25	0,93	0,68	-4,75	1,67	3,02	1,35	-4,58	1,42	2,09	0,67
	M	4,3	85	0,25	1,13	0,88	-4,80	1,68	3,20	1,52	-4,66	1,43	2,07	0,64
	C	3,5	69	0,33	1,83	1,50	-5,36	1,76	3,71	1,95	-5,34	1,43	1,88	0,45
	D	0,0	0	0,42	0,46[1]	0,04	-7,29[1]	2,20	2,26[1]	0,06	-6,90[1]	1,78[1]	1,80[1]	0,02[1]

[1] Wert nach N = 320.693 (ohne Versagen)

Wie Tabelle 4-8 zu entnehmen ist, zeigt die Oberdehnung zum Beginn des Ermüdungsversuchs ε_{max}^{0*}, mit Ausnahme der Probe der Lagerungsbedingung D, für alle restlichen Feuchtezustände vergleichbare Werte zwischen 1,67 ‰ und 1,76 ‰. Lediglich der Probekörper der Lagerungsbedingung D weist mit einem Wert von 2,20 ‰ eine leicht erhöhte Oberdehnung zum Beginn des Versuchs auf. Ein ähnliches Bild ist ebenfalls für die Unterdehnung zum Beginn des Versuchs ε_{min}^{0*} feststellbar. Die Werte der Unterdehnung liegen hierbei zwischen 0,25 ‰ und 0,33 ‰ für die Probekörper der Lagerungsbedingungen WST, WS, M und C. Der Probekörper der Lagerungsbedingung D weist hingegen auch hier mit 0,42 ‰ einen leicht erhöhten Wert für ε_{min}^{0*} auf. Wird die Differenz der Ober- und Unterdehnung zwischen Versuchsbeginn und Versuchsende ($\Delta\varepsilon_{max}$, $\Delta\varepsilon_{min}$) verglichen, zeigen die Ergebnisse sowohl für die Oberdehnung ($\Delta\varepsilon_{max}$) als auch für die Unterdehnung ($\Delta\varepsilon_{min}$) eine Abnahme der Differenz mit steigendem Feuchtegehalt. Mit einem Wert von 1,16 ‰ bzw. 1,35 ‰ zeigen die wassergesättigten Probekörper der Feuchtezustände WST und WS die niedrigste Differenz $\Delta\varepsilon_{max}$ in der Oberdehnung zwischen Versuchsbeginn und Versuchsende. Demgegenüber stehen die Ergebnisse der klimaraumgelagerten Probekörper der Lagerungsbedingung C, die mit einem Wert von 1,95 die höchste Differenz $\Delta\varepsilon_{max}$ aufweisen. Zwischen den Lagerungsbedingungen WST, WS und C gliedert sich mit einem Wert von 1,52 ‰ die Lagerungsbedingung M in logischer Reihenfolge ein.

Wie schon visuell dem Bild 4-30 a) zu entnehmen ist, weist lediglich der Probekörper der Lagerungsbedingung D mit einem Wert von 0,06 ‰ nahezu keine Dehnungszunahme auf.

Dem gleichen Trend, jedoch mit geringeren Werten, folgen ebenfalls die Ergebnisse der Unterdehnung zwischen Versuchsbeginn und Versuchsende $\Delta\varepsilon_{min}$.

Wird im Weiteren die Dehnungszunahme in der Phase II der Dehnungsentwicklung betrachtet, kann auch hier mit steigendem Feuchtegehalt eine Zunahme sowohl in der Ober- als auch in der Unterdehnung festgestellt werden. Bild 4-30 f-1) und f-2) stellen zum besseren Verständnis den Zusammenhang zwischen der Steigung der Ober- und Unterdehnung in der Phase II und dem Feuchtegehalt dar. Auf der Abszissenachse wird hierbei der Feuchtegehalt der Proben in M.-% und auf der Ordinatenachse der logarithmierte Gradient der Dehnungsentwicklung in Phase II *log grad* $\varepsilon_{max}^{0,2\text{-}0,8}$ und *log grad* $\varepsilon_{min}^{0,2\text{-}0,88}$ aufgetragen. Die Zahlenwerte der logarithmierten Gradienten der Ober- und Unterdehnung in Phase II sind ebenfalls der Tabelle 4-8 zu entnehmen. Wie die Ergebnisse zeigen, weisen die wassergesättigten Probekörper der Lagerungsbedingungen WST und WS mit Werten von -4,60 und -4,58 die höchsten Werte für *log grad* $\varepsilon_{max}^{0,2\text{-}0,8}$ und damit einhergehend die höchste Dehnungszunahme je Lastwechsel auf. Die Probekörper der Lagerungsbedingung C zeigten hingegen mit -5,34 einen niedrigeren Wert für *log grad* $\varepsilon_{max}^{0,2\text{-}0,8}$ auf. Die Proben der Lagerungsbedingung M liegen mit einem Wert von -4,66 in logischer Reihenfolge zwischen den wasser- und klimaraumgelagerten Probekörpern. Den niedrigsten Dehnungszuwachs je Lastwechsel erfährt mit einem Wert von -6,90 erwartungsgemäß der getrocknete Probekörper der Lagerungsbedingung D. Der größte Unterschied, mit einer Abweichung von 50,7 %, konnte zwischen den Ergebnissen der Lagerungsbedingung D und WST nachgewiesen werden. Wie Bild 4-30 f-1) zu entnehmen ist, weist die Steigung der Unterdehnung in Phase II, ausgedrückt durch den logarithmierten Gradienten *log grad* $\varepsilon_{min}^{0,2\text{-}0,8}$, analog zu den Ergebnissen der Oberdehnung ebenfalls eine Steigungszunahme mit zunehmendem Feuchtegehalt auf. Demzufolge nimmt neben der Steigung der Oberdehnung in Phase II ebenfalls die Steigung der Unterdehnung in Phase II mit steigendem Feuchtegehalt des Betons zu. Ein abschließender Vergleich der Dehnungsamplituden zwischen Versuchsbeginn und Versuchsende ergibt, dass auch die Differenz der Dehnungsamplitude $\Delta\varepsilon_A$ tendenziell mit steigendem Feuchtegehalt des Betons zunimmt. Hierbei weisen die wassergesättigten Proben der Lagerungsbedingung WS im Vergleich zu den klimaraumgelagerten Proben der Lagerungsbedingung C eine 48,9 % größere Differenz innerhalb der Dehnungsamplitude zwischen Versuchsbeginn und Versuchsende auf.

Zusammenfassend zeigen ist den Ergebnissen der Dehnungsentwicklung, dass mit Ausnahme der Probe der Lagerungsbedingung D (Abbrecher-Versuch) die Probekörper der restlichen Lagerungsbedingungen (C, M, WS und WST) den für Ermüdungsversuche charakteristischen dreiphasigen Verlauf aufzeigen. Weiterhin zeigt sich mit zunehmendem Feuchtegehalt des Betons sowohl in der Ober- als auch Unterdehnung eine beschleunigte Dehnungszunahme je Lastwechsel insbesondere in der Phase II der Dehnungsentwicklung. Folglich deuten die Ergebnisse der Dehnungsentwicklung auf eine mit zunehmendem Feuchtigkeitsgehalt beschleunigte Schädigungsentwicklung hin, was mit den Ergebnissen des Ermüdungswiderstandes (vgl. Kapitel 4.3.1) korreliert.

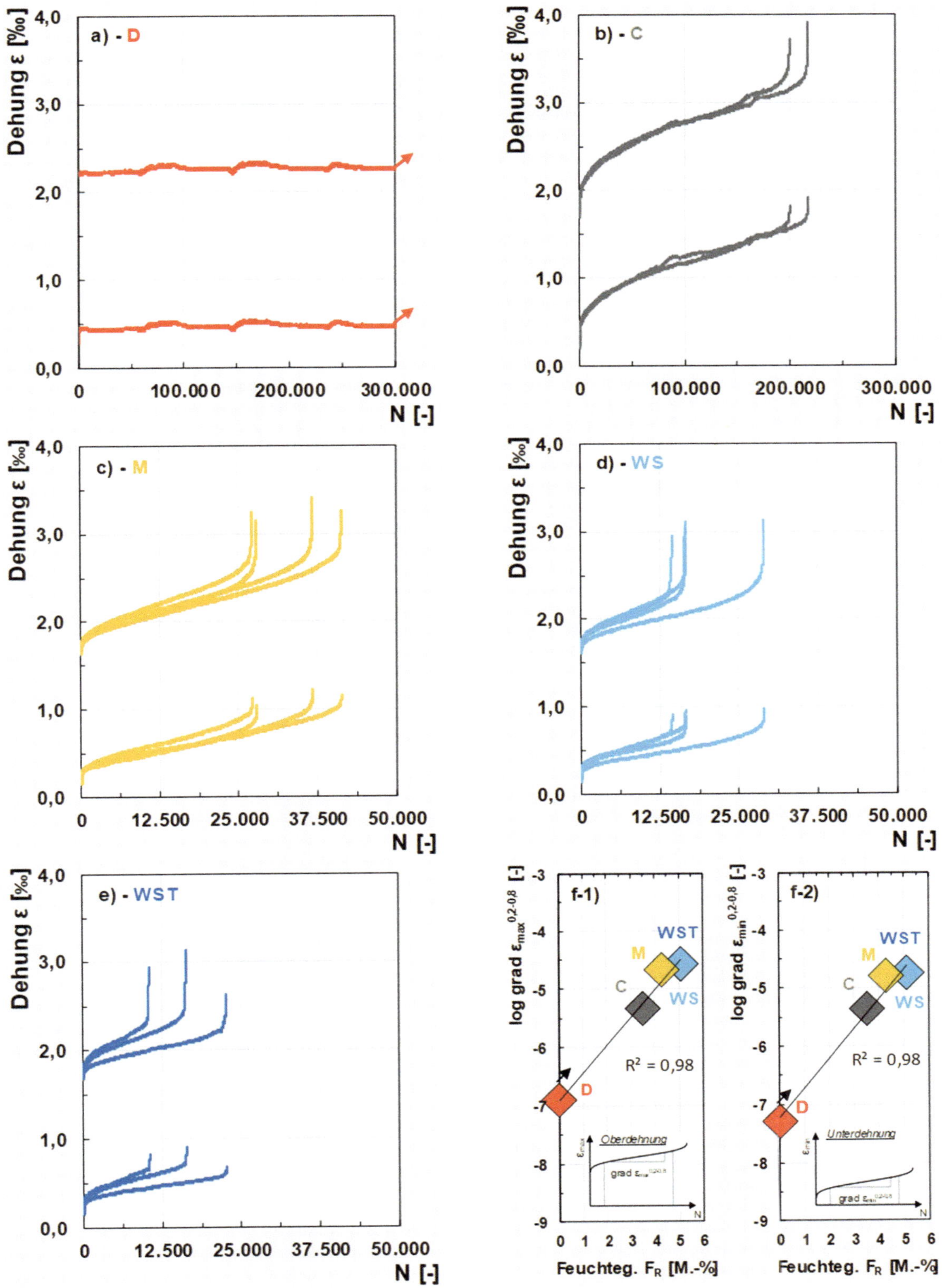

Bild 4-30: Entwicklung der Ober- und Unterdehnung (a) bis e)) und logarithmierter Gradient der Ober- und Unterdehnung in Phase II (f-1) bis f-2)) in Abhängigkeit der Lagerungsart

4.3.6.2 Steifigkeitsentwicklung

Als zweite Schädigungsindikatoren werden die Anfangssteifigkeit sowie die Entwicklung der Steifigkeitsdegradation analysiert. Bild 4-31 a) - e) stellt hierbei die Steifigkeitsdegradation in Abhängigkeit der Lagerungsbedingung dar. Analysiert werden analog zur vorherigen Dehnungsentwicklung Probekörper der Lagerungsbedingungen D, C, M, WS und WST des hochfesten Betons HPC-D. Auf der Abszissenachse wird ebenfalls die Lastwechselzahl und auf der Ordinatenachse die Steifigkeit in GPa aufgetragen. Auch in den hier dargestellten Abbildungen variiert aufgrund der stark unterschiedlichen Laufzeiten der Ermüdungsversuche die Einteilung der Ordinatenachse. Wie Kapitel 2.1.4 zu entnehmen ist, wird die Steifigkeitsentwicklung repräsentiert durch den Sekantenmodul (E_S), der im Entlastungsast eines jeden Lastzyklus unter Verwendung der Dehnungen bei maximaler und minimaler Spannung errechnet wurde.

Zunächst kann den Ergebnissen in Tabelle 4-9 entnommen werden, dass mit steigendem Feuchtegehalt innerhalb der Gefügestruktur des Betons die Anfangssteifigkeit $E_S{}^{0^*}$ zunimmt. Mit einem Wert von 46.629 N/mm² und 45.218 N/mm² zeigen die Probekörper der Lagerungsbedingungen WS und WST hierbei die größte Anfangssteifigkeit auf. Demgegenüber steht das Ergebnis der Lagerungsbedingung D, welches mit einem Wert von 36.436 N/mm² die niedrigste Anfangssteifigkeit aufweist. Zwischen den Lagerungsbedingungen D, WS und WST gliedern sich mit einem Wert von 44.836 N/mm² und 40.873 N/mm² die Lagerungsbedingungen M und C in logischer Reihenfolge ein. Der größte Unterschied konnte mit einer Abweichung von 24,1 % zwischen den Ergebnissen des getrockneten Probekörpers der Lagerungsbedingung D und den wassergesättigten Probekörpern der Lagerungsbedingung WS nachgewiesen werden.

Tabelle 4-9: Kenngrößen des Sekantenmoduls in Abhängigkeit des Feuchtegehaltes

Betonart	Lagerung	F_R [M.-%]	S_R [%]	$E_S{}^{0^*}$ [N/mm²]	$E_S{}^B$ [N/mm²]	rel. Abweichung [%]	log grad $E_S^{0,2-0,8}$ [-]
HPC-D	WST	5,1	100	45.218	31.966	29,3	-0,69
	WS	5,1	100	46.629	31.677	32,1	-0,63
	M	4,3	85	44.836	31.044	30,8	-0,82
	C	3,5	69	40.873	30.923	24,4	-2,23
	D	0,0	0	36.436	36.034[1]	1,1	-2,82[1]

[1] Wert nach N = 320.693 (ohne Versagen)

Die Ergebnisse der Anfangssteifigkeit $E_S{}^{0^*}$ deuten somit auf eine mittragende bzw. stützende Wirkung wassergefüllter Poren hin. Nach WINKLER /106/ sind mit Wasser gefüllte Poren nahezu inkompressibel, da das in den Poren befindliche Wasser unter kurzzeitigem Druck nicht oder nur sehr langsam entweichen kann, wodurch sich die Steifigkeit des Betons erhöht. Des Weiteren decken sich die hier ermittelten Ergebnisse der Anfangssteifigkeit mit den zuvor dargestellten Ergebnissen des dynamischen Elastizitätsmoduls (vgl. Kapitel 4.1), welche ebenfalls steigende Werte mit steigendem Feuchtegehalt des Betons zeigten.

Weiterhin kann dem Bild 4-31 a) – e) entnommen werden, dass mit steigendem Feuchtegehalt innerhalb der Mikrostruktur des Betons die Steifigkeitsdegradation zunimmt. Bei näherer Betrachtung der Steifigkeitsdegradation der Lagerungsbedingung D ergibt sich über eine Laufzeit von ~300.000 Lastwechseln ein nahezu horizontal verlaufender Graph mit keiner negativen Steigung (vgl. Bild 4-31 a)). Demzufolge erfährt dieser Probeköper über die ersten ~300.000 Lastwechsel nahezu keinen Steifigkeitsverlust. Mit zunehmendem Feuchtegehalt zeigen die Ergebnisse in Bild 4-31 b) - e) hingegen einen Zuwachs der Steigung speziell in Phase II, welches mit einem Verlust an Steifigkeit einhergeht. Zum besseren Verständnis stellt das Bild 4-31 f) gesammelt die Steifigkeitsdegradation in Abhängigkeit der Probenfeuchte dar. Die Abszissenachse zeigt hierbei den Feuchtegehalt der Proben in M.-% und die Ordinatenachse den logarithmierten Gradienten der Steifigkeitsentwicklung in Phase II *log grad* $E_S^{0,2-0,8}$ auf. Die Zahlenwerte des *log grad* $E_S^{0,2-0,8}$ sind ebenfalls der Tabelle 4-9 zu entnehmen. Wie die Ergebnisse zeigen, weisen die wassergesättigten Probekörper der Lagerungsbedingungen WS und WST mit Werten von -0,69 und -0,63 die höchsten Werte für *log grad* $E_S^{0,2-0,8}$ und damit einhergehend die schnellste Steifigkeitsdegradation auf. Der Probekörper der Lagerungsbedingung D zeigt hingegen mit - 2,82 den niedrigsten Wert für *log grad* $E_S^{0,2-0,8}$ und damit die geringste Steifigkeitsdegradation auf. An dieser Stelle ist anzumerken, dass es sich bei dem Probekörper der Lagerungsbedingung D um einen

Probekörper ohne Versagen handelt, bei dem die ersten 320.693 Lastwechsel ausgewertet wurden. Zwischen den Lagerungsbedingungen D, WS und WST gliedern sich mit Werten von -0,82 und -2,23 die Lagerungsbedingungen M und C in logischer Reihenfolge ein.

Ein Vergleich der Ergebnisse des Sekantenmoduls zum Zeitpunkt des Versagens $E_S{}^B$ zeigt, dass mit Ausnahme des Probekörpers der Lagerungsbedingung D (Abbrecher-Versuch) die Probekörper der restlichen Lagerungsbedingungen mit Werten zwischen 31.966 N/mm² (WST) und 30.923 N/mm² (C) sehr ähnliche Ergebnisse aufweisen.

Werden weiterhin die Steifigkeitsabnahmen über den gesamten Versuch verglichen, zeigen die Ergebnisse tendenziell eine steigende relative Abweichung zwischen der Anfangssteifigkeit $E_S{}^{0^*}$ und der Endsteifigkeit $E_S{}^B$ (vgl. Tabelle 4-9) mit steigendem Feuchtegehalt des Betons. Die größte Steifigkeitsabnahme konnte hierbei, mit einer relativen Abweichung von 32,1 %, für die wassergesättigten Probekörper der Lagerungsbedingung WS ermittelt werden. Die Probekörper der Lagerungsbedingungen C und M zeigen hingegen Steifigkeitsverluste von 24,4 % und 30,8 %. Lediglich der Probekörper der Lagerungsbedingung D, bei dem im Ermüdungsversuch kein Versagen eintrat, zeigte über die ersten 320.693 Lastwechsel mit einer Abweichung im Sekantenmodul von lediglich 1,10 % nahezu keinerlei Steifigkeitsverlust.

Zusammenfassend deuten die Ergebnisse der Steifigkeitsuntersuchungen darauf hin, dass in Abhängigkeit des Feuchtigkeitsgehaltes des Betons unterschiedliche Schädigungsmechanismen wirksam sind. Mit steigendem Feuchtegehalt ist den Ergebnissen eine höhere Anfangssteifigkeit, eine schnellere Steifigkeitsdegradation in der Phase II und eine größere Steifigkeitsabnahme über die gesamte Versuchslaufzeit zu entnehmen. Neben den mechanischen Schadensmechanismen, wie sie in trockenen Proben wirksam sind, überlagern sich offensichtlich mit steigendem Feuchtegehalt des Betons zusätzlich wirkende wasserinduzierte Schädigungsmechanismen, die in einem entscheidenden Maße am Degradationsprozess zyklisch beanspruchter Betone beteiligt sind. Aufgrund der erhöhten Steifigkeit der feucht- und wassergelagerten Proben ist, wie in Kapitel 4.2.2 beschrieben, von einem Porenwasserdruck in wassergefüllten Poren auszugehen, der zu Zugspannungen im Gefüge führen kann.

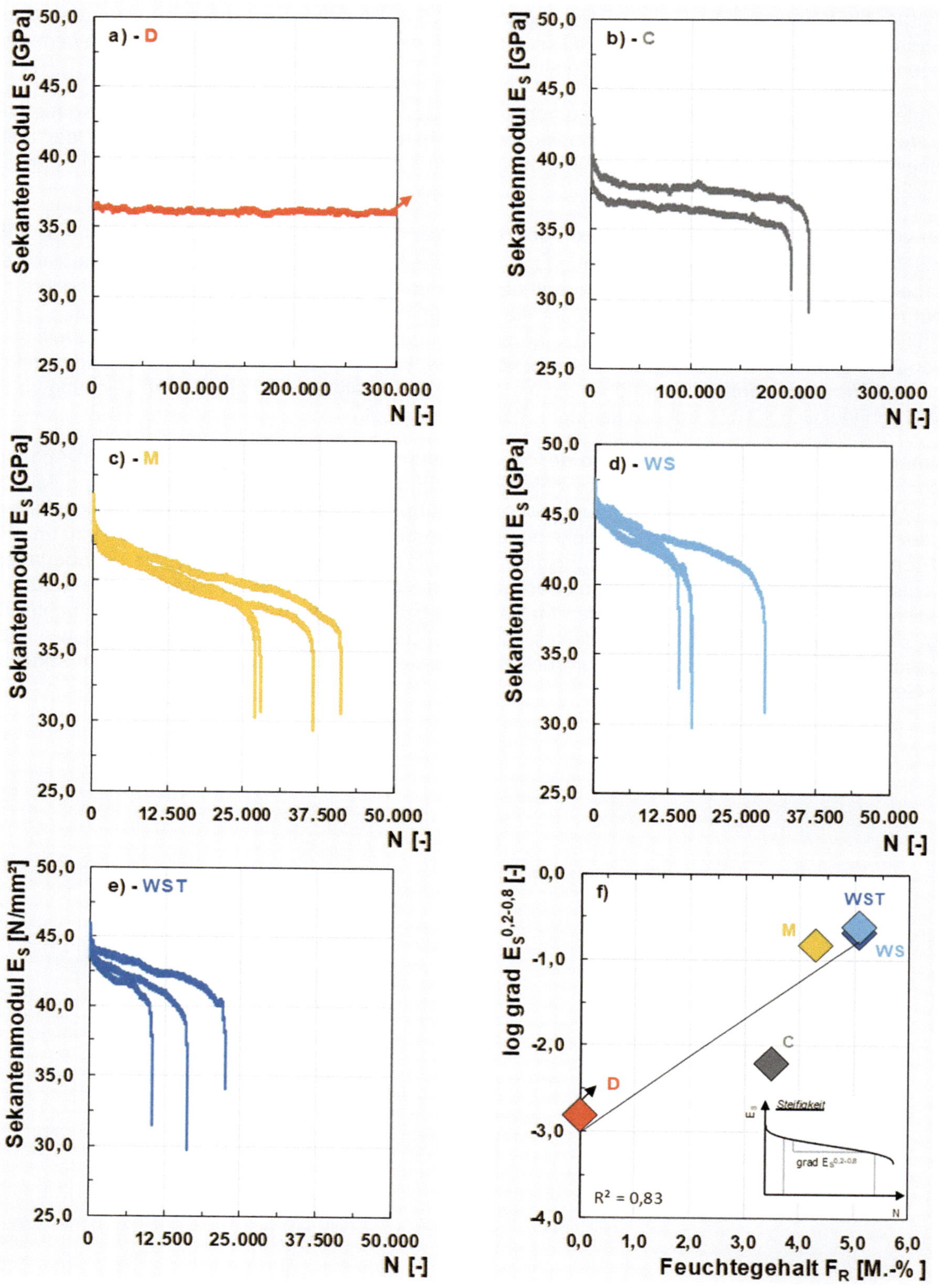

Bild 4-31: Steifigkeitsentwicklung (a) bis e)) und logarithmierter Gradient der Steifigkeit in Phase II (f)) in Abhängigkeit der Lagerungsart

4.3.6.3 Dissipierte Energie

Als dritter Schädigungsindikator wird die dissipierte Energie je Lastwechsel analysiert. Bild 4-32 a) - e) stellen die Verläufe der dissipierten Energie je Lastwechsel in Abhängigkeit der Lagerungsbedingungen dar. Analysiert wurden analog zur vorherigen Dehnung-/ und Steifigkeitsentwicklung Probekörper der Lagerungsbedingungen D, C, M, WS und WST des hochfesten Betons HPC-D. Die Abszissenachse stellt hierbei ebenfalls die Lastwechselzahl und die Ordinatenachse die dissipierte Energie je Lastwechsel in kJ/m³ dar. Zur besseren Veranschaulichung der Ergebnisse ist in dem Bild 4-32 f) zudem die dissipierte Energie aller Lagerungsbedingungen vergleichend gegenübergestellt. Zu beachten ist an dieser Stelle, dass aufgrund der stark variierenden Versuchslaufzeiten, die Lastwechsel in Bild 4-32 f) auf der Abszissenachse logarithmiert aufgetragen werden.

Wird zunächst die dissipierte Energie je Lastwechsel zum Versuchsbeginn $E_D{}^{0^*}$ verglichen, zeigen die Ergebnisse in Tabelle 4-10 einen steigenden Wert der dissipierten Energie mit steigendem Feuchtegehalt des Betons. Hierbei ergeben sich Werte von 2,2 kJ/m³ bis 2,9 kJ/m³. Mit einem Wert von 2,9 kJ/m³ bzw. 2,7 kJ/m³ zeigen die Probekörper der Feuchtezustände WST und WS hierbei die höchste dissipierte Energie zum Versuchsbeginn $E_D{}^{0^*}$ auf. Demgegenüber stehen das Ergebnis des getrockneten Probekörpers der Lagerungsbedingung D, der mit einem Wert von 2,2 kJ/m³ die niedrigste dissipierte Energie zum Versuchsbeginn aufweist. Zwischen den Lagerungsbedingungen D, WS und WST gliedern sich mit Werten von 2,5 kJ/m³ und 2,4 kJ/m³ die Lagerungsbedingungen M und C in logischer Reihenfolge ein. Der größte Unterschied, mit einer Abweichung von 31,8 %, konnte zwischen den Ergebnissen der Lagerungsbedingung D und WST nachgewiesen werden. Ein Vergleich der Lagerungsbedingungen C und WST zeigt weiterhin eine Abweichung von 20,8 % für die dissipierte Energie je Lastwechsel zum Versuchsbeginn $E_D{}^{0^*}$.

Tabelle 4-10: Kenngrößen der dissipierten Energie je Lastwechsel in Abhängigkeit des Feuchtegehaltes

Betonart	Lagerung	F_R [M.-%]	S_R [%]	$E_D{}^{0^*}$ [kJ/m³]
HPC-D	**WST**	5,1	100	2,9
	WS	5,1	100	2,7
	M	4,3	85	2,5
	C	3,5	69	2,4
	D	0,0	0	2,2

Folglich stehen die hier dargestellten Ergebnisse der dissipierten Energie zum Versuchsbeginn im Einklang mit denen in HÜMME /41/ dargestellten, in denen eine Abweichung von ebenfalls mehr als 10 % zwischen klimaraumgelagerten und unter Wasser gelagerten Probekörpern eines hochfesten Betons der Festigkeitsklasse C80/95 nachgewiesen werden konnte.

Werden im Weiteren die in Bild 4-32 a) - e) und Bild 4-32 f) dargestellten Verläufe der dissipierten Energie je Lastwechsel E_D verglichen, zeigt sich für den getrockneten Probekörper der Lagerungsbedingung D, im Vergleich zu den restlichen Probekörpern der Lagerungsbedingungen C, M, WS und WST, ein abweichendes Verhalten. Während für den getrockneten Beton (Lagerungsbedingung D) die dissipierte Energie je Lastwechsel E_D mit zunehmender Versuchsdauer kontinuierlich abfällt, nimmt sie bei den feuchten und wassergesättigten Probekörpern weiter zu, was auf eine mit jedem Lastwechsel zunehmende Schädigung hindeutet. Weiterhin ist erkennbar, dass für die Probekörper der Lagerungsbedingungen C, M, WS und WST der Anstieg speziell im Bereich des Versagens, folglich der Phase III des für Ermüdungsversuche charakteristischen dreiphasigen Verlaufs der Dehnungsentwicklung, besonders stark ausgeprägt ist. Aufgrund des Versuchsabbruchs ohne Versagen zeigt der Probekörper der Lagerungsbedingung D einen solchen Anstieg nicht.

Zusammenfassend zeigen die Ergebnisse der dissipierten Energie, mit Ausnahme der Probe der Lagerungsbedingung D, eine mit jedem Lastwechsel zunehmende Schädigung, die sich mit steigendem Feuchtegehalt innerhalb des Betons verstärkt. Eine mit zunehmendem Feuchtegehalt ansteigende Schädigung je Lastwechsel zeigte sich ebenfalls anhand der logarithmierten Steigung der Ober- und Unterdehnung (vgl. Kapitel 4.3.6.1) sowie an der logarithmierten Steigung der Steifigkeitsdegradation (vgl. Kapitel 4.3.6.2) jeweils in der zweiten Phase der Dehnungsentwicklung.

Insgesamt zeigen die bis hierher analysierten Ergebnisse zum Ermüdungsverhalten ein hochkomplexes Schädigungsverhalten zyklisch beanspruchter Betone, bei dem wasserinduzierte Schädigungsmechanismen in einem erheblichen Maße schädigend wirken.

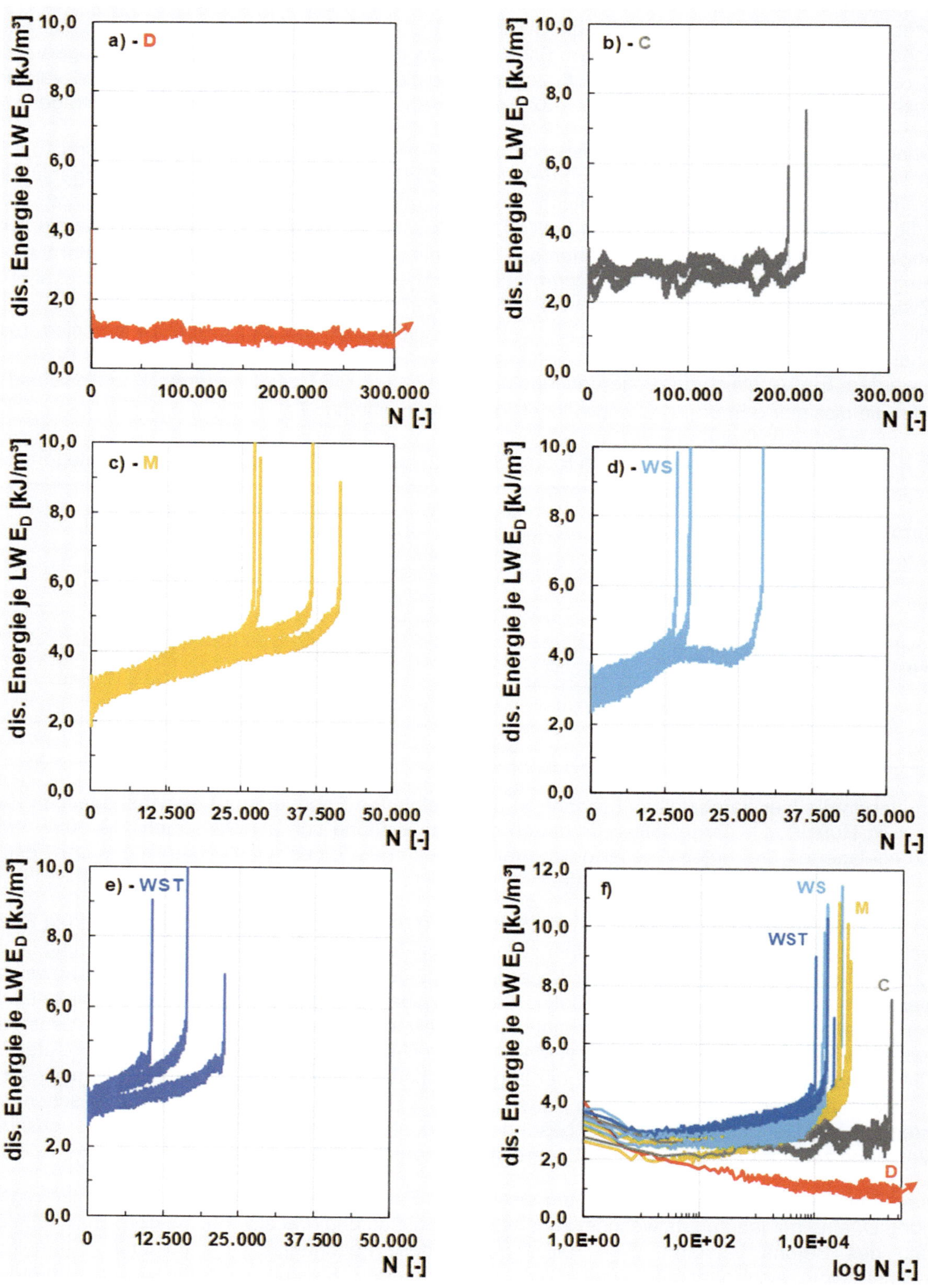

Bild 4-32: Dissipierte Energie je Lastwechsel und Lagerungsbedingung

4.3.6.4 Schallemissionsaktivität

Um tiefergehende Informationen über die am Degradationsprozess beteiligten Schädigungsmechanismen zu erlangen, wird in diesem Abschnitt neben der Dehnungs-/ und Steifigkeitsentwicklung sowie der dissipierten Energie die Schallemissionsaktivität als vierter Schädigungsindikator analysiert. Ausgewertet werden zunächst analog zu den vorherigen Schädigungsindikatoren Probekörper der Lagerungsbedingungen D, C, M, WS und WST des hochfesten Betons HPC-D. Daran anschließend erfolgt eine zusätzliche Analyse der Schallemissionsaktivität unter Wasser gelagerter und geprüfter (WST) Probekörper der Betone NC-A, NC-B, HPC-C, HPC-D und HPC-E.

Schallemissionsaktivität in Abhängigkeit des Feuchtegehaltes

Im Gegensatz zu den vorherigen Auswertungen, in denen das Verformungsverhalten des Betons im Fokus stand, erfolgt in diesem Abschnitt eine Identifikation wasserinduzierter Schädigungen und Schädigungsmechanismen mittels der zerstörungsfeien Messmethode der Schallemissionsanalyse. Ausgewertet werden hierbei detektierte Schallereignisse, die sogenannten Hits, sowie deren zeitlicher Auftretenspunkt im Versuch.

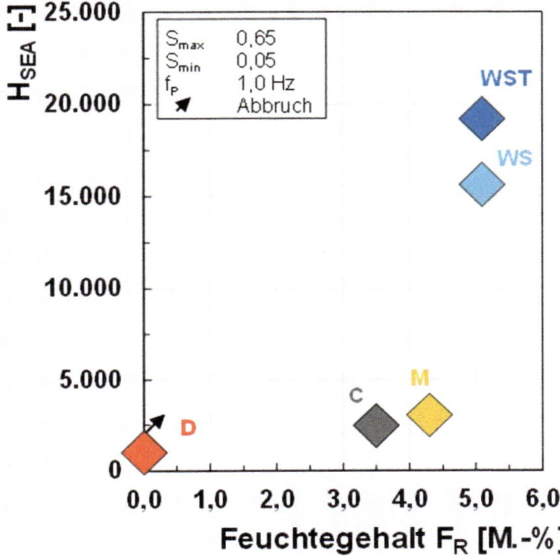

Bild 4-33: Gesamtanzahl der Schallemissionsereignisse (Hits) in Abhängigkeit des Feuchtegehaltes (HPC-D)

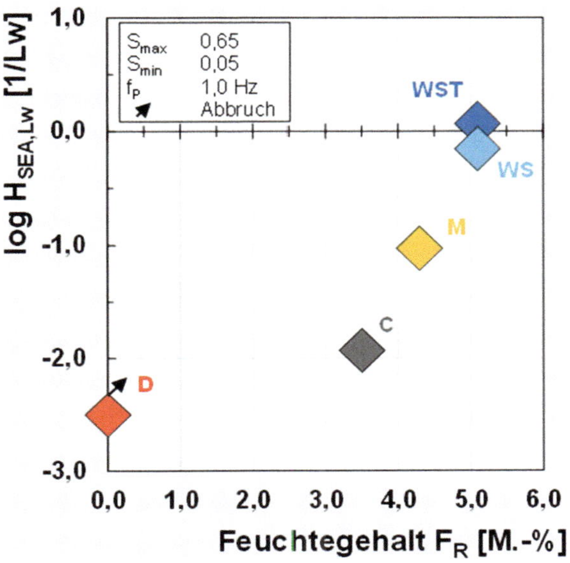

Bild 4-34: Mittlere logarithmierte Anzahl an Hits pro Lastwechsel in Abhängigkeit des Feuchtegehaltes (HPC-D)

Wie den Ergebnissen in Bild 4-33 und Tabelle 4-11 zu entnehmen ist, zeigen die Untersuchungen im Allgemeinen eine Erhöhung der Schallemissionsaktivität H_{SEA} mit steigendem Feuchtigkeitsgehalt innerhalb der Mikrostruktur des Betons. Mit einem Wert von 19.179 Hits und 15.611 Hits zeigen die Probekörper der Lagerungsbedingungen WST und WS die größte Anzahl an Schallereignissen H_{SEA}. Dem gegenüber steht das Ergebnis der Lagerungsbedingung D, das mit einem Wert von lediglich 1.006 Hits die niedrigste Anzahl an Schallereignissen aufweist. Auch an dieser Stelle ist anzumerken, dass es sich bei dem untersuchten Probekörper der Lagerungsbedingung D um einen Abbrecher-Versuch ohne Versagen handelt. Zwischen den Lagerungsbedingungen D, WS und WST gliedern sich mit Werten von 3.007 Hits und 2.425 Hits die Lagerungsbedingungen M und C in logischer Reihenfolge ein. Ergänzend zu der Gesamtanzahl der Schallereignisse wurden diese in einem weiteren Schritt auf die Bruchlastwechselzahl N_f bezogen und zur besseren Darstellbarkeit logarithmiert. Diese Vorgehensweise liefert als Ergebnis eine überschlägige Information über die durchschnittlich auftretenden Hits pro Lastwechsel. Bild 4-34 und Tabelle 4-11 stellen die logarithmierten Hits pro Lastwechsel $\log H_{SEA,Lw}$ in Abhängigkeit des Feuchtegehalts als Mittelwerte dar.

Tabelle 4-11: Kenngrößen der Schallemissionsanalyse in Abhängigkeit des Feuchtegehaltes

Betonart	Lagerung	F_R [M.-%]	S_R [%]	H_{SEA} [-]	$\log H_{SEA,Lw}$ [1/LW]	$H_{SEA,Q1}$ [-]	$H_{SEA,Q2}$ [-]	$H_{SEA,Q3}$ [-]	$H_{SEA,Q4}$ [-]
HPC-D	WST	5,1	100	19.179	0,06	910	160	17.760	349
	WS	5,1	100	15.611	-0,16	1.567	497	13.342	205
	M	4,3	85	3007	-1,03	1.910	773	282	42
	C	3,5	69	2.425	-1,93	1.399	622	332	74
	D	0,0	0	1.006[1]	-2,50[1]	653[1]	174[1]	171[1]	8[1]

[1] Wert nach N = 320.693 (ohne Versagen)

Wie den Ergebnissen in Bild 4-34 und Tabelle 4-11 zu entnehmen ist, steigt erwartungsgemäß mit steigendem Feuchtegehalt des Betons $\log H_{SEA,Lw}$ an. Hierbei weisen die Probekörper der Lagerungsbedingungen D und C mit Werten von -2,50 und - 1,93 im Vergleich zu den wassergesättigten Probekörpern mit Werten von 0,06 (WST) und -0,16 (WS) eine geringe Anzahl an Hits pro Lastwechsel auf. Die Proben der Lagerungsbedingung M gliedern sich mit einem Wert von -1,03 logisch zwischen den Ergebnissen der Lagerungsbindung C und WS ein. Folglich deuten auch die Ergebnisse der Schallemissionsaktivität, wie auch die zuvor analysierten Schädigungsindikatoren, auf eine mit zunehmendem Feuchtegehalt ansteigende Schädigung hin. Neben der reinen Anzahl wird im Weiteren der Auftretenspunkt der Schallemissionssignale analysiert. Bild 4-35 und Bild 4-36 stellen in diesem Zusammenhang die Entwicklung der Schallemissionsaktivität über die gesamte Versuchsdauer für jeweils einen repräsentativen Probeköper der Lagerungsbedingungen C (Klimaraumlagerung) und WS (unter Wasserlagerung) vergleichend dar. Der graue Bereich innerhalb der Abbildungen repräsentiert hierbei schematisch die bezogene Dehnung (Verhältniswert aus dem gemessenen Dehnungswert und der Bruchdehnung), die den charakteristischen dreiphasigen Verlauf aufzeigt. Die grünen Punkte repräsentieren akustische Emissionssignale, die näher am minimalen Spannungsniveau (unterhalb der Mittelspannung), und die violetten Punkte repräsentieren Signale, die näher am maximalen Spannungsniveau (oberhalb der Mittelspannung) orientiert sind.

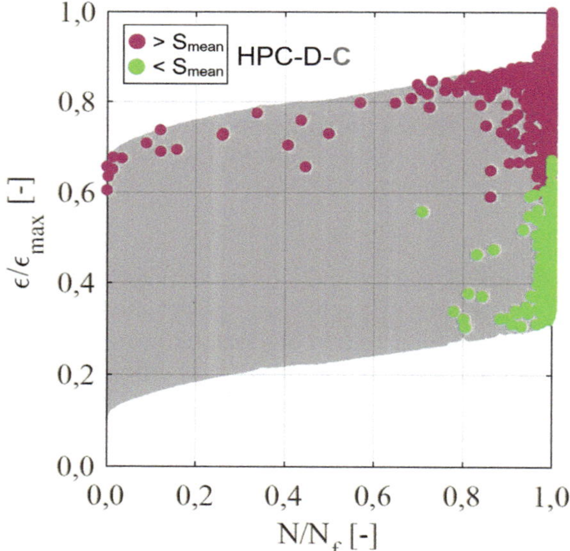

Bild 4-35: Auftretenspunkt der Schallemissionsereignisse einer repräsentativen Probe der Lagerungsbedingung C (HPC-D)

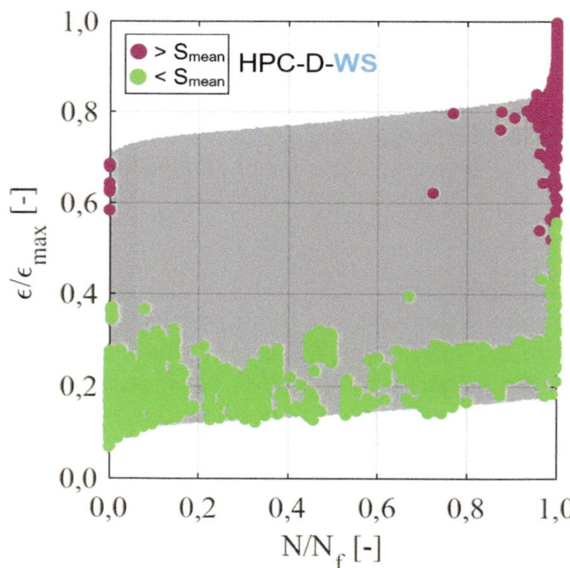

Bild 4-36: Auftretenspunkt der Schallemissionsereignisse einer repräsentativen Probe der Lagerungsbedingung WS (HPC-D)

Dem Bild 4-35 und Bild 4-36 ist zu entnehmen, dass sich die Schallemissionsaktivität zwischen den beiden Lagerungsbedingungen C und WS erheblich unterscheidet. Für die Lagerungsbedingung C sind in der ersten Phase und in etwa zwei Dritteln der Phase II relativ wenige akustische Emissionssignale erkennbar, die ausschließlich im Bereich der maximalen Belastung auftreten. Die Anzahl der akustischen Emissionssignale steigt im letzten Drittel der Phase II und in der Phase III bis zum Versagen rasant an, wobei Signale in dem Bereich nahe dem maximalen und minimalen Spannungsniveau nachzuweisen sind. Im Gegensatz dazu wird für die Lagerungsbedingung WS eine hohe Anzahl von akustischen Emissionssignalen über den gesamten Ermüdungsprozess erfasst, welche hauptsächlich in dem Bereich nahe dem minimalen Spannungsniveau auftreten. Akustische Emissionssignale sind nahe dem maximalen Spannungsniveau hingegen nur im letzten Drittel der Phase II und in Phase III nachweisbar. Ähnlich der Lagerungsbedingung C steigt die Schallemissionsaktivität in der dritten Phase bis zum Versagen schnell an. Diese Signale können wiederum sowohl dem minimalen als auch maximalen Spannungsniveau zugeordnet werden. Demzufolge bestätigen und erweitern die Ergebnisse dieser Arbeit die in TAIT /86/ und ZHONG et al. /114/ dargestellten, in denen sowohl für wassergesättigte sehr feinkörnige Mörtelproben im High-Cycle Fatigue Bereich als auch für wassergesättigte Kohleproben im Low-Cycle Fatigue Bereich vereinzelt Schallemissionen im Entlastungsast detektiert wurden. Die Ergebnisse der Schallemissionsanalyse unterstützen somit die Hypothese, dass in Abhängigkeit des Feuchtegehalts des Betons unterschiedliche bzw. zusätzliche wasserinduzierte Schädigungsmechanismen existieren.

Um noch detailliertere Informationen über die am Degradationsprozess beteiligten wasserinduzierten Schädigungsmechanismen erlangen zu können, wurde weiterführend eine noch tiefergehende Analyse des Auftretenspunkt der Schallereignisse durchgeführt. Hierbei wurde die sinusförmige Beanspruchungswelle in vier Quadranten eingeteilt und die in den jeweiligen Quadranten auftretenden Schallereignisse summiert.

Quadrant 1 (Q1) beinhalte hierbei alle Signale die zwischen der Mittel- und Oberspannung (Oberer Teil des Belastungsasts) detektiert wurden. Quadrant 2 (Q2) beinhaltet Signale, die zwischen der Ober- und Mittelspannung (Oberer Teil des Entlastungsasts) und Quadrant 3 (Q3) Signale, welche zwischen der Mittel und Unterspannung (Unterer Teil des Entlastungsasts) auftraten. Quadrant 4 (Q4) bildet den Abschluss einer vollständigen Sinuswelle und beinhaltet Signale, die zwischen der Unter- und Mittelspannung (Unterer Teil des Belastungsasts) detektiert wurden. Bild 4-37 stellt die Einteilung der Quadranten Q1 bis Q4 graphisch dar.

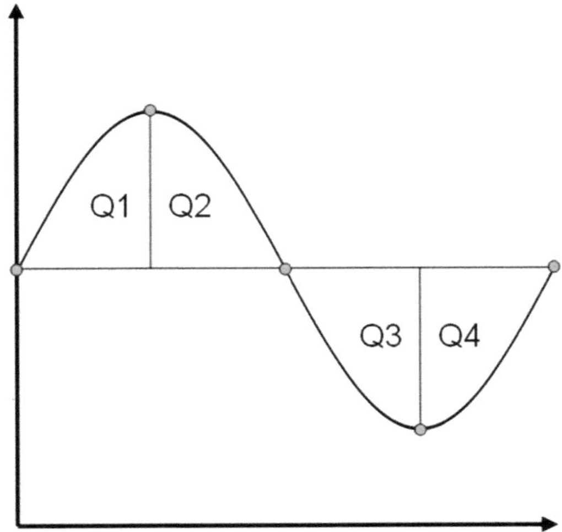

Bild 4-37: Einteilung der Quadranten Q1 bis Q4

Das Ergebnis dieser Auswertung liefert eine präzise Zuordnung der auftretenden Schallereignisse zur sinusförmigen Beanspruchungswelle. Tabelle 4-11 stellt zur Vervollständigung die ermittelte Anzahl an Hits als Mittelwerte ($H_{SEA,Q1}$ bis $H_{SEA,Q4}$) dar. Da eine Darstellung und Interpretation der Ergebnisse alleine auf Basis der auftretenden Hits je Quadrant unübersichtlich sind, werden in der nachfolgenden Tabelle 4-12 zusätzlich die prozentualen Abweichungen der innerhalb der Quadranten Q1 bis Q4 detektierten Hits zur Gesamtanzahl an Hits H_{SEA} dargestellt.

Wie den Ergebnissen in Tabelle 4-12 zu entnehmen ist, sinkt im Quadranten Q1 die bezogene Anzahl an Hits tendenziell mit steigendem Feuchtegehalt. Hierbei waren bei den klimaraumgelagerten Proben der Lagerungsbedingung C ca. 58 % aller Hits nachweisbar. Die wassergesättigten Proben der Lagerungsbedingung WST zeigten in diesem Quadranten hingegen lediglich ca. 5 % der detektierten Schallereignisse. Ein ähnliches Bild stellt sich ebenfalls für den Quadranten Q2 ein. Auch hier sinkt die bezogene Anzahl an Hits mit steigendem Feuchtegehalt. Wie sich jedoch an den geringeren Werten in Tabelle 4-11 zeigt, werden im Allgemeinen im Quadranten Q2 weniger Ereignisse detektiert als im Quadranten Q1. Den Ergebnissen des Quadranten Q3 kann weiterhin entnommen werden, dass die bezogene Anzahl an Hits mit steigendem Feuchtegehalt tendenziell zunimmt. Speziell die wassergesättigten Probekörper der Lagerungsbedingungen WS und WST weisen im Quadranten Q3 mit Werten von bis zu ca. 90 % den Großteil ihrer detektierten Hits auf. Wassergesättigte Proben zeigen demzufolge eine stark erhöhte Anzahl an akustischen Schallsignalen im Bereich des Entlastungsastes kurz vor der Unterspannung in Quadrant Q3. Im Quadranten Q4 ist hingegen unabhängig vom Feuchtegehalt des Betons mit Werten von maximal 3 % lediglich eine geringfügige Anzahl an Hits nachweisbar.

Tabelle 4-12: Erweiterte Kenngrößen der Schallemissionsanalyse in Abhängigkeit des Feuchtegehaltes

Betonart	Lagerung	F_R [M.-%]	S_R [%]	H_{SEA} [-]	bez. $H_{SEA,Q1}$ [%]	bez. $H_{SEA,Q2}$ [%]	bez. $H_{SEA,Q3}$ [%]	bez. $H_{SEA,Q4}$ [%]
HPC-D	WST	5,1	100	19.179	5,19	0,94	91,84	2,03
	WS	5,1	100	15.611	16,11	5,49	77,09	1,31
	M	4,3	85	3.007	64,09	25,15	9,35	1,41
	C	3,5	69	2.425	57,54	25,68	13,75	3,03
	D	0,0	0	1.006[1]	64,91[1]	17,30[1]	17,00[1]	0,80[1]

[1] Wert nach N = 320.693 (ohne Versagen)

Schallemissionsaktivität in Abhängigkeit der Betonart

In einem weiteren Schritt wird neben dem Einfluss des Feuchtegehaltes der Einfluss der Betondruckfestigkeit auf die Schallemissionsaktivität analysiert. Ausgewertet werden hierbei Probekörper der Betone NC-A, NC-B, HPC-C, HPC-D und HPC-E der Lagerungsbedingungen WST sowie der Größe G-2.

Den Ergebnissen in Bild 4-38 und Tabelle 4-13 ist zu entnehmen, dass sich zunächst ein Anstieg der Hits mit steigender Betondruckfestigkeit zeigt. Dies steht in einem Widerspruch zu dem mit steigender Betondruckfestigkeit ebenfalls zunehmenden Ermüdungswiderstand (vgl. Kapitel 4.3.3). Da jedoch ein steigender Ermüdungswiderstand mit einer zunehmenden Bruchlastwechselzahl einhergeht, ist die reine Anzahl der Schallereignisse an dieser Stelle keine ausreichend gute Vergleichsgröße. Aus diesem Grund wird wie in der vorherigen Auswertung ebenfalls die logarithmierte Anzahl an Hits pro Lastwechsel $\log H_{SEA,Lw}$ betrachtet.

Wie den Ergebnissen in Tabelle 4-13 sowie Bild 4-39 zu entnehmen ist, zeigt sich mit Ausnahme der Probekörper des normalfesten Betons NC-A für die restlichen Betondruckfestigkeiten mit Werten zwischen 0,09 und 0,54 eine tendenziell ähnliche logarithmierte Anzahl an Hits pro Lastwechsel $\log H_{SEA,Lw}$.

Die geringere Schallemissionsaktivität des normalfesten Betons NC-A ($\log H_{SEA,Lw} =$ - 0,96) kann an dieser Stelle nicht abschließend geklärt werden, könnte jedoch möglicherweise auf die im Versuch sehr viel geringeren Spannungen und damit verbundenen geringeren Schallemissionsintensitäten zurückgeführt werden. Zudem unterliegen die Ergebnisse des NC-A vergleichsweise starken Streuungen, weshalb die Ergebnisse des NC-A der Vollständigkeit halber aufgeführt werden, jedoch in der allgemeinen Deutung der Ergebnisse unberücksichtigt bleiben. Werden weiterführend die Ergebnisse der unter Wasser gelagerten und geprüften Proben der Betone NC-A ($\log H_{SEA,Lw} =$ -0,96), NC-B ($\log H_{SEA,Lw} =$ 0,09), HPC-C ($\log H_{SEA,Lw} =$ 0,52), HPC-D ($\log H_{SEA,Lw} =$ 0,06) und HPC-E ($\log H_{SEA,Lw} =$ 0,47) mit dem Ergebnis der klimaraumgelagerten Proben des Betons HPC-D ($\log H_{SEA,Lw} =$ -1,93) verglichen, zeigt sich im Allgemeinen für die unter Wasser gelagerten und geprüften Proben eine deutlich höhere Schallemissionsaktivität im Versuch.

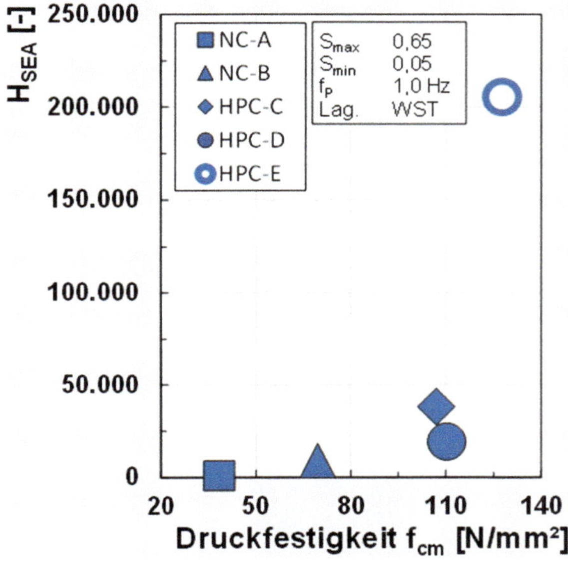

Bild 4-38: Gesamtanzahl der Schallemissionsereignisse (Hits) in Abhängigkeit der Betondruckfestigkeit (WST)

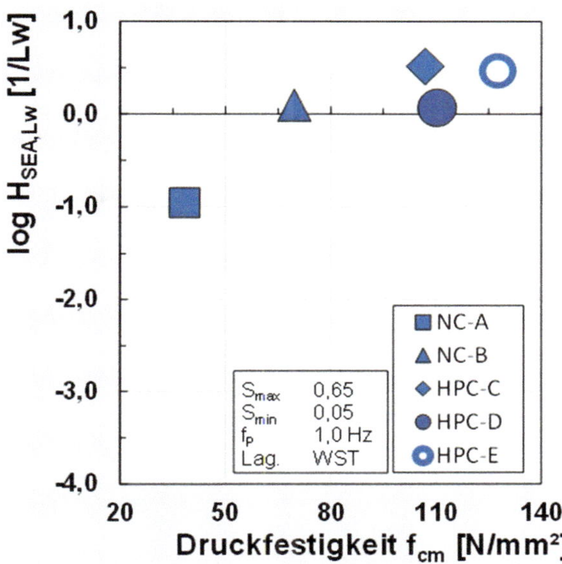

Bild 4-39: Mittlere logarithmierte Anzahl an Hits pro Lastwechsel in Abhängigkeit der Betondruckfestigkeit (WST)

Eine Betrachtung der einzelnen Quadranten Q1 bis Q4 zeigt weiterhin, dass neben dem hochfesten Beton HPC-D auch alle restlichen Betone NC-A, NC-B HPC-C und HPC-E mit Abstand die größte Anzahl an Hits im Quadranten Q3, also im Bereich nahe der Unterspannung aufweisen. Demzufolge sind die zuvor gewonnenen Erkenntnisse zur Wirkungsweise wasserinduzierte Schädigungsmechanismen des hochfesten Betons HPC-D größtenteils auf die anderen Betone dieser Arbeit übertragbar. Eine genauere Betrachtung des hochfesten Betons HPC-E ergibt weiterhin, dass dieser mit Werten von 13 % und 26 % eine verhältnisweise hohe Anzahl an Hits in den Quadranten Q1 und Q2 aufweist, also im Bereich nahe der Oberspannung. Folglich scheinen sich bei dem hochfesten Beton HPC-E mechanische Schädigungsmechanismen, wie sie in trockenen Proben wirksam sind, mit zusätzlich wirkenden wasserinduzierten Schädigungsmechanismen, zu überlagern. Wie in HOHBERG /36/ erläutert, könnte auch in dem hier betrachteten Fall ein geringeres Einlagerungsvermögen des Wassers zu einer reduzierten Ausprägung wasserinduzierter Schädigungsmechanismen führen.

Tabelle 4-13: Kenngrößen der Schallemissionsanalyse in Abhängigkeit der Betonart

Betonart	Lagerung	F_R [M.-%]	S_R [%]	H_{SEA} [-]	$\log H_{SEA,Lw}$ [-]	bez. $H_{SEA,Q1}$ [%]	bez. $H_{SEA,Q2}$ [%]	bez. $H_{SEA,Q3}$ [%]	bez. $H_{SEA,Q4}$ [%]
NC-A	WST	7,4	100	310	-0,96	16,40	17,54	44,27	21,79
NC-B	WST	7,6	100	8.974	0,09	3,76	1,70	84,73	9,82
HPC-C	WST	4,3	100	38.231	0,52	5,82	7,66	84,54	1,99
HPC-D	WST	5,1	100	19.179	0,06	5,19	0,94	91,84	2,03
HPC-E	WST	3,3	100	205.442	0,47	13,08	26,11	51,27	9,55

Bild 4-40 stellt abschließend zum besseren Verständnis den Auftretenspunkt der detektierten Schallereignisse über die gesamte Versuchsdauer für jeweils einen repräsentativen Probeköper der Betone NC-B, HPC-C, HPC-D und HPC-E vergleichend dar.

Zusammenfassend zeigen die Ergebnisse der Schallemissionsanalyse, dass ein höherer Feuchtegehalt in der Mikrostruktur des Betons zu einer erhöhten Anzahl von akustischen Emissionssignalen führt. Dieses Ergebnis korreliert mit den zuvor dargestellten Auswertungen zum Ermüdungsverhalten sowie zum Ermüdungswiderstand. Weiterhin konnte nachgewiesen werden, dass speziell wassergesättigte Probekörper im Vergleich zu klimaraumgelagerten eine erhöhte Anzahl an akustischen Emissionssignalen im Bereich nahe der Unterspannung (Quadrant Q3), also im entlasteten Zustand des Probekörpers aufweisen. Der Unterschied im Auftretenspunkt der Schallemissionsereignisse deutet, wie auch die zuvor dargestellten Schädigungsindikatoren, darauf hin, dass in Abhängigkeit des Feuchtegehaltes unterschiedlich wirkende Schädigungsmechanismen am Degradationsprozess zyklisch beanspruchter Betone beteiligt sind.

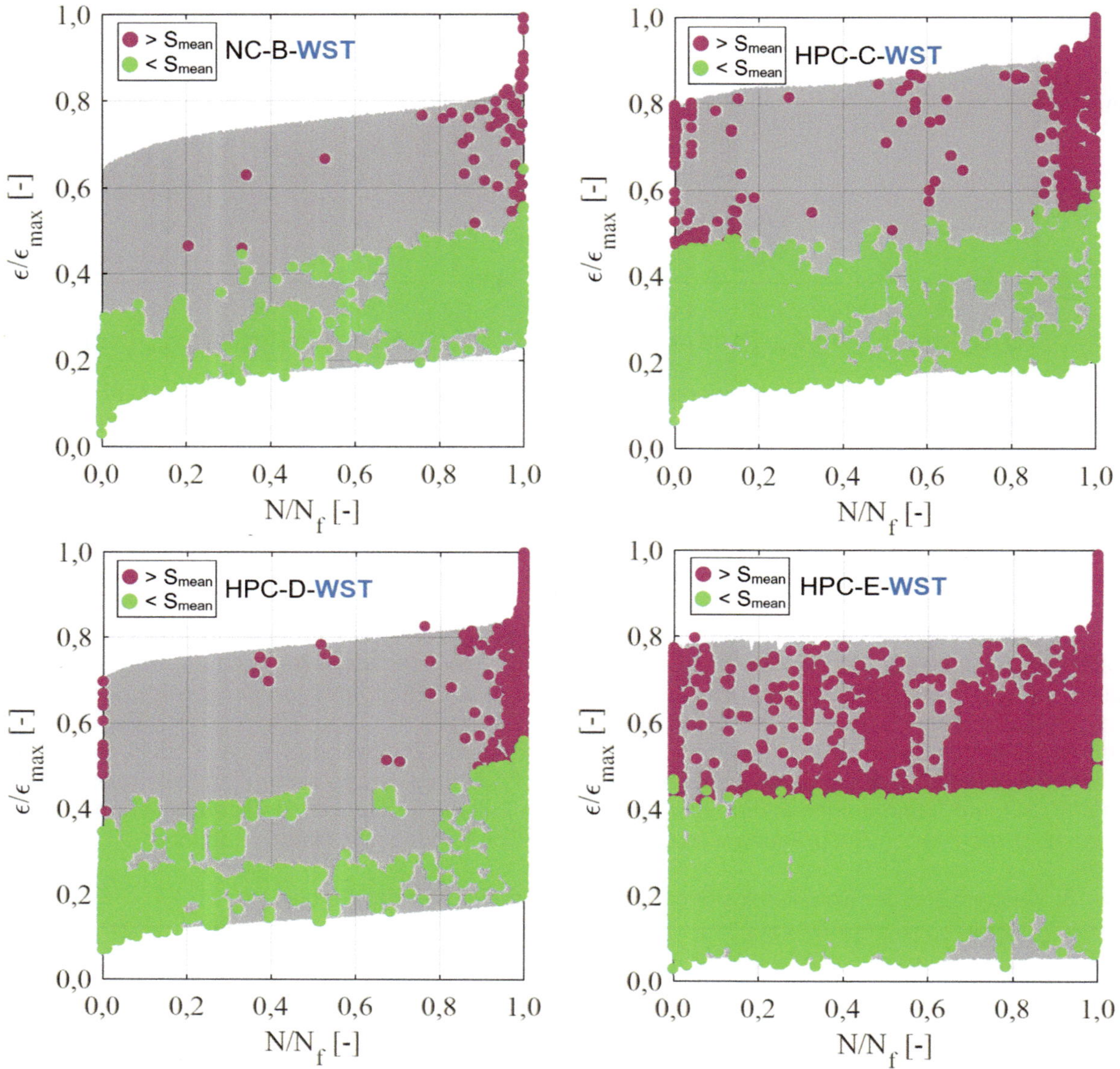

Bild 4-40: Auftretenspunkt der Schallemissionsereignisse in Abhängigkeit der Betonart (Lagerungsbedingung WST)

4.3.6.5 Querdehnzahl

Nachdem die Auswertung der Schallemissionsanalyse zeigte, dass wasserinduzierte Schädigungen primär im Bereich nahe der Unterspannung wirken, erfolgt zur weiteren Identifikation und Charakterisierung wasserinduzierter Schädigungsmechanismen eine Analyse des Dehnungsverhaltens quer zur Krafteinleitungsrichtung. Analysiert wird hierbei als fünfter Schädigungsindikator die Entwicklung der Querdehnzahl, die den Verhältniswert aus der gemessenen Quer- zur Längsdehnung beschreibt (vgl. Kapitel 3.8.2). Die Auswertung dieses Abschnittes basiert auf Probekörpern des normalfesten Betons NC-B der Lagerungsbedingungen C und WS sowie der Größe G-2. Den Ergebnissen der Tabelle 4-14 ist zu entnehmen, dass für die Probekörper der Lagerungsbedingung C zum Versuchsbeginn eine mittlere Querdehnzahl von $v = 0{,}21$ nachweisbar ist. Nach ZILCH & ZEHETMAIER /115/ weist Beton im Allgemeinen eine Querdehnzahl von $v = 0{,}2$ auf. Demzufolge zeigen die untersuchten klimaraumgelagerten Proben eine für Beton übliche Querdehnzahl. Auffällig ist jedoch, dass die wassergesättigten Probekörper der Lagerungsbedingung WS im Vergleich zu denen der Lagerungsbedingung C mit einem Wert von 0,30 eine um ca. 42,9 % höhere Querdehnzahl zum Start der Ermüdungsversuche aufweisen.

Tabelle 4-14: Kenngrößen der Querdehnzahl in Abhängigkeit des Feuchtegehaltes

Betonart	Lagerung	F_R [M.-%]	S_R [%]	ν_{max}^{0*} [‰]	Abweichung [%]
NC-B	WS	7,4	100	0,30	42,9
	C	5,5	100	0,21	

Gleiches ist ebenfalls der in Bild 4-41 dargestellten Entwicklung der Querdehnzahl über die Versuchslaufzeit zu entnehmen. In Bild 4-41 wird auf der Abszissenachse die logarithmierte Lastwechselzahl und auf der Ordinatenachse die Querdehnzahl aufgetragen. Wie den Verläufen der Querdehnzahlen zu entnehmen ist, zeigen diese zunächst über die Versuchslaufzeit eine annähernd gleichbleibende Querdehnzahl, bevor diese im Bereich des Probekörperversagens überproportional stark ansteigt. Dieses Verhalten gilt sowohl für die Probekörper der Lagerungsbedingung C als auch für die der Lagerungsbedingung WS. Die Querdehnzahl der wassergesättigten Probekörper der Lagerungsbedingung WS liegen hierbei über die gesamte Versuchslaufzeit deutlich über denen der Lagerungsbedingung C.

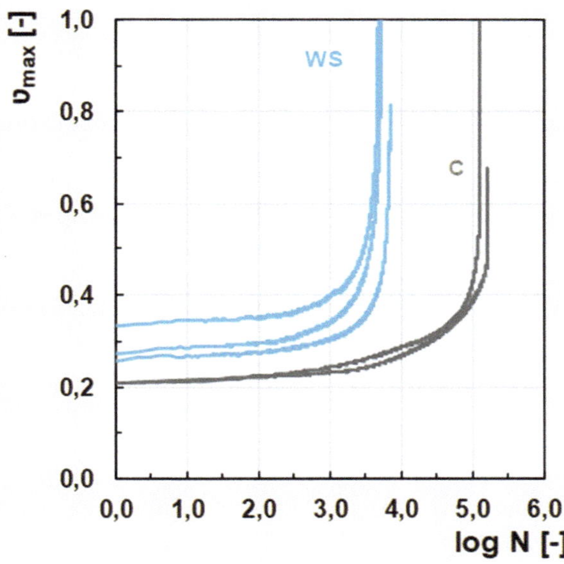

Bild 4-41: Entwicklung der Querdehnzahl klimaraum- und unter Wasser gelagerter Proben der Lagerungsbedingung C und WS (NC-B)

Die Ergebnisse deuten folglich im Falle der Wasserlagerung auf einen Wirkmechanismus hin, der sich verstärkt in horizontale Richtung, also orthogonal zur Krafteinleitungsrichtung, auszuprägen scheint. Dieses Ergebnis spricht, wie die Ergebnisse der Steifigkeitsdegradation sowie der Schallemissionsaktivität, ebenfalls für einen zusätzlich wirkenden wasserinduzierten Schädigungsmechanismus, der den Degradationsprozess zyklisch beanspruchter Betone beschleunigt.

Zusammenfassend deuten die Ergebnisse der Querdehnzahl, wie die zuvor dargestellten der Dehnungs-/ Steifigkeitsentwicklung, dissipierten Energie und Schallemissionsaktivität, ebenfalls auf eine erhöhte Schädigung je Lastwechsel wassergesättigter Probekörper hin.

4.3.7 Zusammenfassung und Fazit

In diesem Abschnitt werden die Ergebnisse zum Ermüdungsverhalten zusammenfassend dargestellt und diskutiert.

Dehnungsentwicklung

Die Ergebnisse der Dehnungsentwicklung zeigen, dass im Falle des Versagens alle untersuchten Probekörper, unabhängig vom Feuchtegehalt, den für Ermüdungsversuche charakteristischen dreiphasigen Verlauf aufwiesen. Mit zunehmendem Feuchtegehalt des Betons konnte, sowohl in der Ober- als auch Unterdehnung, eine beschleunigte Dehnungszunahme je Lastwechsel speziell in der Phase II nachgewiesen werden. Die Ergebnisse der Dehnungsentwicklung deuten auf eine mit zunehmendem Feuchtigkeitsgehalt beschleunigte Schädigungsentwicklung hin, was mit den Ergebnissen des Ermüdungswiderstandes (vgl. Kapitel 4.3.1) korreliert.

Steifigkeitsentwicklung

Betrachtet man die Ergebnisse der Steifigkeitsentwicklung, so kann mit steigendem Feuchtegehalt des Betons eine höhere Anfangssteifigkeit, eine schnellere Steifigkeitsdegradation in der Phase II und eine größere Steifigkeitsabnahme über die gesamte Versuchslaufzeit nachgewiesen werden. Die Ergebnisse deuten darauf hin, dass mit steigendem Feuchtegehalt des Betons zusätzlich wirkende wasserinduzierte Schädigungsmechanismen, die in einem entscheidenden Maße am Degradationsprozess zyklisch beanspruchter Betone beteiligt sind, existieren. Aufgrund der erhöhten Anfangssteifigkeit feucht- und wassergelagerter Proben ist von einem wirkenden Porenwasserdruck in diesen Proben auszugehen, der eine Zugspannung im Gefüge induziert.

Dissipierte Energie

Die Ergebnisse der dissipierten Energie zeigen eine mit jedem Lastwechsel zunehmende Schädigung für die Proben der Lagerungsbedingung C, M, WS und WST, welche mit steigendem Feuchtegehalt innerhalb des Betons stärker ausgeprägt ist. Speziell in der dritten Phase des für Ermüdungsversuche charakteristischen dreiphasigen Verlaufes der Dehnungsentwicklung ist ein deutlicher Anstieg der dissipierten Energie je Lastwechsel erkennbar. Folglich zeigen ebenfalls die Ergebnisse der dissipierten Energie eine mit steigendem Feuchtegehalt zunehmende Schädigung je Lastwechsel. Lediglich die getrocknete Probe der Lagerungsbedingung D weist mit einem kontinuierlich fallenden Verlauf der dissipierten Energie je Lastwechsel eine abweichende Charakteristik auf.

Schallemissionsaktivität

Die Ergebnisse der Schallemissionsanalyse ergeben, dass ein erhöhter Feuchtegehalt in der Mikrostruktur des Betons zu einer erhöhten Anzahl von akustischen Emissionssignalen führt. Entgegen den Ergebnissen der klimaraumgelagerten Proben konnte im Falle der Wasserlagerung eine Vielzahl der detektierten Emissionssignale nahe der Unterspannung, also im entlasteten Zustand des Probekörpers, analysiert werden. Demzufolge deuten die Ergebnisse der Schallemissionsanalyse darauf hin, dass in Abhängigkeit der Probenfeuchte, jedoch speziell bei wassergesättigten Proben, unterschiedliche bzw. zusätzlich wirkende Schädigungsmechanismen am Degradationsprozess zyklisch beanspruchter Betone beteiligt sind.

Querdehnzahl

In Bezug auf die Ergebnisse der Querdehnzahl konnte nachgewiesen werden, dass unter Wasser gelagerte Betonproben im Vergleich zu klimaraumgelagerten eine stark erhöhte Querdehnzahl vom Versuchsbeginn an aufweisen. Die Ergebnisse deuten folglich im Falle der Wasserlagerung auf einen Wirkmechanismus hin, der sich verstärkt in horizontale Richtung, also orthogonal zur Krafteinleitungsrichtung, auszuprägen scheint.

Dieses Ergebnis spricht, wie die Ergebnisse der Steifigkeitsdegradation sowie der Schallemissionsaktivität, für einen wirkenden Porenwasserdruck, der zusätzliche Zugspannungen in die Zementsteinmatrix induziert und so den Degradationsprozess zyklisch beanspruchter Betone beschleunigt.

5 Modellansatz zur quantitativen Berücksichtigung wasserinduzierter Schädigungen

In diesem Kapitel wird auf Basis der in Kapitel 4 dargestellten Ergebnisse zum Ermüdungswiderstand (Bruchlastwechselzahlen) des Betons ein Modellansatz zur quantitativen Berücksichtigung wasserinduzierter Schädigungen entwickelt. Zunächst wird der entwickelte Modellansatz konzeptionell und im Weiteren analytisch vorgestellt. Abschließend erfolgt eine Überprüfung des entwickelten Modellansatzes mit Daten aus der Literatur. Das Kapitel schließt mit dem Vorschlag feuchteabhängiger Wöhlerlinien.

5.1 Konzeptionelle Überlegungen

Aufbauend auf den Ergebnissen des Kapitels 4 wird in diesem Abschnitt ein Modellansatz zur quantitativen Berücksichtigung wasserinduzierter Schädigungsphänomene und zum Vorschlag feuchteabhängiger Wöhlerlinien entwickelt (vgl. Arbeitspaket AP-5).

Wie dem Kapitel 4.3.4 zu entnehmen ist, reicht eine alleinige Betrachtung des Feuchtegehaltes F_R für eine hinreichend genaue Prognose der Bruchlastwechselzahl feuchter Betone nicht aus. Um wasserinduzierte Reduktionen des Ermüdungswiderstandes in den Regelwerken der Bemessung berücksichtigen zu können, ist eine Prognosemöglichkeit des Wassereinflusses erforderlich. Unter der Annahme, dass wasserinduzierte Schädigungsmechanismen auf Grundlage des „freien“ Wassers im Porenraum wirken, liegt die Schlussfolgerung nahe, dass mit steigendem Anteil an „freiem“ Wasser die Ausprägungen wasserinduzierter Schädigungen zunehmen. Des Weiteren ist aus Kapitel 2.4.1 bekannt, dass es sich bei dem „freien“ Wasser um physikalisch in der Struktur des Bindemittels eingelagertes Wasser handelt. Hieraus kann geschlussfolgert werden, dass mit steigendem Anteil des Bindemittels ebenfalls die Ausprägungen wasserinduzierter Schädigungen zunehmen. Gestützt wird diese Vermutung durch die in Kapitel 4.3.3 dargestellten Ergebnisse, die eine sinkende logarithmierte Bruchlastwechselzahl mit abnehmender Druckfestigkeit des Betons und damit einhergehend einem erhöhten Einlagerungsvermögen des „freien“ Wassers belegen. Neben dem Anteil des freien Wassers muss zudem eine Information über den Sättigungsgrad bzw. des Füllstand des Porenraums vorliegen. Der Parameter, mit dessen Hilfe eine Prognose wasserinduzierter Schädigungen ermöglicht werden soll, muss folglich mindestens die drei genannten Einflussfaktoren Feuchtegehalt, Bindemittelanteil und Sättigungsgrad/ Füllstand des Porenraums beinhalten. Im Rahmen dieser Arbeit wird an dieser Stelle der Parameter S_{BM} neu eingeführt. Dieser repräsentiert den Sättigungsgrad des im Beton enthaltenen Bindemittels (der Begriff Bindemittel definiert in dieser Arbeit die reaktiven Bestandteile der Betonzusammensetzung) und errechnet sich wie folgt dargestellt.

$$S_{BM} = \frac{W_R}{BM} \cdot \frac{S_R}{100} \qquad [-] \qquad (5.1)$$

mit:

$$W_R = \frac{\left((F_R/100) \cdot m_x\right)}{V} \qquad [\mathrm{kg/m^3}] \qquad (5.2)$$

Hierbei repräsentiert der F_R den Feuchtegehalt des betrachteten Betons, der wie in Kapitel 4.1.1 erläutert, die physikalische Einheit M.-% aufweist. m_x stellt das Gewicht des betrachteten Probekörpers dar und weist die physikalische Einheit kg auf. V repräsentiert hingegen das Volumen des betrachteten Probekörpers mit der physikalischen Einheit m³. Die Multiplikation von F_R und m_x liefert zunächst die Masse des im Probekörper enthaltenen „freien“ Wassers. Wird dieses Wasser durch das Volumen der betrachteten Probe dividiert, errechnet sich der Anteil des im Bindemittel enthaltenden „freien“ Wassers W_R. W_R weist die physikalische Einheit kg/m³ auf. Wird der Anteil des „freien“ Wassers W_R durch den Anteil des im Beton enthaltenen Bindemittels, der ebenfalls die physikalische Einheit kg/m³ besitzt, dividiert, errechnet sich in Analogie zum bekannten w/z-Wert der Verhältniswert des „freien“ Wassers zum im Beton enthaltenen Bindemittel. Entsprechend dem Ergebnis des Kapitels 4.3.1 werden wasserinduzierte Reduktionen des Ermüdungswiderstandes stark vom Feuchtegehalt bzw. Sättigungsgrad des Betons beeinflusst. Demzufolge ist an dieser Stelle eine Information über den Sättigungsgrad oder auch im übertragenen Sinne über den Füllstand des im Bindemittelgefüge enthaltenen Porenraums zwingend erforderlich. Der Sättigungsgrad S_R des Betons wird wie in Kapitel 4.1.1 erläutert, berechnet und besitzt die Verhältniseinheit %. Abschließend wird der Sättigungsgrad des im Beton enthaltenen Bindemittels S_{BM} nach Gleichung 5.1 errechnet. Zur besseren Verdeutlichung der dargestellten Vorgehensweise erfolgt die Berechnung des Sättigungsgrades des im Beton enthaltenen Bindemittels S_{BM}

nachfolgend an einem exemplarischen Beispiel (vgl. Datensatz Tabelle 5-1). Berechnet wird beispielhaft der S_{BM}-Wert für den Probekörper 16 des hochfesten Betons HPC-D der Lagerungsbedingung WST.

Tabelle 5-1: Beispieldatensatz zur Berechnung des S_{BM}-Werts

Feuchtegehalt F_R [M.-%]	Masse m_x [kg]	Volumen V [m³]	Bindemittelanteil BM [kg/m³]	Sättigungsgrad S_R [%]
5,1	5,39	0,0021	500	100

Zur Bestimmung des S_{BM}-Werts erfolgt zunächst die Berechnung des Anteils des „freien" Wassers (W_R).

$$W_{R,HPC-D,WST} = \frac{((5{,}1/100) \cdot 5{,}39)}{0{,}0021} = 130{,}9\ [kg/\mathrm{m}^3]$$

Werden abschließend neben W_R alle weiteren Werte in die Gleichung 5.1 eingesetzt, errechnet sich der Sättigungsgrad des im Beton enthaltenen Bindemittels S_{BM} zu:

$$S_{BM,HPC-D,WST} = \frac{130{,}9}{500} \cdot \frac{100}{100} = 0{,}26\ [-]$$

Zur Veranschaulichung der Bandbreite des neu eingeführten S_{BM}-Wertes stellt die nachfolgende Tabelle 5-2 die errechneten S_{BM}-Werte aller Betone und Feuchtezustände dieser Arbeit dar. Erkennbar ist, dass die errechneten S_{BM}-Werte, Werte zwischen 0,0 und 0,5 aufweisen.

Tabelle 5-2: Sättigungsgrade des enthaltenden Bindemittelgefüges S_{BM}

Betonart	Lagerung	f_{cm} [N/mm²]	F_R [M.-%]	S_R [%]	S_{BM} [-]
NC-A	WST	38	7,4	100	0,50
NC-B	WST/ WS	70	7,6	100	0,40
NC-B	M	66	6,4	84	0,28
NC-B	C	68	5,5	72	0,20
HPC-C	WST	107	4,3	100	0,32
HPC-D	WST/ WS	110	5,1	100	0,26
HPC-D	M	107	4,3	84	0,18
HPC-D	C	97	3,5	69	0,12
HPC-D	D	108	0,0	0	0,00
HPC-E	WST	128	3,3	100	0,17

Zur weiteren Interpretation der Messergebnisse wird in Bild 5-1 der Zusammenhang zwischen dem Sättigungsgrad des im Beton enthaltenden Bindemittels S_{BM} und der Bruchlastwechselzahl N_f dargestellt. Hierbei werden der S_{BM}-Wert auf der Ordinatenachse und die Anzahl der Lastwechsel bis zum Versagen auf der Abszissenachse logarithmiert dargestellt. Die Bezeichnungen der untersuchten Betone sind der Legende innerhalb der Abbildung zu entnehmen.

Wie die Ergebnisse in Bild 5-1 zeigen, besteht zwischen dem Sättigungsgrad des im Beton enthaltenden Bindemittels S_{BM} und der logarithmierten Bruchlastwechselzahl $\log N_f$ eine klare Abhängigkeit. Hierbei steigt die logarithmierte Bruchlastwechselzahl mit sinkendem S_{BM}-Wert. Somit bestätigen die Ergebnisse die in Kapitel 2.5 dargestellte Hypothese H-3.

Bis zu einem S_{BM}-Wert von ≤ ~0,15 steigt die logarithmierte Bruchlastwechselzahl $\log N_f$ zunächst annähernd linear an. Ab einem S_{BM}-Wert von ca. 0,15 zeigt sich hingegen eine überproportionale Abnahme der logarithmierten Bruchlastwechselzahl $\log N_f$. Demzufolge existiert zwischen der logarithmierten Bruchlastwechselzahl $\log N_f$ und dem Sättigungsgrad des im Beton enthaltenden Bindemittels S_{BM} ein funktionaler Zusammenhang vom Funktionstyp einer Hyperbel.

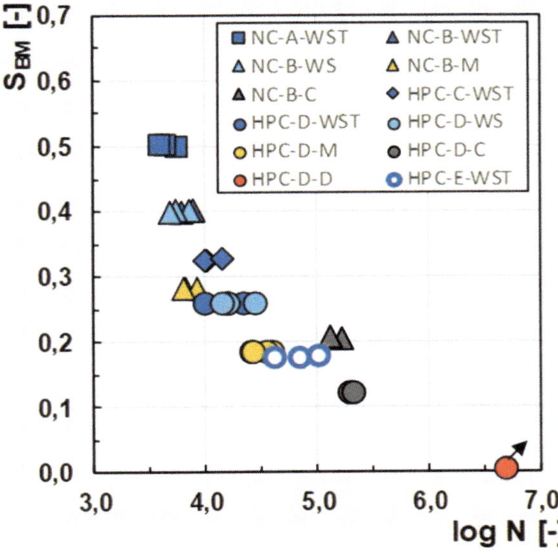

Bild 5-1: Logarithmierte Bruchlastwechselzahlen in Abhängigkeit vom S_{BM}-Wert (NC-A bis HPC-E; D bis WST)

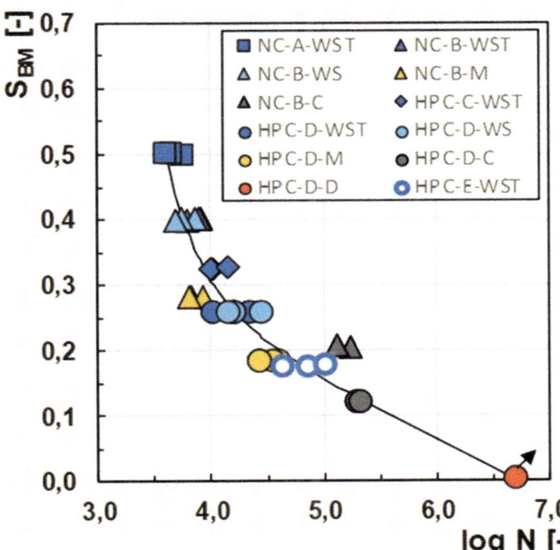

Bild 5-2: Logarithmierte Bruchlastwechselzahlen in Abhängigkeit vom S_{BM}-Wert mit hyperbelförmiger Ausgleichsfunktion

Bild 5-2 stellt die hyperbelförmige Ausgleichsfunktion durch die im Diagramm dargestellte schwarze Linie dar. An dieser Stelle ist anzumerken, dass die Ausgleichsfunktion keinem direkten physikalischen Hintergrund unterliegt. Es wurde lediglich mittels der Methode der kleinsten Quadrate (angewandt in horizontale und vertikale Richtung) eine Ausgleichsfunktion bestimmt, welche möglichst nahe an den Datenpunkten verläuft und somit die Daten bestmöglich beschreibt.

Die hyperbelförmige Ausgleichsfunktion berechnet sich nach Gleichung 5.3 wie folgt.

$$\log N_{S_{BM}} = \frac{1}{2} \cdot \left(\left(\frac{1}{m_2} + \frac{1}{m_1} \right) \cdot (S_{BM} - y_k) + \sqrt{\left(4 \cdot C \cdot \left(y_k \cdot \frac{1}{m_2} - x_k \right) \cdot \left(y_k \cdot \frac{1}{m_1} - x_k \right) + \left(\frac{1}{m_2} - \frac{1}{m_1} \right)^2 \cdot (S_{BM} - y_k)^2 \right)} + 2 \cdot x_k \right) \quad (5.3)$$

mit:

$m_1 = -1{,}134$ $\qquad x_k = 3{,}705$ $\qquad C = 0{,}016$

$m_2 = -0{,}082$ $\qquad y_k = 0{,}235$ $\qquad S_{BM} = \textit{Sättigungsgrad des Bindemittels}$

Zusammenfassend konnte mit der Einführung des Parameters S_{BM} ein beschreibbarer hyperbelförmiger Zusammenhang zwischen dem Sättigungsgrad des im Beton enthaltenden Bindemittels S_{BM} und dem Ermüdungswiderstand des Betons, ausgedrückt durch die logarithmierten Bruchlastwechselzahl $\log N_f$, hergeleitet werden. Im Folgenden soll basierend auf dieser Erkenntnis ein Modellansatz zur quantitativen Berücksichtigung wasserinduzierter Schädigungen abgeleitet werden.

5.2 Modellansatz

Der entwickelte Modellansatz zur quantitativen Berücksichtigung wasserinduzierter Schädigungen basiert im Wesentlichen auf der Einführung eines Korrekturterms α_H. Dieser ermöglicht die Anpassung der Steigung einer vorhandenen Wöhlerlinie in Abhängigkeit des Sättigungsgrades des im Beton enthaltenden Bindemittels S_{BM}. Folglich orientiert sich der hier entwickelte Modellansatz zwar an den in Kapitel 2.2 dargestellten Vorgehensweisen (DNV GL AS /22/, HÜMME /41/), unterscheidet sich jedoch in einem wesentlichen Punkt von diesen. Im Gegensatz zum DNV GL AS /22/ und zum Vorschlag von HÜMME /41/ ermöglicht der hier eingeführte Korrekturterm α_H erstmals eine Variable bzw. individuell vom Feuchtegehalt und vom Beton abhängige Korrektur der Wöhlerlinie. Folglich können durch den Korrekturterm α_H unterschiedliche Wöhlerlinien in Abhängigkeit des Sättigungsgrades des im Beton enthaltenden Bindemittels S_{BM} vorgeschlagen werden. Der Korrekturterm α_H errechnet aus dem Quotienten der S_{BM}-Wert abhängigen logarithmierten Bruchlastwechselzahl (vgl. Gleichung 5.3) und der zu erwartenden logarithmierten Bruchlastwechselzahl des Model Codes 2010 /26/ eines Ober-/ Unterspannungsniveaus von S_{max}/S_{min} = 0,65/0,05 wie folgt.

$$\alpha_H = \frac{\log N_{S_{BM}}}{\log N_{MC_{2010}^{0,65/0,05}}} \tag{5.4}$$

Wie Bild 5-3 zu entnehmen ist, ergibt sich für die Anforderung des Model Codes 2010 /26/, bei einem Ober-/ Unterspannungsniveaus von S_{max}/S_{min} = 0,65/0,05, eine zu erwartende logarithmierte Bruchlastwechselzahl von $\log N_{MC_{2010}^{0,65/0,05}}$ = 5,553.

Unter Berücksichtigung des hyperbelförmigen Zusammenhangs lässt sich hieraus ein Wert für den Parameter S_{BM} von 0,103 ableiten.

Die feuchteabhängige Anpassung der Wöhlerlinie des Model Codes 2010 /26/ erfolgt wie in Gleichung 5.5 und 5.6 dargestellt.

$$log\, N_{1,H} = \boldsymbol{\alpha_H} \cdot \left[\frac{8}{(Y-1)}\right] \cdot \left(S_{c,max} - 1\right) \tag{5.5}$$

$$log\, N_{2,H} = \boldsymbol{\alpha_H} \cdot \left[8 + \frac{8 \cdot ln(10)}{(Y-1)}\right] \cdot \left(Y \cdot S_{c,max}\right) \cdot log\left(\frac{S_{c,max} - S_{c,min}}{Y - S_{c,min}}\right) \tag{5.6}$$

Bild 5-4 stellt abschließend verschiedene angepasste Wöhlerlinien feuchter (S_{BM} = 0,2) bis wassergesättigter (S_{BM} = 0,5) Betone im Vergleich zu den Anforderungen des Model Codes 2010 /26/ (S_{BM} = 0,103) dar.

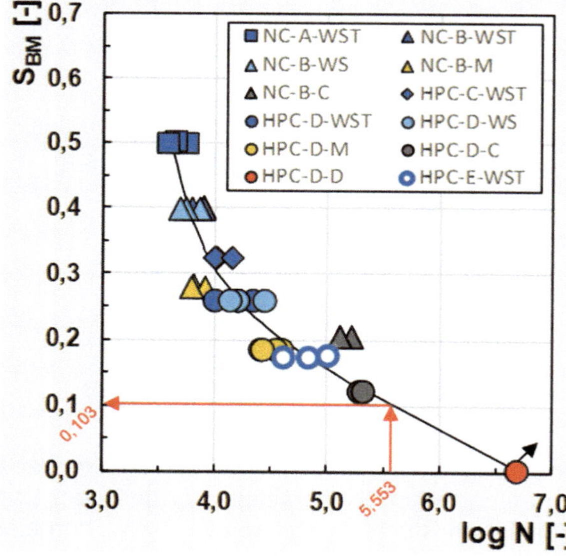

Bild 5-3: S_{BM}-Wert für die Anforderung /26/ bei S_{max}/S_{min} = 0,65/0,05

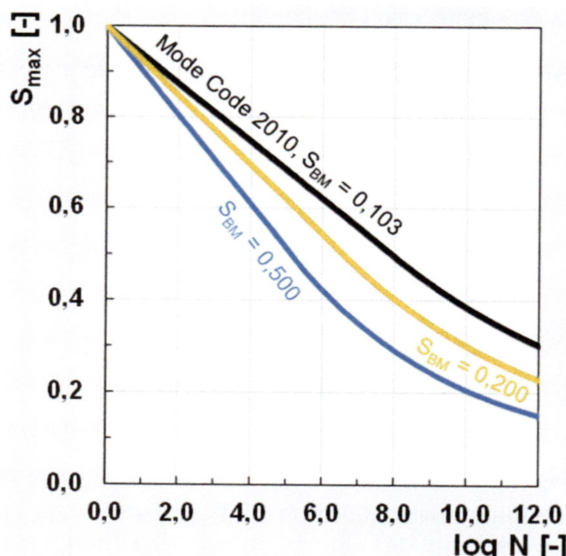

Bild 5-4: Angepasste Wöhlerlinien für unterschiedliche S_{BM}-Werte

5.3 Validierung des Modellansatzes

Als die wesentliche Eingangsgröße des entwickelten Modellansatzes ist der Sättigungsgrad des im Beton enthaltenden Bindemittels S_{BM} zu nennen. Demzufolge ist eine exakte Validierung des entwickelten Modellansatzes nur möglich, wenn neben dem Ermüdungswiderstand (logarithmierte Bruchlastwechselzahl) zudem eine Information zum Sättigungsgrad des enthaltenden Bindemittelgefüges S_{BM} vorliegt. Da den ausgewerteten Literaturdaten keine ausreichende Angabe zum S_{BM}-Wert zu entnehmen war, erfolgt die Validierung des Modellansatzes überschlägig für die Literaturdaten der unter Wasser gelagerten und geprüften Probekörper. Grundlage der Validierung bildet hierbei die in Kapitel 2.2 dargestellte nach HÜMME /41/ abgeminderte Wöhlerlinie (unter Wasser) des Model Codes 2010 /26/ (vgl. Bild 5-5). Da diese den überwiegenden Teil der in der Literatur dokumentierten Ermüdungsuntersuchungen unter Wasser gelagerter und geprüfter Betone berücksichtigt, spiegelt diese um den Wert $\alpha_w = 0{,}75$ abgeminderte Wöhlerlinie die „Essenz" der in der Literatur dokumentieren Einzelergebnisse zum Wassereinfluss wider. Hierbei handelt es sich bei dem überwiegenden Teil der in HÜMME /41/ dokumentierten Ermüdungsuntersuchungen um hochfeste Betone. Aus diesem Grund werden zur Validierung des entwickelten Modellansatzes dieser Arbeit die Ergebnisse der ebenfalls hochfesten Betone HPC-C (f_{cm} = 107 N/mm²) und HPC-D (f_{cm} = 110 N/mm²) der Lagerungsbedingung WST herangezogen. Das Bild 5-6 zeigt die mithilfe des in dieser Arbeit entwickelten Modellansatzes (α_H) berechneten Wöhlerlinien der hochfesten Betone HPC-C und HPC-D (HPC-C grün, HPC-D violett) sowie des normalfesten Betons NC-A (NC-A dunkelblau). Im Vergleich dazu wird ebenfalls die von HÜMME /41/ abgeminderte Wöhlerlinie dargestellt (Model Code 2010 mit α_w, hellblau). Erkennbar ist eine gute Übereinstimmung zwischen den mittels des hier entwickelten Modellansatzes (α_H) berechneten Wöhlerlinien (HPC-C grün, HPC-D violett) und der in HÜMME /41/ vorgeschlagenen Wöhlerlinie (Model Code 2010 mit α_w, hellblau). Folglich bestätigt der hier entwickelte Modellansatz (α_H) die in HÜMME/41/ vorgeschlagene Wöhlerlinie für hochfeste wassergelagerte und geprüfte Betone.

Erkennbar ist weiterhin, dass der normalfeste Betone (NC-A) mit einem S_{BM}-Wert von 0,5 die in HÜMME /41/ vorgeschlagene Wöhlerlinie mit einem Abminderungsterm α_w = 0,75 unterschreitet (vgl. Bild 5-6). Demzufolge ist eine genauere Berücksichtigung wasserinduzierter Schädigungen, wie sie der entwickelte Modellansatz (α_H) dieser Arbeit ermöglicht, für die Weiterentwicklung heutiger Bemessungsansätze erforderlich.

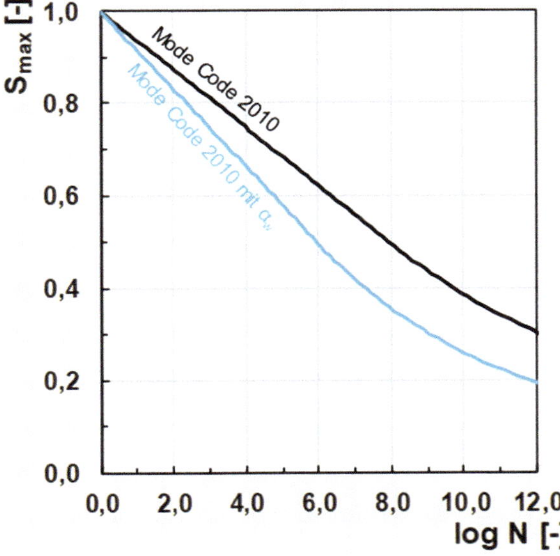

Bild 5-5: Vergleich der Wöhlerlinien nach /26/ und der nach /41/ mit dem Beiwert α_w = 0,75 abgeminderten Wöhlerlinie

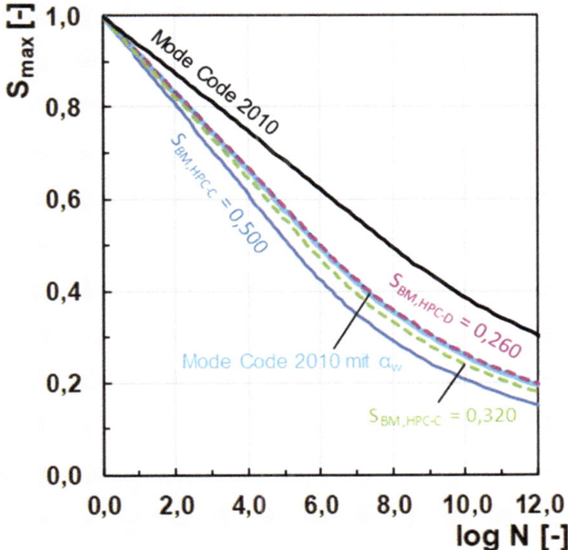

Bild 5-6: Vergleich der mit dem Beiwert α_w = 0,75 abgeminderten Wöhlerlinie nach /41/ mit den mittels S_{BM}-Wert angepassten Wöhlerlinien

Für eine Weiterentwicklung des dargestellten Modellansatzes und eine Überführung dessen in geltende Bemessungsregeln, werden weitere Versuchsergebnisse benötigt. Hierbei sollten speziell realitätsnähere Beanspruchungsszenarien im Very-High-Cycle-Fatigue Bereich mit Lastwechselzahlen größer 10^7, niedrigere bezogene Oberspannungsniveaus, höhere bezogene Unterspannungsniveaus und realitätsnahe Belastungsfrequenzen von $f_P \leq 0{,}35$ Hz im Fokus der Untersuchungen stehen.

5.4 Zusammenfassung und Fazit

Aufbauend auf den Messergebnissen dieser Arbeit sowie weiteren Literaturdaten konnte ein Modellansatz entwickelt werden, mit dem eine quantitative Berücksichtigung wasserinduzierter Reduktionen des Ermüdungswiderstandes von Beton sowie die Angabe feuchteabhängiger Wöhlerlinien ermöglicht wurde. Der hierfür eingeführte Term α_H ermöglicht eine Prognose wasserinduzierter Reduktionen des Ermüdungswiderstandes auf Basis des Sättigungsgrades des im Beton enthaltenen Bindemittels S_{BM}. Innerhalb der experimentellen Untersuchungen zeigte sich eine Abhängigkeit des Ermüdungswiderstandes vom S_{BM}-Wert, was die in Kapitel 2.5 dargestellte Hypothese H-3 bestätigt. Im Gegensatz zu den im DNV GL AS /22/ und HÜMME /41/ beschriebenen Vorgehensweisen handelt es sich bei dem hier eingeführten Term α_H um eine variable Größe, die erstmals eine Prognose des Ermüdungswiderstand in Abhängigkeit spezifischer betontechnologischer Kenngrößen ermöglichen kann.

An dieser Stelle ist jedoch anzumerken, dass der hier entwickelte Modellansatz primär eine Vorgehensweise aufzeigt, mit deren Hilfe feuchteabhängige Wöhlerlinien vorgeschlagen werden können. Für eine Überführung des Modellansatzes in die geltenden Regelwerke der Bemessung sind weitere Überprüfungen erforderlich.

6 Diskussion und Beurteilung von Hypothesen

In diesem Kapitel werden die in Kapitel 2.5 dargestellten Hypothesen zur wasserinduzierten Reduktion des Ermüdungswiderstandes und zu wirkenden wasserinduzierten Schädigungsmechanismen diskutiert und beurteilt. Im Zuge der folgenden Diskussion wird jede der aufgestellten Hypothesen separat aufgegriffen und unter Berücksichtigung der in Kapitel 4 dargestellten Ergebnisse der experimentellen und in Kapitel 5 dargestellten Ergebnisse der theoretischen Untersuchungen beurteilt.

6.1 Beurteilung der Hypothesen

Hypothese H-1:

Im Porensystem des Betons führen Wasserumlagerungen zu einem Porenwasserdruck. Dieser induziert zusätzliche Zugspannungen in die Matrix des Betongefüges, die sich mit den Ermüdungsbeanspruchungen überlagern und zu einer verstärkten Schädigungsentwicklung beitragen.

- Der dynamische Elastizitätsmodul nimmt mit steigendem Feuchtegehalt des Betons zu. Zwischen unter Wasser gelagerten Proben der Lagerungsbedingung WS/ WST und getrockneten Proben der Lagerungsbedingung D konnte eine Abweichung von ~39 % nachgewiesen werden (Versteifung).
- Ein mit steigendem Feuchtegehalt des Betons steiferes Verhalten zeigt sich in den Ergebnissen des Sekantenmoduls $E_{stat}^{0,1-0,5}$ unter monoton steigender Beanspruchung und in der Anfangssteifigkeit $E_S^{0^*}$ unter zyklischer Beanspruchung. Hierbei weisen die wassergelagerten Proben im Vergleich zu der getrockneten Probe ~24 % bis ~29 % größere Sekantenmodule $E_{stat}^{0,1-0,5}$ und ~28 % höhere Anfangssteifigkeiten auf (Versteifung).
- Die Dehnungszunahme je Lastwechsel vergrößert sich mit steigendem Feuchtegehalt des Betons. Speziell in der zweiten Phase der Dehnungsentwicklung weisen wassergelagerte und geprüfte Proben der Lagerungsbedingung WST im Vergleich zu klimaraumgelagerten (C) und getrockneten Proben (D) eine größere logarithmierte Steigung der Oberdehnung (*log grad* $\varepsilon_{max}^{0,2-0,8}$) auf (zusätzliche Schädigung).
- Mit steigendem Feuchtegehalt des Betons zeigt sich sowohl eine beschleunigte Steifigkeitsdegradation in Phase II als auch eine größere Gesamtsteifigkeitsabnahme (zusätzliche Schädigung).
- Die dissipierte Energie je Lastwechsel weist für wassergelagerte Proben der Lagerungsbedingungen WST und WS verglichen mit den trocken gelagerten und getrockneten Proben der Lagerungsbedingung C und D höhere Werte auf (zusätzliche Schädigungen).
- Wassergelagerte Proben der Lagerungsbedingung WS weisen im Vergleich zu klimaraumgelagerten Proben der Lagerungsbedingung C eine um ~43 % größere Querdehnzahl auf (zusätzlich wirkender wasserinduzierter Schädigungsmechanismus).
- Speziell wassergelagerte Proben (WS und WST) weisen im Vergleich zu klimaraumgelagerten (C) eine stark erhöhte Anzahl an akustischen Schallemissionssignalen nahe der Unterspannung im entlasteten Zustand des Probekörpers auf (zusätzlich wirkender wasserinduzierter Schädigungsmechanismus).

→ Die experimentellen Untersuchungen zeigen starke Indizien für die Existenz zusätzlich wirkender wasserinduzierter Schädigungsmechanismen, bestätigen die Hypothese H-1 zum Porenwasserdruck jedoch nicht direkt.

Hypothese H-2:

Das Degradationsverhalten zyklisch beanspruchter Betone wird maßgebend durch den Feuchtegehalt des Betons und weniger durch externes, von außen anstehendes Wasser beeinflusst.

- Mit steigendem Feuchtegehalt des Betons reduziert sich die ertragbare Bruchlastwechselzahl und damit einhergehend dessen Ermüdungswiderstand. Dies gilt sowohl für hochfeste (HPC-D) als auch normalfeste (NC-B) Betone.
- Wassergesättigte Proben der Lagerungsbedingung WST weisen im Vergleich zu klimaraumgelagerten (C) ~1,1 bis ~1,4 Zehnerpotenzen geringere mittlere logarithmierte Bruchlastwechselzahl auf. Im Vergleich zu einer getrockneten Probe (D) zeigen sich sogar Abweichungen von ~2,5 Zehnerpotenzen.

- Unter Wasser gelagerte und geprüfte Proben der Lagerungsbedingung WST verglichen mit unter Wasser gelagerten und versiegelt an der Luft geprüften Proben der Lagerungsbedingung WS zeigen geringfügige Unterschiede innerhalb der logarithmierten Bruchlastwechselzahlen. Hierbei ergaben sich Differenzen von $\Delta \log N = 0{,}07$ für den hochfesten Beton HPC-D und $\Delta \log N = 0{,}1$ für den normalfesten Beton NC-B.
- Es zeigt sich kein signifikanter Einfluss der Probengröße auf den Ermüdungswiderstand wassergesättigter hochfester Betone. Auch die großformatigen Proben der Größe G-1, die ein kleines Rand- zu Kernzonenverhältnis aufweisen, unterlagen einer erheblichen Reduktion des Ermüdungswiderstandes.

→ Die experimentellen Untersuchungen bestätigen folglich die Hypothese H-2 zum Einfluss der Probenfeuchte.

Hypothese H-3:

Da das „freie", sich infolge der zyklischen Beanspruchung bewegende Wasser primär im Porensystem des Bindemittels physikalisch eingelagert ist, verstärken sich wasserinduzierte Ermüdungsschädigungen mit steigendem Sättigungsgrad des Bindemittels.

- Die Ergebnisse zeigen eine starke Abhängigkeit der ertragbaren Bruchlastwechselzahl vom Sättigungsgrad des im Beton enthaltenen Bindemittels S_{BM}. Hierbei konnte ein funktionaler Zusammenhang (Hyperbel) zwischen der ertragbaren Bruchlastwechselzahl und dem Sättigungsgrad des im Beton enthaltenen Bindemittels gezeigt werden.
- Mit steigendem S_{BM}–Wert, also mit steigendem Sättigungsgrad des Bindemittels, zeigen die Ergebnisse eine Reduktion der Bruchlastwechselzahl. Dieser Effekt war für alle untersuchten Betone dieser Arbeit allgemeingültig nachweisbar.
- Aufgrund des funktionalen Zusammenhanges (Hyperbel) zwischen der ertragbaren Bruchlastwechselzahl und dem Sättigungsgrad des Bindemittels eignet sich der S_{BM}-Wert zur Prognose wasserinduzierter Schädigungen bzw. zum Vorschlag feuchteabhängiger Wöhlerlinien.

→ Die experimentellen Untersuchungen bestätigen somit die Hypothese H-3 zum Einfluss des Sättigungsgrades des Bindemittels.

Hypothese H-4:

Da mit steigender Betondruckfestigkeit im Allgemeinen eine Reduktion des Porenraums einhergeht, nehmen wasserinduzierte Ermüdungsschädigungen wassergesättigter Betone mit steigender Betondruckfestigkeit ab.

- Die Betondruckfestigkeit wirkt sich erheblich auf die ertragbare Bruchlastwechselzahl bzw. den Ermüdungswiderstand wassergesättigter Betone aus. Mit steigender Betondruckfestigkeitsklasse ist den Ergebnissen eine steigende Bruchlastwechselzahl zu entnehmen.
- Wassergesättigte Proben des hochfesten Beton HPC-E (C90/105) weisen hierbei im Vergleich zu denen des normalsten Betons NC-A (C20/25) eine um ~1,3 Zehnerpotenzen höhere logarithmierte Bruchlastwechselzahl auf.

→ Demzufolge bestätigen die experimentellen Untersuchungen die Hypothese H-4 zum Einfluss der Betondruckfestigkeit.

Hypothese H-5:

Die Probengeometrie, die maßgebend das Größenverhältnis der Randzone- zu Kernzone bestimmt, beeinflusst darüber ebenfalls indirekt den Ermüdungswiderstand. Speziell bei Proben mit kleinem Durchmesser, die ein vergleichsweise großes Rand- zu Kernzonenverhältnis aufweisen, können sich Randzoneneffekte überproportional stark auf den Ermüdungswiderstand auswirken.

- Die mittlere logarithmierte Bruchlastwechselzahl der unter Wasser gelagerten und geprüften Proben der Größe G-1 (h/d = 900/300 mm), G-2 (h/d = 300/100 mm) und G-3 (h/d = 180/ 60 mm) weisen Werte zwischen 4,37 bis 4,23 auf. Dies entspricht einer maximalen Abweichung von ~ 3 % zwischen den Größen G-1 und G-3. Aufgrund der geringfügigen Unterschiede innerhalb der logarithmierten

Bruchlastwechselzahlen konnte anhand der Ergebnisse dieser Arbeit kein signifikanter Einfluss der Probengröße auf den Ermüdungswiderstand wassergesättigter hochfester Betone abgeleitet werden.

→ Die experimentellen Untersuchungen bestätigen somit nicht die Hypothese H-5 zum Einfluss der Probengröße.

Hypothese H-6:

Ermüdungsinduzierte Wasserumlagerungsprozesse und daraus resultierende wasserinduzierte Schädigungen, laufen in Porengrößen von wenigen Nanometern ab.

- Die vorgestellten experimentellen Untersuchungsergebnisse liefern keine eindeutigen Belege für die Gültigkeit dieser Hypothese.

→ Die Hypothese H-6 zu ermüdungsinduzierten Wasserumlagerungsprozessen kann anhand der experimentellen Ergebnisse dieser Arbeit bislang noch nicht bestätigt oder widerlegt werden.

Um wasserinduzierte Schädigungsmechanismen speziell auf dieser sehr feinen Skalenebene besser verstehen und beschreiben zu können, wird im Folgenden auf Grundlage theoretischer Überlegungen ein analytisches Ingenieurmodell entwickelt.

7 Modell zur Beschreibung wasserinduzierter Schädigungen

Die Leitfrage, wie genau das Medium Wasser das Degradationsverhalten zyklisch beanspruchter Betone beeinflusst, konnte jedoch bis hierhin noch nicht vollständig beantwortet werden. Aus diesem Grund erfolgt nach der Untersuchung des Ermüdungswiderstandes auf der Makroebene (vgl. Kapitel 4.3.1 bis 4.3.4) und der Analyse des Ermüdungsverhaltens auf der Mesoebene (vgl. Kapitel 4.3.6) in diesem Abschnitt die Beschreibung wasserinduzierter Schädigungsmechanismen auf der Mikro-/ Nanoebene. Entwickelt wird ein auf der Strömungsmechanik basierendes Modell, das einen Porenwasserdruck in der nanoporösen Struktur des Zementsteins als wasserinduzierten Schädigungsmechanismus plausibilisiert. Abschließend erfolgen zur weiteren Überprüfung der Modellvorstellung orientierende experimentelle Untersuchungen auf der Mikro- und Nanoebene.

7.1 Grundlegendes und Vorgehen

7.1.1 Konzeptionelle Modellvorstellung

Auf Basis der in der Literatur formulierten Schädigungshypothesen sowie der Untersuchungsergebnisse dieser Arbeit wird im Weiteren, aufbauend auf einer vorhandenen Modellvorstellung, ein Ingenieurmodell entwickelt, das einen wirkenden Porenwasserdruck innerhalb der nanoporösen Struktur des Zementsteins als wasserinduzierten Schädigungsmechanismus zyklisch beanspruchter Betone plausibilisiert (vgl. Arbeitspaket AP-6). Die grundlegende Idee des Modells wird im Folgenden zunächst mit Hilfe von schematischen Schaubildern dargestellt.

Zustand 1 (Ruhezustand)

Das Bild 7-1 ist eine vereinfachte Darstellung der nanoporösen Struktur des Zementsteins zu entnehmen. Hierbei ist in grau das Feststoffgefüge des Zementsteins und in blau der Porenraum dargestellt. Der Porenraum wird als wassergesättigt angenommen und gliedert sich in drei miteinander verbundene Porenarten. Wie Bild 7-1 zeigt, unterscheiden sich die Porenarten primär durch deren geometrischen Abmessungen. Hierbei repräsentiert der große Kreis im linken Bereich des Bild 7-1 eine Makropore (z.B. Makro- bis Mesokapillarpore) und der kleine Kreis im rechten Bereich eine Mesopore (z.B. Mikro- bis Mesogelpore). Verbunden sind diese beiden Porenarten in der vereinfachten Modellvorstellung durch eine sehr dünne zylindrische Mikropore (z.B. Mikrogelpore). Der rote Punkt innerhalb des Bild 7-1 repräsentiert schematisch den Beanspruchungszustand. Wie das Bild 7-1 zeigt, befindet sich das System vor dem Start der zyklischen Belastung im Ruhezustand. In diesem Zustand steht das Zementsteingefüge unter der konstanten Einwirkung der Mittelspannung, infolgedessen sich im gesamten Porenwasser der mittlere Druck p_0 einstellt. Hierbei wird der Druck in der Makropore mit $p_{ma}(t)$ und der Druck in der Mesopore mit $p_{me}(t)$ bezeichnet.

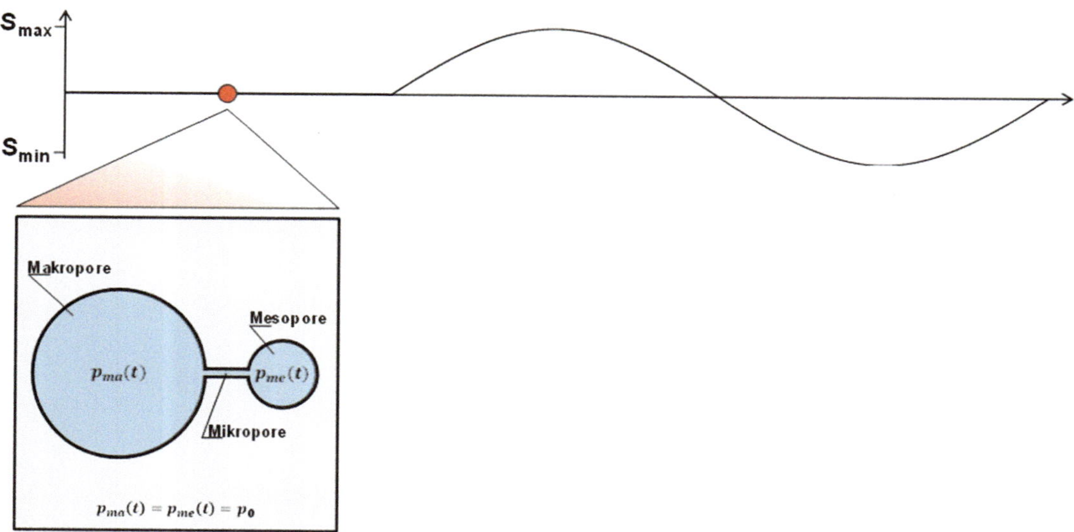

Bild 7-1: Konzeptionelle Modellvorstellung Zustand 1 (Ruhezustand)

Zustand 2 (Oberspannung)

Infolge der zyklischen Beanspruchung kommt es zu einer Verformung des Betongefüges und damit einhergehend des Porensystems. Wie in IOANNIDOU et al. /44/ und BECKMANN /3/ erläutert, ist innerhalb der nanoporösen Struktur des Zementsteins aufgrund von lokalen Porositäts- (Stichwort: sehr komplexes Porensystem) und Steifigkeitsunterschieden (Stichwort: niedrige (LD) und hochfeste (HD) Calciumsilicathydrat-Phasen) von strukturellen und mikromechanischen Heterogenitäten auszugehen, die ein inhomogenes Verformungsverhalten erzeugen. BECKMANN /3/ konnte in numerischen Untersuchungen mit steigender Porosität eine verstärkte Abnahme des Elastizitätsmoduls und daraus resultierend eine größere Verformung des Feststoffgefüges nachweisen. Aufgrund dieser Heterogenitäten sind zwischen den in Bild 7-1 dargestellten Makro-, Meso- und Mikroporen Verformungsunterschiede zu erwarten. Hieraus resultieren Druckgradienten innerhalb der nanoporösen Struktur des Zementsteins, infolgedessen Wasserumlagerungen erzwungen werden (vgl. Bild 7-2). Dies gilt sowohl für größere (Makro- bis Mikrokapillarporen) als auch für viel kleinere Porenstrukturen (Meso- bis Mikrogelporen). In der Belastungsphase wird Wasser infolge von Druckgradienten von poröseren (geringere Steifigkeit) hin zu weniger porösen (höhere Steifigkeit) Feststoffbereichen umgelagert. Der Druck in der Makropore ($p_{ma}(t) = p_0 + x \cdot p_1$ mit $0 < x < 1,\ p_1 =$ Druckamplitude) ist zum Zeitpunkt der maximalen äußeren Druckspannung infolge der größeren Verformung gegenüber der Mesopore erhöht. Das Wasser wird langsam durch die enge Mikropore in die Mesopore gedrückt und erhöht dort den Druck. Zum Zeitpunkt des Maximums der Belastung herrschen sowohl im Feststoff des Zementsteins als auch im wassergesättigten Makroporenraum hohe Druckspannungen.

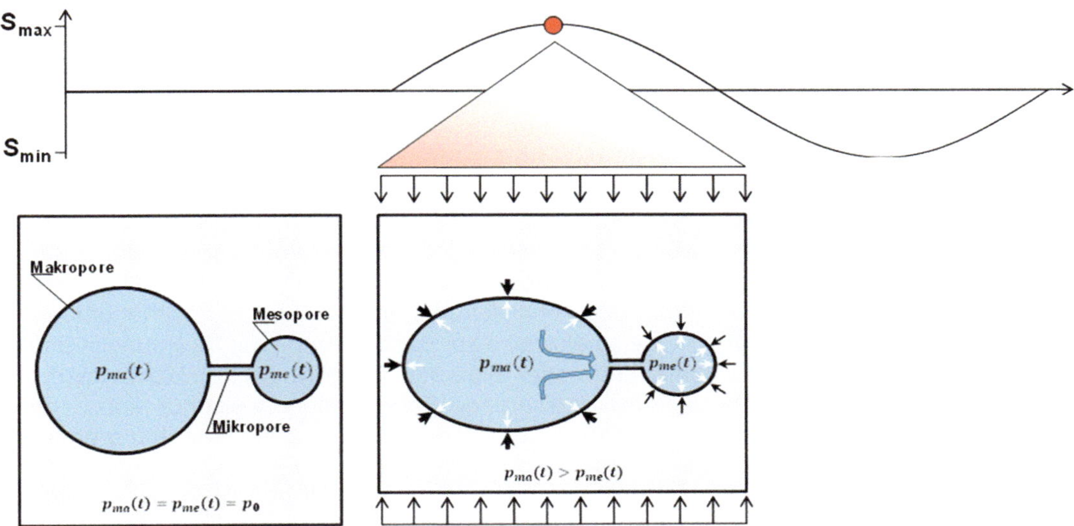

Bild 7-2: Konzeptionelle Modellvorstellung Zustand 2 (Oberspannung)

Zustand 3 (Unterspannung)

Im Entlastungsast wird die auf das Zementsteingefüge einwirkende äußere Spannung reduziert. Der Druck in der Makropore ($p_{ma}(t) = p_0 - x \cdot p_1$ mit $0 < x < 1, p_1 =$ Druckamplitude) ist zum Zeitpunkt der minimalen äußeren Druckspannung infolge der größeren Rückverformung gegenüber der Mesopore erniedrigt. Das Wasser wird aus der Mesopore durch die enge Mikropore in die Makropore zurückgedrückt, wobei der Druck in der Mesopore fällt. Erfolgt ein gegenüber der Entlastung verzögerter Abbau des Wasserdrucks in der Mesopore, kommt es zu einem anhaltenden oder nur langsam abfallenden Wasserdruck im Porenraum der Mesopore $p_{me}(t)$. Von entscheidender Bedeutung ist hierbei die sich einstellende Druckdifferenz $\Delta p(t)$ zwischen der Makro- und Mesopore, infolgedessen Zugspannungen in die den Porenraum umgebende Zementsteinmatrix induziert werden können (vgl. Bild 7-3). Hierbei verursachen Porenwasserdrücke im nanoporösen System des Zementsteins keinen homogenen Spannungszustand, sondern erzeugen auf mikroskopischer Ebene lokal begrenzte Poreninnendrücke. Nach ROSTÁSY et al. /74/ ist das Eintreten einer Materialschädigung bzw. Rissbildung zu erwarten, wenn lokal die Zugfestigkeit des Materials im Bereich der Porenwandung überschritten wird. Als Versagenskriterium wird hierbei nicht das makroskopische Versagen des Probekörpers angesetzt, sondern vielmehr das Einsetzen einer mikroskopischen Rissbildung.

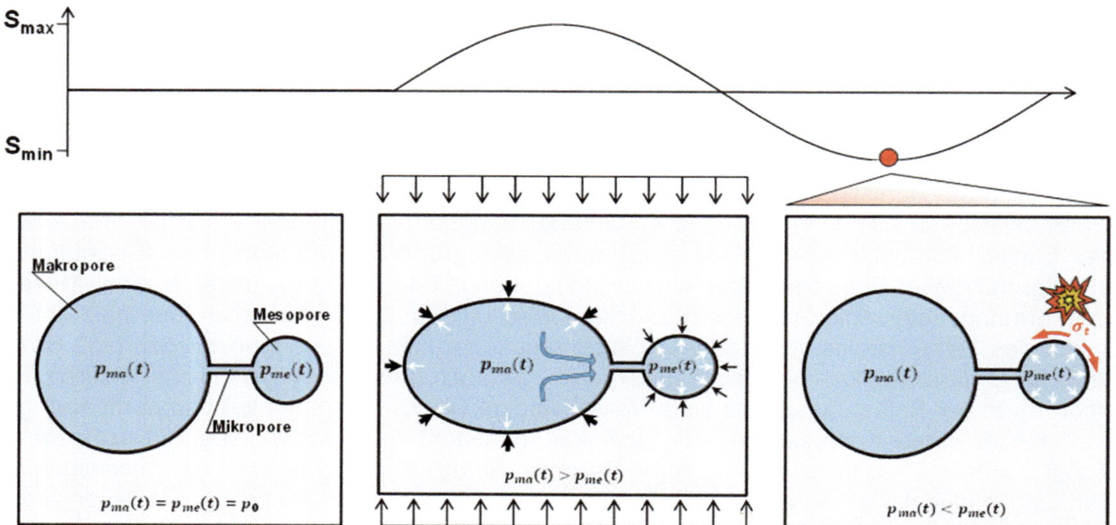

Bild 7-3: Konzeptionelle Modellvorstellung Zustand 3 (Unterspannung)

7.1.2 Analytische Beschreibung

Um die strömungsphysikalischen Vorgänge innerhalb der nanoporösen Struktur des Zementsteins beschreiben zu können, wird die zuvor eingeführte konzeptionelle Modellvorstellung (vgl. Kapitel 7.1.1) in ein mathematisches Modell überführt. Die Beschreibung der zeitlichen Entwicklung des Druckes in der Makro- und Mesopore sowie die ablaufenden Wassertransportvorgänge erfolgen hierbei auf Grundlage der Strömungsmechanik. Im Speziellen basiert der entwickelte Modellansatz auf der theoretischen Beschreibung einer oszillierenden Rohrströmung, in der nach UCHIDA /98/, WOMERSLEY /109/, SEXL /81/ die Bewegung einer viskosen Flüssigkeit innerhalb eines unendlich langen Rohres, angetrieben durch einen harmonisch oszillierenden axialen Druckgradienten, beschrieben wird. Die oszillierende Rohrströmung stellt eine idealisierte instationäre Strömung dar, die als Modell für viele in der Natur und Technik vorkommende Strömungsphänomene verwendet wird. In der Bioströmungsmechanik wird sie beispielsweise zur Beschreibung der Strömung in Blutgefäßen und im Maschinenbau im Bereich von Kolbenpumpen oder allgemein in hydraulischen Rohrsystemen eingesetzt (vgl. TRUKENMÜLLER /97/). Die hier betrachtete oszillierende Rohrströmung weist nur eine Geschwindigkeitskomponente in axialer Richtung auf. SEXL /81/ veröffentliche in diesem Zusammenhang erstmalig eine analytische Lösung für eine laminare oszillierende Rohrströmung (Kreisrohr). Diese Lösung wird im Folgenden vorgestellt und diskutiert. Grundlage bilden die Navier-Stokes-Gleichungen für inkompressible Fluide. Für den speziellen Fall der axialen Rohrströmung gilt

$$\rho_0 \frac{\partial u}{\partial t} = -\frac{\partial p}{\partial x} + \mu\left(\frac{\partial^2 u}{\partial r^2} + \frac{1}{r}\frac{\partial u}{\partial r}\right). \tag{6.1}$$

Die oszillierende Rohrströmung wird hierbei, wie von z. B. WHITE /105/ beschrieben, mit einem oszillierenden Druckgradienten der Form

$$\frac{\partial p}{\partial x} = -\rho_0 K e^{i\omega t} \qquad \text{mit:} \qquad e^{i\omega t} = \cos\omega t + i\sin\omega t, \quad \omega = 2\cdot\pi\cdot f \tag{6.2}$$

angetrieben. Hierbei ist u die Geschwindigkeitskomponente in axialer Richtung, p der Druck, t die Zeit, r die radiale Laufordinate, i die imaginäre Einheit, ρ_0 die Dichte des Fluids (vereinfacht für Strömung in der Mikropore als konstant angenommen), ω die Kreisfrequenz, f die Frequenz der Oszillation und K eine Konstante. Unter Berücksichtigung der Randbedingung $u(r = R, t) = 0$ (Haftbedingung) liefert z. B. WHITE /105/ für den eingeschwungen Zustand die folgende Lösung der Navier-Stokes-Gleichung.

$$u(r,t) = \frac{K}{i\omega} e^{i\omega t} \left[1 - \frac{J_0\left(r\sqrt{-i\omega/\nu}\right)}{J_0\left(R\sqrt{-i\omega/\nu}\right)} \right] \tag{6.3}$$

Hierbei ist R der Rohrradius, J_0 die Besselsche Funktion erster Art der Ordnung 0 und ν die kinematische Viskosität des Fluids.

Nach WHITE /105/ kann Gleichung 6.3 weiter vereinfacht werden. Hierfür muss jedoch zunächst der Term ω^*, der ein Maß für viskose Effekte in oszillierenden Strömungen darstellt und auch als dynamische Reynoldszahl bezeichnet wird, eingeführt werden. Der dimensionslose Parameter ω^* errechnet sich wie folgt.

$$\omega^* = \frac{\omega \cdot R^2}{\nu} \tag{6.4}$$

Wird ω^* für den hier vorliegenden Fall mit einem Rohrradius für die Mikropore (z. B. $R \approx 1{,}5 \cdot 10^{-9}\, m$) und einer Frequenz f von 1 Hz (entspricht der Prüffrequenz innerhalb der experimentellen Untersuchungen) berechnet, zeigt sich, dass ω^* einen sehr kleinen Wert von $\omega^* = 1{,}4 \cdot 10^{-11}$ annimmt. Weil die Bedingung $\omega^* < 4$ erfüllt ist, kann Gleichung 6.3, wie in WHITE /105/ beschrieben, vereinfacht werden.

$$u(r,t) = u_{max} \cdot \left(\left(1 - \frac{r^2}{R^2}\right) \cos \omega t + \frac{\omega^*}{16} \left(\left(\frac{r}{R}\right)^4 + 4 \cdot \left(\frac{r}{R}\right)^2 - 5 \right) \sin \omega t + O\left(\omega^{*2}\right) \right) \tag{6.5}$$

Gleichung 6.5 setzt sich aus zwei additiven Termen und einem vernachlässigbaren Rest zusammen. Wird für ω^* der zuvor errechnete Wert von $\omega^* = 1{,}4 \cdot 10^{-11}$ in Gleichung 6.5 eingesetzt, zeigt sich, dass der zweite additive Term in dem hier betrachteten Fall ebenfalls vernachlässigt werden kann. Demzufolge kann Gleichung 6.5 wie folgt dargestellt weiter vereinfacht werden.

$$u(r,t) = u_{max} \left(1 - \frac{r^2}{R^2}\right) \cos \omega t \qquad \text{mit: } u_{max} = \frac{KR^2}{4\nu} \tag{6.6}$$

Der Term $u_{max}(1 - r^2/R^2)$ beschreibt ein parabelförmiges Geschwindigkeitsprofil wie es z. B. für die laminare stationäre Strömung (Hagen-Poiseuille-Strömung) durch ein Rohr typisch ist. Offensichtlich stellt sich bei dem sehr kleinen Durchmesser der hier betrachteten Rohre auch bei instationärer (oszillierender) Strömung ein parabelförmiges Geschwindigkeitsprofil ein, wie es vom Hagen-Poiseuille-Gesetz bekannt ist. Durch die Integration über die Querschnittsfläche des Rohres ergibt sich der zeitabhängige Volumenstrom $Q(t)$

$$Q(t) = \frac{\pi \cdot R^4}{8 \cdot \mu} \cdot \frac{\Delta p(t)}{l} \qquad \text{mit: } \mu = \nu \cdot \rho_0 \tag{6.7}$$

mit der dynamischen Viskosität μ des Fluids, der Länge des Rohres l und der zeitabhängigen Druckdifferenz $\Delta p(t)$ zwischen Rohranfang und Rohrende. Ladungskräfte bzw. Wechselwirkungen zwischen den Wassermolekülen und der Feststoffoberfläche des Zementsteins, wie in Kapitel 2.4.2 beschrieben, sind kein direkter Bestandteil des Modells, können jedoch indirekt über die Viskosität des Fluids μ berücksichtigt werden.

Der instationäre, von einem oszillierenden Druckgradienten abhängige Volumenstrom $Q(t)$ innerhalb der Mikropore lässt sich somit wie folgt darstellen.

$$Q(t) = \frac{\pi \cdot R^4}{8 \cdot \mu} \cdot \frac{p_{ma}(t) - p_{me}(t)}{l} \tag{6.8}$$

$p_{ma}(t)$ entspricht hierbei dem zeitabhängigen Druck in der Makropore und $p_{me}(t)$ dem zeitabhängigen Druck in der Mesopore. Zur Vereinfachung der nachfolgenden Rechenschritte wird Gleichung 6.8 durch Einführen der Konstante C kompakter dargestellt.

$$Q(t) = C \cdot (p_{ma}(t) - p_{me}(t)) \qquad \text{mit:} \quad C = \frac{\pi \cdot R^4}{8 \cdot \mu} \cdot \frac{1}{l} \tag{6.9}$$

Bis hierher wurde aus Vereinfachungsgründen für die Strömung in der Mikropore das Fluid als inkompressibel behandelt, weil dafür in der Literatur viele Lösungen für die instationäre Rohrströmungen vorhanden sind. Der relative Fehler, mit dem der Volumenstrom berechnet wird, liegt in dem hier vorliegenden Fall im niedrigen Prozentbereich. Für die Berechnung des Druckanstiegs in der Mesopore, infolge des einströmenden Fluids, muss allerdings die Kompressibilität des Fluids berücksichtigt werden. Nachdem gezeigt wurde, dass die Wasserbewegung in den Mikroporen als instationäre „Hagen-Poiseuille-Strömung" betrachtet werden kann, soll nun unter Benutzung der Kompressibilität des Wassers die Differentialgleichung für die Wasserströmung in einer Mikropore zwischen einer Makro- und einer Mesopore entwickelt werden. Der zeitabhängige Volumenstrom $Q(t)$ aus der Makropore durch die Mikro- in die Mesopore ändert infolge der Kompressibilität des Wassers den Druck in der Mesopore.

Zur Berechnung der Druckentwicklung dient die Kompressibilität κ des Wassers, die nach LIDE et al. /51/ wie folgt definiert ist.

$$\kappa = -\frac{1}{V} \cdot \frac{dV}{dp} \tag{6.10}$$

Da im Folgenden die Dichte ρ des Wassers in der Mesopore eine entscheidende Rolle spielt, berechnen wir aus der hier angegeben Definition von κ mit Hilfe des Massenerhaltungssatzes

$$m = \rho \cdot V \qquad \text{mit:} \quad m = \text{const} \tag{6.11}$$

durch Ableitung nach dem Druck p

$$\frac{\partial m}{\partial p} = \left(\frac{\partial V}{\partial p}\right) \cdot \rho + V \cdot \left(\frac{\partial \rho}{\partial p}\right) = 0 \tag{6.12}$$

und durch Umstellung der Gleichung nach dem Volumen V

$$V = -\frac{(\partial V/\partial p) \cdot \rho}{(\partial \rho/\partial p)} \tag{6.13}$$

sowie durch Ersetzen des Volumens V in die Definitionsgleichung 6.10

$$\kappa = \frac{1}{\rho} \cdot \left(\frac{\partial \rho}{\partial p}\right) \tag{6.14}$$

Diese Gleichung findet sich z. B. auch in FLÜGGE & TRUESDELL /27/. Die Kompressibilität des Wassers wird im Folgenden als konstant angenommen. Durch Integration über p lässt sich der Zusammenhang zwischen der Dichte ρ und dem Druck p wie folgt angeben.

$$\kappa \cdot p = \ln(\rho) + C1 \tag{6.15}$$

Umstellen der Gleichung 6.15 nach der Dichte ρ ergibt

$$\rho = e^{\kappa \cdot p - C1} \tag{6.16}$$

Unter Berücksichtigung der Bedingung $p_A = 1{,}0$ bar und $\rho_0 = 997$ kg/m³ (bei 25°C) ergibt sich

$$\rho_0 = e^{\kappa \cdot p_A - C1} \tag{6.17}$$

und daraus die Integrationskonstante

$$C1 = \kappa \cdot p_A - \ln(\rho_0) \tag{6.18}$$

Durch Einsetzen der Integrationskonstante $C1$ in Gleichung 6.16 folgt

$$\rho = \rho_0 \cdot e^{\kappa \cdot (p - p_A)} \tag{6.19}$$

Für die weitere Rechnung benötigen wir einen Ausdruck zur Berechnung des Druckes p aus der Dichte ρ. Durch Auflösen der Gleichung 6.19 nach dem Druck p ergibt sich

$$p = p_A + \left(\frac{1}{\kappa}\right) \cdot \ln\left(\frac{\rho}{\rho_0}\right) \tag{6.20}$$

Aus Vereinfachungsgründen wird für die folgende Berechnung ein linearer Zusammenhang zwischen dem Druck p und der Dichte ρ vorausgesetzt. Deshalb wird die Taylorreihe um den Entwicklungspunkt ρ_0 berechnet und mit dem linearen Term abgebrochen. Hierfür wurden die Bezugsgrößen $p_A = 1{,}0$ bar, $\rho_0 = 997$ kg/m^3 (bei 25°C) und $\kappa = 0{,}426$ GPa^{-1} verwendet. Die Genauigkeit dieser Näherung ist besser als 1,5 % bei einem Druck $p \leq$ 65 MPa (entspricht näherungsweise der Druckbeanspruchung innerhalb der experimentellen Untersuchungen des HPC-D dieser Arbeit).

Es folgt für den Druck p

$$p = p_A + \left(\frac{1}{\kappa}\right) \cdot \left(\frac{\rho}{\rho_0} - 1\right) \tag{6.21}$$

Im Weiteren wird die zeitliche Entwicklung der Dichte und des davon linear abhängigen Drucks in der Mesopore betrachtet. Zur Vereinfachung der Rechnung wird das Volumen V_0 der Mesopore als konstant angenommen. Die Masse m des Wassers in der Mesopore

$$m = \rho \cdot V_0 \tag{6.22}$$

wird durch den Volumenstrom des Wassers in der Mikropore $Q(t)$ verändert. Die Dichte des Wassers in der Mikropore wird vereinfachend mit ρ_0 angesetzt, sodass für die Änderungsgeschwindigkeit der Masse in der Mesopore $m'(t)$ gilt.

$$m'(t) = \rho_0 \cdot Q(t) \tag{6.23}$$

Damit gilt für die zeitliche Änderungsgeschwindigkeit der Dichte in der Mesopore $\rho'(t)$

$$\rho'(t) = \frac{m'(t)}{V_0} \tag{6.24}$$

Die Zeitableitung der Gleichung 6.21 liefert die Änderungsgeschwindigkeit des Druckes in der Mesopore $p_{me}'(t)$.

$$p_{me}'(t) = \left(\frac{1}{\kappa}\right) \cdot \left(\frac{\rho'(t)}{\rho_0}\right) \tag{6.25}$$

Durch Einsetzen von Gleichung 6.23 und 6.24 in Gleichung 6.25 folgt

$$p_{me}'(t) = \left(\frac{1}{\kappa}\right) \cdot \left(\frac{(\rho_0 \cdot Q(t)/V_0)}{\rho_0}\right) \tag{6.26}$$

Kürzen der Gleichung 6.26 liefert

$$p_{me}'(t) = \left(\frac{1}{\kappa}\right) \cdot \left(\frac{Q(t)}{V_0}\right) \tag{6.27}$$

Durch Einsetzen von Gleichung 6.9 in Gleichung 6.27 und weitere Umformungsschritte erhalten wir für den hier betrachteten Fall

$$p_{me}'(t) = A \cdot \left(p_{ma}(t) - p_{me}(t)\right) \qquad \text{mit:} \qquad A = \frac{C}{\kappa \cdot V_0} \tag{6.28}$$

Hierbei ist $p_{me}'(t)$ die zeitliche Ableitung des Druckes in der Mesopore. Die allgemeine Lösung der Differentialgleichung 6.28 lautet somit

$$p_{me}(t) = C2 \cdot e^{-A \cdot t} + e^{-A \cdot t} \cdot \int_0^t A \cdot e^{A \cdot \xi} \cdot p_{ma}(\xi)\, d\xi \tag{6.29}$$

Mit der Randbedingung $p_{me}(0) = p_{me,0}$ ergibt sich für die Integrationskonstante $C2 = p_{me,0}$. Gleichung 6.29 lässt sich weiter umformen zu.

$$p_{me}(t) = e^{-A \cdot t} \cdot \left(A \cdot \int_0^t e^{A \cdot \xi} \cdot p_{ma}(\xi)\, d\xi + p_{me,0}\right) \tag{6.30}$$

An dieser Stelle wird die Oszillation des Druckes in der Makropore wie folgt dargestellt eingeführt.

$$p_{ma}(t) = p_0 + p_1 \cdot \sin(\omega t) \tag{6.31}$$

Hierbei oszilliert, in Analogie zu der in Kapitel 2.1.1 beschriebenen zyklischen Beanspruchung innerhalb der experimentellen Untersuchungen, der Druck in der Makropore $p_{ma}(t)$ mit der Amplitude p_1 sinusförmig um den mittleren Druck p_0.

Einsetzen von Gleichung 6.31 in Gleichung 6.30 führt zu folgendem Ergebnis.

$$p_{me}(t) = \frac{A \cdot p_1 \cdot \omega \cdot e^{-A \cdot t}}{A^2 + \omega^2} + e^{-A \cdot t} \cdot (p_{me,0} - p_0) - \frac{A \cdot p_1 \cdot \omega \cdot \cos(\omega t)}{A^2 + \omega^2} - \frac{p_1 \cdot \omega^2 \cdot \sin(\omega t)}{A^2 + \omega^2} + p_1 \cdot \sin(\omega t) + p_0 \tag{6.32}$$

Da im Rahmen dieser Arbeit die oszillierende Anregung und nicht die Einschwingphase des Systems im Fokus der Betrachtungen steht, werden die exponentiell gegen Null gehenden Terme der Gleichung 6.32 vernachlässigt. Umformen der Gleichung 6.32 liefert

$$p_{me}(t) = \frac{A^2 \cdot p_1 \cdot \sin(\omega t)}{A^2 + \omega^2} - \frac{A \cdot p_1 \cdot \omega \cdot \cos(\omega t)}{A^2 + \omega^2} + p_0 \tag{6.33}$$

Um die Amplitude des oszillierenden Druckes in der Mesopore A_{me} sowie den Phasenversatz ϕ_{me}, gegenüber dem Druck in der Makropore beschreiben zu können, wird Gleichung 6.33 wie folgt umgeformt

$$p_{me}(t) = \frac{A \cdot p_1}{\sqrt{A^2 + \omega^2}} \cdot \sin\left(\omega t - \arctan\left(\frac{\omega}{A}\right)\right) + p_0 \tag{6.34}$$

Hierbei entspricht die Amplitude A_{me}

$$A_{me} = \frac{A \cdot p_1}{\sqrt{A^2 + \omega^2}} \tag{6.35}$$

und der Phasenversatz ϕ_{me}

$$\phi_{me} = -\arctan\left(\frac{\omega}{A}\right) \tag{6.36}$$

Die Druckdifferenz $\Delta p(t)$ zwischen der Meso- und der Makropore ist

$$\Delta p(t) = p_{me}(t) - p_{ma}(t) \tag{6.37}$$

Hieraus folgt

$$\Delta p(t) = \frac{A \cdot p_1}{\sqrt{A^2 + \omega^2}} \cdot \sin\left(\omega t - \arctan\left(\frac{\omega}{A}\right)\right) + p_0 - (p_0 + p_1 \cdot \sin(\omega t)) \tag{6.38}$$

Umformen von Gleichung 6.38 liefert für die Druckdifferenz $\Delta p(t)$

$$\Delta p(t) = \left(\frac{p_1 \cdot \omega}{\sqrt{A^2 + \omega^2}}\right) \cdot \sin\left(\omega t + \arctan\left(\frac{A}{\omega}\right) - \pi\right) \tag{6.39}$$

Da die Druckdifferenz $\Delta p(t)$ abhängig von der Frequenz ist, wird die auf eine Periodenlänge bezogene Zeit τ eingeführt.

$$\tau = t \cdot f \tag{6.40}$$

Durch Einsetzen der bezogenen Zeit τ und der Kreisfrequenz ω in Gleichung 6.31 und Gleichung 6.34 folgt für den Druck in der Makropore

$$p_{ma}(t) = p_0 + p_1 \cdot \sin(2 \cdot \pi \cdot \tau) \tag{6.41}$$

und für den Druck in der Mesopore

$$p_{me}(t) = \frac{A \cdot p_1 \cdot \sin\left(\arctan\left(\frac{2 \cdot \pi \cdot f}{A}\right) - 2 \cdot \pi \cdot \tau - \pi\right)}{\sqrt{(A^2 + (2 \cdot \pi \cdot f)^2)}} + p_0 \tag{6.42}$$

mit:

$$A = \frac{C}{\kappa \cdot V_0} \quad ; \quad C = \frac{\pi \cdot R^4}{8 \cdot \mu} \cdot \frac{1}{l} \quad ; \quad V_0 = \tfrac{4}{3} \cdot \pi \cdot {r_{me,i}}^3$$

Hierbei ist $r_{me,i}$ der Innenradius der Mesopore. Die sich zwischen der Makro- und Mesopore einstellende Druckdifferenz $\Delta p(t)$ errechnet sich abschließend zu

$$\Delta p(t) = \frac{2 \cdot \pi \cdot f \cdot p_1 \cdot \sin\left(\arctan\left(\frac{A}{2 \cdot \pi \cdot f}\right) + 2 \cdot \pi \cdot \tau - \pi\right)}{\sqrt{(A^2 + (2 \cdot \pi \cdot f)^2)}} \tag{6.43}$$

Hierbei entspricht die Amplitude der Druckdifferenz $A_{\Delta p}$

$$A_{\Delta p} = \frac{2 \cdot \pi \cdot f \cdot p_1}{\sqrt{A^2 + (2 \cdot \pi \cdot f)^2}} \tag{6.44}$$

und der Phasenversatz der Druckdifferenz $\phi_{\Delta p}$

$$\phi_{\Delta p} = \arctan\left(\frac{A}{2 \cdot \pi \cdot f}\right) - \pi \tag{6.45}$$

Beispielrechnung

Im Rahmen einer Beispielrechnung werden die zuvor hergeleiteten Gleichungen 6.41 (Druck Makropore), 6.42 (Druck Mesopore) und 6.43 (Druckdifferenz) zur Berechnung der zu erwartenden Porendrücke innerhalb der nanoporösen Struktur des Zementsteins herangezogen und unter Verwendung eines beispielhaften Parametersatzes explizit gelöst. Die Eingangsparameter des entwickelten Modells gliedern sich in die in Tabelle 7-1 dargestellten Parameter. Zur besseren Veranschaulichung wird im Rahmen der Beispielrechnung zunächst mit dimensionslosen Größen für die Beanspruchung gerechnet. Die gewählten Parameter der Porenstruktur orientieren sich hingegen an den in Kapitel 2.4 beschriebenen Porenstrukturkennwerten für Zementstein.

Das Ergebnis der Beispielrechnung kann Bild 7-4 entnommen werden. Dargestellt sind zwei vollständige Lastwechsel in Form von zwei Sinuswellen. Der schwarze Graph repräsentiert hierbei die oszillierende Druckbeanspruchung innerhalb der Makropore $p_{ma}(t)$. Im Rahmen der Beispielrechnung wird angenommen, dass der Druck in der Makropore proportional zu dem auf das Feststoffgefüge aufgebrachten Druck oszilliert. $p_{ma}(t)$ schwankt sinusförmig zwischen dem Wert Null und Eins. Die sich einstellende Druckantwort in der Mesopore $p_{me}(t)$ wird hingegen durch den grauen Graphen repräsentiert. Der grüne Graph stellt die Druckdifferenz $\Delta p(t)$ zwischen der Makro- und Mesopore dar.

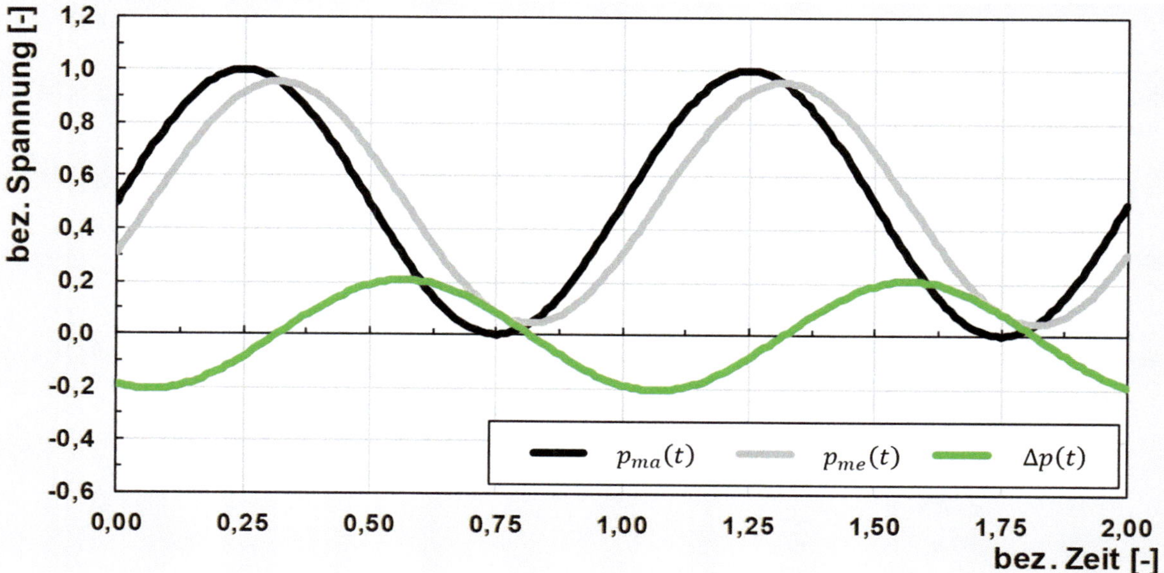

Bild 7-4: Berechneter Porenwasserdruck-Zeitverlauf (Beispielrechnung)

Erkennbar ist, dass sich ein Phasenversatz zwischen dem Druck in der Makropore (schwarzer Graph) und dem Druck in der Mesopore (grauer Graph) einstellt. Dieser erzeugt innerhalb der Mesopore, speziell im Entlastungsast, einen gegenüber der Makropore verzögerten Abbau des Wasserdrucks. Wie der Druckdifferenz (grüner Graph) zu entnehmen ist, stellt sich die größte Differenzdruck $\Delta p(t)$ im Bereich nahe der Unterspannung im Entlastungsast ein. Somit korreliert das Ergebnis der durchgeführten Modellrechnung mit den in Kapitel 4.3.6.4 dargestellten Ergebnissen der Schallemissionsanalyse, in denen für wassergesättigte Betone eine Vielzahl von akustischen Schallsignalen ebenfalls in diesem Bereich (Quadrant Q3, nahe Unterspannung) nachweisbar waren. Überschreiten die infolge der wirkenden Poreninnendrucke hervorgerufenen Spannungen lokal die Zugfestigkeit des Materials im Bereich der Porenwandung, ist von einer Materialschädigung bzw. Rissbildung auszugehen. Der entwickelte Modellansatz plausibilisiert demzufolge wirkende Porenwasserdrücke innerhalb der nanoporösen Struktur des Zementsteins als möglichen wasserinduzierten Schädigungsmechanismus zyklisch beanspruchter Betone, was die in Kapitel 2.5 dargestellte Hypothese H-1 bestätigt. Hierbei ist anzumerken, dass der im Rahmen der Beispielrechnung verwendete Parametersatz lediglich eine von vielen möglichen Parameterkombinationen abbildet. Inwieweit die Druckdifferenz $\Delta p(t)$ von der Geometrie des Po-renraumes (Radius, Länge) sowie der Beweglichkeit des Wassers (Viskosität) abhängig ist, soll im Weiteren untersucht werden.

Tabelle 7-1: Beispielhaft gewählte Eingangsparameter des Modellansatzes

Eingangsparameter			**Wert**	**Einheit**
1	p_0	Mittlerer Druck	0,5	[-]
2	p_1	Amplitude der Druckschwankung	0,5	[-]
3	τ	Laufordinate der bezogenen Zeit	0,0 ... 2,0	[-]
4	l	Länge der Mikropore	$350 \cdot 10^{-9}$	[m]
5	R_{mi}	Radius der Mikropore	$1{,}0 \cdot 10^{-9}$	[m]
6	μ	Dynamische Viskosität des Fluids (Wassers)	0,001	[Pa·s]
7	$r_{me,i}$	Innenradius der Mesopore	$350 \cdot 10^{-9}$	[m]
8	κ	Kompressibilität des Fluids (Wasser, bei 25°C)	$0{,}426 \cdot 10^{-9}$	[Pa^{-1}]
9	f	Frequenz	1,0	[Hz]

Variation der Eingangsparameter des Modells

In diesem Abschnitt werden die in Tabelle 7-1 dargestellten Eingangsparameter der Modellrechnung exemplarisch variiert und die daraus resultierenden Auswirkungen auf die Druckdifferenz $\Delta p(t)$ zwischen der Makro- und Mesopore analysiert. Variiert werden sowohl die dynamische Viskosität μ des Fluids, das Verhältnis des Radius der Mesopore zur Mikropore $r_{me,i}/R_{mi}$ als auch das Verhältnis der Länge der Mikropore zu dessen Radius l/R_{mi}. Die restlichen Parameter wurden unverändert aus Tabelle 7-1 übernommen. Bild 7-5, Bild 7-6 und Bild 7-7 stellen die ermittelten Ergebnisse der erweiterten Modellrechnungen dar.

In Bild 7-5 wird hierbei auf der Abszissenachse der Radius R_{mi} der Mikropore und auf der Ordinatenachse die Amplitude der Druckdifferenz $A_{\Delta p}$ dargestellt. Die unterschiedlichen Linien stehen für unterschiedliche dynamische Viskositäten des Fluids. Wie Bild 7-5 zu entnehmen ist, zeigen die Modellrechnungen, dass die Ausprägung potenziell schädigender Differenzdrücke zwischen den Makro- und Mesoporen stark vom Porenradius der Mikroporen abhängig ist. Die größten Amplituden werden hierbei im Bereich der sehr feinen Porenradien von ~ 1 nm errechnet. In Abhängigkeit der dynamischen Viskosität des Fluids fallen die errechneten Druckdifferenzen ab einem Porenradius von ~ 0,5 bis 1,5 nm näherungsweise exponentiell ab. Im Bereich von ~ 4 nm bis 5 nm Porenradius liefert die Modellrechnung hingegen sehr kleine bis keine Druckdifferenzen mehr. Eine zentrale Schlussfolgerung des entwickelten Modellansatzes ist daher, dass ermüdungsinduzierte Wasserumlagerungsprozesse und daraus resultierende wasserinduzierte Schädigungen in Porengrößen von wenigen Nanometern ablaufen müssen. Die hier dargestellten Ergebnisse bestätigen somit die in Kapitel 2.5 dargestellte Hypothese H-6. Weiterhin zeigt Bild 7-5, dass mit steigender Viskosität μ, und damit einhergehend einer reduzierten Beweglichkeit des Fluids im Porenraum, eine horizontale Verschiebung der Graphen hin zu größeren Porenradien stattfindet. Hierdurch wird der Bereich potenziell schädigender Porenradien erweitert. Es zeigt sich jedoch, dass auch bei höherer Viskosität des Fluids ab einem Porenradius von ~ 4 nm keine nennenswerten Amplituden der Druckdifferenz $A_{\Delta p}$ mehr nachweisbar sind, was die Hypothese H-6 weiter stützt.

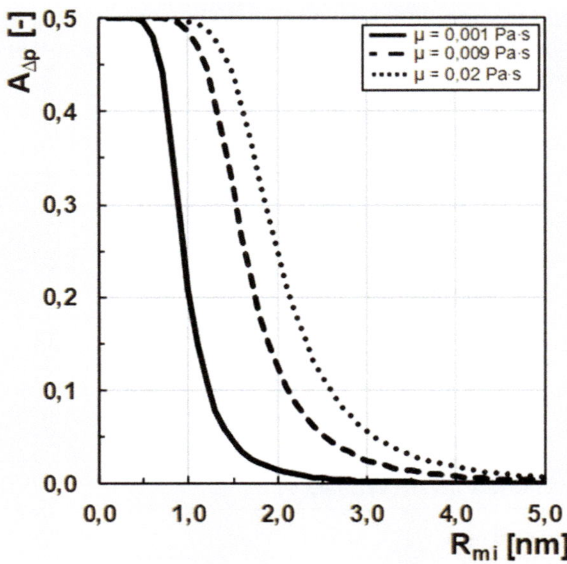

Bild 7-5: Amplitude der Druckdifferenz zwischen Makro- und Mesopore in Abhängigkeit des Mikroporenradius und der dynamischen Viskosität des Fluids (l = 350 nm, $r_{me,i}$ = 350 nm)

Nach der Betrachtung des Mikroporenradius wird im Weiteren der Einfluss des Verhältnisses des Mesoporen- zum Mikroporenradius $r_{me,i}/R_{mi}$ analysiert. Bild 7-6 stellt auf der Abszissenachse das Verhältnis $r_{me,i}/R_{mi}$, auf der linken Ordinatenachse die Amplitude die Druckdifferenz $A_{\Delta p}$ und auf der rechten Ordinatenachse den Phasenversatz $\Phi_{\Delta p}$ zwischen der Makro- und Mesopore dar. Erkennbar ist, dass mit steigendem Verhältnis von $r_{me,i}/R_{mi}$ die Amplitude der Druckdifferenz $A_{\Delta p}$ s-förmig anwächst. Hierbei zeigt sich, in Abhängigkeit der Viskosität des Fluids μ, ein steiler Anstieg der Amplitude $A_{\Delta p}$ zwischen einem Verhältniswert von ~100 bis ~250 und von ~250 bis ~650. Im Anschluss an diesen steilen Anstieg zeigen die Graphen einen asymptotischen Verlauf mit einer maximalen Amplitude der Druckdifferenz $A_{\Delta p}$ von 0,5. Begründet liegt dieser Effekt in der Geometrie des Porenraums und der Beweglichkeit des Wassers. Wird der Wassertransport speziell in der Mikropore zu sehr behindert, kann sich der Druck in der Mesopore nicht mehr oder nur noch sehr langsam abbauen, wodurch sich ein nahezu konstanter Druck in der Mesopore einstellt. Hierdurch wird aufgrund des oszillierenden Druckes in der Makropore eine Druckdifferenz $\Delta p(t)$ zwischen der Makro- und Mesopore erzwungen. Bild 7-6 ist weiterhin zu entnehmen, dass die höchsten Amplituden der Druckdifferenz $A_{\Delta p}$ bei einem Phasenversatz von - 180° auftreten. Ein Phasenversatz von -180° entspricht einer Verschiebung der Druckwellen der Makro- zur Mesopore von einer halben Sinuswelle. Demzufolge wirkt zum Zeitpunkt des Druckminimums der Makropore zwischen der Makro-und Mesopore, die größte Druckdifferenz $\Delta p(t)$. Somit korrelieren auch diese Modellrechnungen mit den in Kapitel 4.3.6.4 dargestellten Ergebnissen der Schallemissionsanalyse.

Bild 7-7 ist weiterhin zu entnehmen, dass sich neben dem Verhältnis des Mesoporen- zum Mikroporenradius $r_{me,i}/R_{mi}$ ebenfalls das Verhältnis der Länge der Mikropore zu dessen Radius l/R_{mi} auf den Phasenversatz $\Phi_{\Delta p}$ und die Amplitude der Druckdifferenz $A_{\Delta p}$ auswirkt. Erkennbar ist, dass mit steigendem Verhältnis von l/R_{mi} die Amplitude der Druckdifferenz $A_{\Delta p}$ anwächst. Speziell bei höherer Viskosität des Fluids zeigen die Graphen zunächst einen steilen Anstieg, gefolgt von einem asymptotischen Verlauf mit einer maximalen Amplitude der Druckdifferenz $A_{\Delta p}$ von ebenfalls 0,5. Lediglich bei einer niedrigen Viskosität des Fluids von μ = 0,001 Pa·s ist den Ergebnissen der Modellrechnung ein annäherungsweise linear ansteigender Graph zu entnehmen.

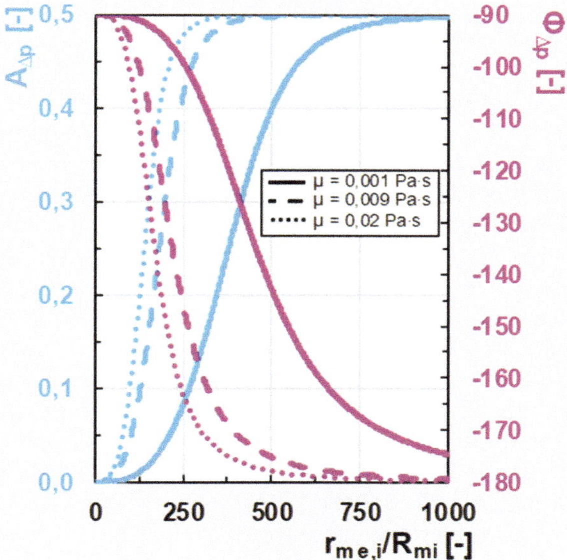

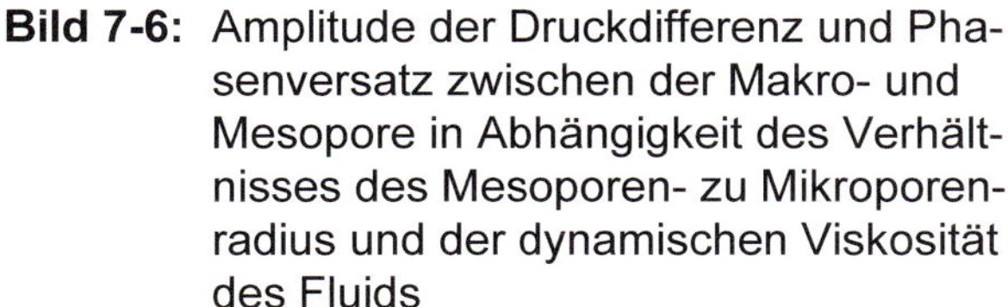

Bild 7-6: Amplitude der Druckdifferenz und Phasenversatz zwischen der Makro- und Mesopore in Abhängigkeit des Verhältnisses des Mesoporen- zu Mikroporenradius und der dynamischen Viskosität des Fluids

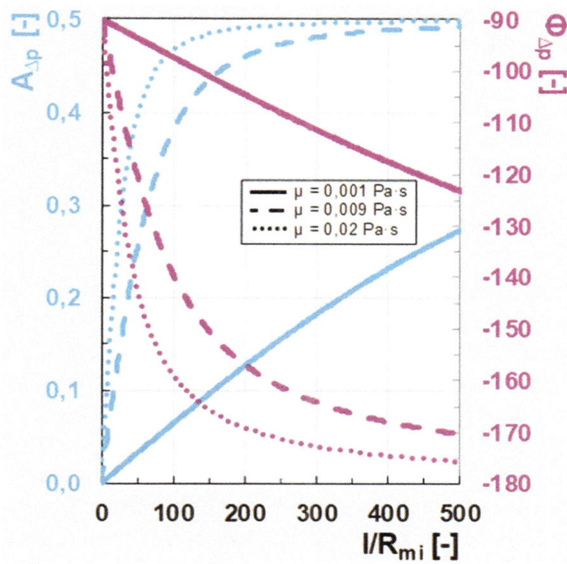

Bild 7-7: Amplitude der Druckdifferenz und Phasenversatz zwischen der Makro- und Mesopore in Abhängigkeit des Verhältnisses der Länge der Mikropore zu dessen Radius und der dynamischen Viskosität des Fluids

Zusammenfassend zeigen die Ergebnisse der Modellrechnungen, dass der sich entwickelnde Phasenversatz $\Phi_{\Delta p}$ und die daraus resultierende Amplitude der Druckdifferenz $A_{\Delta p}$ stark von der Geometrie des Porenraums und der Beweglichkeit des Wassers, abhängig sind. Mit steigendem Verhältniswert sowohl für $r_{me,i}/R_{mi}$ als auch für l/R_{mi}, zeigten die Ergebnisse einen Anstieg der Amplitude der Druckdifferenz $A_{\Delta p}$. Hierbei konnte für den Maximalwert der Amplitude der Druckdifferenz $A_{\Delta p}$ ein Phasenversatz von -180°, also eine Verzögerung der Druckwelle zwischen der Meso- zur Makropore von einer halben Sinuswelle, nachgewiesen werden. Aus den Gleichungen für die Druckdifferenz $\Delta p(t)$ ist ersichtlich, dass auch die Frequenz der Oszillation als weiterer Parameter die Druckverhältnisse im Porensystem beeinflusst. Die Abhängigkeit der Frequenz wurde in dieser Arbeit jedoch nicht behandelt.

Im Weiteren erfolgt eine Beurteilung der errechneten Druckdifferenzen $\Delta p(t)$, durch eine Umrechnung dieser in potentiell schädigende Zugspannungen.

7.1.3 Grenzkriterium für Schädigung und exemplarische Modellrechnung

Grenzkriterium

Wie die zuvor dargestellte Modellvorstellung veranschaulicht, verursachen Porenwasserdrücke im nanoporösen System des Zementsteins keinen homogenen Spannungszustand, sondern erzeugen auf mikroskopischer Ebene lokal begrenzte Poreninnendrücke bzw. Spannungen. Wie zuvor erwähnt ist hierbei nach ROSTÁSY et al. /74/ das Eintreten einer Materialschädigung bzw. Rissbildung zu erwarten, wenn die durch den wirkenden Poreninnendruck hervorgerufene Spannung lokal die Zugfestigkeit des Materials im Bereich der Porenwandung überschreitet. Basis der Berechnung der vom porösen Zementstein ertragbaren Porenwasserinnendrücke bildet in Anlehnung an ROSTÁSY et al. /74/, im Rahmen dieser Arbeit das Modell eines kugelförmigen Behälters unter Innen- und Außendruck. Bei der Anwendung dieses Modells wird davon ausgegangen, dass sich im Inneren einer Hohlkugel (entspricht der Mesopore) ein Wasserdruck aufbaut. Weiterhin wird die Hohlkugel (Pore) von Zementstein einer bestimmten Dicke (entspricht der Porenwandung) umgeben. Hierbei wird die sich zwischen zwei Poren befindende Porenwandung als Materialsteg bezeichnet. Entstehen innerhalb der Mesopore größere Innendrücke als in einer anderen benachbarten Pore, wird in dem zwischen den Poren liegenden Materialsteg eine Zugspannung induziert. Als grobe Näherung lässt sich, wie in TIMOSHENKO & GOODIER /93/ beschrieben, die maximal ertragbare Zugspannung σ_t innerhalb der Materialstege (Tangentialspannung unter Innen- und Außendruck) nach folgender Gleichung berechnen.

$$\sigma_t = \frac{p_a \cdot r_a^3 \cdot (2 \cdot r^3 + r_i^3)}{2 \cdot r^3 \cdot (r_i^3 - r_a^3)} - \frac{p_i \cdot r_i^3 \cdot (2 \cdot r^3 + r_a^3)}{2 \cdot r^3 \cdot (r_i^3 - r_a^3)} \tag{6.46}$$

Der Ort der Spannung im Kugelquerschnitt in radialer Richtung wird durch die Laufvariable r gekennzeichnet. Die Parameter p_i und p_a bezeichnen den Innen- bzw. Außendruck und die Parameter r_i und r_a den Innen- und Außenradius der Kugel. Da, wie oben erwähnt in dieser Arbeit das Einsetzen einer Rissbildung an der Porenwandung betrachtet wird, entspricht die Laufvariable r dem Innenradius r_i. Weiterhin sind nach ROSTÁSY et al. /74/ für den Widerstand des Betons gegen einwirkende Poreninnendrücke nicht makroskopisch messbare Festigkeitsgrößen entscheidend, sondern vielmehr die Zugfestigkeit der Materialstege zwischen den Poren. Für die Materialstege wird hierbei von einem annäherungsweise porenfreien Material bzw. einem Material mit geringer Porosität ausgegangen. Da die Porosität einen erheblichen Einfluss auf die Festigkeitseigenschaften von Zementsteins ausübt (vgl. Bild 7-8), können Festigkeitsgrößen auf mikroskopischer von denen auf makroskopischer Ebene abweichen. SCHMIDT-DÖHL /78/ spricht in diesem Zusammenhang von theoretischen oder auch charakteristischen Festigkeitsgrößen. Im Falle der C_2S bzw. der C_3S-Hydratation gibt SCHMIDT-DÖHL /78/ für die Calciumsilicathydrat-Phase (C-S-H-Phase) eine theoretische Druckfestigkeit von 438 N/mm² bzw. 365 N/mm² an. SCHMIDT-DÖHL /78/ wertete hierfür Ergebnisse von BEAUDOIN & RAMACHANDRAN /2/ erneut aus, in denen die Druckfestigkeit verschiedener Zementklinkerphasen in Abhängigkeit der Porosität untersucht wurde (vgl. Bild 7-8).

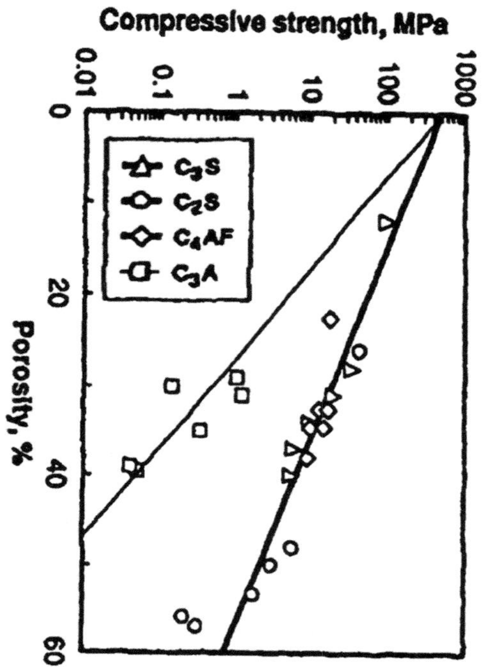

Bild 7-8: Druckfestigkeit verschiedener Zementklinkerphasen in Abhängigkeit der Porosität, angelehnt an /2/

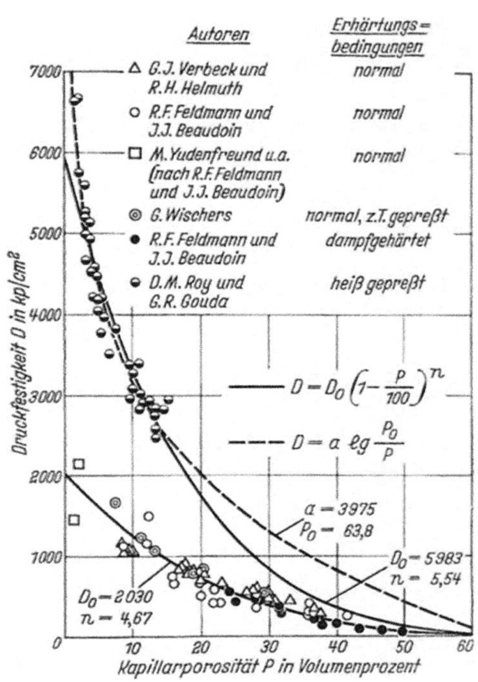

Bild 7-9: Einfluss der Kapillarporosität auf die Druckfestigkeit von Zementstein, aus /52/

In LOCHER /52/ wird die theoretische Druckfestigkeit als spezifische Zementsteinfestigkeit bezeichnet und weist unter normalen Erhärtungsbedingungen Werte von 1750 kp/cm² (172 N/mm²) bis 2350 kp/cm² (231 N/mm²) auf (vgl. Bild 7-9). Nach ROSTÁSY et al. /74/ kann bei der Umrechnung der theoretischen Druckfestigkeit in die theoretische Zugfestigkeit von einem Faktor zwischen 0,1 und 0,2 ausgegangen werden. HOU et al. /38/ wiesen für wassergesättigte Calciumsilicathydrat-Phasen eine 50 % niedrigere mikroskopische Zugfestigkeit nach als für trockene, wodurch der Faktor zur Berechnung der theoretischen Zugfestigkeit im Falle einer Wassersättigung um 50 % reduziert werden kann. Unter Druckbeanspruchung konnten HOU et al. /38/ einen solchen Effekt hingegen nicht zeigen. Die theoretische Zugfestigkeit von wassergesättigtem Zementstein kann somit näherungsweise mit Werten zwischen ~ 44 N/mm² (438 N/mm²·0,2·0,5 ≈ 44 N/mm²) und ~ 9 N/mm² (172 N/mm²·0,1·0,5 ≈ 9 N/mm²) abgeschätzt werden. In der Literatur sind jedoch unter idealen (absolut porenfreien) Bedingungen zum Teil auch sehr viel höhere Werte dokumentiert (vgl. z. B. HLOBIL et al. /35/).

Wie die vorangegangenen Ausführungen zeigen, bilden die mikromechanischen Eigenschaften des stark heterogenen Zementsteingefüges ein hochgradig komplexes Feld aus, welches bis heute noch nicht vollständig verstanden ist. Im Rahmen dieser Arbeit wird in Anlehnung an die Angaben in ROSTÁSY et al. /74/ und SCHMIDT-DÖHL /78/ als Grenzkriterium für Schädigung eine einaxiale mikroskopische Druckfestigkeit von 365 N/mm^2 eingeführt. Die mikroskopische tangentiale Zugfestigkeit wird hingegen mit einem Wert von ~18 N/mm^2 (365 $N/mm^2 \cdot 0{,}1 \cdot 0{,}5 \approx 18$ N/mm^2) angenommen.

Tabelle 7-2: Mittlere Spalt- ($f_{ct,sp}$) und zentrische Zugfestigkeitswerte (f_{ct})

Beton	Proben-größe	Lagerung	F_R [M.-%]	S_R [%]	Anzahl [-]	Alter [Tage]	f_{cm} [N/mm^2]	$f_{ct,sp}$ [N/mm^2]	f_{ct} [N/mm^2]
NC-A	G-2	WST	7,4	100	2	221	38,4	2,78	2,50
NC-B	G-2	WS/WST	7,6	100	3	232	69,6	4,75	4,28
NC-B	G-2	M	6,4	84	2	232	65,8	4,75	4,28
NC-B	G-2	C	5,5	72	2	232	67,8	4,35	3,92
HPC-C	G-2	WST	4,3	100	3	580	106,9	7,46	6,71
HPC-D	G-2	WS/WST	5,1	100	3	498	110,3	6,65	5,99
HPC-D	G-2	M	4,3	84	3	751	107,2	6,45	5,81
HPC-D	G-2	C	3,5	69	2	751	97,3	5,80	5,22
HPC-D	G-2	D	0	0	2	751	108,3	6,60	5,94

Ein abschließender Vergleich der mikroskopischen Zementstein-Zugfestigkeit mit makroskopisch bestimmten Werten (vgl. Tabelle 7-2) zeigt, dass die makroskopischen Zugfestigkeiten der Betone NC-A, NC-B, HPC-C und HPC-D mit Werten von 2,5 N/mm^2 bis 6,7 N/mm^2 erwartungsgemäß deutlich unterhalb des mikroskopisch abgeschätzten Werts von ~18 N/mm^2 liegen. Die zentrische Zugfestigkeit wurde hierbei wie beispielsweise in ZILCH & ZEHETMAIER /115/ beschreiben aus der experimentell ermittelten Spaltzugfestigkeit errechnet.

Exemplarische Berechnung der Tangentialspannung in der Porenwandung

Zur Berechnung der zeitabhängigen Tangentialspannung $\sigma_t(t)$ in der Porenwandung des Feststoffgefüges wird zunächst vereinfacht in Anlehnung an ROSTÁSY et al. /74/ das Zweiporenmodell (vgl. Bild 7-10) eingeführt.

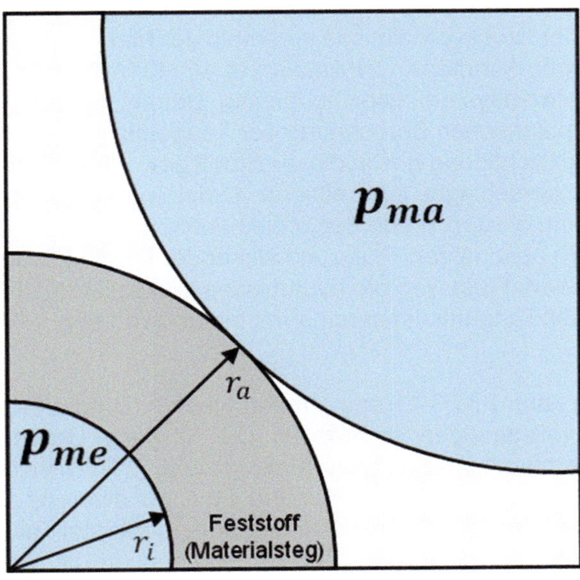

Bild 7-10: Zweiporenmodell einer Makro- und Mesopore, angelehnt an /74/

Dieses besteht aus zwei Poren, die durch einen Materialsteg aus Feststoffgefüge (Zementstein, vgl. grauer Ring Bild 7-10) voneinander getrennt sind. Hierbei repräsentiert $p_{me}(t)$ den Druck in einer Mesopore (vgl. Gleichung 6.42) und $p_{ma}(t)$ den Druck in einer benachbarten Makropore (vgl. Gleichung 6.41). Übertragen auf das oben erläuterte Modell der Hohlkugel entspricht der Druck in der Mesopore dem Poreninndruck p_i und der Druck in der Makropore dem Außendruck p_a.

Einsetzen der Drücke $p_{ma}(t)$ und $p_{me}(t)$ in Gleichung 6.46 liefert für die Tangentialspannung in der Porenwandung (Materialsteg)

$$\sigma_t(t) = \frac{p_{ma}(t) \cdot r_a^3 \cdot (2 \cdot r^3 + r_i^3)}{2 \cdot r^3 \cdot (r_i^3 - r_a^3)} - \frac{p_{me}(t) \cdot r_i^3 \cdot (2 \cdot r^3 + r_a^3)}{2 \cdot r^3 \cdot (r_i^3 - r_a^3)} \tag{6.47}$$

Die Parameter r_i und r_a entsprechen hierbei dem Innen- und Außenradius der Mesopore. Demzufolge ist $r_i = r_{me,i}$. Die Berechnung der Tangentialspannung in der Porenwandung erfolgt exemplarisch unter Berücksichtigung des in Tabelle 7-3 dargestellten Parametersatzes.

Tabelle 7-3: Parameter zur exemplarischen Berechnung der Tangentialspannung in der Porenwandung

Eingangsparameter			**Wert**	**Einheit**
1	p_0	Mittlerer Druck	6,7	[N/mm²]
2	p_1	Amplitude der Druckschwankung	5,7	[N/mm²]
3	τ	Laufordinate der bezogenen Zeit	0,0 … 2,0	[-]
4	l	Länge der Mikropore	$350 \cdot 10^{-9}$	[m]
5	R	Radius der Mikropore	$1{,}0 \cdot 10^{-9}$	[m]
6	μ	Dynamische Viskosität des Fluides (Wassers)	0,009	[Pa·s]
7	$r_{me,i}$	Innenradius der Mesopore	$350 \cdot 10^{-9}$	[m]
8	r_a	Außenradius der Mesopore	$400 \cdot 10^{-9}$	[m]
9	κ	Kompressibilität des Fluides (Wasser, bei 25°C)	$0{,}426 \cdot 10^{-9}$	[Pa^{-1}]
10	f	Frequenz	1,0	[Hz]

Mit Ausnahme des mittleren Druckes p_0, der Druckamplitude p_1 und der dynamischen Viskosität des Fluids (Wasser) entspricht der in Tabelle 7-3 dargestellte Parametersatz dem in Tabelle 7-1. Aufgrund der Heterogenität des Baustoffs Beton sowie dem daraus resultierenden inhomogenen Verformungs- und Spannungsverhalten ist die Abschätzung der Druckverhältnisse innerhalb der Makropore $p_{ma}(t)$ sehr komplex. Basierend auf numerischen Untersuchungen konnten in WRIGGERS et al. /111/ für eine monoton steigende Beanspruchung Porenwasserdrücke im Porensystem eines hochfesten Betons von bis zu ~19 N/mm² abgeschätzt werden. Wird dieser Wert zur exemplarischen Berechnung der Tangentialspannung in der Porenwandung herangezogen, lässt sich unter Berücksichtigung des in dieser Arbeit gewählten Ober- und Unterspannungsniveaus (S_{max} = 0,65, S_{min} = 0,05) überschlägig ein mittlerer Druck $p_0 \approx$ 6,7 N/mm² ((19 N/mm²·0,65 + 19 N/mm²·0,05)/2 ≈ 6,7 N/mm²) und die Amplitude der Druckbeanspruchung $p_1 \approx$ 5,7 N/mm² ((19 N/mm²·0,65 - 19 N/mm²·0,05)/2 ≈ 5,7 N/mm²) abschätzen. Aufgrund wirkender Ladungskräfte und Wechselwirkungen zwischen der Porenwandung und dem Fluid wird die dynamische Viskosität des Fluids (Wasser) im Rahmen der exemplarischen Berechnung der Tangentialspannung mit einem Wert von 0,009 Pa·s (vgl. Kapitel 2.4.2) berücksichtigt.

Das Ergebnis der Berechnung kann Bild 7-11 entnommen werden. Dargestellt sind wie zuvor ebenfalls zwei Lastwechsel in Form von zwei vollständigen Sinuswellen. Der schwarze Graph repräsentiert hierbei wiederum die oszillierende Druckbeanspruchung innerhalb der Makropore $p_{ma}(t)$. Die sich einstellende Druckantwort in der Mesopore $p_{me}(t)$ wird durch den grauen Graphen und die Druckdifferenz $\Delta p(t)$ zwischen der Makro- und Mikropore durch den grünen Graphen repräsentiert. Der blaue Graph stellt hingegen die zeitabhängige Tangentialspannung in der Porenwandung $\sigma_t(t)$ dar. Zudem repräsentiert die rote Linie im Bild 7-11 den zuvor eingeführten Grenzwert für Schädigung ($f_{ct} \approx$ -18 N/mm²).

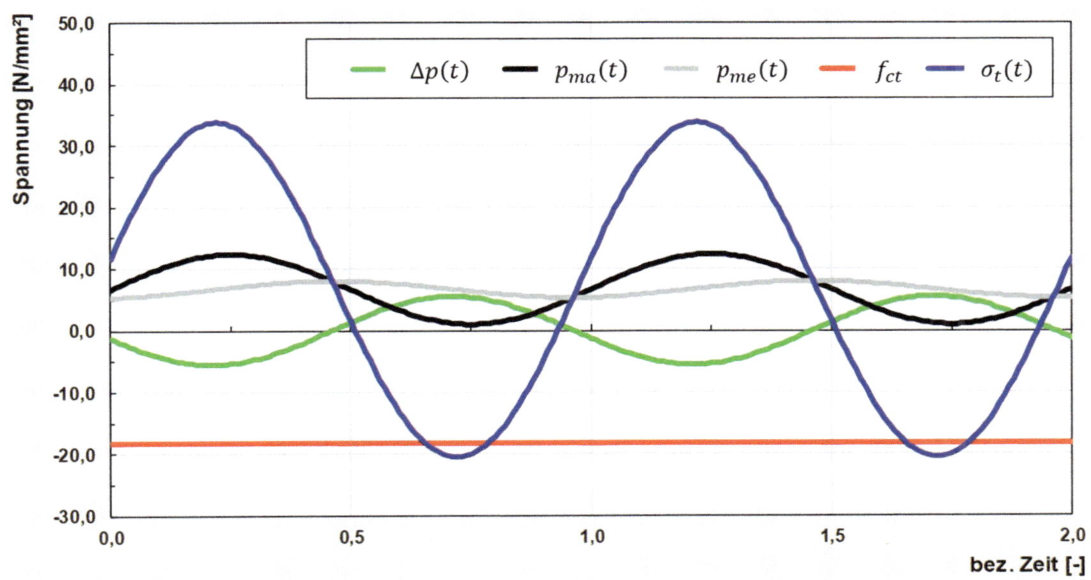

Bild 7-11: Exemplarische Berechnung der Tangentialspannung innerhalb der Porenwandung

Bild 7-11 zeigt, dass aus dem Phasenversatz zwischen dem Druck in der Makropore (schwarzer Graph) und dem Druck in der Mesopore (grauer Graph) eine Tangentialspannung in der Porenwandung (blauer Graph) resultiert. Diese oszilliert ebenfalls sinusförmig und weist unter Berücksichtigung des verwendeten Parametersatzes (vgl. Tabelle 7-3) Werte von ca. 34 N/mm² bis ca. -20 N/mm² auf. Speziell im Entlastungsast nahe der Unterspannung zeigen sich Zugspannungen, die im Bereich des Grenzwertkriteriums für Schädigung (rote Linie) liegen. Demzufolge bestätigt die exemplarische Berechnung der Tangentialspannung, dass auf mikroskopischer Ebene lokal begrenzte Spannungen auftreten können, bei denen eine Materialschädigung bzw. das Einsetzen einer mikroskopischen Rissbildung zu erwarten ist. Somit plausibilisiert der entwickelte Modellansatz wirkende Porenwasserdrücke innerhalb der nanoporösen Struktur des Zementsteins als wasserinduzierten Schädigungsmechanismus zyklisch beanspruchter Betone. Die Ergebnisse der Modellrechnung bestätigen somit ebenfalls, die in Kapitel 4.3.6.4 dargestellten experimentell erzeugten Ergebnisse der Schallemissionsanalyse und die in Kapitel 2.5 dargestellte Hypothese H-1.

An dieser Stelle ist anzumerken, dass das entwickelte Modell zunächst den Wirkmechanismus des Porenwasserdrucks als solches plausibilisiert. Eine detaillierte Abschätzung struktureller Veränderungen sowie eine Prognose des Degradationsverhaltens sind an dieser Stelle noch nicht möglich. Für eine Weiterentwicklung des dargestellten Modells werden weitere Versuchsergebnisse sowie eine Erweiterung der Modellbeschreibung benötigt. Hierbei sollten speziell mikroskopische Veränderungen der Poren- und Gefügestruktur sowie Wassertransportprozesse auf der Mikro-/ Nanoebene detaillierter als bisher Berücksichtigung finden.

7.1.4 Zusammenfassung und Fazit

Zusammenfassend zeigen die Ergebnisse der Modellrechnungen, dass sowohl die Geometrie des Porenraumes als auch die Viskosität des Fluids die Druckverhältnisse innerhalb des Porenraumes stark beeinflussen. Hierbei zeigte sich mit einem sinkenden Mikroporenradius, einem steigenden Verhältnis von Meso- zu Mikropore und einem steigenden Verhältnis von der Länge der Mikropore zu dessen Radius ein Anstieg der Amplitude der Druckdifferenz $A_{\Delta p}$. Speziell, potentiell schädigende, hohe Amplituden der Druckdifferenz $A_{\Delta p}$ konnten bei einem Phasenversatz von ca. -180° nachgewiesen werden, was einer Verzögerung der Druckwelle innerhalb der Meso- zur Makropore von einer halben Sinuswelle entspricht. Somit korreliert das Ergebnis der durchgeführten Modellrechnung stark mit den Ergebnissen der Schallemissionsanalyse (vgl. Kapitel 4.3.6.4), in denen für wassergesättigte Betone eine Vielzahl an akustischen Schallsignalen ebenfalls in diesem Bereich (Quadrant Q3, nahe Unterspannung) nachweisbar waren. Eine zentrale Schlussfolgerung des entwickelten Modellansatzes ist somit, dass ermüdungsinduzierte Wasserumlagerungsprozesse und daraus resultierende wasserinduzierte Schädigungen in Porengrößen von wenigen Nanometern ablaufen müssen. Zudem zeigte die exemplarische Berechnung der Tangentialspannung, dass auf mikroskopischer Ebene infolge der Druckdifferenz $\Delta p(t)$ lokal begrenzte Poreninnendrücke bzw. Spannungen auftreten können, bei denen eine Materialschädigung bzw. das Einsetzen einer mikroskopischen Rissbildung zu zu erwarten ist. Somit plausibilisiert das hier entwickelte Ingenieurmodell wirkende Porenwasserdrücke innerhalb der nanoporösen Struktur des Zementsteins als wasserinduzierten Schädigungsmechanismus zyklisch beanspruchter Betone.

7.2 Ergänzende experimentelle Untersuchungen

In diesem Abschnitt werden ergänzende experimentelle Untersuchungen vorgestellt, die die zuvor dargestellten theoretischen Überlegungen zum Porenwasserdruck überprüfen sollen. Durchgeführt wurden Kernspinresonanzmessungen (NMR-Messungen) zur Erfassung von Wasserumlagerungsvorgängen und Quecksilberdruckporosimetrie- (MIP) und Sorptionsmessungen (BET) zur Erfassung von Porenstrukturveränderungen (vgl. Arbeitspaket AP-7). Hierbei werden strukturelle Veränderungen des Zementsteingefüges auf der Mikro- und Nanoebene erfasst. Die Untersuchungen dieses Abschnitts werden an ausgewählten Proben durchgeführt und sind als orientierende Untersuchungen zu verstehen.

7.2.1 NMR-Spektroskopie

Zur Erfassung von Wasserumlagerungsvorgängen infolge der zyklischen Beanspruchung wurden Ermüdungsversuche an kleinformatigen Proben der Größe G-4 am Mörtel HPM-A durchgeführt. Die Probekörper dieser Serie unterlagen der Lagerungsbedingung WS und wurden demnach unter Wasser gelagert und versiegelt geprüft. Die gewählten Prüfrandbedingungen (S_{max}/S_{min} = 0,65/0,05, f_p = 1,0 Hz) sind hingegen vergleichbar mit denen der anderen geprüften Probengrößen dieser Arbeit.

Ziel der Untersuchung ist es, Wassertransportvorgänge bzw. Wasserumlagerungen innerhalb der nanoporösen Struktur des Zementsteins infolge der zyklischen Beanspruchung zu erfassen. Hierfür wurden in dieser Serie Proben bis in die zweite Phase der Dehnungsentwicklung belastet und sowohl vor als auch nach der Ermüdungsbelastung mittels der 1H NMR-Methode auf ihre Porenstruktur hin untersucht. Hierzu wurde der T2-Signalzerfall mittels einer inversen Laplace Transformation auf Anteile unterschiedlicher Porengrößen ermittelt (vgl. Kapitel 3.7). Bild 7-12 stellt als Ergebnis die vor der Ermüdungsbeanspruchung gemessene spektrale Signalintensität dar.

Erfasst wurden insgesamt drei verschiedene Porenspezies: Makroporen (Kapillarporen), Mesoporen (Gelporen) und Mikroporen (Mikrogelporen/ Interlayer). Die Festlegung der Porenspezies erfolgte hierbei auf Basis der mittleren Zerfallszeit nach MULLER /60/. Erkennbar ist aus Bild 7-12, dass die Mikroporen mit einem Mittelwert von 86,8 die höchste und die Makroporen mit Mittelwerten von 14,2 die geringsten spektralen Intensitäten aufweisen. In Bild 7-13 sind die Unterschiede im Messsignal, zwischen vor und nach der Ermüdungsbelastung, als Differenz zum Ausgangssignal für die einzelnen Porenspezies dargestellt. Die Ergebnisse in Bild 7-13 belegen, dass es infolge der Ermüdungsbeanspruchung zu einer signifikanten Abnahme des in den CSH-Phasen gebundenen Wassers (Mikropore, Abnahme der spektralen Intensität von 12,9) und gleichzeitig zu einer starken Zunahme des Signals des Gelporenwassers (Mesopore, Zunahme der spektralen Intensität von 9,4) kommt. Des Weiteren zeigt sich eine leichte Abnahme des Kapillarporenwassers (Makropore, Abnahme der spektralen Intensität von 4,2). Da der Wassergehalt der Gesamtprobe während der Ermüdung nicht verändert wurde (versiegelte Proben), kann dieses Ergebnis auf zwei Arten interpretiert werden. Die erste Möglichkeit besteht darin, dass die Mikroporen tatsächlich Wasser an die größeren Mesoporen abgegeben haben. Eine zweite Interpretationsmöglichkeit ist, dass durch die zyklische Ermüdungsbelastung eine Vergröberung der Porenstruktur (z. B. in Form einer Nano-Rissbildung) stattgefunden hat, sodass das zuvor den Mikroporen zugeordnete Signal nach der Schädigung dem Mesoporenwasser zugerechnet wurde. Beide Interpretationsmöglichkeiten deuten auf Wassertransportvorgänge bzw. Kleinst-Gefügeveränderungen innerhalb der nanoporösen Struktur des Zementsteins infolge der zyklischen Beanspruchung hin. Mittels der NMR-Untersuchungen konnte somit gezeigt werden, dass Schädigungseffekte mit Wasserumlagerungen im nanoporösen System des Zementsteins korrelieren (Hypothese H-6).

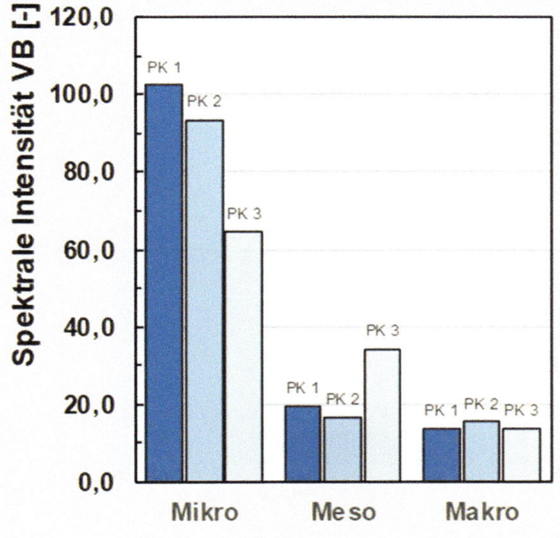

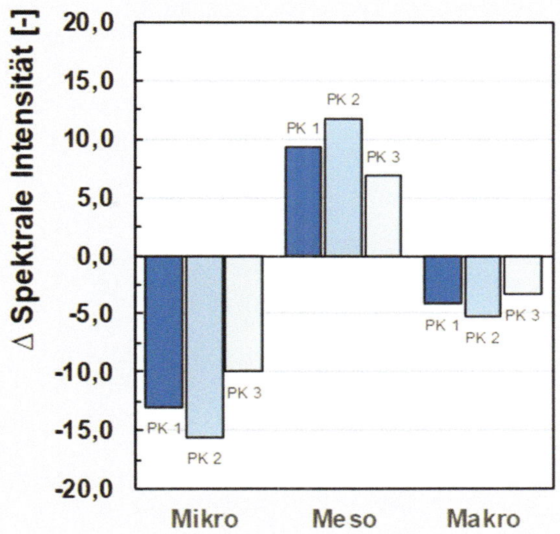

Bild 7-12: Bestand an Poren vor der Belastung ermittelt mit der NMR-T2-Zeiten-Analyse

Bild 7-13: Differenz zum Ausgangssignal nach zyklischer Belastung (gestoppt in Phase II) für die einzelnen Porenspezies

7.2.2 Quecksilberdruckporosimetrie und Gassorption

Zur Erfassung von Porenstrukturveränderungen infolge zyklischer Beanspruchung wurde die Porenstruktur verschiedener Probekörper des normalfesten Betons NC-B sowohl vor als auch nach der Ermüdungsbeanspruchung analysiert. Das für die Untersuchungen benötigte Probenmaterial (Granulat) wurde aus ausgewählten Proben der in Kapitel 4.3.4 dargestellten Versuchsserie gewonnen. Die gröbere Porenstruktur wurde mittels Quecksilberdruckporosimetrie (MIP) und die feine Porenstruktur mittels Sorptionsmessung (BET) analysiert. Ausgewertet wurde in beiden Messmethoden jeweils eine Probe der Lagerungsbedingung C und WS sowohl vor als auch nach der zyklischen Beanspruchung. Das Probenmaterial zur Erfassung der Porenstruktur nach der zyklischen Beanspruchung wurde hierbei aus Probekörpern entnommen, die im Ermüdungsversuch bis zum Versagen belastet wurden.

Quecksilberdruckporosimetrie (MIP)

Im Folgenden werden zunächst die Ergebnisse der Quecksilberdruckporosimetrie vorgestellt. Bild 7-14 stellt in diesem Zusammenhang die im Versuch ermittelte Gesamtporenoberfläche dar. Die Gesamtporenoberfläche ist hierbei als ein Maß für die Gesamtporosität des untersuchten Zementsteins zu verstehen. Die Kurzbezeichnung VB repräsentiert dabei Proben, die vor der Belastung und NB Proben die nach der Belastung analysiert wurden. Die Buchstaben C und WS beschreiben die bekannten Lagerungsbedingungen der Klimaraum- und Wasserlagerung.

Erkennbar ist, dass Werte für die Gesamtporenoberfläche von 10,3 m^2/g (C-VB) bis 15,3 m^2/g (WS-NB) ermittelt werden konnten. Da im Rahmen der Untersuchungen speziell Veränderungen infolge der zyklischen Beanspruchung aufgezeigt werden sollen, zeigt Bild 7-15 die Unterschiede als Differenz zum Ausgangswert für die Proben der Lagerungsbedingung C und WS.

Die Ergebnisse in Bild 7-15 zeigen, dass sich infolge der Ermüdungsbeanspruchung die Gesamtporenoberfläche erhöht. Dieser Effekt ist sowohl für die klimaraum- als auch für die wassergelagerte Probe nachweisbar. Ein direkter Vergleich der Proben beider Lagerungsbedingungen zeigt jedoch, dass die wassergelagerte Probe eine signifikant höhere Zunahme (ca. das 5-fache) innerhalb der Gesamtporenoberfläche infolge der zyklischen Beanspruchung erfährt. Unter der Annahme, dass die Zunahme der Gesamtporenoberfläche mit Schädigungen bzw. mit Mikro-/ Nanorissbildung korreliert, deuten die Ergebnisse der Quecksilberdruckporosimetrie auf eine signifikant höhere Schädigung wassergesättigter Proben hin.

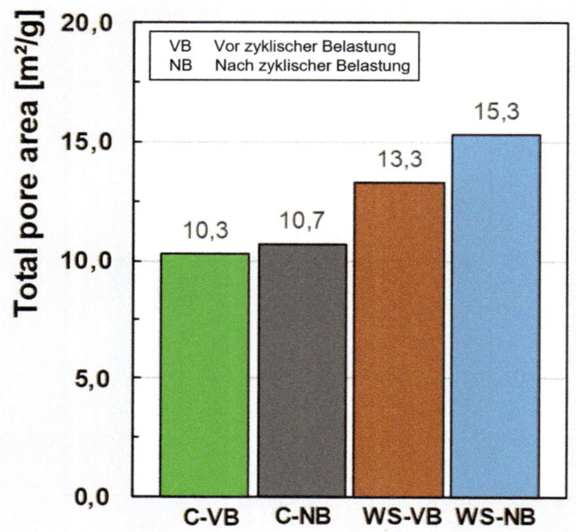

Bild 7-14: Gesamtporenoberfläche (MIP-Messungen) wasser- und klimaraumgelagerter Proben vor und nach zyklischer Beanspruchung

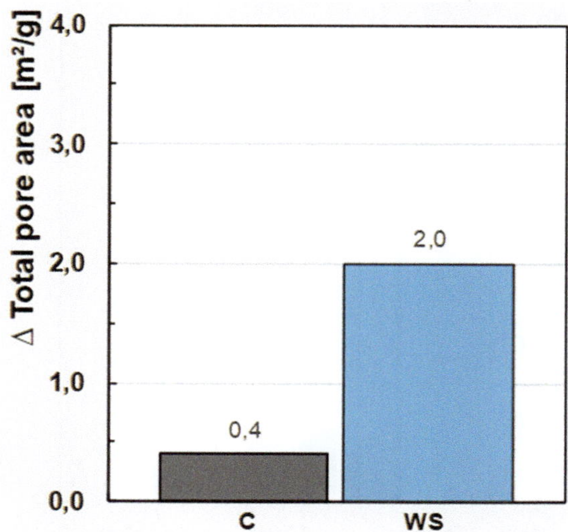

Bild 7-15: Differenz der totalen Porenoberfläche zum Ausgangssignal (MIP-Messungen) wasser- und klimaraumgelagerter Proben

Neben der Gesamtporenoberfläche wurde zudem die Porengrößenverteilung analysiert. Bild 7-16 a) bis c) stellt auf der Abszissenachse die Porengröße logarithmiert und auf der Ordinatenachse die Porengrößenverteilung (log Differentiale Intrusion) dar. Erfasst wurden Porengrößen von ca. 350 µm bis hin zu ca. 3 nm. Erkennbar ist, dass mit Ausnahme der sehr großen Porendurchmesser > 100 µm die Porengrößenverteilung der klimaraum- (C) und wassergelagerten (WS) Proben über weite Teile des Spektrums sehr nahe beieinanderliegen. In Teilen zeigen die Graphen überlappende Bereiche mit nahezu identischen Verteilungen. Allen Graphen ist ein ausgeprägter Peak im Bereich zwischen 20 nm und 80 nm zu entnehmen.

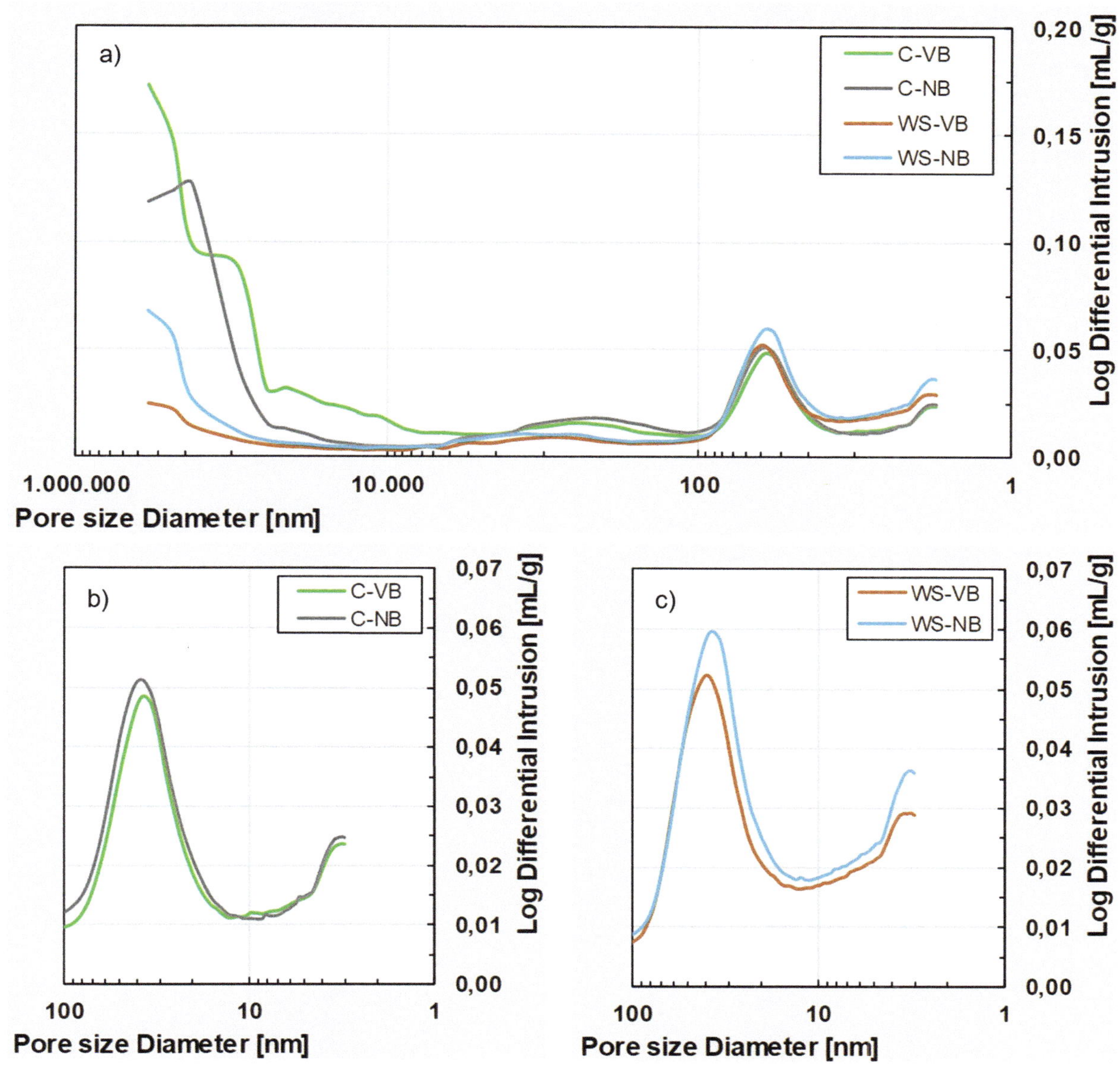

Bild 7-16: Gesamtporengrößenverteilung a) und Teile des Porenspektrums klimaraumgelagerter b) und wassergelagerter Proben c) des NC-B vor und nach der Ermüdungsbeanspruchung (MIP)

Um Unterschiede infolge der zyklischen Beanspruchung analysieren zu können, zeigt Bild 7-16 im Teil b) und c) einen Ausschnitt des Porenspektrums getrennt nach der Lagerungsbedingung C und WS. Der dargestellte Ausschnitt fokussiert hierbei Porengrößen bis zu einer Größe von 100 nm. Erkennbar ist, dass die klimaraumgelagerten Proben im Bereich bis 100 nm nahezu keine Veränderungen in der Porengrößenverteilung aufweisen. Beide Graphen in Bild 7-16 b) verlaufen nahezu deckungsgleich speziell im Bereich von 3 nm bis 40 nm. Ab einer Porengröße von 40 nm zeigt sich für die klimaraumgelagerten Proben eine leichte Zunahme der Porosität nach der Ermüdungsbeanspruchung. Im Vergleich hierzu sind dem Bild 7-16 c) die Porengrößenverteilungen der wassergesättigten Proben vor und nach der Beanspruchung zu entnehmen. Erkennbar ist, dass die wassergesättigten Proben nach der Beanspruchung eine erhöhte Porosität über weite Teile des Porenspektrums aufweisen. Hierbei zeigt sich ein erhöhter Porenanteil bis zu einer Porengröße von ca. 50 nm für die nach der Ermüdungsbelastung analysierte Probe. Speziell in den sehr feinen Porengrößen zwischen ca. 3 nm bis 5 nm ist Bild 7-16 c) eine starke Zunahme in der Porosität der wassergesättigten Probe nach der Ermüdungsbeanspruchung zu entnehmen. Folglich zeigen die wassergesättigten Proben entgegen denen der Klimaraumlagerung neben der Zunahme der Gesamtporosität infolge der zyklischen Beanspruchung ebenfalls eine signifikante Veränderung der Porengrößenverteilung.

Gassorption (BET)

Neben der mittels Quecksilberdruckporosimetrie analysierten Porengrößenverteilung der gröberen Porenstrukturanteile erfolgte im Rahmen dieser Arbeit zudem eine Analyse der feinen Porenstrukturanteile mittels Gassorptionsmessungen (BET). Das Bild 7-17 a) bis c) bildet auf der Abszissenachse den Porendurchmesser logarithmiert und auf der Ordinatenachse die Porengrößenverteilung (dV/dlog(W)) ab. Erfasst wurden Porengrößen von ca. 40 nm bis hin zu ca. 2 nm. Bild 7-17 a) stellt zunächst die gesamte Porengrößenverteilung der untersuchten feinen Porenstrukturanteile übersichtlich dar. Erkennbar ist, dass sowohl die klimaraum- als die wassergelagerten Proben vergleichbare Verläufe innerhalb der Porengrößenverteilung aufweisen. Alle Graphen zeigen zunächst einen Hochpunkt im Bereich von ca. 3 nm. Im Anschluss daran steigen die Graphen weiter, bevor sich ein schwankender plateauähnlicher Verlauf ab einer Porengröße von ca. 7 nm einstellt.

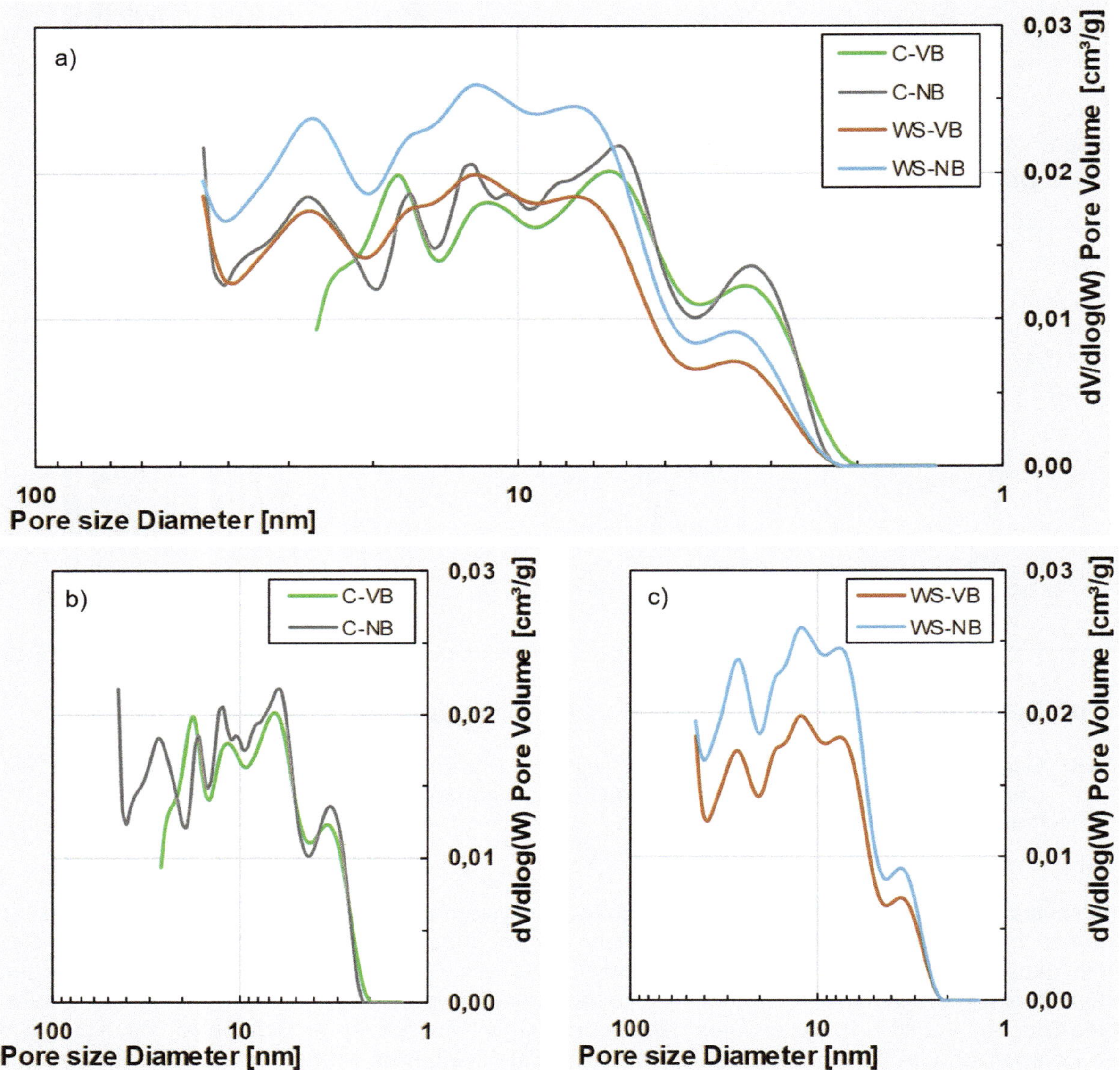

Bild 7-17: Gesamtporengrößenverteilung a) und Teile des Porenspektrums klimaraumgelagerter b) und wassergelagerter Proben c) des NC-B vor und nach der Ermüdungsbeanspruchung (BET)

Zur besseren Veranschaulichung zeigt Bild 7-17 b) und c) die vor und nach der zyklischen Beanspruchung erfassten Porengrößenverteilungen getrennt nach Lagerungsbedingung C und WS. Erkennbar ist, dass die klimaraumgelagerten Proben über das analysierte Porenspektrum nahezu keine Veränderungen aufweisen. Beide Graphen in Bild 7-17 b) verlaufen bis zu einer Porengröße von ca. 20 nm nahezu deckungsgleich. Im Vergleich hierzu sind der Bild 7-17 c) die Porengrößenverteilungen der wassergesättigten Proben vor und nach der zyklischen Beanspruchung zu entnehmen. Hierbei zeigt sich, dass die wassergesättigten Proben nach der Beanspruchung eine erhöhte Porosität über weite Teile des Porenspektrums aufweisen. Insbesondere ab einer Porengröße von ca. 5 nm zeigt sich eine starke Zunahme innerhalb der Porosität der wassergesättigten Proben. Demzufolge deuten ebenfalls die Ergebnisse der Gassorptionsmessungen auf eine signifikante Veränderung der nanoporösen Struktur des Zementsteins im Falle der Wassersättigung hin. Zyklisch beanspruchte klimaraumgelagerte Proben zeigten hingegen dieses Phänomen nicht.

7.2.3 Zusammenfassung und Fazit

Wasserumlagerungen

Die Ergebnisse der NMR-Spektroskopie belegen, dass infolge der Ermüdungsbeanspruchung eine signifikante Umlagerung von Wasser innerhalb der nanoporösen Struktur des Zementsteins erzwungen wird. Hierbei zeigte sich eine Abnahme des Mikroporenwassers und gleichzeitig eine starke Zunahme des Mesoporenwassers. Des Weiteren konnte eine leichte Abnahme des Makroporenwassers nachgewiesen werden. Dieses Ergebnis kann auf zwei Arten interpretiert werden. Die erste Möglichkeit besteht darin, dass die Mikroporen Wasser an die größeren Mesoporen abgegeben haben. Die zweite Interpretationsmöglichkeit ist, dass durch die zyklische Ermüdungsbelastung eine Vergröberung der Porenstruktur (z. B. in Form einer Nano-Rissbildung) stattgefunden hat, sodass das zuvor den Mikroporen zugeordnete Signal nach der Schädigung dem Mesoporenwasser zugerechnet wurde. Beide Interpretationsmöglichkeiten deuten auf Wassertransportvorgänge bzw. Kleinst-Gefügeveränderungen innerhalb der nanoporösen Struktur des Zementsteins hin. Mittels der NMR-Untersuchungen konnte somit gezeigt werden, dass Schädigungseffekte mit Wasserumlagerungen im nanoporösen System des Zementsteins korrelieren (Hypothese H-6).

Porenstrukturanalyse

Die Ergebnisse der Porenstrukturanalyse zeigen, dass infolge der zyklischen Beanspruchung Porositätsänderungen im Zementstein des Betons nachweisbar sind. Mittels der Quecksilberdruckporosimetrie (MIP) konnten sowohl für klimaraum- als auch für wassergesättigte Proben eine Zunahme der Gesamtporenoberfläche zwischen unbelasteten und belasteten Proben erfasst werden. Für wassergesättigte Proben war die Zunahme der Gesamtporenoberfläche jedoch um ca. das fünffache größer als für klimaraumgelagerte Proben. Demzufolge scheinen schädigende Kleinst-Gefügeveränderungen infolge zyklischer Beanspruchung bei wassergesättigten Proben im Verglich zu klimaraumgelagerten stärker ausgeprägt zu sein, was die Hypothese H-1 (vgl. Kapitel 2.5) stützt. Weiterhin zeigte die Analyse der Porengrößenverteilung, dass speziell wassergesättigte Proben Kleinst-Gefügeveränderungen in Porengrößenbereichen von ~50 nm und kleiner aufweisen. Für klimaraumgelagerte Proben konnten solche signifikanten Veränderungen der Porengrößenverteilung zwischen belasteten und unbelasteten Proben nicht nachgewiesen werden.

Dieses Ergebnis deckt sich ebenfalls mit den Ergebnissen der Gassorptionsanalysen (BET). Auch diese zeigen eine signifikante Veränderung der nanoporösen Struktur des Zementsteins speziell im Falle der Wassersättigung.

Zusammenfassend zeigen die orientierenden experimentellen Untersuchungen, dass wasserinduzierte Schädigungsmechanismen auf sehr kleinen Skalenebenen im nanoporösen System des Zementsteins wirksam sind. Hierbei konnten Wasserumlagerungen sowie Schädigungen innerhalb der Mikrostruktur des Zementsteins infolge der zyklischen Beanspruchung nachgewiesen werden. Somit plausibilisieren abschließend ebenfalls, sowohl die Untersuchungen der NMR-Spektroskopie, als auch die der Porenstrukturanalyse indirekt die Existenz des in Kapitel 7.1 modellierten, innerhalb der nanoporösen Struktur des Zementsteins wirkenden Porenwasserdrucks.

8 Zusammenfassung und Ausblick

8.1 Zusammenfassung

Mit dem Ausbau der Offshore-Windenergie entstehen in Zukunft vermehrt ermüdungsbeanspruchte Betonkonstruktionen, welche unter permanentem Wassereinfluss stehen. Dies gilt bereits heute schon für die sogenannten Grouted Joints, bei denen hochfeste Feinkornbetone in stählernen Tragstrukturen von Offshore-Windenergieanlagen verwendet werden. Solche Konstruktionen werden in ihrer Betriebszeit infolge von Wind, Wellen- und Rotorbewegung sowie Eigenschwingungen der Anlage mit mehreren hundert Millionen Lastwechseln beaufschlagt. Als ein wesentlicher Unterschied zu Onshore-Bauwerken resultiert aus der Offshore-Exposition ein deutlich erhöhter Wassergehalt im Beton. Obwohl in der Literatur vergleichsweise wenige Untersuchungen zum Einfluss des Wassers dokumentiert sind, die zudem unterschiedlichen Lagerungs- und Prüfrandbedingungen unterliegen, ergibt sich dennoch eine weitgehend einheitliche Tendenz, nämlich, dass unter Wasser gelagerte und geprüfte Betonproben einen erheblich geringeren Ermüdungswiderstand aufweisen als an Luft geprüfte. Hierbei erfolgte die Bewertung des Ermüdungswiderstandes zumeist allein auf Basis der Bruchlastwechselzahl, die zwar den Einfluss wasserinduzierter Schädigungseffekte aufzeigen, jedoch keine Beschreibung der am Degradationsprozess beteiligten Schädigungsmechanismen liefern kann. Wasserinduzierte Schädigungsphänomene bei der Betonermüdung sind derzeit zwar prinzipiell erkannt, jedoch noch nicht hinreichend genau identifiziert und beschrieben. Folglich können sie auch noch nicht zuverlässig quantifiziert werden. Aufgrund dieser bestehenden Wissenslücken entzieht sich die Berücksichtigung wasserinduzierter Schädigungsphänomene momentan weitgehend den geltenden Regelwerken der Bemessung. Lediglich die privatrechtlichen Regelwerke des DNV GL AS /22/ berücksichtigen eine beeinflussende Wirkung des Mediums Wasser über einen starren, konservativen Abminderungsterm.

Ziel dieser Arbeit war es daher, wasserinduzierte Schädigungsmechanismen ermüdungsbeanspruchter Betone zunächst mit ergänzenden experimentellen Methoden genauer als bisher zu erfassen, zu analysieren und zu verstehen. Darauf aufbauend wurden Modelle entwickelt, die in der Lage sind, die am Degradationsprozess beteiligten wasserinduzierten Schädigungsmechanismen quantitativ zu erfassen und physikalisch begründet zu beschreiben. Das Ermüdungsverhalten von Beton wurde hierbei systematisch für druckschwellbeanspruchte Betone unterschiedlicher Feuchtegehalte, Druckfestigkeiten und Probengröße untersucht. Ein besonderes Augenmerk wurde hierbei auf die Einstellung unterschiedlicher Feuchtegehalte innerhalb des Betons gelegt.

Hierfür wurden Betonproben unterschiedlichen Lagerungsbedingungen (getrocknet, lufttrocken, versiegelt und unter Wasser) zugeführt und für mindestens 100 Tage in diesen gelagert.

Die Auswertung der Ermüdungsuntersuchungen fokussiert neben der Bruchlastwechselzahl zudem die Dehnungs- und Steifigkeitsentwicklung, die dissipierte Energie und insbesondere die Schallemissionsaktivität.

Hinsichtlich des Ermüdungswiderstandes zeigte sich mit zunehmendem Feuchtegehalt des Betons eine wesentliche Reduktion der Bruchlastwechselzahl. Nachweisbar war dieser Effekt sowohl für normalfeste als auch für hochfeste Betone. Zwischen wassergesättigten und getrockneten Proben konnten Unterschiede in den logarithmierten Bruchlastwechselzahlen von ~2,5 Zehnerpotenzen nachgewiesen werden. Hieraus wurde geschlussfolgert, dass in Abhängigkeit des Feuchtegehaltes des Betons unterschiedliche bzw. zusätzlich wirkende Schädigungsmechanismen wirksam sind.

Zudem zeigte sich, dass nicht das Wasser als Umgebungsbedingung, sondern die Feuchtigkeit innerhalb der Mikrostruktur des Betons wesentlich für die Reduzierung des Ermüdungswiderstandes verantwortlich ist.

Indirekt bestätigt wurde dieses Ergebnis ebenfalls durch die Untersuchungen zum Einfluss der Probengröße. Sowohl die wassergesättigten Proben der Größe G-1 (h/d = 900/300 mm) als auch die der Größe G-3 (h/d = 180/60 mm) unterlagen, verglichen mit den Anforderungen des /26/, einer deutlichen Reduktion des Ermüdungswiderstandes. Hierbei zeigten sich jedoch zwischen den untersuchten Probengrößen G-1 bis G-3 lediglich sehr geringe Unterschiede innerhalb der logarithmierten Bruchlastwechselzahlen, woraus geschlussfolgert wurde, dass ein Größeneffekt (Size-Effekt) bei wassergesättigten Betonprobekörpern nur in einem sehr geringen Maße vorhanden ist.

Hinsichtlich der Betonart bzw. der Betondruckfestigkeit konnte eine signifikante Reduktion des Ermüdungswiderstandes mit sinkender Betondruckfestigkeit nachgewiesen werden. Begründet wurde diese Reduktion mit einer mit sinkender Betondruckfestigkeit steigender Porosität und einem damit einhergehenden erhöhten Wassereinlagerungsvermögen des Betons.

Zusammenfassend zeigen die Ergebnisse der Bruchlastwechselzahlen, dass speziell das im Betongefüge eingelagerte Wasser wesentlich für die Reduktion des Ermüdungswiderstandes verantwortlich ist. Als entscheidende Einflussgröße konnte hierbei der Sättigungsgrad des im Beton enthaltenen Bindemittels identifiziert werden.

Hinsichtlich des Ermüdungsverhaltens zeigte sich mit zunehmendem Feuchtegehalt des Betons eine Zunahme des logarithmierten Gradienten der Oberdehnung in Phase II, welches mit einer Zunahme der Steigung der Oberdehnung in Phase II gleichzusetzen ist. Hierbei korrelierte die Zunahme der Steigung der Oberdehnung in dieser Phase mit einer Reduktion der Bruchlastwechselzahl. Eine Zunahme des logarithmierten Gradienten der Oberdehnung in Phase II wurde daher mit einem erhöhten Schädigungszuwachs je Lastwechsel bzw. einer beschleunigten Schädigungsentwicklung begründet. Im Hinblick auf die Unterdehnung zeigte sich ein vergleichbares Bild. Auch der logarithmierte Gradient der Unterdehnung in Phase II stieg mit zunehmendem Feuchtegehalt des Betons.

Hinsichtlich der Steifigkeit zeigte sich mit steigendem Feuchtegehalt des Betons eine erhöhte Anfangssteifigkeit, ein erhöhter logarithmierter Gradient der Steifigkeit in Phase II und eine größere Steifigkeitsabnahme über die gesamte Versuchslaufzeit. Demzufolge deuten auch die Ergebnisse der Steifigkeit, wie die der Dehnungsentwicklung, ebenfalls auf einen mit steigendem Feuchtegehalt erhöhten Schädigungszuwachs je Lastwechsel hin.

Auch den Ergebnissen der dissipierten Energie konnte eine Zunahme der Schädigung je Lastwechsel mit steigendem Feuchtegehalt des Betons entnommen werden. Hierbei zeigten speziell wassergesättigte bzw. sehr feuchte Proben der Lagerungsbedingungen WST, WS und M über den gesamten Versuch eine deutliche Zunahme der dissipierten Energie je Lastwechsel. Besonders ausgeprägt war diese Zunahme in der dritten Phase des für Ermüdungsversuche charakteristischen dreiphasigen Verlaufs der Dehnungsentwicklung. Lediglich die getrocknete Probe der Lagerungsbedingung D (Versuch ohne Versagen) wies im Vergleich hierzu einen abweichenden kontinuierlich fallenden Verlauf auf.

Weiterhin zeigen die Ergebnisse der Schallemissionsanalyse eine Zunahme der akustischen Emissionssignale mit steigendem Feuchtigkeitsgehalt des Betons. Demzufolge deuten auch diese Ergebnisse der Schallemissionsanalyse, wie die der Dehnungs- und Steifigkeitsentwicklung und die der dissipierten Energie, auf einen mit steigendem Feuchtegehalt erhöhten Schädigungszuwachs je Lastwechsel hin. Darüber hinaus konnte nachgewiesen werden, dass wassergelagerte Proben im Vergleich zu klimaraumgelagerten eine erhöhte Anzahl von akustischen Emissionssignalen im Bereich nahe der Unterspannung aufweisen. Auch hieraus wurde geschlossen, dass in Abhängigkeit des Feuchtegehaltes des Betons unterschiedliche Schadensmechanismen wirksam seien müssen. Im Falle einer Wassersättigung war hierbei eine Vielzahl akustischer Emissionssignale nahe der Unterspannung sowohl für normalfeste als auch für hochfeste Betone charakteristisch. Lediglich der untersuchte normalfeste Beton NC-A (geringste Festigkeit) zeigte unerwartet eine sehr geringe Anzahl an Signalen.

Aufgrund der erhöhten Anfangssteifigkeit feucht- und wassergelagerter Proben ist von einem Porenwasserdruck in diesen Proben auszugehen, der zusätzliche Zugspannungen im Gefüge des Betons induziert. Neben den mechanischen Schädigungsmechanismen, wie sie in trockenen Proben wirken, wirken diese wasserinduzierten Zugspannungen offensichtlich in einem entscheidenden Maße schädigend.

Unterstützt wird diese Erkenntnis ebenfalls durch die Ergebnisse der Querdehnzahlen, bei denen für wassergelagerte Proben im Vergleich zu klimaraumgelagerten eine deutlich höhere Querdehnzahl sowohl zum Start des Versuchs als auch im Versuchsverlauf nachweisbar war. Somit deuten auch die Ergebnisse der Querdehnzahl auf unterschiedlich wirkende Schädigungsmechanismen hin.

Auf Basis der Ergebnisse zum Ermüdungswiderstand wurde zur quantitativen Berücksichtigung wasserinduzierter Schädigungen ein Modellsatz entwickelt, der den Vorschlag feuchteabhängiger Wöhlerlinien ermöglicht.

Um weiterführend wirkende wasserinduzierte Schädigungsmechanismen besser zu verstehen und genauer charakterisieren und beschreiben zu können, wurde aufbauend auf einer vorhandenen Modellvorstellung ein Ingenieurmodell entwickelt, welches einen wirkenden Porenwasserdruck innerhalb der nanoporösen Struktur des Zementsteins als wasserinduzierten Schädigungsmechanismus zyklisch beanspruchter Betone plausibilisiert. Basis des Modells bilden im Allgemeinen die Grundlagen der Strömungsmechanik und im Speziellen die theoretische Beschreibung einer oszillierenden Rohrströmung. Eine zentrale Schlussfolgerung des entwickelten Ingenieurmodells ist, dass ermüdungsinduzierte Wasserumlagerungsprozesse und daraus resultierende wasserinduzierte Schädigungen in Porengrößen von wenigen Nanometern ablaufen müssen. Zudem zeigte eine exemplarische Berechnung der Tangentialspannung, dass innerhalb der Porenwandung auf mikroskopischer Ebene Poreninnendrücke bzw. Spannungen auftreten können, bei denen eine Materialschädigung bzw. das Einsetzen einer mikroskopischen Rissbildung zu erwarten sind. Hierbei konnten potenziell schädigende Druckdifferenzen bei Phasenversätzen von ca. -180°, also im entlasteten Zustand des Probekörpers nachgewiesen werden. Somit korreliert das Ergebnis des entwickelten Ingenieurmodells mit den Ergebnissen der Schallemissionsanalyse, in denen für wassergesättigte Betone eine Vielzahl von akustischen Schallsignalen ebenfalls im entlasteten Zustand nachweisbar waren.

Zur weiteren Überprüfung der Modellvorstellung wurden abschließend orientierende experimentelle Untersuchungen auf der Nanoebene durchgeführt. Hierbei wurden sowohl Wasserumlagerungen (NMR-Spektroskopie) als auch Porenstrukturveränderungen (MIP, BET) infolge der zyklischen Beanspruchung analysiert. Mittels der NMR-Untersuchungen konnte gezeigt werden, dass Schädigungseffekte mit Wasserumlagerungen im nanoporösen System des Zementsteins korrelieren. Zudem zeigte sich, insbesondere für wassergesättigte Proben infolge der zyklischen Beanspruchung, eine Zunahme der Gesamtporosität und eine Veränderung der nanoporösen Struktur des Zementsteins. Für klimaraumgelagerte Proben waren Veränderungen dieser Art hingegen kaum nachweisbar.

Demzufolge bestätigen die Ergebnisse der orientierenden Untersuchungen zusätzlich wirkende wasserinduzierte Schädigungsmechanismen, wodurch die Existenz des wirkenden Porenwasserdrucks experimentell untermauert wird.

8.2 Ausblick

Im Rahmen dieser Arbeit wurde das Ermüdungsverhalten von Beton in Abhängigkeit der Probenfeuchte sowohl in trockener Prüfumgebung als auch unter Wasser analysiert. Die Ergebnisse belegen, dass der Sättigungsgrad des im Beton enthaltenen Bindemittels mit der ertragbaren Bruchlastwechselzahl des Betons korreliert. Hierbei konnte mit steigendem Sättigungsgrad des Bindemittels eine Reduktion des Ermüdungswiderstandes nachgewiesen werden, auf dessen Grundlage ein Modellansatz zur quantitativen Berücksichtigung wasserinduzierter Schädigungsphänomene und der Vorschlag feuchteabhängiger Wöhlerlinien entwickelt wurde. Für eine Weiterentwicklung dieses Modellansatzes und zur Überführung dessen in geltende Bemessungsregeln werden weitere Versuche benötigt. Hierbei sollten speziell realitätsnahe Schwankungen der Betonzusammensetzung sowie realitätsnahe Beanspruchungsszenarien mit niedrigen bezogenen Oberspannungsniveaus und Belastungsfrequenzen von $f_P \leq 0{,}35$ Hz im Fokus der Untersuchungen stehen. Zudem sollten unterschiedliche Unterspannungsniveaus getestet werden, um zu überprüfen, ob der Modellansatz auch bei höheren Unterspannungen und kleineren Spannungsamplituden anwendbar ist.

Neben der quantitativen Berücksichtigung wasserinduzierter Schädigungsphänomene wurde im Rahmen dieser Arbeit zudem ein Ingenieurmodell zur Charakterisierung und Beschreibung wasserinduzierter Schädigungsmechanismen entwickelt. Auf Grundlage dessen konnte ein im nanoporösen System des Zementsteins wirkender Porenwasserdruck als wasserinduzierter Schädigungsmechanismus plausibilisiert werden. Für eine Weiterentwicklung des dargestellten Modells werden weitere Versuchsergebnisse sowie eine Erweiterung der Modellbeschreibung benötigt. Hierbei sollten mikroskopische Veränderungen der Poren- und Gefügestruktur sowie Wassertransportprozesse auf der Mikro-/ Nanoebene detailliert Berücksichtigung finden.

Hinsichtlich einer experimentellen Untersuchung wasserinduzierter Schädigungsphänomene haben die orientierenden experimentellen Untersuchungen dieser Arbeit erste Einblicke in die mikro- und nanostrukturellen Ursachen wasserinduzierter Ermüdungsschädigungen ermöglicht. Diese sollten mit systematischen Versuchsreihen an kleinformatigen Probekörpern und ergänzenden mikro- und nanoskaligen Messmethoden weiter untersucht werden.

Zudem könnte ebenfalls ein experimenteller Nachweis des Porenwasserdrucks mittels Porenwasserdrucksensoren erfolgen. Hierfür müssten Drucksensoren entwickelt werden, die gezielt an die wassergesättigte nanoporöse Struktur des Zementsteins andocken und Druckveränderungen in dieser erfassen.

Abschließend hat diese Arbeit gezeigt, dass trotz der gewonnenen Erkenntnisse noch ein erheblicher Forschungsbedarf speziell zu den mikro- und nanostrukturellen Ursachen wasserinduzierter Ermüdungsschädigungen besteht.

Literaturverzeichnis

/1/ ANTRIM, J. D. (1965): A study of the mechanism of fatigue in cement paste and plain concrete. Joint Highway Research Project, No. 6, Prudue University, Lafayette.

/2/ BEAUDOIN, J. J., & V. S. RAMACHANDRAN (1992): A new perspective on the hydration characteristics Of cement phases. Cement and concrete reserach. Vol. 22, pp. 689-694.

/3/ BECKMANN, M. B. (2009): Ein gradientenabhängiges Modell für anisotrope Schädigung von Beton unter Berücksichtigung von Porendruck. Dissertation, Institut für Statik, TU Braunschweig.

/4/ BODE, M., S. MARX, A. VOGEL & C. VÖLKER (2019): Dissipationsenergie bei Ermüdungsversuchen an Betonprobekörpern. Beton- und Stahlbetonbau, Heft 8, pp. 548-556, Wilhelm Ernst & Sohn, Berlin.

/5/ BROSGE, S. (2001): Beitrag zur Ermüdungsfestigkeit von hochfestem Beton. Dissertation, Universität Leipzig, Leipzig.

/6/ CEB/FIB (1993): CEB - Comité Euro-International du Béton (Hrsg): CEB-FIP Model Code 90. Bulletin d'Information, No. 213/214. Thomas Telford Ltd., London.

/7/ CORNELISSEN, H.A.W., & H. W. REINHARDT (1984): Uniaxial tensile fatigue failure of concrete under constant-amplitude and programme loading. Magazine of Concrete Research 36 (129), pp. 216-226,

/8/ DAIAN, J. F., K. XU & QUENARD D. (1996): Multiscale Models: A Tool to Describe the Porosity of Cement-Based Materials and to Predict Their Transport Properties. The Modeling of Microstructure and Its Potential for Studying Transport Properties and Durability, Eds. H.M. Jennings et al. (Kluwer Academic Publishers), pp. 107-136.

/9/ DERYAGIN, B. V., & N. N. FEDYAKIN (1962): Doklady Akademii Nauk SSSR. Doklady Akademii Nauk SSSR, 147, 2, pp. 1463-1466.

/10/ DIETERLE, R. (1981): Modelle für das Dämpfungsverhalten von schwingenden Stahlbetonträgern im ungerissenen und gerissenen Zustand. Institut für Baustatik und Konstruktion ETH Zürich, Heft 111. Birkhäuser Basel, Basel.

/11/ DIN 1045-2 (2008): Tragwerke aus Beton, Stahlbeton und Spannbeton – Teil 2: Beton – Festlegung, Eigenschaften, Herstellung und Konformität – Anwendungsregeln zu DIN EN 206-1. DIN Deutsches Institut für Normung e.V., Beuth Verlag, Berlin.

/12/ DIN 1048-5 (1991): Prüfverfahren für Beton - Festlegung, gesondert hergestellter Betone. DIN Deutsches Institut für Normung e. V., Beuth Verlag, Berlin.

/13/ DIN 18088-2 (2019): Tragstrukturen für Windenergieanlagen und Plattformen – Teil 2: Stahlbeton- und Spannbetontragwerke. Deutsches Institut für Normung e.V., Beuth Verlag, Berlin.

/14/ DIN 50100 (2016): Schwingfestigkeitsversuch – Durchführung und Auswertung von zyklischen Versuchen mit konstanter Lastamplitude für metallische Werkstoffproben und Bauteile. Deutsches Institut für Normung e. V., Beuth Verlag, Berlin.

/15/ DIN 66133 (1993): Bestimmung der Porenvolumenverteilung und der spezifischen Oberfläche von Feststoffen durch Quecksilberintrusion. Deutsches Institut für Normung e.V., Beuth Verlag, Berlin.

/16/ DIN EN 12350-5 (2019): DIN EN 12350-5-2019-09-Ausbreitmaß. Deutsches Institut für Normung e.V., Beuth Verlag, Berlin.

/17/ DIN EN 12350-7 (2019): DIN EN 12350-7-2019-09-Luftgehalt. Deutsches Institut für Normung e.V., Beuth Verlag, Berlin.

/18/ DIN EN 12390-2 (2019): Prüfung von Festbeton – Teil 2: Herstellung und Lagerung von Probekörpern für Festigkeitsprüfungen; Deutsche Fassung EN 12390-2:2019. Deutsches Institut für Normung e.V., Beuth Verlag, Berlin.

/19/ DIN EN 12390-3 (2019): Prüfung von Festbeton –Teil 3: Druckfestigkeit von Probekörpern; Deutsche Fassung EN 12390-3:2019. Deutsches Institut für Normung e.V., Beuth Verlag, Berlin.

/20/ DIN EN 1992-2 (2010): Eurocode 2: Bemessung und Konstruktion von Stahlbeton- und Spannbetontragwerken – Teil 2: Betonbrücken – Bemessungs- und Konstruktionsregeln. Deutsche Fassung EN 1992-2:2005 + AC:2008, DIN Deutsches Institut für Normung e. V., Beuth Verlag, Berlin.

/21/ DIN ISO 9277 (2014): Bestimmung der spezifischen Oberfläche von Festkörpern mittels Gasadsorption — BET-Verfahren. Deutsches Institut für Normung e.V., Beuth Verlag, Berlin.

/22/ DNV GL AS (2018): Standard - DNVGL-ST-C502 Offshore concrete structures. Edition February 2018, Norwegen.

/23/ ĐURIC, Z. (2017): Sättigungsverhalten und Schädigung von Zementstein bei Frostbeanspruchung. Dissertation, Karlsruher Institut für Technologie (KIT), Karlsruhe, Karlsruhe.

/24/ ELSMEIER, K. (2019): Einfluss der Probekörpererwärmung auf den Ermüdungswiderstand von Beton. Heft 19, Dissertation, Gottfried Wilhelm Leibniz Universität Hannover, Hannover.

/25/ EVERETT, D. H. (1972): Manual of symbols and terminology for physicochemical quantities and units. Appendix II - Definitions, Terminology and Symbols in Colloid and Surface Chemistry, Pure and Applied Chemistry, London.

/26/ FIB (2013): fib Model Code for Concrete Structures 2010. Fédération international du béto, Ernst & Sohn, Berlin, 2013.

/27/ FLÜGGE, S., & C. TRUESDELL (1963): Handbuch der Physik. Band VIII/ 2 Strömungsmechanik II, Springer Verlag Berlin Göttingen Heidelberg.

/28/ GERWICK, C, B., & VENUTI, J, W. (1980): High-and-low-cycle fatigue behaviour of prestressed concrete in offshore structures. Eleventh annual offshore technology conference, Journal of Energy Resources Technology, Vol. 102, pp. 18-23.

/29/ GROSSE, C., & M. OHTSU (2008): Acoustic Emission Testing, Springer, Heidelberg.

/30/ GRÜBL, P., H. WEIGLER & S. KARL (2001): Beton: Arten, Herstellung und Eigenschaften, 2nd Edition, Ernst & Sohn, Berlin.

/31/ HAAR, C. von der (2016): Ein mechanisch basiertes Dehnungsmodell für ermüdungsbeanspruchten Beton. Dissertation, Leibniz Universität Hannover, Hannover.

/32/ HAIBACH, E. (2006): Betriebsfestigkeit. Verfahren und Daten zur Bauteilberechnung, 3., korrigierte und erg. Aufl., Springer, Berlin.

/33/ HARDY, E. H. (2012): NMR Methods for the Investigation of Structure and Transport. Springer, Heidelberg.

/34/ HELMUTH, R. A. (1972): Investigation of the Low Temperature Dynamic Mechanical Response of Hardened Cement Paste. Department of Civil Engineering, Stanford University, Technical Reports No. 154.

/35/ HLOBIL, M., V. ŠMILAUER & G. CHANVILLARD (2016): Micromechanical multiscale fracture model for compressive strength of blended cement pastes. Cement and Concrete Research 83, pp. 188–202.

/36/ HOHBERG (2004): Zum Ermüdungsverhalten von Beton. Dissertation, Fakultät VI Bauingenieurwesen und Angewandte Geowissenschaften, Berlin.

/37/ HOLMEN, J. O. (1979): Fatigue of concrete by constant and variable amplitude loading. The Norwegian Institut of Technology, University of Trondheim, Norway.

/38/ HOU, D., H. MA, Y. ZHU & Z. LI (2014): Calcium silicate hydrate from dry to saturated state: Structure, dynamics and mechanical properties. Acta Materialia 67, pp. 81-94.

/39/ HSU, T. T. C. (1981): Fatigue of plain concrete. ACI Journal, Vol. 78, No. 27, pp. 292 - 305.

/40/ HÜMME, J. (2015): Fatigue behaviour of high-strength grouting concrete tested under water. Concrete - Innovation and Design. Proceedings of fib Symposium, 18.-20.05.2015, pp. 327-328, Copenhagen.

/41/ HÜMME, J. (2018): Ermüdungsverhalten von hochfestem Beton unter Wasser. Heft 18, Dissertation, Gottfried Wilhelm Leibniz Universität Hannover, Hannover.

/42/ HÜMME, J., K. ELSMEIER & L. LOHAUS (2016): Influence of the load frequency in dry and submerged conditions on the fatigue behaviour of high-strength concrete. Proceedings of HiPerMat 2016 4th, Inernational Symposium on Ultra- High Performance Concrete and High Performance Materials, Kassel.

/43/ HÜMME, J., & L. LOHAUS (2014): Fatigue behaviour of high-strength grout in dry and wet environment. Proceedings of the International Wind Engineering Conference, IWEC, Hannover.

/44/ IOANNIDOU, K., K. J. KRAKOWIAK, M. BAUCHY, C. G. HOOVER, E. MASOERO, S. YIP, F.-J. ULM, P. LEVITZ, R. J.-M. PELLENQ & E. DEL GADO (2016): Mesoscale texture of cement hydrates. Proceedings of the National Academy of Sciences of the United 8, pp. 2029-2034.

/45/ JÄHRING, A. (2008): Zum Tragverhalten von Kopfbolzendübeln in hochfestem Beton. Dissertation, Fakultät für Bauingenieur- und Vermessungswesen, Technische Universität München, München.

/46/ KLAUSEN, D. (1978): Festigkeit und Schädigung von Beton bei häufig wechselnder Beanspruchung. Dissertation, Technischen Hochschule Darmstadt, Darmstadt.

/47/ KÖNIG, G., & I. DANIELEWICZ (1994): Ermüdungsfestigkeit von Stahlbeton- und Spannbetonbauteilen mit Erläuterungen zu den Nachweisen gemäß CEB-FIP Model Code 1990. Deutscher Ausschuss für Stahlbeton, Heft 439, Beuth Verlag GmbH, Berlin.

/48/ KÖNIG, G., N. V. TUE & M. ZINK (2001): Hochleistungsbeton Bemessung, Herstellung und Anwendung. Ernst und Sohn, Berlin.

/49/ KOSTER, M. (2007): Mikrostruktur-basierte Simulation des Feuchtetransports in Zement- und Sandstein. Dissertation, Rheinisch-Westfälischen Technischen Hochschule Aachen, Aachen.

/50/ KRUS, M. (1995): Feuchtetransport- und Speicherkoeffizienten poröser mineralischer Baustoffe. Theoretische Grundlagen und neue Meßtechniken, Dissertation, Universität Stuttgart, Stuttgart.

/51/ LIDE, D. R., G. BAYSINGER, L. I. BERGER, R. N. GOLDBERG, H. V. KEHIAIAN, K. KUCHITSU, G. ROSENBLATT, D. L. ROTH & D. ZWILLINGER (2005): CRC Handbook of Chemistry and Physics. Internet Version 2005, <http://www.hbcpnetbase.com>, CRC Press, Boca Raton, FL, 2005. If a specific table is cited, use the format: "Physical Constants of Organic Compounds", in CRC Handbook of Chemistry and Physics, Internet Version 2005, David R. Lide, ed., <http://www.hbcpnetbase.com>, CRC Press, Boca Raton, FL.

/52/ LOCHER, F. W. (1976): Die Festigkeit des Zements. Betontechnische Berichte 76, Beton 26, Nr. 7, pp. 107-122.

/53/ LUTZ, P., R. JENISCH, H. KLOPFER, H. FREYMUTH, L. KRAMPF & K. PETZOLD (1994): Lehrbuch der Bauphysik. Schall, Wärme, Feuchte, Licht, Brand, Klima, 3., neubearb. und erw. Autl., Springer Fachmedien Wiesbaden GmbH.

/54/ MARKERT, M., V. BIRTEL & H. GARRECHT (2019): Temperature and humidity induced damage processes in concrete due to pure compressive fatigue loading. Concrete - Innovations in Materials, Design and Structures, Proceedings of the fib Symposium 2019, Poland 27-29 May 2019, pp. 1928-1935, Krakow.

/55/ MARX, S., J. GRÜNBERG, M. HANNSEN & S. SCHNEIDER (2013): Über den Stand der Forschung zu Grenzzuständen der Ermüdung von dynamisch hoch beanspruchten Tragwerken aus Beton. Sachstandsbericht zum Forschungsvorhaben V474, Hannover.

/56/ MOSIG, O., & M. CURBACH (2019): Einfluss der Wassersättigung auf die statische und dynamische Druckfestigkeit von Beton. Beton- und Stahlbetonbau 3, pp. 168–175.

/57/ MOUHASSEB, H. (2007): Bestimmung des Wassergehalts bei Beton mittels eines neuen dielektrischen. Dissertation, Universität Fridericiana zu Karlsruhe, Karlsruhe.

/58/ MUGURUMA, H. (1983): Study on the low-cycle fatigue behaviour of concrete members under submerged condition. Proceedings of the 26th Japan congress on materials research, pp. 181–185.

/59/ MUGURUMA, H., & F. WATANABE (1986): On the low-cycle compressive fatigue behaviour of concrete under submerged condition. Proceedings of the 27th Japan congress on materials research, pp. 219–224.

/60/ MULLER, A. C. A. (2014): Characterization of porosity & C-S-H in cement pastes by ^{1}H NMR. Dissertation, ÉCOLE POLYTECHNIQUE FÉDÉRALE DE LAUSANNE, Lausanne.

/61/ NISHIYAMA, M., H. MUGURUMA & F. WATANABE (1987): On the Low-cycle Fatigue Behaviours of Cocncrete and concrete members under submerged condition. Utilization of high strength concrete, Proceedings, Trondheim.

/62/ NYGÅRD, K., G. PETKOVIC, S. ROSSELAND & H. STEMLAND (1992): The Influence of Molsture Conditions on the Fatigue Strength of Concrete. SINTEF report STF-70. Trondheim.

/63/ ONESCHKOW, N. (2016): Analyse des Ermüdungsverhaltens von Beton anhand der Dehnungsentwicklung. Heft 13, digitale Zweitveröffentlichung der Dissertation, Gottfried Wilhelm Leibniz Universität Hannover, Hannover.

/64/ PASKOVA, T., & C. MEYER (1994): Optimum Number of Specimens for Low-Cycle Fatigue Tests of Concrete. Journal of Structural Engineering, Vol. 120, No. 7, pp. 2242-2247.

/65/ PATERSON, W. S. (1980): Fatigue of Reinforced Concrete in Sea Water. American Concrete Institut, pp. 419–436.

/66/ PESCH, A. (1997): Ein Beitrag zum zeitabhängigen Verhalten von hochfestem Beton und hochfestem Mörtel. Dissertation, Technische Hochschule Darmstadt, Darmstadt.

/67/ PESCHEL, G. (1968): The viscosity of thin water films between two quartz glass plates. Sektion 2, Matériaux et Constructions, 1, 6, pp. 529-534.

/68/ PETKOVIĆ, G. (1991): Properties of concrete related to fatigue damage. With emphasis on high strength concrete, Dissertation, The Norwegian Institute of Technology, Trondheim.

/69/ PETKOVIĆ, G., R. LENSCHOW, S. ROSSELAND & H. STEMLAND (1992): Fatigue of High-Strength Concrete. Report 3.2, pp. 505–525, Trondheim.

/70/ PFANNER, D. (2003): Zur Degradation von Stahlbetonbauteilen unter Ermüdungsbeanspruchung. Forschungs-Bericht, VDI Reihe 4 Nr. 189, VDI Verlag, Düsseldorf.

/71/ PINSON, M. B., E. MASOERO, P. A. BONNAUD, H. MANZANO, Q. JI, S. YIP, J. J. THOMAS, M. Z. BAZANT, K. J. VAN VLIET & H. M. JENNINGS (2015): Hysteresis from Multiscale Porosity: Modeling Water Sorption and Shrinkage in Cement Paste. Physical Review Applied 3, pp. (064009-1)-(064009-17).

/72/ POWERS, T. C., & T. L. BROWNYARD (1946): Studies of the physical properties of hardened portland cement paste: Part 2: Studies of water fixation. American Concrete Institute: Journal 18, pp. 249–336.

/73/ ROGGE, A. (2002): Materialverhalten von Beton unter mehrachsiger Beanspruchung. Dissertation, Lehrstuhl für Massivbau, Technische Universität München, München.

/74/ ROSTÁSY, F. S., F. SCHMIDT-DÖHL & S. LINNENBERG (2001): Materialschädigung durch Phasenneubildung in mineralischen Baustoffen. Abschlußbericht, TU Brauschweig, Braunschweig.

/75/ RUCKER-GRAMM, P. (2008): Modellierung des Feuchte- und Salztransports unter Berücksichtigung der Selbstabdichtung in zementgebundenen Baustoffen. Dissertation, Technische Universität München, München.

/76/ RUGE, J., & H. WOHLFAHRT (2013): Technologie der Werkstoffe. Herstellung, Verarbeitung, Einsatz, Lehrbuch, 9. Auflage, Springer Fachmedien Wiesbaden, Wiesbaden.

/77/ SCHMIDT, A., & M. CURBACH (2016): Zentrische Druckversuche an schlanken UHPC-Stützen. Unbewehrte schlanke Stützen: Ein Tabu? – Diskussion über Potenzial und Gefahr, Beton- und Stahlbetonbau 111, Heft 9, Ernst & Sohn, Berlin, pp. 588–602.

/78/ SCHMIDT-DÖHL, F. (1996): Ein Modell zur Berechnung von kombinierten chemischen Reaktions- und Transportprozessen und seine Anwendung auf die Korrosion mineralischer Baustoffe. Dissertation, TU Braunschweig, Braunschweig.

/79/ SCHNEIDER, S., & S. MARX (2019): Betonermüdung unter verschiedenen Belastungsfrequenzen und -pausen. 60. Forschungskolloquium des Deutschen Ausschusses für Stahlbeton, 60. Forschungskolloquium des Deutschen Ausschusses für Stahlbeton 28. und 29. Oktober 2019, Hannover.

/80/ SETZER, M. J. (1977): Einfluss des Wassergehaltes auf die Eigenschaften des erhärteten Betons. Eigenschaften des Schriftenreihe des Deutschen Ausschusses für Stahlbeton, Heft 280, pp. 43-117.

/81/ SEXL, T. (1930): Über den von E. G. Richardson entdeckten ,,Annulareifekt". Zeitschrift für Physik, Volume 61, Issue 5-6, pp. 349-362.

/82/ SØRNESEN, E. V., L. WESTHOF, E. YDE & A. SEREDNICKI (2011): Fatigue life of high performance grout for wind turbine grouted connection in wet or dry environment. Poster presented at EWEA OFFSHORE 2011, Amsterdam, Netherlands.

/83/ SPOONER, D. C., & J. W. DOUGILL (1975): A quantitative assessment of damage sustained in concrete during compressive loading. Magazine of Concrete Research 27, pp. 151–160.

/84/ STARK, J., & B. WICHT (2013): Dauerhaftigkeit von Beton. 2., aktualisierte und erweiterte Auflage, Springer Vieweg pringer-Verlag Berlin Heidelberg, Berlin, Heidelberg.

/85/ STOCKHAUSEN, N., H. DORNER, B. ZECH & SETZER M. J. (1979): Untersuchung von Gefriervorgängen in zementstein mit Hilfe der DTA. Cement and concrete research, Vol. 9, pp. 783-794.

/86/ TAIT, R. B. (1984): Fatigue and fracture of cement mortar. Dissertation, University of Capetown, Kapstadt.

/87/ TECHN. INFORMATIONEN ABRAMS ENGINEERING SERVICES GMBH & CO. KG: Technische Information.

/88/ TECHNISCHE INFORMATIONEN RÖHM GMBH: PLEXIGLAS® GS und XT 211-1.

/89/ TEICHEN, K.-T. (1968): Über die innere Dämpfung von Beton. Dissertation, Amtliche Forschungs- und Materialprüfungsanstalt für das Bauwesen, Universität Stuttgart, Stuttgart.

/90/ TEICHMANN, T. (2008): Einfluss der Granulometrie und des Wassergehaltes auf die Festigkeit und Gefügedichtigkeit von Zementstein. Dissertation, Universität Kassel, Kassel.

/91/ TGL 21094 (1969): Prüfung des erhärteten Betons. Formänderungskennwerte, Bl.08 12. Fachbereich-Standard, Deutsche Bauinformation, Berlin.

/92/ THIELE, M. (2016): Experimentelle Untersuchung und Analyse der Schädigungsevolution in Beton unter hochzyklischen Ermüdungsbeanspruchungen. Dissertation, Technische Universität Berlin, Berlin.

/93/ TIMOSHENKO, S., & J. N. GOODIER (1951): Theory of elasticity. Engineering societies monographs, McGraw-Hill Education (India) Pvt Limited.

/94/ TOMANN, C., & L. LOHAUS (2019): Wasserinduzierte Reduktion des Ermüdungswiderstands hochfester Betone. 60. Forschungskolloquium des Deutschen Ausschusses für Stahlbeton 28. und 29. Oktober 2019, Hannover.

/95/ TOMANN, C., L. LOHAUS, F. ALDAKHEEL & P. WRIGGERS (2019): Influence of water-induced damage mechanisms on the fatigue deterioration of high-strength concrete. Concrete - Innovations in Materials, Design and Structures, Proceedings of the fib Symposium 2019, Poland 27-29 May 2019, pp. 1944-1951, Krakow.

/96/ TOMANN, C., & N. ONESCHKOW (2019): Influence of moisture content in the microstructure on the fatigue deterioration of high-strength concrete. Structural Concrete 20, pp. 1204–1211.

/97/ TRUKENMÜLLER, K. E. (2006): Stabilitätstheorie für die oszillierende Rohrströmung. Dissertation, Helmut-Schmidt-Universität, Hamburg.

/98/ UCHIDA, S. (1956): The pulsating viscous flow superposed on the steady laminar motion of incompressible fluid in a circular pipe. Zeitschrift für angewandte Mathematik und Physik 7, pp. 377–386.

/99/ VAN LEEUWEN, J., & A. J. M. SIEMES (1979): Miner's rule with respect to plaine concrete. Forschungsbericht, Heron, Delft.

/100/ VDZ (2002): Zement-Taschenbuch. Verein Deutscher Zementwerke e.V., Verlag Bau+Technik, Düsseldorf.

/101/ WAAGAARD, K. (1982): Fatigue strength evaluation of offshore concrete structures. IABSE proceedings Mémoires AIPC IVBH Abhandlungen P-56/82, Mémoires AIPC, IVBH Abhandlungen, pp. 97-115.

/102/ WAAGAARD, K. (1986): Experimental investigation on the fatigue strength of offshore concrete structures. Offshore operations Symposium, pp. 73-82.

/103/ WEBER, S. (2013): Betoninstandsetzung. Baustoff- Schadensfeststellung- Instandsetzung, 2. Auflage, Springer Fachmedien Wiesbaden, Wiesbaden.

/104/ WEIGLER, H., & W. FREITAG (1975): Dauerschwell- und Betriebsfestigkeit von Konstruktions-Leichtbeton. Deutscher Ausschuss für Stahlbeton, Heft 247, Verlag von Wilhelm und Sohn, Berlin.

/105/ WHITE, F. M. (1991): Viscous Fluid Flow. Second Edition, McGraw-Hill, New York, 1974.

/106/ WINKLER, H. (2010): Über mechanische Eigenschaften von normalfestem und hochfestem Beton unter besonderer Berücksichtigung des Elastizitätsmoduls. Forschungsbericht 288, BAM Bundesanstalt für Materialforschung und -prüfung, Berlin.

/107/ WISCHERS, G. (1978): Aufnahme und Auswirkungen von Druckbeanspruchungen auf Beton. Beton, pp. 31-54.

/108/ WITTMANN, F. H. (1977): Grundlagen eines Modells zur Beschreibung Charakteristischer Eigenschaften des Betons. Schriftenreihe des Deutschen Ausschusses für Stahlbeton, Heft 290, pp. 45-95.

/109/ WOMERSLEY, J. R. (1955): Method for the calculation of velocity, rate of flow and viscous drag in arteries when the pressure gradient is known. The Journal of Physiology 127, pp. 553-563.

/110/ WÖRMANN, R. (2004): Zur Erfassung hygrothermischer Einflüsse auf das nichtlineare Trag- und Schädigungsverhalten von Stahlbetonflächentragwerken. Dissertation, Bergische Universität Wuppertal, Wuppertal.

/111/ WRIGGERS, P., F. ALDAKHEEL, L. LOHAUS & M. HAIST (2020): Wasserinduzierte Schädigungsmechanismen zyklisch beanspruchter Hochleistungsbetone. Bauingenieur, (wird demnächst veröffentlicht).

/112/ ZECH, B. (1981): Zum Gefrierverhalten des Wassers im Beton. Dissertation, Lehrstuhl für Baustoffkunde und Werkstoffprüfung, Technische Universität München, München.

/113/ ZECH, B., & WITTMANN F. (1974): Studium des dielektrischen Verhaltens von dünnen adsorbierten Wasserfilmen. Zeitschrift für Physikalische Chemie, Neue Folge, Bd. 92, pp. 45-62, Frankfurt am Main.

/114/ ZHONG, C., Y. ZHENYU, P. G. RANJITH, Y. LU & X. CHOI (2019): The role of pore water plays in coal. Engineering Geology 125, pp. 1-12.

/115/ ZILCH, K., & G. ZEHETMAIER (2010): Bemessung im konstruktiven Betonbau. Nach DIN 1045-1 (Fassung 2008) und EN 1992-1-1 (Eurocode2), 2., neu bearbeitete und erweiterte Auflage, Springer Berlin Heidelberg, Berlin.

Anhang

A-1 Feuchtegehalte

Allgemeine Informationen			Feuchtegehalt	
Beton	Festigkeitsklasse	Lagerung	Trocknungsdauer [Tage]	F_R [M.-%]
NC-A	C20/25	WST	34	7,7
NC-A	C20/25	WST	34	7,2
NC-A	C20/25	WST	34	7,3
		Mittelwert (NC-A, WST, d = 100 mm)	**34**	**7,4**
NC-B	C50/60	WST	34	7,6
NC-B	C50/60	WST	34	7,6
		Mittelwert (NC-B, WST/ WS, d = 100 mm)	**34**	**7,6**
NC-B	C50/60	M	34	6,4
NC-B	C50/60	M	34	6,3
		Mittelwert (NC-B, M, d = 100 mm)	**34**	**6,4**
NC-B	C50/60	C	34	5,4
NC-B	C50/60	C	34	5,6
		Mittelwert (NC-B, C, d = 100 mm)	**34**	**5,5**
HPC-C	C80/95	WST	41	4,3
HPC-C	C80/95	WST	41	4,3
		Mittelwert (HPC-C, WST, d = 100 mm)	**41**	**4,3**
HPC-C	C80/95	WST	41	4,1*
HPC-C	C80/95	WST	41	4,1*
HPC-C	C80/95	WST	41	4,1*
HPC-C	C80/95	WST	41	4,1*
HPC-C	C80/95	WST	41	4,1*
HPC-C	C80/95	WST	41	4,0*
HPC-C	C80/95	WST	41	4,5**
HPC-C	C80/95	WST	41	4,6**
HPC-C	C80/95	WST	41	4,6**
HPC-C	C80/95	WST	41	4,5**
HPC-C	C80/95	WST	41	4,6**
HPC-C	C80/95	WST	41	4,5**
		Mittelwert (HPC-C, WST, d = 300 mm)	**41**	**4,3**

Allgemeine Informationen			Feuchtegehalt	
Beton	Festigkeitsklasse	Lagerung	Trocknungsdauer [Tage]	F_R [M.-%]
HPC-D	C90/105	WST	51	5,1
HPC-D	C90/105	WST	51	5,1
		Mittelwert (HPC-D, WST/ WS, d = 100 mm)	**51**	**5,1**
HPC-D	C90/105	M	51	4,3
HPC-D	C90/105	M	51	4,3
		Mittelwert (HPC-D, M, d = 100 mm)	**51**	**4,3**
HPC-D	C90/105	C	41	3,6
HPC-D	C90/105	C	41	3,7
HPC-D	C90/105	C	41	3,3
HPC-D	C90/105	C	41	3,5
		Mittelwert (HPC-D, C, d = 100 mm)	**41**	**3,5**
HPC-D	C90/105	WST	51	5,2
HPC-D	C90/105	WST	51	5,3
		Mittelwert (HPC-D, WST, d = 60 mm)	**51**	**5,3**
HPC-E	C90/105	WST	47	3,3
HPC-E	C90/105	WST	47	3,3
		Mittelwert (HPC-E, WST, d = 100 mm)	**47**	**3,3**

*Bohrkern Kernzone, **Bohrkern Randzone

A-2 Versuche unter monoton steigender Beanspruchung

A-2.1 Abmessungen, Rohdichte und dyn. Elastizitätsmodul

Beton	Festigkeitsklasse	w/z-Wert	Pk.-Nr.	Lagerungsbedingung	F_R [M.-%]	S_R [%]	Masse [g]	Rohdichte [kg/dm³]	Charge	Probenalter [Tage]	Höhe [mm]	Durchmesser [mm]	Fläche [mm²]	E_{dyn} [GPa]
NC-A	C20/25	0,5	1	WST	7,4	100	5340,6	2,36	1	206	289,38	99,73	7811,28	37,7
NC-A	C20/25	0,5	2	WST	7,4	100	5372,4	2,36	1	206	291,74	99,75	7815,11	37,3
NC-A	C20/25	0,5	3	WST	7,4	100	5445,7	2,37	1	206	290,54	100,30	7901,00	37,9
NC-A	C20/25	0,5	4	WST	7,4	100	5299,5	2,37	1	206	288,43	99,26	7738,69	38,1
Mittelwert (NC-A, WST, d = 100 mm)														**37,7**
NC-B	C50/60	0,5	1	WST/ WS	7,6	100	5231,1	2,41	1	211	280,21	99,22	7732,46	43,1
NC-B	C50/60	0,5	2	WST/ WS	7,6	100	5247,7	2,42	1	211	280,32	99,21	7730,73	43,6
NC-B	C50/60	0,5	3	WST/ WS	7,6	100	5238,1	2,42	1	211	280,25	99,17	7724,32	43,6
Mittelwert (NC-B, WST/ WS, d = 100 mm)														**43,4**
NC-B	C50/60	0,5	4	M	6,4	84	5192,9	2,40	1	213	280,01	99,28	7741,64	42,4
NC-B	C50/60	0,5	5	M	6,4	84	5192,4	2,40	1	213	279,97	99,23	7733,84	43,0
NC-B	C50/60	0,5	6	M	6,4	84	5169,8	2,39	1	213	280,02	99,24	7734,54	42,1
Mittelwert (NC-B, M, d = 100 mm)														**42,5**
NC-B	C50/60	0,5	7	C	5,5	72	5133,5	2,37	1	239	280,03	99,21	7730,38	40,7
NC-B	C50/60	0,5	8	C	5,5	72	5123,6	2,36	1	239	280,32	99,29	7742,85	39,5
NC-B	C50/60	0,5	9	C	5,5	72	5142,5	2,37	1	239	280,16	99,23	7733,50	40,2
Mittelwert (NC-B, C, d = 100 mm)														**40,1**
NC-B	C50/60	0,5	10	D	0,0	0	4788,0	2,23	1	253	279,90	98,77	7661,96	30,7
NC-B	C50/60	0,5	11	D	0,0	0	4829,4	2,25	1	253	280,20	98,80	7666,62	31,6
NC-B	C50/60	0,5	12	D	0,0	0	4850,5	2,24	1	253	280,11	99,27	7739,73	31,3
Mittelwert (NC-B, D, d = 100 mm)														**31,2**
HPC-C	C80/95	0,47	1	WST	4,3	100	6001,7	2,45	1	104	311,81	100,01	7855,38	53,3
HPC-C	C80/95	0,47	2	WST	4,3	100	6070,9	2,45	1	104	312,45	100,44	7923,42	53,0
HPC-C	C80/95	0,47	3	WST	4,3	100	6055,5	2,46	1	104	313,71	99,95	7845,43	53,8
Mittelwert (HPC-C, WST, d = 100 mm)														**53,4**
HPC-C	C80/95	0,47	4	WST	4,3	100	152700,0	2,40	1	113	903,67	299,31	70361,05	-
HPC-C	C80/95	0,47	5	WST	4,3	100	153000,0	2,42	1	113	904,00	298,20	69838,59	-
HPC-C	C80/95	0,47	6	WST	4,3	100	153200,0	2,43	1	113	904,00	298,15	69815,17	-
Mittelwert (HPC-C, WST, d = 300 mm)														**-**
HPC-D	C90/105	0,35	1	WST/ WS	5,1	100	5361,8	2,50	1	144	280,44	98,60	7635,61	53,4

Beton	Festigkeitsklasse	w/z-Wert	Pk.-Nr.	Lagerungsbedingung	F_R [M.-%]	S_R [%]	Masse [g]	Rohdichte [kg/dm³]	Charge	Probenalter [Tage]	Höhe [mm]	Durchmesser [mm]	Fläche [mm²]	E_{dyn} [GPa]
HPC-D	C90/105	0,35	2	WST/ WS	5,1	100	5369,2	2,51	1	144	280,35	98,62	7638,71	53,2
HPC-D	C90/105	0,35	3	WST/ WS	5,1	100	5358,0	2,50	1	143	279,65	98,71	7652,66	53,3
													Mittelwert (HPC-D, WST/ WS, d = 100 mm)	**53,3**
HPC-D	C90/105	0,35	4	M	4,3	84	5325,8	2,49	1	150	280,55	98,54	7626,84	52,3
HPC-D	C90/105	0,35	5	M	4,3	84	5327,2	2,49	1	150	280,45	98,62	7639,22	52,1
HPC-D	C90/105	0,35	6	M	4,3	84	5353,9	2,50	1	150	280,72	98,61	7636,64	52,7
													Mittelwert (HPC-D, M, d = 100 mm)	**52,4**
HPC-D	C90/105	0,35	7	C	3,5	69	5281,2	2,47	1	156	280,37	98,57	7630,96	45,3
HPC-D	C90/105	0,35	8	C	3,5	69	5273,6	2,46	1	156	280,20	98,62	7638,71	47,7
HPC-D	C90/105	0,35	9	C	3,5	69	5271,2	2,47	1	156	280,14	98,53	7624,77	47,4
													Mittelwert (HPC-D, C, d = 100 mm)	**46,8**
HPC-D	C90/105	0,35	10	D	0,0	0	5285,3	2,47	1	211	280,16	98,57	7631,48	40,9
HPC-D	C90/105	0,35	11	D	0,0	0	5291,1	2,47	1	211	280,79	98,47	7615,75	40,8
HPC-D	C90/105	0,35	12	D	0,0	0	5308,3	2,48	1	211	280,42	98,66	7644,39	41,8
													Mittelwert (HPC-D, D, d = 100 mm)	**41,2**
HPC-D	C90/105	0,35	13	WST	5,3	100	1137,8	2,50	1	381	180,41	56,68	2523,19	55,1
HPC-D	C90/105	0,35	14	WST	5,3	100	1140,0	2,50	1	381	180,38	56,72	2526,65	54,8
HPC-D	C90/105	0,35	15	WST	5,3	100	1138,3	2,50	1	381	180,08	56,74	2528,78	54,7
													Mittelwert (HPC-D, WST, d = 60 mm)	**54,9**
HPC-E	C90/105	0,35	1	WST	3,3	100	5289,1	2,47	1	601	279,43	98,72	7654,72	61,1
HPC-E	C90/105	0,35	2	WST	3,3	100	5305,6	2,47	1	601	280,21	98,71	7652,31	62,2
HPC-E	C90/105	0,35	3	WST	3,3	100	5323,2	2,48	1	601	280,57	98,73	7655,24	61,9
													Mittelwert (HPC-E, WST, d = 100 mm)	**61,8**

A-2.2 **Kenngrößen der 28-Tage Druckfestigkeit**

Beton	Pk.-Nr.	Probenalter [d]	Länge [mm]	Breite [mm]	Höhe [mm]	Masse [g]	Rohdichte [kg/dm³]	$f_{cm,cube(100)}$ Lag.: 28 d Wasser [N/mm²]	$f_{cm,cube(150)}$ Lag.: 28 d Wasser [N/mm²]	$f_{cm,cylinder(150)}$ Lag.: 7 d Wasser/ 21 d Klima [N/mm²]
				Mittelwert (NC-A, WST, d = 100 mm)						**31**
NC-B	1	28	100,98	100,45	100,28	2457	2,42	72		
NC-B	2	28	101,49	100,40	100,44	2459	2,40	71		
NC-B	3	28	102,19	100,37	100,43	2468	2,40	71		
				Mittelwert (NC-B, WST/ WS, d = 100 mm)				**71**		
				Mittelwert (HPC-C, WST, d = 100 mm)						**99**
HPC-D	1	28	100,26	100,24	100,38	2514	2,49	114		
HPC-D	2	28	99,85	99,85	100,52	2497	2,49	114		
HPC-D	3	28	100,13	98,51	100,35	2470	2,50	114		
				Mittelwert (HPC-D, WST/ WS, d = 100 mm)				**114**		
HPC-E	1	28	149,90	149,70	150,61	8467	2,51	-	118	
HPC-E	2	28	149,85	150,32	149,02	8436	2,51	-	117	
HPC-E	3	28	149,83	149,81	150,38	8471	2,51	-	123	
				Mittelwert (HPC-E, WST, d = 100 mm)					**119**	

A-2.3 Kenngrößen der Referenzdruckfestigkeit

Beton	Pk.-Nr.	Lagerungsbeindung	F_R [M.-%]	S_R [%]	Probenalter [Tage]	Durchmesser [mm]	Fläche [mm²]	σ_{max} [N/mm²]	ε_{max} [‰]	$E_{stat}^{0,1-0,5}$ [N/mm²]
NC-A	1	WST	7,4	100,0	206	99,73	7811,28	39,83	2,49	22983
NC-A	2	WST	7,4	100,0	206	99,75	7815,11	36,23	2,20	21680
NC-A	3	WST	7,4	100,0	206	100,30	7901,00	38,76	2,71	22632
NC-A	4	WST	7,4	100,0	206	99,26	7738,69	39,01	2,51	23415
							Mittelwert (NC-A, WST, d = 100 mm)	**38,46**	**2,48**	**22677**
NC-B	1	WST/ WS	7,6	100,0	211	99,22	7732,46	67,65	2,77	30800
NC-B	2	WST/ WS	7,6	100,0	211	99,21	7730,73	71,58	3,24	30608
NC-B	3	WST/ WS	7,6	100,0	211	99,17	7724,32	69,44	3,08	30287
							Mittelwert (NC-B, WST/ WS, d = 100 mm)	**69,56**	**3,03**	**30565**
NC-B	4	M	6,4	84,0	213	99,28	7741,64	65,17	3,13	30626
NC-B	5	M	6,4	84,0	213	99,23	7733,84	66,29	3,01	30773
NC-B	6	M	6,4	84,0	213	99,24	7734,54	65,83	3,13	29726
							Mittelwert (NC-B, M, d = 100 mm)	**65,76**	**3,09**	**30375**
NC-B	7	C	5,5	72,0	239	99,21	7730,38	69,79	3,21	28884
NC-B	8	C	5,5	72,0	239	99,29	7742,85	63,87	3,32	27549
NC-B	9	C	5,5	72,0	239	99,23	7733,50	69,76	3,37	28893
							Mittelwert (NC-B, C, d = 100 mm)	**67,81**	**3,30**	**28442**
NC-B	10	D	0,0	0,0	253	98,77	7661,96	65,71	3,21	23978
NC-B	11	D	0,0	0,0	253	98,80	7666,62	70,98	3,73	22995
NC-B	12	D	0,0	0,0	253	99,27	7739,73	66,77	3,34	23925
							Mittelwert (NC-B, D, d = 100 mm)	**67,82**	**3,43**	**23633**
HPC-C	1	WST	4,3	100,0	104	100,01	7855,38	103,33	3,37	37595
HPC-C	2	WST	4,3	100,0	104	100,44	7923,42	108,16	3,40	37901
HPC-C	3	WST	4,3	100,0	104	99,95	7845,43	109,20	3,43	37855
							Mittelwert (HPC-C, WST, d = 100 mm)	**106,90**	**3,40**	**37783**
HPC-C	4	WST	4,3	100,0	113	299,31	70361,05	91,74	2,91	37757
HPC-C	5	WST	4,3	100,0	113	298,20	69838,59	96,01	3,04	38594
HPC-C	6	WST	4,3	100,0	113	298,15	69815,17	95,44	3,00	38673

Beton	Pk.-Nr.	Lagerungsbeindung	F_R [M.-%]	S_R [%]	Probenalter [Tage]	Durchmesser [mm]	Fläche [mm²]	σ_{max} [N/mm²]	ε_{max} [‰]	$E_{stat}^{0,1-0,5}$ [N/mm²]
							Mittelwert (HPC-C, WST, d = 300 mm)	**94,40**	**2,98**	**38341**
HPC-D	1	WST/ WS	5,1	100,0	144	98,60	7635,61	110,44	3,72	35834
HPC-D	2	WST/ WS	5,1	100,0	144	98,62	7638,71	104,99	3,08	39553
HPC-D	3	WST/ WS	5,1	100,0	143	98,71	7652,66	115,62	3,61	38286
							Mittelwert (HPC-D, WST/ WS, d = 100 mm)	**110,35**	**3,47**	**37891**
HPC-D	4	M	4,3	84,0	150	98,54	7626,84	104,69	3,40	36941
HPC-D	5	M	4,3	84,0	150	98,62	7639,22	107,09	3,49	37025
HPC-D	6	M	4,3	84,0	150	98,61	7636,64	109,70	3,62	37201
							Mittelwert (HPC-D, M, d = 100 mm)	**107,16**	**3,50**	**37056**
HPC-D	7	C	3,5	69,0	156	98,57	7630,96	94,81	3,64	33405
HPC-D	8	C	3,5	69,0	156	98,62	7638,71	98,29	3,75	33225
HPC-D	9	C	3,5	69,0	156	98,53	7624,77	98,78	3,84	33770
							Mittelwert (HPC-D, C, d = 100 mm)	**97,29**	**3,74**	**33467**
HPC-D	10	D	0,0	0,0	211	98,57	7631,48	110,06	4,07	30739
HPC-D	11	D	0,0	0,0	211	98,47	7615,75	104,04	3,78	30192
HPC-D	12	D	0,0	0,0	211	98,66	7644,39	110,68	3,96	31051
							Mittelwert (HPC-D, D, d = 100 mm)	**108,26**	**3,94**	**30661**
HPC-D	13	WST	5,3	100,0	381	56,68	2523,19	113,76	3,94	31721
HPC-D	14	WST	5,3	100,0	381	56,72	2526,65	114,01	3,98	30407
HPC-D	15	WST	5,3	100,0	381	56,74	2528,78	113,72	3,83	31891
							Mittelwert (HPC-D, WST, d = 60 mm)	**113,83**	**3,92**	**31340**
HPC-E	1	WST	3,3	100,0	601	98,72	7654,72	132,47	3,38	43766
HPC-E	2	WST	3,3	100,0	601	98,71	7652,31	127,71	3,05	43941
HPC-E	3	WST	3,3	100,0	601	98,73	7655,24	122,78	2,91	45437
							Mittelwert (HPC-E, WST, d = 100 mm)	**127,66**	**3,11**	**44381**

A-3 Versuche unter zyklischer Beanspruchung

A-3.1 Allgemeine Informationen und Lastwechselzahlen

Allgemeine Informationen																	Bruchlastwechselzahlen				
Beton	Klasse	Pk.- Nr.	Lagerung	F_R [M.-%]	S_R [%]	h [mm]	d [mm]	Fläche [mm²]	Masse [g]	Rohdichte [kg/dm³]	Charge	Probenalter [Tage]	S_{max} [%]	S_{min} [%]	f_P [Hz]	E_{dyn} [GPa]	$\log N$ [-]	N_f [-]	$N^{0,2}$ [-]	$N^{0,8}$ [-]	$\Delta N^{0,2-0,8}$ [-]
NC-A	C20/25	5	WST	7,4	100	290,3	99,9	7830,8	5345,7	2,35	1	206	0,65	0,05	1,0	37,2	3,76	5712	1142	4570	3428
NC-A	C20/25	6	WST	7,4	100	289,8	99,5	7771,3	5323,3	2,36	1	206	0,65	0,05	1,0	37,5	3,65	4467	893	3574	2681
NC-A	C20/25	7	WST	7,4	100	288,0	99,6	7794,4	5294,9	2,36	1	206	0,65	0,05	1,0	37,5	3,59	3892	778	3114	2336
Mittelwert (NC-A, WST, d = 100 mm, f_P = 1,0 Hz)																	**3,67**	**4690**	**938**	**3753**	**2815**
NC-B	C50/60	13	WST	7,6	100	280,3	99,3	7742,0	5241,2	2,42	1	211	0,65	0,05	1,0	43,0	3,79	6165	1233	4932	3699
NC-B	C50/60	14	WST	7,6	100	280,4	99,2	7721,4	5247,6	2,42	1	211	0,65	0,05	1,0	43,7	3,90	7917	1583	6334	4751
NC-B	C50/60	15	WST	7,6	100	280,2	99,3	7737,3	5249,3	2,42	1	211	0,65	0,05	1,0	43,5	3,89	7760	1552	6208	4656
Mittelwert (NC-B, WST, d = 100 mm, f_P = 1,0 Hz)																	**3,86**	**7281**	**1456**	**5825**	**4369**
NC-B	C50/60	16	WS	7,6	100	280,2	99,1	7705,5	5219,6	2,42	1	212	0,65	0,05	1,0	43,0	3,86	7194	1439	5755	4316
NC-B	C50/60	17	WS	7,6	100	280,2	99,2	7722,6	5229,4	2,42	1	212	0,65	0,05	1,0	42,8	3,74	5513	1103	4410	3307
NC-B	C50/60	18	WS	7,6	100	280,1	99,2	7728,8	5231,3	2,42	1	213	0,65	0,05	1,0	43,2	3,69	4912	982	3930	2948

Allgemeine Informationen																	Bruchlastwechselzahlen				
Beton	Klasse	Pk.- Nr.	Lagerung	F_R [M.-%]	S_R [%]	h [mm]	d [mm]	Fläche [mm²]	Masse [g]	Rohdichte [kg/dm³]	Charge	Probenalter [Tage]	S_{max} [%]	S_{min} [%]	f_P [Hz]	E_{dyn} [GPa]	$\log N$ [-]	N_f [-]	$N^{0,2}$ [-]	$N^{0,8}$ [-]	$\Delta N^{0,2-0,8}$ [-]
Mittelwert (NC-B, WS, d = 100 mm, f_P = 1,0 Hz)																	**3,76**	**5873**	**1175**	**4698**	**3524**
NC-B	C50/60	19	M	6,4	84	280,0	99,2	7722,2	5177,2	2,39	1	213	0,65	0,05	1,0	41,8	3,81	6506	1301	5205	3904
NC-B	C50/60	20	M	6,4	84	280,1	99,3	7739,4	5180,4	2,39	1	213	0,65	0,05	1,0	41,4	3,92	8315	1663	6652	4989
NC-B	C50/60	21	M	6,4	84	280,1	99,2	7727,3	5174,3	2,39	1	213	0,65	0,05	1,0	41,5	3,80	6300	1260	5040	3780
Mittelwert (NC-B, M, d = 100 mm, f_P = 1,0 Hz)																	**3,84**	**7040**	**1408**	**5632**	**4224**
NC-B	C50/60	22	C	5,5	72	280,3	99,2	7727,3	5127,0	2,37	1	239	0,65	0,05	1,0	40,1	5,22	167530	33506	134024	100518
NC-B	C50/60	23	C	5,5	72	280,3	99,2	7735,1	5148,5	2,37	1	245	0,65	0,05	1,0	40,5	5,11	130104	26021	104083	78062
Mittelwert (NC-B, C, d = 100 mm, f_P = 1,0 Hz)																	**5,17**	**148817**	**29764**	**119054**	**89290**
HPC-C	C80/95	7	WST	4,3	100	312,0	100,4	7909,9	6040,3	2,45	1	106	0,65	0,05	0,35	53,3	3,65	4492	898	3594	2696
HPC-C	C80/95	8	WST	4,3	100	312,8	100,2	7880,2	6067,1	2,46	1	106	0,65	0,05	0,35	53,4	3,83	6777	1355	5422	4067
HPC-C	C80/95	9	WST	4,3	100	313,1	99,8	7816,9	5997,6	2,45	1	104	0,65	0,05	0,35	52,3	3,59	3878	776	3102	2326

Allgemeine Informationen																	Bruchlastwechselzahlen				
Beton	Klasse	Pk.- Nr.	Lagerung	F_R [M.-%]	S_R [%]	h [mm]	d [mm]	Fläche [mm²]	Masse [g]	Rohdichte [kg/dm³]	Charge	Probenalter [Tage]	S_{max} [%]	S_{min} [%]	f_P [Hz]	E_{dyn} [GPa]	$\log N$ [-]	N_f [-]	$N^{0,2}$ [-]	$N^{0,8}$ [-]	$\Delta N^{0,2-0,8}$ [-]
Mittelwert (HPC-C, WST, d = 100 mm, f_P = 0,35 Hz)																	**3,69**	**5049**	**1010**	**4039**	**3030**
HPC-C	C80/95	10	WST	4,3	100	313,1	100,3	7896,8	6066,1	2,45	1	106	0,65	0,05	1,0	53,2	4,02	10394	2079	8315	6236
HPC-C	C80/95	11	WST	4,3	100	309,8	100,0	7847,9	5958,3	2,45	1	106	0,65	0,05	1,0	53,3	4,00	9942	1988	7954	5966
HPC-C	C80/95	12	WST	4,3	100	312,6	99,6	7792,1	6001,5	2,46	1	105	0,65	0,05	1,0	53,7	4,14	13929	2786	11143	8357
Mittelwert (HPC-C, WST, d = 100 mm, f_P = 1,0 Hz)																	**4,05**	**11422**	**2284**	**9137**	**6853**
HPC-C	C80/95	13	WST	4,3	100	310,4	100,4	7913,1	6013,8	2,45	1	104	0,65	0,05	5,0	53,1	4,36	22885	4577	18308	13731
HPC-C	C80/95	14	WST	4,3	100	310,9	100,0	7853,5	6015,7	2,46	1	104	0,65	0,05	5,0	54,0	4,21	16205	3241	12964	9723
HPC-C	C80/95	15	WST	4,3	100	312,7	100,1	7872,7	6026,6	2,45	1	105	0,65	0,05	5,0	53,1	4,09	12327	2465	9862	7397
Mittelwert (HPC-C, WST, d = 100 mm, f_P = 5,0 Hz)																	**4,22**	**17139**	**3428**	**13711**	**10284**
HPC-C	C80/95	16	WST	4,3	100	311,7	99,7	7811,6	5964,2	2,45	1	105	0,65	0,05	10,0	53,0	4,39	24268	4854	19414	14560
HPC-C	C80/95	17	WST	4,3	100	312,4	100,4	7922,4	6062,0	2,45	1	105	0,65	0,05	10,0	53,3	4,49	31150	6230	24920	18690

Allgemeine Informationen																	Bruchlastwechselzahlen				
Beton	Klasse	Pk.- Nr.	Lagerung	F_R [M.-%]	S_R [%]	h [mm]	d [mm]	Fläche [mm²]	Masse [g]	Rohdichte [kg/dm³]	Charge	Probenalter [Tage]	S_{max} [%]	S_{min} [%]	f_P [Hz]	E_{dyn} [GPa]	$\log N$ [-]	N_f [-]	$N^{0,2}$ [-]	$N^{0,8}$ [-]	$\Delta N^{0,2-0,8}$ [-]
HPC-C	C80/95	18	WST	4,3	100	311,0	100,3	7903,6	6021,0	2,45	1	105	0,65	0,05	10,0	53,0	4,37	23495	4699	18796	14097
Mittelwert (HPC-C, WST, d = 100 mm, f_P = 10,0 Hz)																	**4,42**	**26304**	**5261**	**21043**	**15782**
HPC-C	C80/95	19	WST	4,3	100	904,0	295,3	68474,4	154000,0	2,49	1	126	0,65	0,05	1,0	-	4,23	17148	3430	13718	10288
HPC-C	C80/95	20	WST	4,3	100	904,0	292,2	67068,7	153600,0	2,53	1	127	0,65	0,05	1,0	-	4,42	26402	5280	21122	15842
HPC-C	C80/95	21	WST	4,3	100	906,0	299,0	70207,6	154000,0	2,42	1	128	0,65	0,05	1,0	-	4,45	28319	5664	22655	16991
Mittelwert (HPC-C, WST, d = 300 mm, f_P = 1,0 Hz)																	**4,37**	**23956**	**4791**	**19165**	**14374**
HPC-D	C90/105	16	WST	5,1	100	280,6	98,7	7646,2	5385,5	2,51	1	145	0,65	0,05	1,0	53,2	4,21	16332	3266	13066	9800
HPC-D	C90/105	17	WST	5,1	100	280,6	98,6	7636,9	5358,0	2,50	1	148	0,65	0,05	1,0	52,9	4,36	22708	4542	18166	13624
HPC-D	C90/105	18	WST	5,1	100	280,6	98,7	7648,8	5367,6	2,50	1	145	0,65	0,05	1,0	52,9	4,02	10483	2097	8386	6289
Mittelwert (HPC-D, WST, d = 100 mm, f_P = 1,0 Hz)																	**4,20**	**16508**	**3302**	**13206**	**9904**
HPC-D	C90/105	19	WS	5,1	100	280,9	98,5	7618,3	5363,5	2,51	1	149	0,65	0,05	1,0	53,4	4,22	16579	3316	13263	9947

Allgemeine Informationen																	Bruchlastwechselzahlen				
Beton	Klasse	Pk.- Nr.	Lagerung	F_R [M.-%]	S_R [%]	h [mm]	d [mm]	Fläche [mm²]	Masse [g]	Rohdichte [kg/dm³]	Charge	Probenalter [Tage]	S_{max} [%]	S_{min} [%]	f_P [Hz]	E_{dyn} [GPa]	$\log N$ [-]	N_f [-]	$N^{0,2}$ [-]	$N^{0,8}$ [-]	$\Delta N^{0,2-0,8}$ [-]
HPC-D	C90/105	20	WS	5,1	100	280,8	98,6	7640,5	5366,7	2,50	1	149	0,65	0,05	1,0	53,6	4,22	16532	3306	13226	9920
HPC-D	C90/105	21	WS	5,1	100	280,8	98,6	7642,3	5383,8	2,51	1	151	0,65	0,05	1,0	53,5	4,46	28961	5792	23169	17377
HPC-D	C90/105	22	WS	5,1	100	280,5	98,7	7658,1	5368,0	2,50	1	204	0,65	0,05	1,0	53,4	4,16	14458	2892	11566	8674
Mittelwert (HPC-D, WS, d = 100 mm, f_P = 1,0 Hz)																	**4,26**	**19133**	**3827**	**15306**	**11480**
HPC-D	C90/105	23	M	4,3	84	280,5	98,6	7639,0	5355,8	2,50	1	150	0,65	0,05	1,0	52,7	4,62	41256	8251	33005	24754
HPC-D	C90/105	24	M	4,3	84	280,7	98,6	7641,8	5353,3	2,50	1	151	0,65	0,05	1,0	52,7	4,43	27028	5406	21622	16216
HPC-D	C90/105	25	M	4,3	84	280,9	98,7	7645,2	5360,6	2,50	1	152	0,65	0,05	1,0	52,8	4,56	36686	7337	29349	22012
HPC-D	C90/105	26	M	4,3	84	280,6	98,7	7646,5	5341,3	2,49	1	155	0,65	0,05	1,0	52,7	4,45	27905	5581	22324	16743
Mittelwert (HPC-D, M, d = 100 mm, f_P = 1,0 Hz)																	**4,51**	**33219**	**6644**	**26575**	**19931**
HPC-D	C90/105	27	C	3,5	69	280,4	98,6	7639,0	5291,1	2,47	1	156	0,65	0,05	1,0	47,2	5,30	199825	39965	159860	119895
HPC-D	C90/105	28	C	3,5	69	280,2	98,6	7628,1	5285,2	2,47	1	199	0,65	0,05	1,0	47,7	5,34	217091	43418	173673	130255

Allgemeine Informationen																	Bruchlastwechselzahlen				
Beton	Klasse	Pk.- Nr.	Lagerung	F_R [M.-%]	S_R [%]	h [mm]	d [mm]	Fläche [mm²]	Masse [g]	Rohdichte [kg/dm³]	Charge	Probenalter [Tage]	S_{max} [%]	S_{min} [%]	f_P [Hz]	E_{dyn} [GPa]	$\log N$ [-]	N_f [-]	$N^{0,2}$ [-]	$N^{0,8}$ [-]	$\Delta N^{0,2-0,8}$ [-]
Mittelwert (HPC-D, C, d = 100 mm, f_P = 1,0 Hz)																	**5,32**	**208458**	**41692**	**166767**	**125075**
HPC-D	C90/105	29	D	0,0	0	278,5	98,6	7635,4	5237,7	2,46	1	211	0,65		1,0	40,8	5,51	320693	64139	256554	192415
Mittelwert (HPC-D, D, d = 100 mm, f_P = 1,0 Hz)																	**5,51**	**320693**	**64139**	**256554**	**192415**
HPC-D	C90/105	30	WST	4,3	100	180,4	56,7	2529,2	1138,1	2,49	1	381	0,65	0,05	1,0	53,9	4,12	13270	2654	10616	7962
HPC-D	C90/105	31	WST	4,3	100	180,5	56,8	2534,6	1144,0	2,50	1	383	0,65	0,05	1,0	55,1	4,37	23559	4712	18847	14135
HPC-D	C90/105	32	WST	4,3	100	180,4	56,6	2514,0	1135,4	2,50	1	387	0,65	0,05	1,0	54,5	4,19	15468	3094	12374	9280
Mittelwert (HPC-D, WST, d = 60 mm, f_P = 1,0 Hz)																	**4,23**	**17432**	**3487**	**13946**	**10459**
HPC-E	C90/105	4	WST	3,3	100	280,0	98,6	7638,7	5300,7	2,48	1	601	0,65	0,05	1,0	60,9	4,85	70040	14008	56032	42024
HPC-E	C90/105	5	WST	3,3	100	279,9	98,8	7672,8	5321,2	2,48	1	601	0,65	0,05	1,0	61,7	4,62	41989	8398	33591	25193
HPC-E	C90/105	6	WST	3,3	100	280,4	98,0	7543,0	5310,3	2,51	1	602	0,65	0,05	1,0	62,7	5,01	102253	20451	81802	61351
Mittelwert (HPC-E, WST, d = 100 mm, f_P = 1,0 Hz)																	**4,83**	**71427**	**14286**	**57142**	**42856**

A-3.2 Kenngrößen der Dehnungsentwicklung

Allgemeine Informationen				Dehnungsentwicklung														
				Oberdehnung							Unterdehnung							
Beton	Klasse	Pk.-Nr.	Lagerung	$\varepsilon_{max}^{0'}$ [‰]	ε_{max}^{B} [‰]	$\Delta\varepsilon_{max}$ [‰]	$\varepsilon_{max}^{0.2}$ [‰]	$\varepsilon_{max}^{0.8}$ [‰]	$\Delta\varepsilon_{max}^{0.2-0.8}$ [‰]	*log grad* $\varepsilon_{max}^{0.2-0.8}$ [-]	$\varepsilon_{min}^{0'}$ [‰]	ε_{min}^{B} [‰]	$\Delta\varepsilon_{min}$ [‰]	$\varepsilon_{min}^{0.2}$ [‰]	$\varepsilon_{min}^{0.8}$ [‰]	$\Delta\varepsilon_{min}^{0.2-0.8}$ [‰]	*log grad* $\varepsilon_{min}^{0.2-0.8}$ [-]
NC-A	C20/25	5	WST	1,11	2,89	1,79	1,46	1,86	0,41	-3,93	0,26	1,58	1,32	0,53	0,85	0,31	-4,04
NC-A	C20/25	6	WST	1,13	2,91	1,78	1,53	2,07	0,54	-3,70	0,27	1,60	1,33	0,58	0,99	0,42	-3,81
NC-A	C20/25	7	WST	1,09	2,86	1,76	1,44	1,90	0,46	-3,71	0,26	1,52	1,26	0,52	0,87	0,35	-3,82
Mittelwert (NC-A, WST, d = 100 mm, f_P = 1,0 Hz)				**1,11**	**2,89**	**1,78**	**1,48**	**1,94**	**0,47**	**-3,78**	**0,26**	**1,57**	**1,30**	**0,54**	**0,90**	**0,36**	**-3,89**
NC-B	C50/60	13	WST	1,54	3,00	1,46	1,82	2,17	0,35	-4,02	0,40	1,22	0,82	0,59	0,81	0,22	-4,22
NC-B	C50/60	14	WST	1,37	2,63	1,26	1,63	1,96	0,33	-4,16	0,24	0,96	0,72	0,41	0,64	0,23	-4,31
NC-B	C50/60	15	WST	1,46	2,85	1,39	1,68	1,92	0,24	-4,29	0,27	1,22	0,95	0,47	0,62	0,15	-4,49
Mittelwert (NC-B, WST, d = 100 mm, f_P = 1,0 Hz)				**1,45**	**2,83**	**1,37**	**1,71**	**2,02**	**0,31**	**-4,16**	**0,30**	**1,13**	**0,83**	**0,49**	**0,69**	**0,20**	**-4,34**
NC-B	C50/60	16	WS	1,38	3,17	1,78	1,68	2,08	0,40	-4,03	0,24	1,32	1,08	0,43	0,71	0,28	-4,19
NC-B	C50/60	17	WS	1,38	3,07	1,69	1,67	2,06	0,39	-3,92	0,23	1,22	0,98	0,42	0,68	0,25	-4,11
NC-B	C50/60	18	WS	1,36	2,93	1,57	1,63	2,01	0,38	-3,89	0,21	1,09	0,88	0,41	0,63	0,22	-4,12
Mittelwert (NC-B, WS, d = 100 mm, f_P = 1,0 Hz)				**1,38**	**3,06**	**1,68**	**1,66**	**2,05**	**0,39**	**-3,95**	**0,23**	**1,21**	**0,98**	**0,42**	**0,67**	**0,25**	**-4,14**
NC-B	C50/60	19	M	1,40	3,17	1,77	1,77	2,24	0,48	-3,91	0,23	1,40	1,16	0,46	0,81	0,35	-4,04
NC-B	C50/60	20	M	1,37	3,10	1,72	1,75	2,25	0,50	-4,00	0,22	1,36	1,13	0,47	0,84	0,37	-4,13
NC-B	C50/60	21	M	1,42	3,23	1,81	1,78	2,25	0,46	-3,91	0,25	1,42	1,17	0,48	0,82	0,35	-4,04
Mittelwert (NC-B, M, d = 100 mm, f_P = 1,0 Hz)				**1,40**	**3,16**	**1,77**	**1,77**	**2,25**	**0,48**	**-3,94**	**0,24**	**1,39**	**1,16**	**0,47**	**0,82**	**0,36**	**-4,07**
NC-B	C50/60	22	C	1,50	3,92	2,41	2,23	2,83	0,60	-5,22	0,31	2,08	1,77	0,91	1,45	0,54	-5,27
NC-B	C50/60	23	C	1,48	3,65	2,17	2,18	2,75	0,56	-5,14	0,30	1,92	1,62	0,89	1,39	0,50	-5,20
Mittelwert (NC-B, C, d = 100 mm, f_P = 1,0 Hz)				**1,49**	**3,78**	**2,29**	**2,21**	**2,79**	**0,58**	**-5,18**	**0,31**	**2,00**	**1,69**	**0,90**	**1,42**	**0,52**	**-5,23**
HPC-C	C80/95	7	WST	1,72	2,66	0,94	1,96	2,13	0,17	-4,20	0,32	0,80	0,48	0,51	0,64	0,13	-4,32
HPC-C	C80/95	8	WST	1,69	2,77	1,08	1,96	2,19	0,24	-4,23	0,29	0,84	0,55	0,48	0,67	0,19	-4,33
HPC-C	C80/95	9	WST	1,79	2,75	0,96	2,05	2,28	0,23	-4,00	0,37	0,93	0,56	0,58	0,76	0,18	-4,11

Allgemeine Informationen				Dehnungsentwicklung													
				Oberdehnung							Unterdehnung						
Beton	Klasse	Pk.-Nr.	Lagerung	$\varepsilon_{max}^{0'}$ [‰]	ε_{max}^{B} [‰]	$\Delta\varepsilon_{max}$ [‰]	$\varepsilon_{max}^{0,2}$ [‰]	$\varepsilon_{max}^{0,8}$ [‰]	$\Delta\varepsilon_{max}^{0,2-0,8}$ [‰]	log grad $\varepsilon_{max}^{0,2-0,8}$ [-]	$\varepsilon_{min}^{0'}$ [‰]	ε_{min}^{B} [‰]	$\Delta\varepsilon_{min}$ [‰]	$\varepsilon_{min}^{0,2}$ [‰]	$\varepsilon_{min}^{0,8}$ [‰]	$\Delta\varepsilon_{min}^{0,2-0,8}$ [‰]	log grad $\varepsilon_{min}^{0,2-0,8}$ [-]
Mittelwert (HPC-C, WST, d = 100 mm, f_P = 0,35 Hz)				**1,73**	**2,73**	**0,99**	**1,99**	**2,20**	**0,21**	**-4,14**	**0,32**	**0,86**	**0,53**	**0,52**	**0,69**	**0,17**	**-4,25**
HPC-C	C80/95	10	WST	1,66	2,59	0,94	1,92	2,14	0,22	-4,46	0,29	0,79	0,50	0,47	0,64	0,16	-4,58
HPC-C	C80/95	11	WST	1,68	2,65	0,97	1,98	2,21	0,23	-4,41	0,30	0,82	0,53	0,52	0,67	0,15	-4,59
HPC-C	C80/95	12	WST	1,64	2,82	1,17	1,93	2,14	0,21	-4,61	0,31	0,89	0,59	0,51	0,68	0,16	-4,71
Mittelwert (HPC-C, WST, d = 100 mm, f_P = 1,0 Hz)				**1,66**	**2,69**	**1,03**	**1,94**	**2,16**	**0,22**	**-4,49**	**0,30**	**0,83**	**0,54**	**0,50**	**0,66**	**0,16**	**-4,62**
HPC-C	C80/95	13	WST	1,57	2,38	0,81	1,83	2,03	0,20	-4,84	0,22	0,63	0,41	0,39	0,53	0,14	-4,99
HPC-C	C80/95	14	WST	1,68	2,64	0,95	1,96	2,20	0,24	-4,61	0,35	0,90	0,54	0,53	0,68	0,16	-4,80
HPC-C	C80/95	15	WST	1,70	2,63	0,93	1,93	2,13	0,20	-4,57	0,34	0,80	0,46	0,50	0,64	0,14	-4,73
Mittelwert (HPC-C, WST, d = 100 mm, f_P = 5,0 Hz)				**1,65**	**2,55**	**0,90**	**1,91**	**2,12**	**0,21**	**-4,67**	**0,31**	**0,78**	**0,47**	**0,47**	**0,62**	**0,14**	**-4,84**
HPC-C	C80/95	16	WST	1,59	2,45	0,86	1,83	2,07	0,25	-4,77	0,28	0,71	0,44	0,41	0,55	0,14	-5,02
HPC-C	C80/95	17	WST	1,59	2,37	0,78	1,84	2,02	0,18	-5,02	0,29	0,68	0,39	0,43	0,54	0,11	-5,24
HPC-C	C80/95	18	WST	1,57	2,33	0,77	1,80	1,96	0,16	-4,94	0,27	0,60	0,33	0,37	0,46	0,09	-5,20
Mittelwert (HPC-C, WST, d = 100 mm, f_P = 10,0 Hz)				**1,58**	**2,38**	**0,80**	**1,82**	**2,02**	**0,20**	**-4,91**	**0,28**	**0,67**	**0,39**	**0,40**	**0,52**	**0,11**	**-5,15**
HPC-C	C80/95	19	WST	1,48	2,36	0,87	1,72	1,92	0,20	-4,71	0,15	0,57	0,43	0,30	0,45	0,15	-4,85
HPC-C	C80/95	20	WST	1,63	2,49	0,86	1,88	2,07	0,19	-4,92	0,29	0,72	0,43	0,46	0,59	0,13	-5,10
HPC-C	C80/95	21	WST	1,49	2,30	0,81	1,72	1,93	0,21	-4,92	0,16	0,56	0,40	0,31	0,45	0,14	-5,08
Mittelwert (HPC-C, WST, d = 300 mm, f_P = 1,0 Hz)				**1,54**	**2,38**	**0,85**	**1,78**	**1,98**	**0,20**	**-4,85**	**0,20**	**0,62**	**0,42**	**0,36**	**0,50**	**0,14**	**-5,01**
HPC-D	C90/105	16	WST	1,72	3,11	1,39	2,00	2,26	0,27	-4,56	0,26	0,90	0,64	0,45	0,64	0,18	-4,73
HPC-D	C90/105	17	WST	1,69	2,62	0,93	1,91	2,12	0,21	-4,81	0,23	0,68	0,45	0,39	0,53	0,14	-4,98
HPC-D	C90/105	18	WST	1,74	2,92	1,18	2,01	2,24	0,23	-4,43	0,27	0,83	0,56	0,45	0,61	0,16	-4,58
Mittelwert (HPC-D, WST, d = 100 mm, f_P = 1,0 Hz)				**1,72**	**2,88**	**1,16**	**1,97**	**2,21**	**0,24**	**-4,60**	**0,25**	**0,81**	**0,55**	**0,43**	**0,59**	**0,16**	**-4,76**
HPC-D	C90/105	19	WS	1,67	3,09	1,42	1,92	2,19	0,27	-4,57	0,25	0,88	0,63	0,43	0,59	0,16	-4,79
HPC-D	C90/105	20	WS	1,68	3,03	1,34	1,95	2,27	0,32	-4,50	0,26	0,96	0,70	0,44	0,67	0,23	-4,64

Allgemeine Informationen				Dehnungsentwicklung													
				Oberdehnung							Unterdehnung						
Beton	Klasse	Pk.-Nr.	Lagerung	$\varepsilon_{max}^{0^*}$ [‰]	ε_{max}^{B} [‰]	$\Delta\varepsilon_{max}$ [‰]	$\varepsilon_{max}^{0,2}$ [‰]	$\varepsilon_{max}^{0,8}$ [‰]	$\Delta\varepsilon_{max}^{0,2-0,8}$ [‰]	***log grad*** $\varepsilon_{max}^{0,2-0,8}$ [-]	$\varepsilon_{min}^{0^*}$ [‰]	ε_{min}^{B} [‰]	$\Delta\varepsilon_{min}$ [‰]	$\varepsilon_{min}^{0,2}$ [‰]	$\varepsilon_{min}^{0,8}$ [‰]	$\Delta\varepsilon_{min}^{0,2-0,8}$ [‰]	***log grad*** $\varepsilon_{min}^{0,2-0,8}$ [-]
HPC-D	C90/105	21	WS	1,63	3,02	1,39	1,90	2,21	0,31	-4,75	0,22	0,95	0,73	0,40	0,62	0,22	-4,90
HPC-D	C90/105	22	WS	1,69	2,94	1,25	1,90	2,17	0,27	-4,51	0,26	0,92	0,66	0,44	0,62	0,18	-4,68
			Mittelwert (HPC-D, WS, d = 100 mm, f_P = 1,0 Hz)	**1,67**	**3,02**	**1,35**	**1,92**	**2,21**	**0,29**	**-4,58**	**0,25**	**0,93**	**0,68**	**0,43**	**0,63**	**0,20**	**-4,75**
HPC-D	C90/105	23	M	1,68	3,22	1,55	2,01	2,48	0,47	-4,72	0,23	1,16	0,92	0,47	0,83	0,36	-4,84
HPC-D	C90/105	24	M	1,70	3,12	1,42	2,03	2,44	0,41	-4,59	0,25	1,10	0,85	0,49	0,79	0,30	-4,74
HPC-D	C90/105	25	M	1,70	3,36	1,66	2,05	2,49	0,44	-4,70	0,27	1,21	0,94	0,49	0,80	0,31	-4,85
HPC-D	C90/105	26	M	1,65	3,09	1,44	1,95	2,33	0,38	-4,65	0,24	1,04	0,80	0,42	0,69	0,27	-4,79
			Mittelwert (HPC-D, M, d = 100 mm, f_P = 1,0 Hz)	**1,68**	**3,20**	**1,52**	**2,01**	**2,44**	**0,43**	**-4,66**	**0,25**	**1,13**	**0,88**	**0,47**	**0,78**	**0,31**	**-4,80**
HPC-D	C90/105	27	C	1,78	3,64	1,86	2,49	3,07	0,58	-5,32	0,31	1,79	1,48	0,90	1,44	0,54	-5,35
HPC-D	C90/105	28	C	1,74	3,79	2,05	2,48	3,05	0,57	-5,36	0,35	1,87	1,51	0,94	1,49	0,55	-5,38
			Mittelwert (HPC-D, C, d = 100 mm, f_P = 1,0 Hz)	**1,76**	**3,71**	**1,96**	**2,48**	**3,06**	**0,57**	**-5,34**	**0,33**	**1,83**	**1,50**	**0,92**	**1,47**	**0,54**	**-5,36**
HPC-D	C90/105	29	D	2,20	2,26	0,05	2,26	2,29	0,02	-6,90	0,42	0,46	0,03	0,47	0,48	0,01	-7,29
			Mittelwert (HPC-D, D, d = 100 mm, f_P = 1,0 Hz)	**2,20**	**2,26**	**0,05**	**2,26**	**2,29**	**0,02**	**-6,90**	**0,42**	**0,46**	**0,03**	**0,47**	**0,48**	**0,01**	**-7,29**
HPC-D	C90/105	30	**WST**	2,11	2,92	0,81	2,32	2,49	0,17	-4,67	0,49	0,94	0,45	0,60	0,74	0,14	-4,75
HPC-D	C90/105	31	**WST**	2,28	3,36	1,08	2,48	2,73	0,26	-4,74	0,57	1,11	0,54	0,72	0,91	0,19	-4,88
HPC-D	C90/105	32	**WST**	2,11	2,99	0,88	2,33	2,51	0,19	-4,70	0,47	0,96	0,49	0,63	0,80	0,17	-4,74
			Mittelwert (HPC-D, WST, d = 60 mm, f_P = 1,0 Hz)	**2,17**	**3,09**	**0,92**	**2,37**	**2,58**	**0,20**	**-4,70**	**0,51**	**1,00**	**0,49**	**0,65**	**0,82**	**0,17**	**-4,79**
HPC-E	C90/105	4	**WST**	1,73	2,61	0,88	1,94	2,05	0,10	-5,61	0,26	0,66	0,40	0,43	0,49	0,06	-5,84
HPC-E	C90/105	5	**WST**	1,62	2,60	0,98	1,77	1,84	0,08	-5,52	0,22	0,54	0,33	0,30	0,33	0,03	-5,89
HPC-E	C90/105	6	**WST**	1,67	2,62	0,96	1,87	1,97	0,10	-5,78	0,26	0,65	0,39	0,40	0,47	0,07	-5,97
			Mittelwert (HPC-E, WST, d = 100 mm, f_P = 1,0 Hz)	**1,67**	**2,61**	**0,94**	**1,86**	**1,95**	**0,09**	**-5,64**	**0,25**	**0,62**	**0,37**	**0,38**	**0,43**	**0,05**	**-5,90**

A-3.3 **Kenngrößen der Steifigkeitsentwicklung und der dissipierten Energie**

Allgemeine Informationen				Steifigkeitsentwicklung (Sekantenmodul Entlastungsast)							dissipierte Energie
Beton	Klasse	Pk.-Nr.	Lagerung	$E_S^{0^*}$ [N/mm²]	E_S^B [N/mm²]	rel. Abw. ΔE_S [%]	$E_S^{0,2}$ [N/mm²]	$E_S^{0,8}$ [N/mm²]	$\Delta E_S^{0,2-0,8}$ [N/mm²]	*log grad* $E_S^{0,2-0,8}$ [-]	$E_D^{0^*}$ [kJ/m³]
NC-A	C20/25	5	WST	27151	17426	35,8	24865	22628	2237	-0,19	1,21
NC-A	C20/25	6	WST	26789	17605	34,3	24251	21539	2712	0,00	1,27
NC-A	C20/25	7	WST	27739	17209	38,0	25040	22417	2624	0,05	1,11
Mittelwert (NC-A, WST, d = 100 mm, f_P = 1,0 Hz)				**27226**	**17413**	**36,0**	**24719**	**22195**	**2524**	**-0,04**	**1,20**
NC-B	C50/60	13	WST	36838	23425	36,4	33681	30541	3140	-0,07	1,54
NC-B	C50/60	14	WST	36924	24875	32,6	34094	31489	2605	-0,26	1,61
NC-B	C50/60	15	WST	35145	25536	27,3	34352	32068	2285	-0,31	2,66
Mittelwert (NC-B, WST, d = 100 mm, f_P = 1,0 Hz)				**36302**	**24612**	**32,1**	**34043**	**31366**	**2677**	**-0,21**	**1,94**
NC-B	C50/60	16	WS	36507	22523	38,3	33313	30272	3040	-0,15	1,59
NC-B	C50/60	17	WS	36270	22496	38,0	33528	30159	3370	0,01	1,73
NC-B	C50/60	18	WS	36269	22661	37,5	34182	30280	3902	0,12	1,87
Mittelwert (NC-B, WS, d = 100 mm, f_P = 1,0 Hz)				**36349**	**22560**	**37,9**	**33674**	**30237**	**3437**	**-0,01**	**1,73**
NC-B	C50/60	19	M	33894	22263	34,3	30173	27585	2588	-0,18	1,92
NC-B	C50/60	20	M	34240	22640	33,9	30668	27869	2799	-0,25	1,63
NC-B	C50/60	21	M	33686	21746	35,4	30207	27689	2518	-0,18	1,82
Mittelwert (NC-B, M, d = 100 mm, f_P = 1,0 Hz)				**33940**	**22217**	**34,5**	**30349**	**27714**	**2635**	**-0,20**	**1,79**
NC-B	C50/60	22	C	34023	22107	35,0	30795	29469	1325	-1,88	1,63
NC-B	C50/60	23	C	34500	23507	31,9	31482	29901	1582	-1,69	1,58
Mittelwert (NC-B, C, d = 100 mm, f_P = 1,0 Hz)				**34262**	**22807**	**33,4**	**31139**	**29685**	**1454**	**-1,79**	**1,60**
HPC-C	C80/95	7	WST	45660	34378	24,7	44110	42861	1249	-0,33	2,67

Allgemeine Informationen				Steifigkeitsentwicklung (Sekantenmodul Entlastungsast)							dissipierte Energie
Beton	Klasse	Pk.-Nr.	Lagerung	$E_S^{0^*}$ [N/mm²]	E_S^B [N/mm²]	rel. Abw. ΔE_S [%]	$E_S^{0,2}$ [N/mm²]	$E_S^{0,8}$ [N/mm²]	$\Delta E_S^{0,2-0,8}$ [N/mm²]	*log grad* $E_S^{0,2-0,8}$ [-]	$E_D^{0^*}$ [kJ/m³]
HPC-C	C80/95	8	WST	45745	33250	27,3	43575	42143	1432	-0,45	2,89
HPC-C	C80/95	9	WST	45048	35241	21,8	43571	42027	1544	-0,18	2,78
			Mittelwert (HPC-C, WST, d = 100 mm, f_P = 0,35 Hz)	**45484**	**34290**	**24,6**	**43752**	**42344**	**1408**	**-0,32**	**2,78**
HPC-C	C80/95	10	WST	46835	35519	24,2	44264	42697	1567	-0,60	2,71
HPC-C	C80/95	11	WST	46190	34987	24,3	43818	41626	2192	-0,43	2,52
HPC-C	C80/95	12	WST	48035	33330	30,6	45024	43716	1308	-0,81	1,93
			Mittelwert (HPC-C, WST, d = 100 mm, f_P = 1,0 Hz)	**47020**	**34612**	**26,3**	**44369**	**42680**	**1689**	**-0,61**	**2,39**
HPC-C	C80/95	13	WST	47445	36533	23,0	44361	42653	1708	-0,91	2,04
HPC-C	C80/95	14	WST	48262	36578	24,2	44775	42266	2508	-0,59	2,30
HPC-C	C80/95	15	WST	46959	34982	25,5	44676	42879	1797	-0,61	2,53
			Mittelwert (HPC-C, WST, d = 100 mm, f_P = 5,0 Hz)	**47555**	**36031**	**24,2**	**44604**	**42599**	**2004**	**-0,70**	**2,29**
HPC-C	C80/95	16	WST	48191	36616	24,0	45052	41941	3112	-0,67	2,12
HPC-C	C80/95	17	WST	48186	37681	21,8	45432	43111	2321	-0,91	1,90
HPC-C	C80/95	18	WST	48511	36800	24,1	44923	42700	2223	-0,80	1,42
			Mittelwert (HPC-C, WST, d = 100 mm, f_P = 10,0 Hz)	**48296**	**37032**	**23,3**	**45135**	**42584**	**2552**	**-0,79**	**1,81**
HPC-C	C80/95	19	WST	43441	32568	25,0	40735	39320	1415	-0,86	1,94
HPC-C	C80/95	20	WST	44301	33573	24,2	41816	40006	1810	-0,94	-
HPC-C	C80/95	21	WST	42517	32527	23,5	40193	38374	1820	-0,97	2,04
			Mittelwert (HPC-C, WST, d = 300 mm, f_P = 1,0 Hz)	**43419**	**32889**	**24,2**	**40915**	**39233**	**1681**	**-0,92**	**1,99**
HPC-D	C90/105	16	WST	45329	30036	33,7	42840	40612	2228	-0,64	2,94
HPC-D	C90/105	17	WST	45474	34276	24,6	43471	41635	1836	-0,87	2,73

Allgemeine Informationen				Steifigkeitsentwicklung (Sekantenmodul Entlastungsast)							dissipierte Energie
Beton	Klasse	Pk.- Nr.	Lagerung	$E_S^{0^*}$ [N/mm²]	E_S^B [N/mm²]	rel. Abw. ΔE_S [%]	$E_S^{0.2}$ [N/mm²]	$E_S^{0.8}$ [N/mm²]	$\Delta E_S^{0.2-0.8}$ [N/mm²]	*log grad* $E_S^{0.2-0.8}$ [-]	$E_D^{0^*}$ [kJ/m³]
HPC-D	C90/105	18	WST	44850	31585	29,6	42497	40710	1787	-0,55	2,92
Mittelwert (HPC-D, WST, d = 100 mm, f_P = 1,0 Hz)				**45218**	**31966**	**29,3**	**42936**	**40986**	**1950**	**-0,69**	**2,86**
HPC-D	C90/105	19	WS	46757	30005	35,8	44470	41500	2970	-0,52	2,49
HPC-D	C90/105	20	WS	46369	31960	31,1	43797	41389	2408	-0,61	2,66
HPC-D	C90/105	21	WS	46968	32026	31,8	44154	41768	2387	-0,86	2,82
HPC-D	C90/105	22	WS	46421	32716	29,5	45320	42736	2584	-0,53	2,99
Mittelwert (HPC-D, WS, d = 100 mm, f_P = 1,0 Hz)				**46629**	**31677**	**32,1**	**44435**	**41848**	**2587**	**-0,63**	**2,74**
HPC-D	C90/105	23	M	44681	31167	30,2	41900	38904	2996	-0,92	2,55
HPC-D	C90/105	24	M	44299	31874	28,0	41814	38884	2929	-0,74	2,61
HPC-D	C90/105	25	M	44807	29868	33,3	41089	38024	3065	-0,86	2,64
HPC-D	C90/105	26	M	45557	31267	31,4	41823	39045	2778	-0,78	2,25
Mittelwert (HPC-D, M, d = 100 mm, f_P = 1,0 Hz)				**44836**	**31044**	**30,8**	**41656**	**38714**	**2942**	**-0,82**	**2,51**
HPC-D	C90/105	27	C	39637	31532	20,4	36762	35880	882	-2,13	2,73
HPC-D	C90/105	28	C	42110	30313	28,0	38001	37378	623	-2,32	2,08
Mittelwert (HPC-D, C, d = 100 mm, f_P = 1,0 Hz)				**40873**	**30923**	**24,2**	**37381**	**36629**	**752**	**-2,23**	**2,40**
HPC-D	C90/105	29	D	36436	36034	1,1	36300	36007	293	-2,82	2,24
Mittelwert (HPC-D, D, d = 100 mm, f_P = 1,0 Hz)				**36436**	**36034**	**1,1**	**36300**	**36007**	**293**	**-2,82**	**2,24**
HPC-D	C90/105	30	WST	42012	34432	18,0	39777	39084	693	-1,06	6,15
HPC-D	C90/105	31	WST	40164	30413	24,3	38834	37357	1477	-0,98	6,40
HPC-D	C90/105	32	WST	41592	33659	19,1	40206	39810	396	-1,37	7,22

Allgemeine Informationen				Steifigkeitsentwicklung (Sekantenmodul Entlastungsast)							dissipierte Energie
Beton	Klasse	Pk.-Nr.	Lagerung	$E_S^{0^*}$ [N/mm²]	E_S^B [N/mm²]	rel. Abw. ΔE_S [%]	$E_S^{0,2}$ [N/mm²]	$E_S^{0,8}$ [N/mm²]	$\Delta E_S^{0,2-0,8}$ [N/mm²]	*log grad* $E_S^{0,2-0,8}$ [-]	$E_D^{0^*}$ [kJ/m³]
Mittelwert (HPC-D, WST, d = 60 mm, f_P = 1,0 Hz)				**41256**	**32835**	**20,5**	**39606**	**38750**	**855**	**-1,14**	**6,59**
HPC-E	C90/105	4	**WST**	52270	39297	24,8	50495	49117	1378	-1,48	3,74
HPC-E	C90/105	5	**WST**	54615	37312	31,7	52135	50649	1486	-1,23	2,42
HPC-E	C90/105	6	**WST**	55491	39475	28,9	53100	51765	1334	-1,66	1,94
Mittelwert (HPC-E, WST, d = 100 mm, f_P = 1,0 Hz)				**54126**	**38695**	**28,5**	**51910**	**50510**	**1399**	**-1,46**	**2,70**

A-3.4 Kenngrößen der Schallemissionsaktivität

Allgemeine Informationen				Schallemissionen										
Beton	Klasse	Pk.-Nr.	Lagerung	H_{SEA} [-]	$H_{SEA,Lw}$ [1/Lw]	log $H_{SEA,Lw}$ [1/Lw]	$H_{SEA,Q1}$ [-]	$H_{SEA,Q2}$ [-]	$H_{SEA,Q3}$ [-]	$H_{SEA,Q4}$ [-]	bez. $H_{SEA,Q1}$ [%]	bez. $H_{SEA,Q2}$ [%]	bez. $H_{SEA,Q3}$ [%]	bez. $H_{SEA,Q4}$ [%]
NC-A	C20/25	5	WST	92	0,02	-1,79	23	23	26	20	25,00	25,00	28,26	21,74
NC-A	C20/25	6	WST	2310	0,52	-0,29	552	627	622	509	23,90	27,14	26,93	22,03
NC-A	C20/25	7	WST	630	0,16	-0,79	2	3	489	136	0,32	0,48	77,62	21,59
Mittelwert (NC-A, WST, d = 100 mm, f_P = 1,0 Hz)				**1011**	**0,23**	**-0,96**	**192**	**218**	**379**	**222**	**16,40**	**17,54**	**44,27**	**21,79**
NC-B	C50/60	13	WST	8335	1,35	0,13	614	327	5982	1412	7,37	3,92	71,77	16,94
NC-B	C50/60	14	WST	9678	1,22	0,09	298	99	8466	815	3,08	1,02	87,48	8,42
NC-B	C50/60	15	WST	8909	1,15	0,06	73	13	8459	364	0,82	0,15	94,95	4,09
Mittelwert (NC-B, WST, d = 100 mm, f_P = 1,0 Hz)				**8974**	**1,24**	**0,09**	**328**	**146**	**7636**	**864**	**3,76**	**1,70**	**84,73**	**9,82**
NC-B	C50/60	16	WS	4713	0,66	-0,18	28	21	4302	362	0,59	0,45	91,28	7,68
NC-B	C50/60	17	WS	5334	0,97	-0,01	63	7	4874	390	1,18	0,13	91,38	7,31
NC-B	C50/60	18	WS	2984	0,61	-0,22	34	13	2692	245	1,14	0,44	90,21	8,21
Mittelwert (NC-B, WS, d = 100 mm, f_P = 1,0 Hz)				**4344**	**0,74**	**-0,14**	**42**	**14**	**3956**	**332**	**0,97**	**0,34**	**90,96**	**7,73**
NC-B	C50/60	19	M	1139	0,18	-0,76	708	185	214	32	62,16	16,24	18,79	2,81
NC-B	C50/60	20	M	547	0,07	-1,18	274	69	200	4	50,09	12,61	36,56	0,73
NC-B	C50/60	21	M	1103	0,18	-0,76	501	117	444	41	45,42	10,61	40,25	3,72
Mittelwert (NC-B, M, d = 100 mm, f_P = 1,0 Hz)				**930**	**0,14**	**-0,90**	**494**	**124**	**286**	**26**	**52,56**	**13,15**	**31,87**	**2,42**
NC-B	C50/60	22	C	1993	0,01	-1,92	1123	482	327	61	56,35	24,18	16,41	3,06
NC-B	C50/60	23	C	1412	0,01	-1,96	692	301	124	295	49,01	21,32	8,78	20,89
Mittelwert (NC-B, C, d = 100 mm, f_P = 1,0 Hz)				**1703**	**0,01**	**-1,94**	**908**	**392**	**226**	**178**	**52,68**	**22,75**	**12,59**	**11,98**
HPC-C	C80/95	7	WST	18132	4,04	0,61	2983	1461	13339	349	16,45	8,06	73,57	1,92
HPC-C	C80/95	8	WST	30780	4,54	0,66	2152	2675	25255	698	6,99	8,69	82,05	2,27
HPC-C	C80/95	9	WST	27116	6,99	0,84	1678	1712	23027	699	6,19	6,31	84,92	2,58

Allgemeine Informationen				Schallemissionen										
Beton	Klasse	Pk.- Nr.	Lagerung	H_{SEA} [-]	$H_{SEA,Lw}$ [1/Lw]	log $H_{SEA,Lw}$ [1/Lw]	$H_{SEA,Q1}$ [-]	$H_{SEA,Q2}$ [-]	$H_{SEA,Q3}$ [-]	$H_{SEA,Q4}$ [-]	bez. $H_{SEA,Q1}$ [%]	bez. $H_{SEA,Q2}$ [%]	bez. $H_{SEA,Q3}$ [%]	bez. $H_{SEA,Q4}$ [%]
Mittelwert (HPC-C, WST, d = 100 mm, f_P = 0,35 Hz)				**25343**	**5,19**	**0,70**	**2271**	**1949**	**20540**	**582**	**9,88**	**7,69**	**80,18**	**2,26**
HPC-C	C80/95	10	WST	22111	2,13	0,33	2128	636	18608	739	9,62	2,88	84,16	3,34
HPC-C	C80/95	11	WST	45760	4,60	0,66	457	390	44349	564	1,00	0,85	96,92	1,23
HPC-C	C80/95	12	WST	46823	3,36	0,53	3201	9008	33967	647	6,84	19,24	72,54	1,38
Mittelwert (HPC-C, WST, d = 100 mm, f_P = 1,0 Hz)				**38231**	**3,36**	**0,51**	**1929**	**3345**	**32308**	**650**	**5,82**	**7,66**	**84,54**	**1,99**
HPC-C	C80/95	13	WST	31977	1,40	0,15	1861	2218	27640	258	5,82	6,94	86,44	0,81
HPC-C	C80/95	14	WST	13491	0,83	-0,08	2008	1001	10259	223	14,88	7,42	76,04	1,65
HPC-C	C80/95	15	WST	17932	1,45	0,16	3493	1024	13089	326	19,48	5,71	72,99	1,82
Mittelwert (HPC-C, WST, d = 100 mm, f_P = 5,0 Hz)				**21133**	**1,23**	**0,08**	**2454**	**1414**	**16996**	**269**	**13,39**	**6,69**	**78,49**	**1,43**
HPC-C	C80/95	16	WST	14358	0,59	-0,23	4939	471	8502	446	34,40	3,28	59,21	3,11
HPC-C	C80/95	17	WST	11591	0,37	-0,43	170	20	11325	76	1,47	0,17	97,71	0,66
HPC-C	C80/95	18	WST	12841	0,55	-0,26	2515	1122	8925	279	19,59	8,74	69,50	2,17
Mittelwert (HPC-C, WST, d = 100 mm, f_P = 10,0 Hz)				**12930**	**0,50**	**-0,31**	**2541**	**538**	**9584**	**267**	**18,48**	**4,06**	**75,47**	**1,98**
HPC-C	C80/95	19	WST	-	-	-	-	-	-	-	-	-	-	-
HPC-C	C80/95	20	WST	-	-	-	-	-	-	-	-	-	-	-
HPC-C	C80/95	21	WST	-	-	-	-	-	-	-	-	-	-	-
Mittelwert (HPC-C, WST, d = 300 mm, f_P = 1,0 Hz)				-	-	-	-	-	-	-	-	-	-	-
HPC-D	C90/105	16	WST	11511	0,70	-0,15	874	167	10117	353	7,59	1,45	87,89	3,07
HPC-D	C90/105	17	WST	24146	1,06	0,03	1171	144	22501	330	4,85	0,60	93,19	1,37
HPC-D	C90/105	18	WST	21881	2,09	0,32	685	170	20662	364	3,13	0,78	94,43	1,66
Mittelwert (HPC-D, WST, d = 100 mm, f_P = 1,0 Hz)				**19179**	**1,29**	**0,06**	**910**	**160**	**17760**	**349**	**5,19**	**0,94**	**91,84**	**2,03**
HPC-D	C90/105	19	WS	19232	1,16	0,06	2093	552	16327	260	10,88	2,87	84,89	1,35

Allgemeine Informationen				Schallemissionen										
Beton	Klasse	Pk.-Nr.	Lagerung	H_{SEA} [-]	$H_{SEA,Lw}$ [1/Lw]	log $H_{SEA,Lw}$ [1/Lw]	$H_{SEA,Q1}$ [-]	$H_{SEA,Q2}$ [-]	$H_{SEA,Q3}$ [-]	$H_{SEA,Q4}$ [-]	bez. $H_{SEA,Q1}$ [%]	bez. $H_{SEA,Q2}$ [%]	bez. $H_{SEA,Q3}$ [%]	bez. $H_{SEA,Q4}$ [%]
HPC-D	C90/105	20	WS	16090	0,97	-0,01	1034	310	14470	276	6,43	1,93	89,93	1,72
HPC-D	C90/105	21	WS	3706	0,13	-0,89	1484	545	1635	42	40,04	14,71	44,12	1,13
HPC-D	C90/105	22	WS	23416	1,62	0,21	1657	579	20937	243	7,08	2,47	89,41	1,04
Mittelwert (HPC-D, WS, d = 100 mm, f_P = 1,0 Hz)				**15611**	**0,97**	**-0,16**	**1567**	**497**	**13342**	**205**	**16,11**	**5,49**	**77,09**	**1,31**
HPC-D	C90/105	23	M	2542	0,06	-1,21	1599	573	328	42	62,90	22,54	12,90	1,65
HPC-D	C90/105	24	M	3963	0,15	-0,83	2397	1139	375	52	60,48	28,74	9,46	1,31
HPC-D	C90/105	25	M	-	-	-	-	-	-	-	-	-	-	-
HPC-D	C90/105	26	M	2517	0,09	-1,04	1734	608	143	32	68,89	24,16	5,68	1,27
Mittelwert (HPC-D, M, d = 100 mm, f_P = 1,0 Hz)				**3007**	**0,10**	**-1**	**1910**	**773**	**282**	**42**	**64,09**	**25,15**	**9,35**	**1,41**
HPC-D	C90/105	27	C	2472	0,01	-1,91	1584	575	241	72	64,08	23,26	9,75	2,91
HPC-D	C90/105	28	C	2378	0,01	-1,96	1213	668	422	75	51,01	28,09	17,75	3,15
Mittelwert (HPC-D, C, d = 100 mm, f_P = 1,0 Hz)				**2425**	**0,01**	**-1,93**	**1399**	**622**	**332**	**74**	**57,54**	**25,68**	**13,75**	**3,03**
HPC-D	C90/105	29	D	1006	0,003	-2,50	653	174	171	8	64,91	17,30	17,00	0,80
Mittelwert (HPC-D, D, d = 100 mm, f_P = 1,0 Hz)				**1006**	**0,003**	**-2,50**	**653**	**174**	**171**	**8**	**64,91**	**17,30**	**17,00**	**0,80**
HPC-D	C90/105	30	WST	-	-	-	-	-	-	-	-	-	-	-
HPC-D	C90/105	31	WST	-	-	-	-	-	-	-	-	-	-	-
HPC-D	C90/105	32	WST	-	-	-	-	-	-	-	-	-	-	-
Mittelwert (HPC-D, WST, d = 60 mm, f_P = 1,0 Hz)				-	-	-	-	-	-	-	-	-	-	-
HPC-E	C90/105	4	WST	237543	3,39	0,53	36531	35089	134043	31880	15,38	14,77	56,43	13,42
HPC-E	C90/105	5	WST	126073	3,00	0,48	11143	52384	61492	1054	8,84	41,55	48,77	0,84
HPC-E	C90/105	6	WST	252709	2,47	0,39	37929	55636	122800	36344	15,01	22,02	48,59	14,38
Mittelwert (HPC-E, WST, d = 100 mm, f_P = 1,0 Hz)				**205442**	**2,96**	**0,47**	**28534**	**47703**	**106112**	**23093**	**13,08**	**26,11**	**51,27**	**9,55**

Verzeichnis der in der Schriftenreihe des Deutschen Ausschusses für Stahlbeton – DAfStb – seit 1945 erschienenen Hefte

Heft

100: Versuche an Stahlbetonbalken zur Bestimmung der Bewehrungsgrenze.
Von *W. Gehler, H. Amos* und *E. Friedrich.*
Die Ergebnisse der Versuche und das Dresdener Rechenverfahren für den plastischen Betonbereich (1949).
Von *W. Gehler.* 9,70 EUR

101: Versuche zur Ermittlung der Rissbildung und der Widerstandsfähigkeit von Stahlbetonplatten mit verschiedenen Bewehrungsstählen bei stufenweise gesteigerter Last.
Von *O. Graf* und *K. Walz.*
Versuche über die Schwellzugfestigkeit von verdrillten Bewehrungsstählen.
Von *O. Graf* und *G. Weil.*
Versuche über das Verhalten von kalt verformten Baustählen beim Zurückbiegen nach verschiedener Behandlung der Proben.
Von *O. Graf* und *G. Weil.*
Versuche zur Ermittlung des Zusammenwirkens von Fertigbauteilen aus Stahlbeton für Decken (1948).
Von *H. Amos* und *W. Bochmann.* vergriffen

102: Beton und Zement im Seewasser (1950).
Von *A. Eckhardt* und *W. Kronsbein.* vergriffen

103: Die *n*-freien Berechnungsweisen des einfach bewehrten, rechteckigen Stahlbetonbalkens (1951).
Von *K. B. Haberstock.* vergriffen

104: Bindemittel für Massenbeton, Untersuchungen über hydraulische Bindemittel aus Zement, Kalk und Trass (1951).
Von *K. Walz.* vergriffen

105: Die Versuchsberichte des Deutschen Ausschusses für Stahlbeton (1951).
Von *O. Graf.* vergriffen

106: Berechnungstafeln für rechtwinklige Fahrbahnplatten von Straßenbrücken (1952). 7. neubearbeitete Auflage (1981).
Von *H. Rüsch.* vergriffen

107: Die Kugelschlagprüfung von Beton.
Von *K. Gaede.* vergriffen

108: Verdichten von Leichtbeton durch Rütteln (1952).
Von *K. Walz.* vergriffen

109: SO_3-Gehalt der Zuschlagstoffe (1952).
Von *K. Gaede.* 3,30 EUR

110: Ziegelsplittbeton (1952).
Von *K. Charisius, W. Drechsel* und *A. Hummel.* vergriffen

111: Modellversuche über den Einfluss der Torsionssteifigkeit bei einer Plattenbalkenbrücke (1952).
Von *G. Marten.* vergriffen

112: Eisenbahnbrücken aus Spannbeton (1953). 2. erweiterte Auflage (1961).
Von *R. Bührer.* 7,80 EUR

113: Knickversuche mit Stahlbetonsäulen.
Von *W. Gehler* und *A. Hütter.*
Festigkeit und Elastizität von Beton mit hoher Festigkeit (1954).
Von *O. Graf.* 9,10 EUR

Heft

114: Schüttbeton aus verschiedenen Zuschlagstoffen.
Von *A. Hummel* und *K. Wesche.*
Die Ermittlung der Kornfestigkeit von Ziegelsplitt und anderen Leichtbeton-Zuschlagstoffen (1954).
Von *A. Hummel.* vergriffen

115: Die Versuche der Bundesbahn an Spannbetonträgern in Kornwestheim (1954).
Von *U. Giehrach* und *C. Sättele.* 5,40 EUR

116: Verdichten von Beton mit Innenrüttlern und Rütteltischen, Güteprüfung von Deckensteinen (1954).
Von *K. Walz.* vergriffen

117: Gas- und Schaumbeton: Tragfähigkeit von Wänden und Schwinden.
Von *O. Graf* und *H. Schäffler.*
Kugelschlagprüfung von Porenbeton (1954).
Von *K. Gaede.* vergriffen

118: Schwefelverbindung in Schlackenbeton (1954).
Von *A. Stois, F. Rost, H. Zinnert* und *F. Henkel.* 6,90 EUR

119: Versuche über den Verbund zwischen Stahlbeton-Fertigbalken und Ortbeton.
Von *O. Graf* und *G. Weil.*
Versuche mit Stahlleichtträgern für Massivdecken (1955).
Von *G. Weil.* vergriffen

120: Versuche zur Festigkeit der Biegedruckzone (1955).
Von *H. Rüsch.* vergriffen

121: Gas- und Schaumbeton:
Versuche zur Schubsicherung bei Balken aus bewehrtem Gas- und Schaumbeton.
Von *H. Rüsch.*
Ausgleichsfeuchtigkeit von dampfgehärtetem Gas- und Schaumbeton.
Von *H. Schäffler.*
Versuche zur Prüfung der Größe des Schwindens und Quellens von Gas und Schaumbeton (1956).
Von *O. Graf* und *H. Schäffle.* vergriffen

122: Gestaltfestigkeit von Betonkörpern.
Von *K. Walz.*
Warmzerreißversuche mit Spannstählen.
Von *J. Dannenberg, H. Deutschmann* und *Melchior.*
Konzentrierte Lasteintragung in Beton (1957).
Von *W. Pohle.* 7,60 EUR

123: Luftporenbildende Betonzusatzmittel (1956).
Von *K. Walz.* vergriffen

124: Beton im Seewasser (Ergänzung zu Heft 102) (1956).
Von *A. Hummel* und *K. Wesche.* 2,70 EUR

125: Untersuchungen über Federgelenke (1957).
Von *K. Kammüller* und *O. Jeske.* vergriffen

126: SO_3-Gehalt der Zuschlagstoffe – Langzeitversuche (Ergänzung zu Heft 109). Eindringtiefe von Beton in Holzwolle-Leichtbauplatten (1957).
Von *K. Gaede.* 5,40 EUR

Heft

127: Witterungsbeständigkeit von Beton (1957)
Von *K. Walz.* 4,80 EUR

128: Kugelschlagprüfung von Beton (Einfluss des Betonalters) (1957).
Von *K. Gaede.* vergriffen

129: Stahlbetonsäulen unter Kurz- und Langzeitbelastung (1958).
Von *K. Gaede.* 12,90 EUR

130: Bruchsicherheit bei Vorspannung ohne Verbund (1959).
Von *H. Rüsch, K. Kordina* und *C. Zelger.* 5,40 EUR

131: Das Kriechen unbewehrten Betons (1958).
Von *O. Wagner.* vergriffen

132: Brandversuche mit starkbewehrten Stahlbetonsäulen.
Von *H. Seekamp.*
Widerstandsfähigkeit von Stahlbetonbauteilen und Stahlsteindecken bei Bränden (1959).
Von *M. Hannemann* und *H. Thoms.* vergriffen

133: Gas- und Schaumbeton:
Druckfestigkeit von dampfgehärtetem Gasbeton nach verschiedener Lagerung.
Von *H. Schäffler.*
Über die Tragfähigkeit von bewehrten Platten aus dampfgehärtetem Gas- und Schaumbeton.
Von *H. Schäffler.*
Untersuchung des Zusammenwirkens von Porenbeton mit Schwerbeton bei bewehrten Schwerbetonbalken mit seitlich angeordneten Porenbetonschalen (1959).
Von *H. Rüsch* und *E. Lassas.* 4,80 EUR

134: Über das Verhalten von Beton in chemisch angreifenden Wässern (1959).
Von *K. Seidel.* vergriffen

135: Versuche über die beim Betonieren an den Schalungen entstehenden Belastungen.
Von *O. Graf* und *K. Kaufmann.*
Druckfestigkeit von Beton in der oberen Zone nach dem Verdichten durch Innenrüttler.
Von *K. Walz* und *H. Schäffler.*
Versuche über die Verdichtung von Beton auf einem Rütteltisch in lose aufgesetzter und in aufgespannter Form (1960).
Von *J. Strey.* vergriffen

136: Gas- und Schaumbeton:
Versuche über die Verankerung der Bewehrung in Gasbeton.
Über das Kriechen von bewehrten Platten aus dampfgehärtetem Gas- und Schaumbeton (1960).
Von *H. Schäffler.* 11,20 EUR

137: Schubversuche an Spannbetonbalken ohne Schubbewehrung.
Von *H. Rüsch* und *G. Vigerust.*
Die Schubfestigkeit von Spannbetonbalken ohne Schubbewehrung (1960).
Von *G. Vigerust.* vergriffen

138: Über die Grundlagen des Verbundes zwischen Stahl und Beton (1961).
Von *G. Rehm.* vergriffen

139: Theoretische Auswertung von Heft 120 – Festigkeit der Biegedruckzone (1961).
Von *G. Scholz.* 5,80 EUR

Heft

178: Wandartige Träger (1966).
Von *F. Leonhardt und R. Walther.* vergriffen

179: Veränderlichkeit der Biege- und Schubsteifigkeit bei Stahlbetontragwerken und ihr Einfluss auf Schnittkraftverteilung und Traglast bei statisch unbestimmter Lagerung (1966).
Von *W. Dilger.* 13,10 EUR

180: Knicken von Stahlbetonstäben mit Rechteckquerschnitt unter Kurzzeitbelastung – Berechnung mit Hilfe von automatischen Digitalrechenanlagen (1966).
Von *A. Blaser.* 8,40 EUR

181: Brandverhalten von Stahlbetonplatten – Einflüsse von Schutzschichten.
Von *K. Kordina* und *P. Bornemann.*
Grundlagen für die Bemessung der Feuerwiderstandsdauer von Stahlbetonplatten (1966).
Von *P. Bornemann.* 10,70 EUR

182: Karbonatisierung von Schwerbeton.
Von *A. Meyer, H.-J. Wierig* und *K. Husmann.*
Einfluss von Luftkohlensäure und Feuchtigkeit auf die Beschaffenheit des Betons als Korrosionsschutz für Stahleinlagen (1967).
Von *F. Schröder, H.-G. Smolczyk, K. Grade, R. Vinkeloe* und *R. Roth.* 12,90 EUR

183: Das Kriechen des Zementsteins im Beton und seine Beeinflussung durch gleichzeitiges Schwinden (1966).
Von *W. Ruetz.* 8,40 EUR

184: Untersuchungen über den Einfluss einer Nachverdichtung und eines Anstriches auf Festigkeit, Kriechen und Schwinden von Beton (1966).
Von *H. Hilsdorf* und *K. Finsterwalder* 8,40 EUR

185: Das unterschiedliche Verformungsverhalten der Rand- und Kernzonen von Beton (1966).
Von *S. Stöckl.* 9,60 EUR

186: Betone aus Sulfathüttenzement in höherem Alter (1966).
Von *K. Wesche* und *W. Manns.* 8,40 EUR

187: Zur Frage des Einflusses der Ausbildung der Auflager auf die Querkrafttragfähigkeit von Stahlbetonbalken.
Von *K. Gaede.*
Schwingungsmessungen an Massivbrücken (1966).
Von *B. Brückmann.* 9,60 EUR

188: Verformungsversuche an Stahlbetonbalken mit hochfestem Bewehrungsstahl (1967).
Von *G. Franz* und *H. Brenker.* 12,00 EUR

189: Die Tragfähigkeit von Decken aus Glasstahlbeton (1967).
Von *C. Zelger.* 10,70 EUR

190: Festigkeit der Biegedruckzone – Vergleich von Prismen- und Balkenversuchen (1967).
Von *H. Rüsch, K. Kordina* und *S. Stöckl.* 8,40 EUR

191: Experimentelle Bestimmung der Spannungsverteilung in der Biegedruckzone.
Von *C. Rasch.*
Stützmomente kreuzweise bewehrter durchlaufender Rechteckbetonplatten (1967).
Von *H. Schwarz.* 9,60 EUR

Heft

192: Die mitwirkende Breite der Gurte von Plattenbalken (1967).
Von *W. Koepcke* und *G. Denecke.* vergriffen

193: Bauschäden als Folge der Durchbiegung von Stahlbeton-Bauteilen (1967).
Von *H. Mayer* und *H. Rüsch.* 13,10 EUR

194: Die Berechnung der Durchbiegung von Stahlbeton-Bauteilen (1967).
Von *H. Mayer.* vergriffen

195: 5 Versuche zum Studium der Verformungen im Querkraftbereich eines Stahlbetonbalkens (1967).
Von *H. Rüsch* und *H. Mayer.* 12,00 EUR

196: Tastversuche über den Einfluss von vorangegangenen Dauerlasten auf die Kurzzeitfestigkeit des Betons.
Von *S. Stöckl.*
Kennzahlen für das Verhalten einer rechteckigen Biegedruckzone von Stahlbetonbalken unter kurzzeitiger Belastung (1967).
Von *H. Rüsch* und *S. Stöckl.* 13,60 EUR

197: Brandverhalten durchlaufender Stahlbetonrippendecken.
Von *H. Seekamp* und *W. Becker.*
Brandverhalten kreuzweise bewehrter Stahlbetonrippendecken.
Von *J. Stanke.*
Vergrößerung der Betondeckung als Feuerschutz von Stahlbetonplatten, 1. und 2. Teil (1967).
Von *H. Seekamp* und *W. Becker.* 14,10 EUR

198: Festigkeit und Verformung von unbewehrtem Beton unter konstanter Dauerlast (1968).
Von *H. Rüsch, R. Sell, C. Rasch, E. Grasser, A. Hummel, K. Wesche* und *H. Flatten.* 13,30 EUR

199: Die Berechnung ebener Kontinua mittels der Stabwerkmethode – Anwendung auf Balken mit einer rechteckigen Öffnung (1968).
Von *A. Krebs* und *F. Haas.* 10,70 EUR

200: Dauerschwingfestigkeit von Betonstählen im einbetonierten Zustand.
Von *H. Wascheidt.*
Betongelenke unter wiederholten Gelenkverdrehungen (1968).
Von *G. Franz* und *H.-D. Fein.* 11,70 EUR

201: Schubversuche an indirekt gelagerten, einfeldrigen und durchlaufenden Stahlbetonbalken (1968).
Von *F. Leonhardt, R. Walther* und *W. Dilger.* 9,60 EUR

202: Torsions- und Schubversuche an vorgespannten Hohlkastenträgern.
Von *F. Leonhardt, R. Walther* und *O. Vogler.*
Torsionsversuche an einem Kunstharzmodell eines Hohlkastenträgers (1968).
Von *D. Feder.* 12,00 EUR

203: Festigkeit und Verformung von Beton unter Zugspannungen (1969).
Von *H. G. Heilmann, H. Hilsdorf* und *K. Finsterwalder.* 14,40 EUR

204: Tragverhalten ausmittig beanspruchter Stahlbetondruckglieder (1969).
Von *A. Mehmel, H. Schwarz, K. H. Kasparek* und *J. Makovi.* 12,00 EUR

Heft

205: Versuche an wendelbewehrten Stahlbetonsäulen unter kurz- und langzeitig wirkenden zentrischen Lasten (1969).
Von *H. Rüsch* und *S. Stöckl.* 12,00 EUR

206: Statistische Analyse der Betonfestigkeit (1969).
Von *H. Rüsch, R. Sell* und *R. Rackwitz.* 8,40 EUR

207: Versuche zur Dauerfestigkeit von Leichtbeton.
Von *R. Sell* und *C. Zelger.*
Versuche zur Festigkeit der Biegedruckzone. Einflüsse der Querschnittsform (1969).
Von *S. Stöckl* und *H. Rüsch.* 13,10 EUR

208: Zur Frage der Rissbildung durch Eigen- und Zwängspannungen infolge Temperatur in Stahlbetonbauteilen (1969).
Von *H. Falkner.* vergriffen

209: Festigkeit und Verformung von Gasbeton unter zweiaxialer Druck-Zug-Beanspruchung.
Von *R. Sell.*
Versuche über den Verbund bei bewehrtem Gasbeton (1970).
Von *R. Sell* und *C. Zelger.* 12,00 EUR

210: Schubversuche mit indirekter Krafteinleitung. Versuche zum Studium der Verdübelungswirkung der Biegezugbewehrung eines Stahlbetonbalkens (1970).
Von *T. Baumann* und *H. Rüsch.* 14,40 EUR

211: Elektronische Berechnung des in einem Stahlbetonbalken im gerissenen Zustand auftretenden Kräftezustandes unter besonderer Berücksichtigung des Querkraftbereiches (1970).
Von *D. Jungwirth.* 15,80 EUR

212: Einfluss der Krümmung von Spanngliedern auf den Spannweg.
Von *C. Zelger* und *H. Rüsch.*
Über den Erhaltungszustand 20 Jahre alter Spannbetonträger (1970).
Von *K. Kordina* und *N. V. Waubke.* 9,60 EUR

213: Vierseitig gelagerte Stahlbetonhohlplatten. Versuche, Berechnung und Bemessung (1970).
Von *H. Aster.* vergriffen

214: Verlängerung der Feuerwiderstandsdauer von Stahlbetonstützen durch Anwendung von Bekleidungen oder Ummantelungen.
Von *W. Becker* und *J. Stanke.*
Über das Verhalten von Zementmörtel und Beton bei höheren Temperaturen (1970).
Von *R. Fischer.* 15,30 EUR

215: Brandversuche an Stahlbetonfertigstützen, 2. und 3. Teil (1970).
Von *W. Becker* und *J. Stanke.* 15,30 EUR

216: Schnittkrafttafeln für den Entwurf kreiszylindrischer Tonnenkettendächer (1971).
Von *A. Mehmel, W. Kruse, S. Samaan* und *H. Schwarz.* 20,90 EUR

217: Tragwirkung orthogonaler Bewehrungsnetze beliebiger Richtung in Flächentragwerken aus Stahlbeton (1972).
Von *T. Baumann.* vergriffen

Heft

218: Versuche zur Schubsicherung und Momentendeckung von profilierten Stahlbetonbalken (1972).
Von *H. Kupfer* und *T. Baumann*.
11,00 EUR

219: Die Tragfähigkeit von Stahlsteindecken.
Von *C. Zelger* und *F. Daschner*.
Bewehrte Ziegelstürze (1972).
Von *C. Zelger*. 10,20 EUR

220: Bemessung von Beton- und Stahlbetonbauteilen nach DIN 1045, Ausgabe Januar 1972. [2. überarbeitete Auflage (1979)] – Biegung mit Längskraft, Schub, Torsion.
Von *E. Grasser*.
Nachweis der Knicksicherheit.
Von *K. Kordina* und *U. Quast*.
26,90 EUR

220 (En): Design of Concrete and Reinforced Concrete Members in Accordance with DIN 1045 December 1978 Edition – Bending with Axial Force, Shear, Torsion.
By *E. Grasser*.
Analysis of Safety against Buckling.
By *K. Kordina* and *U. Quast*
2nd revised edition. 26,90 EUR

221: Festigkeit und Verformung von Innenwandknoten in der Tafelbauweise.
Von *H. Kupfer*.
Die Druckfestigkeit von Mörtelfugen zwischen Betonfertigteilen.
Von *E. Grasser* und *F. Daschner*.
Tragfähigkeit (Schubfestigkeit) von Deckenauflagen im Fertigteilbau (1972).
Von *R. v. Halász* und *G. Tantow*.
14,30 EUR

222: Druck-Stöße von Bewehrungsstäben – Stahlbetonstützen mit hochfestem Stahl St 90 (1972).
Von *F. Leonhardt* und *K.-T. Teichen*.
9,70 EUR

223: Spanngliedverankerungen im Inneren von Bauteilen.
Von *J. Eibl* und *G. Iványi*.
Teilweise Vorspannung (1973).
Von *R. Walther* und *N. S. Bhal*.
12,30 EUR

224: Zusammenwirken von einzelnen Fertigteilen als großflächige Scheibe (1973).
Von *G. Mehlhorn*. vergriffen

225: Mikrobeton für modellstatische Untersuchungen (1972).
Von *A.-H. Burggrabe*. 13,20 EUR

226: Tragfähigkeit von Zugschlaufenstößen.
Von *F. Leonhardt*, *R. Walther* und *H. Dieterle*.
Haken- und Schlaufenverbindungen in biegebeanspruchten Platten.
Von *G. Franz* und *G. Timm*.
Übergreifungsvollstöße mit hakenformig gebogenen Rippenstählen (1973).
Von *K. Kordina* und *G. Fuchs*.
14,10 EUR

227: Schubversuche an Spannbetonträgern (1973).
Von *F. Leonhardt*, *R. Koch* und *F.-S. Rostásy*. 26,80 EUR

Heft

228: Zusammenhang zwischen Oberflächenbeschaffenheit, Verbund und Sprengwirkung von Bewehrungsstählen unter Kurzzeitbelastung (1973).
Von *H. Martin*. 12,60 EUR

229: Das Verhalten des Betons unter mehrachsiger Kurzzeitbelastung unter besonderer Berücksichtigung der zweiachsigen Beanspruchung.
Von *H. Kupfer*.
Bau und Erprobung einer Versuchseinrichtung für zweiachsige Belastung (1973).
Von *H. Kupfer* und *C. Zelger*.
19,30 EUR

230: Erwärmungsvorgänge in balkenartigen Stahlbetonteilen unter Brandbeanspruchung (1975).
Von *H. Ehm*, *K. Kordina* und *R. v. Postel*. 20,30 EUR

231: Die Versuchsberichte des Deutschen Ausschusses für Stahlbeton. Inhaltsübersicht der Hefte 1 bis 230 (1973).
Von *O. Graf* und *H. Deutschmann*.
10,10 EUR

232: Bestimmung physikalischer Eigenschaften des Zementsteins.
Von *F. Wittmann*.
Verformung und Bruchvorgang poröser Baustoffe bei kurzzeitiger Belastung und unter Dauerlast (1974).
Von *F. Wittmann* und *J. Zaitsev*.
14,30 EUR

233: Stichprobenprüfpläne und Annahmekennlinien für Beton (1973).
Von *H. Blaut*. 7,90 EUR

234: Finite Elemente zur Berechnung von Spannbeton-Reaktordruckbehältern (1973).
Von *J. H. Argyris*, *G. Faust*, *J. R. Roy*, *J. Szimmat*, *E. P. Warnke* und *K. J. Willam*. 13,10 EUR

235: Untersuchungen zum heißen Liner als Innenwand für Spannbetondruckbehälter für Leichtwasserreaktoren (1973).
Von *J. Meyer* und *W. Spandick*.
vergriffen

236: Tragfähigkeit und Sicherheit von Stahlbetonstützen unter ein- und zweiachsig exzentrischer Kurzzeit- und Dauerbelastung (1974).
Von *R. F. Warner*. 8,30 EUR

237: Spannbeton-Reaktordruckbehälter: Studie zur Erfassung spezieller Betoneigenschaften im Reaktordruckbehälterbau.
Von *J. Eibl*, *N. V. Waubke*, *W. Klingsch*, *U. Schneider* und *G. Rieche*.
Parameterberechnungen an einem Referenzbehälter.
Von *J. Szimmat* und *K. Willam*.
Einfluss von Werkstoffeigenschaften auf Spannungs- und Verformungszustände eines Spannbetonbehälters (1974).
Von *V. Hansson* und *F. Stangenberg*.
13,10 EUR

238: Einfluss wirklichkeitsnahen Werkstoffverhaltens auf die kritischen Kipplasten schlanker Stahlbeton- und Spannbetonträger.
Von *G. Mehlhorn*.
Berechnung von Stahlbetonscheiben im Zustand II bei Annahme eines wirklichkeitsnahen Werkstoffverhaltens (1974).
Von *K. Dörr*, *G. Mehlhorn*, *W. Stauder* und *D. Uhlisch*. 16,70 EUR

Heft

239: Torsionsversuche an Stahlbetonbalken (1974).
Von *F. Leonhardt* und *G. Schelling*.
20,30 EUR

240: Hilfsmittel zur Berechnung der Schnittgrößen und Formänderungen von Stahlbetontragwerken nach DIN 1045 Ausgabe Juli 1988 [3. überarbeitete Auflage (1991)].
Von *E. Grasser* und *G. Thielen*.
19,30 EUR

241: Abplatzversuche an Prüfkörpern aus Beton, Stahlbeton und Spannbeton bei verschiedenen Temperaturbeanspruchungen (1974).
Von *C. Meyer-Ottens*. 9,70 EUR

242: Verhalten von verzinkten Spannstählen und Bewehrungsstählen.
Von *G. Rehm*, *A. Lämmke*, *U. Nürnberger*, *G. Rieche* sowie *H. Martin* und *A. Rauen*.
Löten von Betonstahl (1974).
Von *D. Russwurm*. 20,30 EUR

243: Ultraschall-Impulstechnik bei Fertigteilen.
Von *G. Rehm*, *N. V. Waubke* und *J. Neisecke*.
Untersuchungen an ausgebauten Spanngliedern (1975).
Von *A. Röhnisch*. 15,50 EUR

244: Elektronische Berechnung der Auswirkungen von Kriechen und Schwinden bei abschnittsweise hergestellten Verbundstabwerken (1975).
Von *D. Schade* und *W. Haas*.
7,10 EUR

245: Die Kornfestigkeit künstlicher Zuschlagstoffe und ihr Einfluss auf die Betonfestigkeit.
Von *R. Sell*.
Druckfestigkeit von Leichtbeton (1974).
Von *K. D. Schmidt-Hurtienne*.
17,40 EUR

246: Untersuchungen über den Querstoß beim Aufprall von Kraftfahrzeugen auf Gründungspfähle aus Stahlbeton und Stahl (1974).
Von *C. Popp*. 17,20 EUR

247: Temperatur und Zwangsspannung im Konstruktions-Leichtbeton infolge Hydratation.
Von *H. Weigler* und *J. Nicolay*.
Dauerschwell- und Betriebsfestigkeit von Konstruktions-Leichtbeton (1975).
Von *H. Weigler* und *W. Freitag*.
13,70 EUR

248: Zur Frage der Abplatzungen an Bauteilen aus Beton bei Brandbeanspruchungen (1975).
Von *C. Meyer-Ottens*. 8,40 EUR

249: Schlag-Biegeversuch mit unterschiedlich bewehrten Stahlbetonbalken (1975).
Von *C. Popp*. 10,00 EUR

250: Langzeitversuche an Stahlbetonstützen.
Von *K. Kordina*.
Einfluss des Kriechens auf die Ausbiegung schlanker Stahlbetonstützen (1975).
Von *K. Kordina* und *R. F. Warner*.
11,10 EUR

251: Versuche an wendelbewehrten Stahlbetonsäulen unter exzentrischer Belastung (1975).
Von *S. Stöckl* und *B. Menne*.
10,70 EUR

Heft

252: Beständigkeit verschiedener Betonarten in Meerwasser und in sulfathaltigem Wasser (1975).
Von *H. T Schröder, O. Hallauer* und *W. Scholz.* 15,50 EUR

253: Spannbeton-Reaktordruckbehälter-Instrumentierung.
Von *J. Német* und *R. Angeli.*
Versuch zur Weiterentwicklung eines Setzdehnungsmessers (1975).
Von *C. Zelger.* 10,20 EUR

254: Festigkeit und Verformungsverhalten von Beton unter hohen zweiachsigen Dauerbelastungen und Dauerschwellbelastungen. Festigkeit und Verformungsverhalten von Leichtbeton, Gasbeton, Zementstein und Gips unter zweiachsiger Kurzzeitbeanspruchung (1976).
Von *D. Linse* und *A. Stegbauer.* 13,10 EUR

255: Zur Frage der zulässigen Rissbreite und der erforderlichen Betondeckung im Stahlbetonbau unter besonderer Berücksichtigung der Karbonatisierungstiefe des Betons (1976).
Von *P. Schiessl.* vergriffen

256: Wärme- und Feuchtigkeitsleitung in Beton unter Einwirkung eines Temperaturgefälles (1975).
Von *J. Hundt.* 15,80 EUR

257: Bruchsicherheitsberechnung von Spannbeton-Druckbehältern (1976).
Von *K. Schimmelpfennig.* 13,30 EUR

258: Hygrische Transportphänomene in Baustoffen (1976).
Von *K. Gertis, K. Kiesl, H. Werner* und *V. Wolfseher.* 13,10 EUR

259: Entwicklung eines integrierten Spannbetondruckbehälters für wassergekühlte Reaktoren (SBB Typ „Stern“ mit Stützkessel) (1976).
Von *G. Jüptner, H. Kumpf, G. Molz, B. Neunert* und *O. Seidl.* 11,50 EUR

260: Studie zum Trag- und Verformungsverhalten von Stahlbeton (1976).
Von *J. Eibl* und *G. Ivànyi.* 26,80 EUR

261: Der Einfluss radioaktiver Strahlung auf die mechanischen Eigenschaften von Beton (1976).
Von *H. Hilsdorf, J. Kropp* und *H.-J. Koch.* 8,40 EUR

262: Experimentelle Bestimmung des räumlichen Spannungszustandes eines Reaktordruckbehältermodells (1976).
Von *R. Stöver.* 13,10 EUR

263: Bruchfestigkeit und Bruchverformung von Beton unter mehraxialer Belastung bei Raumtemperatur (1976).
Von *F. Bremer* und *F. Steinsdörfer.* 7,60 EUR

264 Spannbeton-Reaktordruckbehälter mit heißer Dichthaut für Druckwasserreaktoren (1976).
Von *A. Jungmann, H. Kopp, M. Gangl, J. Német, A. Nesitka, W. Walluschek-Wallfeld* und *J. Mutzl.* 10,70 EUR

265: Traglast von Stahlbetondruckgliedern unter schiefer Biegung (1976).
Von *K. Kordina, K. Rafla* und *O. Hjorth†.* 11,80 EUR

266: Das Trag- und Verformungsverhalten von Stahlbetonbrückenpfeilern mit Rollenlagern (1976).
Von *K. Liermann.* 12,90 EUR

Heft

267: Zur Mindestbewehrung für Zwang von Außenwänden aus Stahlleichtbeton.
Von *F. S. Rostásy, R. Koch* und *F. Leonhardt.*
Versuche zum Tragverhalten von Druckübergreifungsstößen in Stahlbetonwänden (1976).
Von *F. Leonhardt, F. S. Rostásy* und *M. Patzak.* 15,00 EUR

268: Einfluss der Belastungsdauer auf das Verbundverhalten von Stahl in Beton (Verbundkriechen) (1976).
Von *L. Franke.* 8,60 EUR

269: Zugspannung und Dehnung in unbewehrten Betonquerschnitten bei exzentrischer Belastung (1976).
Von *H. G. Heilmann.* 15,50 EUR

270: Eine Formulierung des zweiaxialen Verformungs- und Bruchverhaltens von Beton und deren Anwendung auf die wirklichkeitsnahe Berechnung von Stahlbetonplatten (1976).
Von *J. Link.* 14,40 EUR

271: Untersuchungen an 20 Jahre alten Spannbetonträgern (1976).
Von *R. Bührer, K.-F. Müller, H. Martin* und *J. Ruhnau.* 13,10 EUR

272: Die Dynamische Relaxation und ihre Anwendung auf Spannbeton-Reaktordruckbehälter (1976).
Von *W. Zerna.* 13,70 EUR

273: Schubversuche an Balken mit veränderlicher Trägerhöhe (1977).
Von *F. S. Rostásy, K. Roeder* und *F. Leonhardt.* 9,70 EUR

274: Witterungsbeständigkeit von Beton, 2. Bericht (1977).
Von *K. Walz* und *E. Hartmann.* 8,40 EUR

275: Schubversuche an Balken und Platten bei gleichzeitigem Längszug (1977).
Von *F. Leonhardt, F. S. Rostásy, J. MacGregor* und *M. Patzak.* 11,00 EUR

276: Versuche an zugbeanspruchten Übergreifungsstößen von Rippenstählen (1977).
Von *S. Stöckl, B. Menne* und *H. Kupfer.* 15,50 EUR

277: Versuchsergebnisse zur Festigkeit und Verformung von Beton bei mehraxialer Druckbeanspruchung – Results of Test Concerning Strength and Strain of Concrete Subjected to Multiaxial Compressive Stresses (1977).
Von *G. Schickert* und *H. Winkler.* 17,20 EUR

278: Berechnungen von Temperatur- und Feuchtefeldern in Massivbauten nach der Methode der Finiten Elemente (1977).
Von *J. H. Argyris, E. P. Warnke* und *K. J. Willam.* 10,10 EUR

279: Finite Elementberechnung von Spannbeton-Reaktordruckbehältern.
Von *J. H. Argyris, G. Faust, J. Szimmat, E. P. Warnke* und *K. J. Willam.*
Zur Konvertierung von SMART I (1977).
Von *J. H. Argyris, J. Szimmat* und *K. J. Willam.* 11,50 EUR

Heft

280: Nichtisothermer Feuchtetransport in dickwandigen Betonteilen von Reaktordruckbehältern.
Von *K. Kiessl* und *K. Gertis.*
Zur Wärme- und Feuchtigkeitsleitung in Beton.
Von *J. Hundt.*
Einfluss des Wassergehalts auf die Eigenschaften des erhärteten Betons (1977).
Von *M. J. Setzer.* 14,40 EUR

281: Untersuchungen über das Verhalten von Beton bei schlagartiger Beanspruchung (1977).
Von *C. Popp.* 7,90 EUR

282: Vorausbestimmung der Spannkraftverluste infolge Dehnungsbehinderung (1977).
Von *R. Walther, U. Utescher* und *D. Schreck.* 8,90 EUR

283: Technische Möglichkeiten zur Erhöhung der Zugfestigkeit von Beton (1977).
Von *G. Rehm, P. Diem* und *R. Zimbelmann.* 13,10 EUR

284: Experimentelle und theoretische Untersuchungen zur Lasteintragung in die Bewehrung von Stahlbetondruckgliedern (1977).
Von *F. P. Müller* und *W. Eisenbiegler.* 8,20 EUR

285: Zur Traglast der ausmittig gedrückten Stahlbetonstütze mit Umschnürungsbewehrung (1977).
Von *B. Menne.* 8,60 EUR

286: Versuche über Teilflächenbelastung von Normalbeton (1977).
Von *P. Wurm* und *F. Daschner.* 10,70 EUR

287: Spannbetonbehälter für Siedewasserreaktoren mit einer Leistung von 1600 MWe (1977).
Von *F. Bremer* und *W. Spandick.* 6,80 EUR

288: Tragverhalten von aus Fertigteilen zusammengesetzten Scheiben.
Von *G. Mehlhorn* und *H. Schwing.*
Versuche zur Schubtragfähigkeit verzahnter Fugen (1977).
Von *G. Mehlhorn, H. Schwing* und *K.-R. Berg.* vergriffen

289: Prüfverfahren zur Beurteilung von Rostschutzmitteln für die Bewehrung von Gasbeton.
Von *W. Manns, H. Schneider, R. Schönfelder.*
Frostwiderstand von Beton.
Von *W. Manns* und *E. Hartmann.*
Zum Einfluss von Mineralölen auf die Festigkeit von Beton (1977).
Von *W. Manns* und *E. Hartmann.* 8,60 EUR

290: Studie über den Abbruch von Spannbeton-Reaktordruckbehältern.
Von *K. Kleiser, K. Essig, K. Cerff* und *H. K. Hilsdorf.*
Grundlagen eines Modells zur Beschreibung charakteristischer Eigenschaften des Betons (1977).
Von *F. H. Wittmann.* 14,40 EUR

291: Übergreifungsstöße von Rippenstäben unter schwellender Belastung.
Von *G. Rehm* und *R. Eligehausen.*
Übergreifungsstöße geschweißter Betonstahlmatten (1977).
Von *G. Rehm, R. Tewes* und *R. Eligehausen.* 10,70 EUR

Heft

292: Lösung versuchstechnischer Fragen bei der Ermittlung des Festigkeits- und Verformungsverhaltens von Beton unter dreiachsiger Belastung (1978). Von *D. Linse.* 8,40 EUR

293: Zur Messtechnik für die Sicherheitsbeurteilung und -überwachung von Spannbeton-Reaktordruckbehältern (1978). Von *N. Czaika, N. Mayer, C. Amberg, G. Magiera, G. Andreae* und *W. Markowski.* 11,50 EUR

294: Studien zur Auslegung von Spannbetondruckbehältern für wassergekühlte Reaktoren (1978). Von *K. Schimmelpfennig, G. Bäätjer, U. Eckstein, U. Ick* und *S. Wrage.* 10,70 EUR

295: Kriech- und Relaxationsversuche an sehr altem Beton. Von *H. Trost, H. Cordes* und *G. Abele.* Kriechen und Rückkriechen von Beton nach langer Lasteinwirkung. Von *P. Probst und S. Stöckl.* Versuche zum Einfluss des Belastungsalters auf das Kriechen von Beton (1978). Von *K. Wesche, I. Schrage* und *W. vom Berg.* 14,40 EUR

296: Die Bewehrung von Stahlbetonbauteilen bei Zwangsbeanspruchung infolge Temperatur (1978). Von *P. Noakowski.* vergriffen

297: Einfluss des Feuchtigkeitsgehaltes und des Reifegrades auf die Wärmeleitfähigkeit von Beton. Von *J. Hundt* und *A. Wagner.* Sorptionsuntersuchungen am Zementstein, Zementmörtel und Beton (1978). Von *J. Hundt* und *H. Kantelberg.* 8,60 EUR

298: Erfahrungen bei der Prüfung von temporären Korrosionsschutzmitteln für Spannstähle. Von *G. Rieche* und *J. Delille.* Untersuchungen über den Korrosionsschutz von Spannstählen unter Spritzbeton (1978). Von *G. Rehm, U. Nürnberger* und *R. Zimbelmann.* 8,10 EUR

299: Versuche an dickwandigen, unbewehrten Betonringen mit Innendruckbeanspruchung (1978). Von *J. Neuner, S. Stöckl* und *E. Grasser.* 8,60 EUR

300: Hinweise zu DIN 1045, Ausgabe Dezember 1978. Bearbeitet von *D. Bertram* und *H. Deutschmann.* Erläuterung der Bewehrungsrichtlinien (1979). Von *G. Rehm, R. Eligehausen* und *B. Neubert.* vergriffen

301: Übergreifungsstöße zugbeanspruchter Rippenstäbe mit geraden Stabenden (1979). Von *R. Eligehausen.* 12,90 EUR

302: Einfluss von Zusatzmitteln auf den Widerstand von jungem Beton gegen Rissbildung bei scharfem Austrocknen. Von *W. Manns* und *K. Zeus.* Spannungsoptische Untersuchungen zum Tragverhalten von zugbeanspruchten Übergreifungsstößen (1979). Von *M. Betzle.* 8,60 EUR

303: Querkraftschlüssige Verbindung von Stahlbetondeckenplatten (1979). Von *H. Paschen* und *V. C. Zillich.* 10,70 EUR

Heft

304: Kunstharzgebundene Glasfaserstäbe als Bewehrung im Betonbau. Von *G. Rehm* und *L. Franke.* Zur Frage der Krafteinleitung in kunstharzgebundene Glasfaserstäbe (1979). Von *G. Rehm, L. Franke* und *M. Patzak.* 9,40 EUR

305: Vorherbestimmung und Kontrolle des thermischen Ausdehnungskoeffizienten von Beton (1979). Von *S. Ziegeldorf K. Kleiser* und *H. K. Hilsdorf.* 7,30 EUR

306: Dreidimensionale Berechnung eines Spannbetonbehälters mit heißer Dichthaut für einen 1 500 MWe Druckwasserreaktor (1979). Von *E. Ettel, H. Hinterleitner, J. Német, A. Jungmann* und *H. Kopp.* 8,10 EUR

307: Zur Bemessung der Schubbewehrung von Stahlbetonbalken mit möglichst gleichmäßiger Zuverlässigkeit (1979). Von *W. Moosecker.* 8,10 EUR

308: Tragfähigkeit auf schrägen Druck von Brückenstegen, die durch Hüllrohre geschwächt sind. Von *R. Koch* und *F. S. Rostásy.* Spannungszustand aus Vorspannung im Bereich gekrümmter Spannglieder (1979). Von *V. Cornelius* und *G. Mehlhorn.* 10,10 EUR

309: Kunstharzmörtel und Kunstharzbetone unter Kurzzeit- und Dauerstandbelastung. Von *G. Rehm, L. Franke* und *K. Zeus.* Langzeituntersuchungen an epoxidharzverklebten Zementmörtelprismen (1980). Von *P. Jagfeld.* 10,00 EUR

310: Teilweise Vorspannung – Verbundfestigkeit von Spanngliedern und ihre Bedeutung für Rissbildung und Rissbreitenbeschränkung (1980). Von *H. Trost, H. Cordes, U. Thormaehlen* und *H. Hagen.* 19,90 EUR

311: Segmentäre Spannbetonträger im Brückenbau (1980). Von *K. Guckenberger, F. Daschner* und *H. Kupfer.* 18,00 EUR

312: Schwellenwerte beim Betondruckversuch (1980). Von *G. Schickert.* 18,00 EUR

313: Spannungs-Dehnungs-Linien von Leichtbeton. Von *H. Herrmann.* Versuche zum Kriechen und Schwinden von hochfestem Leichtbeton (1980). Von *P. Probst* und *S. Stöckl.* 14,50 EUR

314: Kurzzeitverhalten von extrem leichten Betonen, Druckfestigkeit und Formänderungen. Von *K. Bastgen* und *K. Wesche.* Die Schubtragfähigkeit bewehrter Platten und Balken aus dampfgehärtetem Gasbeton nach Versuchen (1980). Von *D. Briesemann.* 22,30 EUR

315: Bestimmung der Beulsicherheit von Schalen aus Stahlbeton unter Berücksichtigung der physikalisch-nicht-linearen Materialeigenschaften (1980). Von *W. Zerna, I. Mungan* und *W. Steffen.* 7,60 EUR

Heft

316: Versuche zur Bestimmung der Tragfähigkeit stumpf gestoßener Stahlbetonfertigteilstützen (1980). Von *H. Paschen* und *V. C. Zillich.* vergriffen

317: Untersuchungen über die Schwingfestigkeit geschweißter Betonstahlverbindungen (1981). Teil 1: Schwingfestigkeitsversuche. Von *G. Rehm, W. Harre* und *D. Russwurm.* Teil 2: Werkstoffkundliche Untersuchungen. Von *G. Rehm* und *U. Nürnberger.* 17,20 EUR

318: Eigenschaften von feuerverzinkten Überzügen auf kaltumgeformten Betonrippenstählen und Betonstahlmatten aus kaltgewälztem Betonrippenstahl. Technologische Eigenschaften von kaltgeformten Betonrippenstählen und Betonstahlmatten aus kaltgewalztem Betonrippenstahl nach einer Feuerverzinkung (1981). Von *U. Nürnberger.* 9,40 EUR

319: Vollstöße durch Übergreifung von zugbeanspruchten Rippenstählen in Normalbeton. Von *M. Betzle, S. Stöckl* und *H. Kupfer.* Vollstöße durch Übergreifung von zugbeanspruchten Rippenstählen in Leichtbeton. Von *S. Stöckl, M. Betzle* und *G. Schmidt-Thrö.* Verbundverhalten von Betonstählen, Untersuchung auf der Grundlage von Ausziehversuchen. Von *H. Martin* und *P. Noakowski.* Ermittlung der Verbundspannungen an gedrückten einbetonierten Betonstählen (1981). Von *F. P. Müller* und *W. Eisenbiegler.* 25,20 EUR

320: Erläuterungen zu DIN 4227 Spannbeton.
Teil 1: Bauteile aus Normalbeton mit beschränkter oder voller Vorspannung, Ausgabe 07.88
Teil 2: Bauteile mit teilweiser Vorspannung, Ausgabe 05.84
Teil 3: Bauteile in Segmentbauart; Bemessung und Ausführung der Fugen, Ausgabe 12.83
Teil 4: Bauteile aus Spannleichtbeton, Ausgabe 02.86
Teil 5: Einpressen von Zementmörtel in Spannkanäle, Ausgabe 12.79
Teil 6: Bauteile mit Vorspannung ohne Verbund, Ausgabe 05.82 (1989).
Zusammengestellt von *D. Bertram.* 34,30 EUR

321: Leichtzuschlag-Beton mit hohem Gehalt an Mörtelporen (1981). Von *H. Weigler, S. Karl* und *C. Jaegermann.* 6,20 EUR

322: Biegebemessung von Stahlleichtbeton, Ableitung der Spannungsverteilung in der Biegedruckzone aus Prismenversuchen als Grundlage für DIN 4219. Von *E. Grasser* und *P. Probst.* Versuche zur Aufnahme der Umlenkkräfte von gekrümmten Bewehrungsstäben durch Betondeckung und Bügel (1981). Von *J. Neuner* und *S. Stöckl.* 14,50 EUR

323: Zum Schubtragverhalten stabförmiger Stahlbetonelemente (1981). Von *R. Mallée.* 10,70 EUR

Heft

324: Wärmeausdehnung, Elastizitätsmodul, Schwinden, Kriechen und Restfestigkeit von Reaktorbeton unter einachsiger Belastung und erhöhten Temperaturen.
Von *H. Aschl* und *S. Stöckl*.
Versuche zum Einfluss der Belastungshöhe auf das Kriechen des Betons (1981).
Von *S. Stöckl*. 15,90 EUR

325: Großmodellversuche zur Spanngliedreibung (1981).
Von *H. Cordes, K. Schütt* und *H. Trost*. 10,70 EUR

326: Blockfundamente für Stahlbetonfertigstützen (1981).
Von *H. Dieterle* und *A. Steinle*. vergriffen

327: Versuche zur Knicksicherung von druckbeanspruchten Bewehrungsstäben (1981).
Von *J. Neuner* und *S. Stöckl*. 8,60 EUR

328: Zum Tragfähigkeitsnachweis für Wand-Decken-Knoten im Großtafelbau (1982).
Von *E. Hasse*. 14,50 EUR

329: Sachstandbericht Massenbeton.
Von *Deutscher Beton-Verein e.V.*
Untersuchungen an einem über 20 Jahre alten Spannbetonträger der Pliensaubrücke Esslingen am Neckar (1982).
Von *K. Schäfer* und *H. Scheef*. 8,60 EUR

330: Zusammenstellung und Beurteilung von Messverfahren zur Ermittlung der Beanspruchungen in Stahlbetonbauteilen (1982).
Von *H. Twelmeier* und *J. Schneefuß*. 12,10 EUR

331: Kleben im konstruktiven Betonbau (1982).
Von *G. Rehm* und *L. Franke*. 12,40 EUR

332: Anwendungsgrenzen von vereinfachten Bemessungsverfahren für schlanke, zweiachsig ausmittig beanspruchte Stahlbetondruckglieder.
Von *P. C. Olsen* und *U. Quast*.
Traglast von Druckgliedern mit vereinfachter Bügelbewehrung unter Feuerangriff.
Von *A. Haksever* und *R. Hass*.
Traglast von Druckgliedern mit vereinfachter Bügelbewehrung unter Normaltemperatur und Kurzzeitbeanspruchung (1982).
Von *K. Kordina* und *R. Mester*. 15,00 EUR

333. Festschrift „75 Jahre Deutscher Ausschuß für Stahlbeton“ (1982).
Von *D. Bertram, E. Bornemann, N. Bunke, H. Goffin, D. Jungwirth, K. Kordina, H. Kupfer, J. Schlaich, B. Wedler†* und *W. Zerna*. 22,60 EUR

334: Versuche an Spannbetonbalken unter kombinierter Beanspruchung aus Biegung, Querkraft und Torsion (1982).
Von *M. Teutsch* und *K. Kordina*. 10,20 EUR

335: Versuche zum Tragverhalten von segmentären Spannbetonträgern – Vergleichende Auswertung für Epoxidharz- und Zementmörtelfugen (1982).
Von *H. Kupfer, K. Guckenberger* und *F. Daschner*. 10,70 EUR

336: Tragfähigkeit und Verformung von Stahlbetonbalken unter Biegung und gleichzeitigem Zwang infolge Auflagerverschiebung (1982).
Von *K. Kordina, F. S. Rostásy* und *B. Svensvik*. 10,70 EUR

337: Verhalten von Beton bei hohen Temperaturen – Behaviour of Concrete at High Temperatures (1982).
Von *U. Schneider*. 15,50 EUR

338: Berechnung des zeitabhängigen Verhaltens von Stahlbetonplatten unter Last- und Zwangsbeanspruchung im ungerissenen und gerissenen Zustand (1982).
Von *G. Schaper*. 13,40 EUR

339: Stützenstöße im Stahlbeton-Fertigteilbau mit unbewehrten Elastomerlagern (1982).
Von *F. Müller, H. R. Sasse* und *U. Thormählen*. vergriffen

340: Durchlaufende Deckenkonstruktionen aus Spannbetonfertigteilplatten mit ergänzender Ortbetonschicht – Continuous Skin Stressed Slabs (1982).
Behaviour in Bending (Biegetrageverhalten).
Von *J. Rosenthal* und *E. Bljuger*.
Schubtragverhalten (Behaviour in Shear).
Von *F. Daschner* und *H. Kupfer*. 11,60 EUR

341: Zum Ansatz der Betonzugfestigkeit bei den Nachweisen zur Trag- und Gebrauchsfähigkeit von unbewehrten und bewehrten Betonbauteilen (1983).
Von *M. Jahn*. 8,60 EUR

342: Dynamische Probleme im Stahlbetonbau –
Teil I: Der Baustoff Stahlbeton unter dynamischer Beanspruchung (1983).
Von *F. P. Müller†, E. Keintzel* und *H. Charlier*. 18,80 EUR

343: Versuche zum Kriechen und Schwinden von hochfestem Leichtbeton. Versuche zum Rückkriechen von hochfestem Leichtbeton (1983).
Von *P. Hofmann* und *S. Stöckl*. 8,10 EUR

344: Versuche zur Teilflächenbelastung von Leichtbeton für tragende Konstruktionen.
Von *H. G. Heilmann*.
Teilflächenbelastung von Normalbeton – Versuche an bewehrten Scheiben (1983).
Von *P. Wurm* und *F. Daschner*. 12,60 EUR

345: Experimentelle Ermittlung der Steifigkeiten von Stahlbetonplatten (1983).
Von *H. Schäfer, K. Schneider* und *H. G. Schäfer*. 11,60 EUR

346: Tragfähigkeit geschweißter Verbindungen im Betonfertigteilbau.
Von *E. Cziesielski* und *M. Friedmann*.
Versuche zur Ermittlung der Tragfähigkeit in Beton eingespannter Rundstahldollen aus nichtrostendem austenitischem Stahl.
Von *G. Utescher* und *H. Herrmann*.
Untersuchungen über in Beton eingelassene Scherbolzen aus Betonstahl (1983).
Von *H. Paschen* und *T. Schönhoff*. vergriffen

347: Wirkung der Endhaken bei Vollstößen durch Übergreifung von zugbeanspruchten Rippenstählen.
Von *G. Schmidt-Thrö, S. Stöckl* und *M. Betzle*
Übergreifungs-Halbstoß mit kurzem Längsversatz ($l_v = 0{,}5\ 1_{ü}$) bei zugbeanspruchten Rippenstählen in Leichtbeton.
Von *M. Betzle, S. Stöckl* und *H. Kupfer*.
Rissflächen im Beton im Bereich von Übergreifungsstößen zugbeanspruchter Rippenstähle (1983).
Von *M. Betzle, S. Stöckl* und *H. Kupfer*. 17,40 EUR

348: Tragfähigkeit querkraftschlüssiger Fugen zwischen Stahlbeton-Fertigteildeckenelementen (1983).
Von *H. Paschen* und *V. C. Zillich*. vergriffen

349: Bestimmung des Wasserzementwertes von Frischbeton (1984).
Von *H. K. Hilsdorf*. 10,70 EUR

350: Spannbetonbauteile in Segmentbauart unter kombinierter Beanspruchung aus Torsion, Biegung und Querkraft.
Von *K. Kordina, M. Teutsch* und *V. Weber*.
Rissbildung von Segmentbauteilen in Abhängigkeit von Querschnittsausbildung und Spannstahlverbundeigenschaften.
Von *K. Kordina* und *V. Weber*.
Einfluss der Ausbildung unbewehrter Pressfugen auf die Tragfähigkeit von schrägen Druckstreben in den Stegen von Segmentbauteilen (1984).
Von *K. Kordina* und *V. Weber*. 16,70 EUR

351: Belastungs- und Korrosionsversuche an teilweise vorgespannten Balken.
Von *Günter Schelling* und *Ferdinand S. Rostásy*.
Teilweise Vorspannung – Plattenversuche (1984).
Von *Kassian Janovic* und *Herbert Kupfer*. 23,90 EUR

352: Empfehlungen für brandschutztechnisch richtiges Konstruieren von Betonbauwerken.
Von *K. Kordina* und *L. Krampf*.
Möglichkeiten, nachträglich die in einem Betonbauteil während eines Schadenfeuers aufgetretenen Temperaturen abzuschätzen.
Von *A. Haksever* und *L. Krampf*.
Brandverhalten von Decken aus Glasstahlbeton nach DIN 1045 (Ausg. 12.78), Abschn. 20.3.
Von *C. Meyer-Ottens*.
Eindringen von Chlorid-Ionen aus PVC-Abbrand in Stahlbetonbauteile – Literaturauswertung (1984).
Von *K. Wesche, G. Neroth* und *J. W. Weber*. vergriffen

353: Einpressmörtel mit langer Verarbeitungszeit.
Von *W. Manns* und *R. Zimbelmann*.
Auswirkung von Fehlstellen im Einpressmörtel auf die Korrosion des Spannstahls.
Von *G. Rehm, R. Frey* und *D. Funk*.
Korrosionsverhalten verzinkter Spannstähle in gerissenem Beton (1984).
Von *U. Nürnberger*. 30,60 EUR

354: Bewehrungsführung in Ecken und Rahmenendknoten.
Von *Karl Kordina*.
Vorschläge zur Bemessung rechteckiger und kranzförmiger Konsolen insbesondere unter exzentrischer Belastung aufgrund neuer Versuche (1984).
Von *Heinrich Paschen* und *Hermann Malonn*. vergriffen

Heft

355: Untersuchungen zur Vorspannung ohne Verbund.
Von *Heinrich Trost, Heiner Cordes* und *Bernhard Weller.*
Anwendung der Vorspannung ohne Verbund.
Von *Karl Kordina, Josef Hegger* und *Manfred Teutsch.*
Ermittlung der wirtschaftlichen Bewehrung von Flachdecken mit Vorspannung ohne Verbund (1984).
Von *Karl Kordina, Manfred Teutsch* und *Josef Hegger.* 20,90 EUR

356: Korrosionsschutz von Bauwerken, die im Gleitschalungsbau errichtet wurden (1984).
Von *Karl Kordina* und *Siegfried Droese.* 16,70 EUR

357: Konstruktion, Bemessung und Sicherheit gegen Durchstanzen von balkenlosen Stahlbetondecken im Bereich der Innenstützen (1984).
Von *Udo Schaefers.* vergriffen

358: Kriechen von Beton unter hoher zentrischer und exzentrischer Druckbeanspruchung (1985).
Von *Emil Grasser* und *Udo Kraemer.* 15,30 EUR

359: Versuche zur Ermüdungsbeanspruchung der Schubbewehrung von Stahlbetonträgern.
Von *Klaus Guckenberger, Herbert Kupfer* und *Ferdinand Daschner.*
Vorgespannte Schubbewehrung (1985).
Von *Jürgen Ruhnau* und *Herbert Kupfer.* 25,20 EUR

360: Festigkeitsverhalten und Strukturveränderungen von Beton bei Temperaturbeanspruchung bis 250 °C (1985).
Von *Jürgen Seeberger, Jörg Kropp* und *Hubert K. Hilsdorf.* 18,80 EUR

361: Beitrag zur Bemessung von schlanken Stahlbetonstützen für schiefe Biegung mit Achsdruck unter Kurzzeit- und Dauerbelastung – Contribution to the Design of Slender Reinforced Concrete Columns Subjected to Biaxial Bending and Axial Compression Considering Short and Long Term Loadings (1985).
Von *Nelson Szilard Galgoul.* 21,50 EUR

362: Versuche an Konstruktionsleichtbetonbauteilen unter kombinierter Beanspruchung aus Torsion, Biegung und Querkraft (1985).
Von *Karl Kordina* und *Manfred Teutsch.* 13,40 EUR

363: Versuche zur Mitwirkung des Betons in der Zugzone von Stahlbetonröhren (1985).
Von *Jörg Schlaich* und *Hans Schober.* 14,50 EUR

364: Empirische Zusammenhänge zur Ermittlung der Schubtragfähigkeit stabförmiger Stahlbetonelemente (1985).
Von *Karl Kordina* und *Franz Blume.* 11,80 EUR

365: Experimentelle Untersuchungen bewehrter und hohler Prüfkörper aus Normalbeton mittels eines zwängungsarmen Krafteinleitungssystems (1985).
Von *Manfred Specht, Rita Schmidt* und *Hartmut Kappes.* 16,10 EUR

366: Grundsätzliche Untersuchungen zum Geräteeinfluss bei der mehraxialen Druckprüfung von Beton (1985).
Von *Helmut Winkler.* 29,00 EUR

Heft

367: Verbundverhalten von Bewehrungsstählen unter Dauerbelastung in Normal- und Leichtbeton.
Von *Kassian Janovic.*
Übergreifungsstöße geschweißter Betonstahlmatten.
Von *Gallus Rehm* und *Rüdiger Tewes.*
Übergreifungsstöße geschweißter Betonstahlmatten in Stahlleichtbeton (1986).
Von *Gallus Rehm* und *Rüdiger Tewes.* 14,50 EUR

368: Fugen und Aussteifungen in Stahlbetonskelettbauten (1986).
Von *Bernd Hock, Kurt Schäfer* und *Jörg Schlaich.* vergriffen

369: Versuche zum Verhalten unterschiedlicher Stahlsorten in stoßbeanspruchten Platten (1986).
Von *Josef Eibl* und *Klaus Kreuser.* 13,40 EUR

370: Einfluss von Rissen auf die Dauerhaftigkeit von Stahlbeton- und Spannbetonbauteilen.
Von *Peter Schießl.*
Dauerhaftigkeit von Spanngliedern unter zyklischen Beanspruchungen.
Von *Heiner Cordes.*
Beurteilung der Betriebsfestigkeit von Spannbetonbrücken im Koppelfugenbereich unter besonderer Berücksichtigung einer möglichen Rissbildung.
Von *Gert König* und *Hans-Christian Gerhardt.*
Nachweis zur Beschränkung der Rissbreite in den Normen des Deutschen Ausschusses für Stahlbeton (1986).
Von *Eilhard Wölfel.* vergriffen

371: Tragfähigkeit durchstanzgefährdeter Stahlbetonplatten-Entwicklung von Bemessungsvorschlägen (1986).
Von *Karl Kordina* und *Diedrich Nölting.* vergriffen

372: Literaturstudie zur Schubsicherung bei nachträglich ergänzten Querschnitten.
Von *Ferdinand Daschner* und *Herbert Kupfer.*
Versuche zur notwendigen Schubbewehrung zwischen Betonfertigteilen und Ortbeton.
Von *Ferdinand Daschner.*
Verminderte Schubdeckung in Stahlbeton- und Spannbetonträgern mit Fugen parallel zur Tragrichtung unter Berücksichtigung nicht vorwiegend ruhender Lasten.
Von *Ingo Nissen, Ferdinand Daschner* und *Herbert Kupfer.*
Literaturstudie über Versuche mit sehr hohen Schubspannungen (1986).
Von *Herbert Kupfer* und *Ferdinand Daschner.* vergriffen

373: Empfehlungen für die Bewehrungsführung in Rahmenecken und -knoten.
Von *Karl Kordina, Ehrenfried Schaaff* und *Thomas Westphal.*
Das Übertragungs- und Weggrößenverfahren für ebene Stahlbetonstabtragwerke unter Verwendung von Tangentensteifigkeiten (1986).
Von *Poul Colberg Olsen.* vergriffen

374: Schwingfestigkeitsverhalten von Betonstählen unter wirklichkeitsnahen Beanspruchungs- und Umgebungsbedingungen (1986).
Von *Gallus Rehm, Wolfgang Harre* und *Willibald Beul.* 14,50 EUR

Heft

375: Grundlagen und Verfahren für den Knicksicherheitsnachweis von Druckgliedern aus Konstruktionsleichtbeton.
Von *Roland Molzahn.*
Einfluss des Kriechens auf Ausbiegung und Tragfähigkeit schlanker Stützen aus Konstruktionsleichtbeton (1986).
Von *Roland Molzahn.* 13,40 EUR

376: Trag- und Verformungsfähigkeit von Stützen bei großen Zwangsverschiebungen der Decken.
Von *Peter Steidle* und *Kurt Schäfer.*
Versuche an Stützen mit Normalkraft und Zwangsverschiebungen (1986).
Von *Rolf Wohlfahrt* und *Rainer Koch.* 22,60 EUR

377: Versuche zur Schubtragwirkung von profilierten Stahlbeton- und Spannbetonträgern mit überdrückten Gurtplatten (1986).
Von *Herbert Kupfer* und *Klaus Guckenberger.* 14,00 EUR

378: Versuche über das Verbundverhalten von Rippenstählen bei Anwendung des Gleitbauverfahrens.
Teilbericht I:
Ausziehversuche, Proben in Utting hergestellt.
Von *Gerfried Schmidt-Thrö* und *Siegfried Stöckl.*
Teilbericht II:
Versuche zur Bestimmung charakteristischer Betoneigenschaften bei Anwendung des Gleitbauverfahrens.
Von *Gerfried Schmidt-Thrö, Siegfried Stöckl* und *Herbert Kupfer.*
Teilbericht III:
Ausziehversuche und Versuche an Übergreifungsstößen, Proben in Berlin bzw. Köln hergestellt.
Von *Klaus Kluge, Gerfried Schmidt-Thrö, Siegfried Stöckl* und *Herbert Kupfer.*
Einfluss der Probekörperform und der Messpunktanordnung auf die Ergebnisse von Ausziehversuchen (1986).
Von *Gerfried Schmidt-Thrö, Siegfried Stöckl* und *Herbert Kupfer.* 27,40 EUR

379: Experimentelle und analytische Untersuchungen zur wirklichkeitsnahen Bestimmung der Bruchschnittgrößen unbewehrter Betonbauteile unter Zugbeanspruchung, (1987).
Von *Dietmar Scheidler.* 16,70 EUR

380: Eigenspannungszustand in Stahl- und Spannbetonkörpern infolge unterschiedlichen thermischen Dehnverhaltens von Beton und Stahl bei tiefen Temperaturen.
Von *Ferdinand S. Rostásy* und *Jochen Scheuermann.*
Verbundverhalten einbetonierten Betonrippenstahls bei extrem tiefer Temperatur.
Von *Ferdinand S. Rostásy* und *Jochen Scheuermann.*
Versuche zur Biegetragfähigkeit von Stahlbetonplattenstreifen bei extrem tiefer Temperatur (1987).
Von *Günter Wiedemann, Jochen Scheuermann, Karl Kordina* und *Ferdinand S. Rostásy.* 19,90 EUR

381: Schubtragverhalten von Spannbetonbauteilen mit Vorspannung ohne Verbund.
Von *Karl Kordina* und *Josef Hegger.*
Systematische Auswertung von Schubversuchen an Spannbetonbalken (1987).
Von *Karl Kordina* und *Josef Hegger.* 21,50 EUR

Heft

382: Berechnen und Bemessen von Verbundprofilstäben bei Raumtemperatur und unter Brandeinwirkung (1987).
Von *Otto Jungbluth* und *Werner Gradwohl.* 16,70 EUR

383: Unbewehrter und bewehrter Beton unter Wechselbeanspruchung (1987).
Von *Helmut Weigler* und *Karl-Heinz-Rings.* 12,10 EUR

384: Einwirkung von Streusalzen auf Betone unter gezielt praxisnahen Bedingungen (1987).
Von *Reinhard Frey.* 7,80 EUR

385: Das Schubtragverhalten schlanker Stahlbetonbalken – Theoretische und experimentelle Untersuchungen für Leicht- und Normalbeton.
Von *Helmut Kirmair.*
Rissverhalten im Schubbereich von Stahlleichtbetonträgern (1987).
Von *Kassian Janovic.* 18,80 EUR

386: Das Tragverhalten von Beton– Einfluss der Festigkeit und der Erhärtungsbedingungen (1987).
Von *Helmut Weigler* und *Eike Bielak.* 13,40 EUR

387: Tragverhalten quadratischer Einzelfundamente aus Stahlbeton.
Von *Hannes Dieterle* und *Ferdinand S. Rostásy.*
Zur Bemessung quadratischer Stützenfundamente aus Stahlbeton unter zentrischer Belastung mit Hilfe von Bemessungsdiagrammen (1987).
Von *Hannes Dieterle.* 23,10 EUR

388: Wandartige Träger mit Auflagerverstärkungen und vertikalen Arbeitsfugen (1987).
Von *Jens Götsche* und *Heinrich Twelmeier†.* 17,80 EUR

389: Verankerung der Bewehrung am Endauflager bei einachsiger Querpressung.
Von *Gerfried Schmidt-Thrö, Siegfried Stöckl* und *Herbert Kupfer.*
Einfluss einer einachsigen Querpressung und der Verankerungslänge auf das Verbundverhalten von Rippenstählen im Beton.
Von *Gerfried Schmidt-Thrö, Siegfried Stöckl* und *Herbert Kupfer.*
Rissflächen im Beton im Bereich einer auf Zug beanspruchten Stabverankerung (1988).
Von *Gerfried Schmidt-Thrö.* 27,90 EUR

390: Einfluss von Betongüte, Wasserhaushalt und Zeit auf das Eindringen von Chloriden in Beton.
Von *Gallus Rehm, Ulf Nürnberger; Bernd Neubert* und *Frank Nenninger.*
Chloridkorrosion von Stahl in gerissenem Beton.
A – Bisheriger Kenntnisstand.
B – Untersuchungen an der 30 Jahre alten Westmole in Helgoland.
C – Auslagerung gerissener, mit unverzinkten und feuerverzinkten Stählen bewehrten Stahlbetonbalken auf Helgoland (1988).
Von *Gallus Rehm, Ulf Nürnberger* und *Bernd Neubert.* vergriffen

391: Biegetragverhalten und Bemessung von Trägern mit Vorspannung ohne Verbund.
Von *Josef Zimmermann.*
Experimentelle Untersuchung zum Biegetragverhalten von Durchlaufträgern mit Vorspannung ohne Verbund (1988).
Von *Bernhard Weller.* 25,70 EUR

Heft

392: Dynamische Probleme im Stahlbetonbau – Teil II: Stahlbetonbauteile und -bauwerke unter dynamischer Beanspruchung (1988).
Von *Josef Eibl, Einar Keintzel* und *Hermann Charlier.* vergriffen

393: Querschnittsbericht zur Rissbildung in Stahl- und Spannbetonkonstruktionen.
Von *Rolf Eligehausen* und *Helmut Kreller.*
Korrosion von Stahl in Beton – einschließlich Spannbeton (1988).
Von *Ulf Nürnberger, Klaus Menzel Armin Löhr* und *Reinhard Frey.* vergriffen

394: Nachweisverfahren für Verankerung, Verformung, Zwangbeanspruchung und Rissbreite. Kontinuierliche Theorie der Mitwirkung des Betons auf Zug. Rechenhilfen für die Praxis (1988).
Von *Piotr Noakowski.* vergriffen

395: Berechnung von Temperatur-, Feuchte- und Verschiebungsfeldern in erhärtenden Betonbauteilen nach der Methode der finiten Elemente (1988).
Von *Holger Hamfler.* 30,00 EUR

396: Rissbreitenbeschränkung und Mindestbewehrung bei Eigenspannungen und Zwang (1988).
Von *Manfred Puche.* 31,20 EUR

397: Spezielle Fragen beim Schweißen von Betonstählen.
Gleichmaßdehnung von Betonstählen (1989).
Von *Dieter Rußwurm.* 16,10 EUR

398: Zur Faltwerkwirkung der Stahlbetontreppen (1989).
Von *Hans-Heinrich Osteroth.* vergriffen

399: Das Bewehren von Stahlbetonbauteilen – Erläuterungen zu verschiedenen gebräuchlichen Bauteilen (1993).
Von *Rolf Eligehausen* und *Roland Gerster.* 25,70 EUR

400: Erläuterungen zu DIN 1045, Beton und Stahlbeton, Ausgabe 07.88.
Zusammengestellt von *Dieter Bertram* und *Norbert Bunke.*
Hinweise für die Verwendung von Zement zu Beton.
Von *Justus Bonzel* und *Karsten Rendchen.*
Grundlagen der Neuregelung zur Beschränkung der Rissbreite.
Von *Peter Schießl.*
Erläuterungen zur Richtlinie für Beton mit Fließmitteln und für Fließbeton.
Von *Justus Bonzel* und *Eberhard Siebel.*
Erläuterungen zur Richtlinie Alkali-Reaktion im Beton (1989). 4. Auflage 1994 (3. berichtigter Nachdruck).
Von *Justus Bonzel, Jürgen Dahms* und *Jürgen Krell.* 38,60 EUR

401: Anleitung zur Bestimmung des Chloridgehaltes von Beton.
Arbeitskreis: Prüfverfahren – Chlorideindringtiefe.
Leitung: *Rupert Springenschmid.*
Schnellbestimmung des Chloridgehaltes von Beton.
Von *Horst Dorner, Günter Kleiner.*
Bestimmung des Chloridgehaltes von Beton durch Direktpotentiometrie. (1989).
Von *Horst Dorner.* vergriffen

Heft

402: Kunststoffbeschichtete Betonstähle (1989).
Von *Gallus Rehm, Rainer Blum, Elke Fielker, Reinhard Frey, Dieter Junginger, Bernhard Kipp, Peter Langer Klaus Menzel* und *Ferdinand Nagel.* 29,00 EUR

403: Wassergehalt von Beton bei Temperaturen von 100 °C bis 500 °C im Bereich des Wasserdampfpartialdruckes von 0 bis 5,0 MPa.
Von *Wilhelm Manns* und *Bernd Neubert.*
Permeabilität und Porosität von Beton bei hohen Temperaturen (1989).
Von *Ulrich Schneider* und *Hans Joachim Herbst.* 14,00 EUR

404: Verhalten von Beton bei mäßig erhöhten Betriebstemperaturen (1989).
Von *Harald Budelmann.* 24,70 EUR

405: Korrosion und Korrosionsschutz der Bewehrung im Massivbau
– neuere Forschungsergebnisse
– Folgerungen für die Praxis
– Hinweise für das Regelwerk (1990).
Von *Ulf Nürnberger.* vergriffen

406: Die Berechnung von ebenen, in ihrer Ebene belasteten Stahlbetonbauteilen mit der Methode der Finiten Elemente (1990).
Von *Günter Borg.* vergriffen

407: Zwang und Rissbildung in Wänden auf Fundamenten (1990).
Von *Ferdinand S. Rostásy* und *Wolfgang Henning.* 25,70 EUR

408: Druck und Querzug in bewehrten Betonelementen.
Von *Kurt Schäfer, Günther Schelling* und *Thomas Kuchler.*
Altersabhängige Beziehung zwischen der Druck- und Zugfestigkeit von Beton im Bauwerk – Bauwerkszugfestigkeit – (1990).
Von *Ferdinand S. Rostásy* und *Ernst-Holger Ranisch.* 25,70 EUR

409: Zum nichtlinearen Trag- und Verformungsverhalten von Stahlbetonstabtragwerken unter Last- und Zwangeinwirkung (1990).
Von *Helmut Kreller.* 21,50 EUR

410: Kunststoffbeschichtungen auf ständig durchfeuchtetem Beton – Adhäsionseigenschaften, Eignungsprüfkriterien, Beschichtungsgrundsätze (1990).
Von *Michael Fiebrich.* 20,40 EUR

411: Untersuchungen über das Tragverhalten von Köcherfundamenten (1990).
Von *Georg-Wilhelm Mainka* und *Heinrich Paschen.* 22,60 EUR

412: Mindestbewehrung zwangbeanspruchter dicker Stahlbetonbauteile (1990).
Von *Manfred Helmus.* 24,70 EUR

413: Experimentelle Untersuchungen zur Bestimmung der Druckfestigkeit des gerissenen Stahlbetons bei einer Querzugbeanspruchung (1990).
Von *Johann Kollegger* und *Gerhard Mehlhorn.* 27,90 EUR

414: Versuche zur Ermittlung von Schalungsdruck und Schalungsreibung im Gleitbau (1990).
Von *Karl Kordina* und *Siegfried Droese.* 19,30 EUR

Heft

415: Programmgesteuerte Berechnung beliebiger Massivbauquerschnitte unter zweiachsiger Biegung mit Längskraft (Programm MASQUE) (1990).
Von *Dirk Busjaeger* und *Ulrich Quast.* 31,20 EUR

416: Betonbau beim Umgang mit wassergefährdenden Stoffen – Sachstandsbericht (1991).
Von *Thomas Fehlhaber, Gert König, Siegfried Mängel, Hermann Poll, Hans-Wolf Reinhardt, Carola Reuter, Peter Schießl, Bernd Schnütgen, Gerhard Spanka Friedhelm Stangenberg, Gerd Thielen* und *Johann-Dietrich Wörner.* 37,60 EUR

417: Stahlbeton- und Spannbetonbauteile bei extrem tiefer Temperatur– Versuche und Berechnungsansätze für Lasten und Zwang (1991).
Von *Uwe Pusch* und *Ferdinand S. Rostásy.* 22,60 EUR

418: Warmbehandlung von Beton durch Mikrowellen (1991).
Von *Ulrich Schneider* und *Frank Dumat.* 30,00 EUR

419: Bruchmechanisches Verhalten von Beton unter monotoner und zyklischer Zugbeanspruchung (1991).
Von *Herbert Duda.* 17,20 EUR

420: Versuche zum Kriechen und zur Restfestigkeit von Beton bei mehrachsiger Beanspruchung.
Von *Norbert Lanig, Siegfried Stöckl* und *Herbert Kupfer.*
Kriechen von Beton nach langer Lasteinwirkung.
Von *Norbert Lanig* und *Siegfried Stöckl.*
Frühe Kriechverformungen des Betons (1991).
Von *Heinrich Trost* und *Hans Paschmann.* 24,70 EUR

421: Entwicklung radiographischer Untersuchungsmethoden des Verbundverhaltens von Stahl und Beton (1991).
Von *Andrea Steinwedel.* 22,60 EUR

422: Prüfung von Beton-Empfehlungen und Hinweise als Ergänzung zu DIN 1048 (1991).
Zusammengestellt von *Norbert Bunke.* 33,30 EUR

423: Experimentelle Untersuchungen des Trag- und Verformungsverhaltens schlanker Stahlbetondruckglieder mit zweiachsiger Ausmitte.
Von *Rainer Grzeschkowitz, Karl Kordina* und *Manfred Teutsch.*
Erweiterung von Traglastprogrammen für schlanke Stahlbetondruckglieder (1992).
Von *Rainer Grzeschkowitz* und *Ulrich Quast.* 23,60 EUR

424: Tragverhalten von Befestigungen unter Querlasten in ungerissenem Beton (1992).
Von *Werner Fuchs.* 29,00 EUR

425: Bemessungshilfsmittel zu Eurocode 2 Teil 1 (DIN V ENV 1992 Teil 1-1, Ausgabe 06.92).
Planung von Stahlbeton- und Spannbetontragwerken (1992).
3. ergänzte Auflage 1997.
Von *Karl Kordina* u. a. 40,90 EUR

426: Einfluss der Probekörperform auf die Ergebnisse von Ausziehversuchen – Finite-Element-Berechnung – (1992).
Von *Jürgen Mainz* und *Siegfried Stöckl.* 19,30 EUR

Heft

427: Verminderte Schubdeckung in Betonträgern mit Fugen parallel zur Tragrichtung bei sehr hohen Schubspannungen und nicht vorwiegend ruhenden Lasten (1992).
Von *Ferdinand Daschner* und *Herbert Kupfer.* 14,00 EUR

428: Entwicklung eines Expertensystems zur Beurteilung, Beseitigung und Vorbeugung von Oberflächenschäden an Betonbauteilen (1992).
Von *Michael Sohni.* 20,40 EUR

429: Der Einfluss mechanischer Spannungen auf den Korrosionswiderstand zementgebundener Baustoffe (1992).
Von *Ulrich Schneider, Erich Nägele Frank Dumat* und *Steffen Holst.* 20,40 EUR

430: Standardisierte Nachweise von häufigen D-Bereichen (1992).
Von *Mattias Jennewein* und *Kurt Schäfer.* 20,40 EUR

431: Spannungsumlagerungen in Verbundquerschnitten aus Fertigteilen und Ortbeton statisch bestimmter Träger infolge Kriechen und Schwinden unter Berücksichtigung der Rissbildung (1992).
Von *Günther Ackermann, Erich Raue, Lutz Ebel* und *Gerhard Setzpfandt.* vergriffen

432: Lineare und nichtlineare Theorie des Kriechens und der Relaxation von Beton unter Druckbeanspruchung (1992).
Von *Jing-Hua Shen.* 12,90 EUR

433: Zur chloridinduzierten Makroelementkorrosion von Stahl in Beton (1992).
Von *Michael Raupach.* 23,60 EUR

434: Beurteilung der Wirksamkeit von Steinkohlenflugaschen als Betonzusatzstoff (1993).
Von *Franz Sybertz.* 23,60 EUR

435: Zur Spannungsumlagerung im Spannbeton bei der Rissbildung unter statischer und wiederholter Belastung (1993).
Von *Nguyen Viet Tue.* 18,30 EUR

436: Zum karbonatisierungsbedingten Verlust der Dauerhaftigkeit von Außenbauteilen aus Stahlbeton (1993).
Von *Dieter Bunte.* 27,90 EUR

437: Festigkeit und Verformung von Beton bei hoher Temperatur und biaxialer Beanspruchung – Versuche und Modellbildung – (1994).
Von *Karl-Christian Thienel.* 22,60 EUR

438: Hochfester Beton, Sachstandsbericht, Teil 1: Betontechnologie und Betoneigenschaften.
Von *Ingo Schrage.*
Teil 2: Bemessung und Konstruktion (1994).
Von *Gert König, Harald Bergner, Rainer Grimm, Markus Held, Gerd Remmel* und *Gerd Simsch.* 19,30 EUR

439: Ermüdungsfestigkeit von Stahlbeton und Spannbetonbauteilen mit Erläuterungen zu den Nachweisen gemäß CEB-FIP. Model Code 1990 (1994).
Von *Gert König* und *Ireneusz Danielewicz.* 21,50 EUR

Heft

440: Untersuchung zur Durchlässigkeit von faserfreien und faserverstärkten Betonbauteilen mit Trennrissen.
Von *Masaaki Tsukamoto.*
Gitterschnittkennwert als Kriterium für die Adhäsionsgüte von Oberflächenschutzsystemen auf Beton (1994).
Von *Michael Fiebrich.* 18,30 EUR

441: Physikalisch nichtlineare Berechnung von Stahlbetonplatten im Vergleich zur Bruchlinientheorie (1994).
Von *Andreas Pardey.* 36,50 EUR

442: Versuche zum Kriechen von Beton bei mehrachsiger Beanspruchung – Auswertung auf der Basis von errechneten elastischen Anfangsverformungen.
Von *Henric Bierwirth, Siegfried Stöckl* und *Herbert Kupfer.*
Kriechen, Rückkriechen und Dauerstandfestigkeit von Beton bei unterschiedlichem Feuchtegehalt und Verwendung von Portlandzement bzw. Portlandkalksteinzement (1994).
Von *Dirk Nechvatal, Siegfried Stöckl* und *Herbert Kupfer.* 20,40 EUR

443: Schutz und Instandsetzung von Betonbauteilen unter Verwendung von Kunststoffen – Sachstandsbericht – (1994).
Von *H. Rainer Sasse* u. a. 51,60 EUR

444: Zum Zug- und Schubtragverhalten von Bauteilen aus hochfestem Beton (1994).
Von *Gerd Remmel.* 23,60 EUR

445: Zum Eindringverhalten von Flüssigkeiten und Gasen in ungerissenen Beton.
Von *Thomas Fehlhaber.*
Eindringverhalten von Flüssigkeiten in Beton in Abhängigkeit von der Feuchte der Probekörper und der Temperatur.
Von *Massimo Sosoro* und *Hans-Wolf Reinhardt.*
Untersuchung der Dichtheit von Vakuumbeton gegenüber wassergefährdenden Flüssigkeiten (1994).
Von *Reinhard Frey* und *Hans-Wolf Reinhardt.* 27,90 EUR

446: Modell zur Vorhersage des Eindringverhaltens von organischen Flüssigkeiten in Beton (1995).
Von *Massimo Sosoro.* 17,20 EUR

447: Versuche zum Verhalten von Beton unter dreiachsiger Kurzzeitbeanspruchung.
Tests on the Behaviour of Concrete under Triaxial Shorttime Loading.
Von *Ulrich Scholz, Dirk Nechvatal, Helmut Aschl, Diethelm Linse, Emil Grasser* und *Herbert Kupfer.*
Auswertung von Versuchen zur mehrachsigen Betonfestigkeit, die an der Technischen Universität München durchgeführt wurden.
Evaluation of the Multiaxial Strength of Concrete Tested at Technische Universität München.
Von *Zhenhai Guo, Yunlong Zhou* und *Dirk Nechvatal.*
Versuche zur Methode der Verformungsmessung an dreiachsig beanspruchten Betonwürfeln.
Tests on Methods for Strain Measurements on Cubic Specimen of Concrete under Triaxial Loading (1995).
Von *Christian Dialer, Norbert Lanig, Siegfried Stöckl* und *Cölestin Zelger.* 25,70 EUR

Heft

448: Veränderung des Betongefüges durch die Wirkung von Steinkohlenflugasche und ihr Einfluss auf die Betoneigenschaften (1995).
Von *Reiner Härdtl.* 18,30 EUR

449: Wirksame Betonzugfestigkeit im Bauwerk bei früh einsetzendem Temperaturzwang (1995).
Von *Peter Onken* und *Ferdinand S. Rostásy.* 20,40 EUR

450: Prüfverfahren und Untersuchungen zum Eindringen von Flüssigkeiten und Gasen in Beton sowie zum chemischen Widerstand von Beton.
Von *Hans Paschmann, Horst Grube* und *Gerd Thielen.*
Untersuchungen zum Eindringen von Flüssigkeiten in Beton sowie zur Verbesserung der Dichtheit des Betons (1995).
Von *Hans Paschmann, Horst Grube* und *Gerd Thielen.* 23,60 EUR

451: Beton als sekundäre Dichtbarriere gegenüber umweltgefährdenden Flüssigkeiten (1995).
Von *Michael Aufrecht.* vergriffen

452: Wöhlerlinien für einbetonierte Spanngliedkopplungen.
- Dauerschwingversuche an Spanngliedkopplungen des Litzenspannverfahrens D & W.
Von *Gert König* und *Roland Sturm.*
- Dauerschwingversuche an Spanngliedkopplungen des Bündelspanngliedes BBRV-SUSPA II (1995).
Von *Gert König* und *Ireneusz Danielewicz.* 16,10 EUR

453: Ein durchgängiges Ingenieurmodell zur Bestimmung der Querkrafttragfähigkeit im Bruchzustand von Bauteilen aus Stahlbeton mit und ohne Vorspannung der Festigkeitsklassen C 12 bis C 115 (1995).
Von *Manfred Specht* und *Hans Scholz.* 23,60 EUR

454: Tragverhalten von randfernen Kopfbolzenverankerungen bei Betonbruch (1995).
Von *Guochen Zhao.* 20,40 EUR

455: Wasserdurchlässigkeit und Selbstheilung von Trennrissen in Beton (1996).
Von *Carola Katharina Edvardsen.* 23,60 EUR

456: Zum Schubtragverhalten von Fertigplatten mit Ortbetonergänzung.
Von *Horst Georg Schäfer* und *Wolfgang Schmidt-Kehle.*
Oberflächenrauheit und Haftverbund.
Von *Horst Georg Schäfer, Klaus Block* und *Rita Drell.*
Zur Oberflächenrauheit von Fertigplatten mit Ortbetonergänzung.
Von *Horst Georg Schäfer* und *Wolfgang Schmidt-Kehle.*
Ortbetonergänzte Fertigteilbalken mit profilierter Anschlussfuge unter hoher Querkraftbeanspruchung (1996).
Von *Horst Georg Schäfer* und *Wolfgang Schmidt-Kehle.* 30,00 EUR

457: Verbesserung der Undurchlässigkeit, Beständigkeit und Verformungsfähigkeit von Beton.
Von *Udo Wiens, Fritz Grahn* und *Peter Schießl.*
Durchlässigkeit von überdrückten Trennrissen im Beton bei Beaufschlagung mit wassergefährdenden Flüssigkeiten.
Von *Norbert Brauer* und *Peter Schießl.*
Untersuchungen zum Eindringen von Flüssigkeiten in Beton, zur Dekontamination von Beton sowie zur Dichtheit von Arbeitsfugen (1996).
Von *Hans Paschmann* und *Horst Grube.* vergriffen

458: Umweltverträglichkeit zementgebundener Baustoffe – Sachstandsbericht – (1996).
Von *Inga Hohberg, Christoph Müller, Peter Schießl* und *Gerhard Volland.* 20,40 EUR

459: Bemessen von Stahlbetonbalken und -wandscheiben mit Öffnungen (1996).
Von *Hermann Ulrich Hottmann* und *Kurt Schäfer.* 26,90 EUR

460: Fließverhalten von Flüssigkeiten in durchgehend gerissenen Betonkonstruktionen (1996).
Von *Christiane Imhof-Zeitler.* 32,20 EUR

461: Grundlagen für den Entwurf, die Berechnung und konstruktive Durchbildung lager- und fugenloser Brücken (1996).
Von *Michael Pötzl, Jörg Schlaich* und *Kurt Schäfer.* 21,50 EUR

462: Umweltgerechter Rückbau und Wiederverwertung mineralischer Baustoffe – Sachstandsbericht (1996).
Von *Peter Grübl* u. a. 32,20 EUR

463: Contec ES – Computer Aided Consulting für Betonoberflächenschäden (1996).
Von *Gabriele Funk.* vergriffen

464: Sicherheitserhöhung durch Fugenverminderung – Spannbeton im Umweltbereich.
Von *Jens Schütte, Manfred Teutsch* und *Horst Falkner.*
Fugen in chemisch belasteten Betonbauteilen.
Von *Hans-Werner Nordhues* und *Johann-Dietrich Wörner.*
Durchlässigkeit und konstruktive Konzeption von Fugen (Fertigteilverbindungen) (1996).
Von *Marko Bida* und *Klaus-Peter Grote.* 31,20 EUR

465: Dichtschichten aus hochfestem Faserbeton.
Von *Martina Lemberg.*
Dichtheit von Faserbetonbauteilen (synthetische Fasern) (1996).
Von *Johann-Dietrich Wörner, Christiane Imhof-Zeitler* und *Martina Lemberg.* 29,00 EUR

466: Grundlagen und Bemessungshilfen für die Rissbreitenbeschränkung im Stahlbeton und Spannbeton sowie Kom-mentare, Hintergrundinformationen und Anwendungsbeispiele zu den Regelungen nach DIN 1045. EC2 und Model Code 90 (1996).
Von *Gert König* und *Nguyen Viet Tue.* 21,50 EUR

467: Verstärken von Betonbauteilen – Sachstandsbericht – (1996).
Von *Horst Georg Schäfer* u. a. 18,30 EUR

468: Stahlfaserbeton für Dicht- und Verschleißschichten auf Betonkonstruktionen.
Von *Burkhard Wienke.*
Einfluss von Stahlfasern auf das Verschleißverhalten von Betonen unter extremen Betriebsbedingungen in Bunkern von Abfallbehandlungsanlagen (1996).
Von *Thomas Höcker.* 26,90 EUR

469: Schadensablauf bei Korrosion der Spannbewehrung (1996).
Von *Gert König, Nguyen Viet Tue, Thomas Bauer* und *Dieter Pommerening.* 16,10 EUR

470: Anforderungen an Stahlbetonlager thermischer Behandlungsanlagen für feste Siedlungsabfälle.
Von *Georg Zimmermann.*
Temperaturbeanspruchungen in Stahlbetonlagern für feste Siedlungsabfälle (1996).
Von *Ralf Brüning.* 36,50 EUR

471: Zum Bruchverhalten von hochfestem Beton bei einer Zugbeanspruchung durch formschlüssige Verankerungen (1997).
Von *Ralf Zeitler.* 17,20 EUR

472: Segmentbalken mit Vorspannung ohne Verbund unter kombinierter Beanspruchung aus Torsion, Biegung und Querkraft.
Von *Horst Falkner, Manfred Teutsch* und *Zhen Huang.*
Eurocode 8: Tragwerksplanung von Bauten in Erdbebengebieten Grundlagen, Anforderungen. Vergleich mit DIN 4149 (1997).
Von *Dan Constantinescu.* 16,10 EUR

473: Zum Verbundtragverhalten laschenverstärkter Betonbauteile unter nicht vorwiegend ruhender Beanspruchung.
Von *Christoph Hankers.*
Ingenieurmodelle des Verbunds geklebter Bewehrung für Betonbauteile (1997).
Von *Peter Holzenkämpfer.* 30,00 EUR

474: Injizierte Risse unter Medien- und Lasteinfluss.
Teil I: Grundlagenversuche.
Von *Horst Falkner, Manfred Teutsch, Thies Claußen, Jürgen Günther* und *Sabine Rohde.*
Teil 2: Bauteiluntersuchungen.
Von *Hans-Wolf Reinhardt, Massimo Sosoro, Friedrich Paul* und *Xiao-feng Zhu.*
Oberflächenschutzmaßnahmen zur Erhöhung der chemischen Dichtungswirkung.
Von *Klaus Littmann.*
Korrosionsschutz der Bewehrung bei Einwirkung umweltgefährdender Flüssigkeiten (1997).
Von *Romain Weydert* und *Peter Schießl.* 27,90 EUR

475: Transport organischer Flüssigkeiten in Betonbauteilen mit Mikro- und Biegerissen.
Von *Xiao-feng Zhu.*
Eindring- und Durchströmungsvorgänge umweltgefährdender Stoffe an feinen Trennrissen in Beton (1997).
Von *Detlef Bick, Heiner Cordes* und *Heinrich Trost.* vergriffen

Heft

476: Zuverlässigkeit des Verpressens von Spannkanälen unter Berücksichtigung der Unsicherheiten auf der Baustelle (1997).
Von *Ferdinand S. Rostásy* und *Alex-W. Gutsch*. 25,70 EUR

477: Einfluss bruchmechanischer Kenngrößen auf das Biege- und Schubtragverhalten hochfester Betone (1997).
Von *Rainer Grimm*. 27,90 EUR

478: Tragfähigkeit von Druckstreben und Knoten in D-Bereichen (1997).
Von *Wolfgang Sundermann* und *Kurt Schäfer*. 29,00 EUR

479: Über das Brandverhalten punktgestützter Stahlbetonplatten (1997).
Von *Karl Kordina*. 25,70 EUR

480: Versagensmodell für schubschlanke Balken (1997).
Von *Jürgen Fischer*. 19,30 EUR

481: Sicherheitskonzept für Bauten des Umweltschutzes.
Von *Daniela Kiefer*.
Erfahrungen mit Bauten des Umweltschutzes.
Von *Johann-Dietrich Wörner, Daniela Kiefer* und *Hans-Werner Nordhues*.
Qualitätskontrollmaßnahmen bei Betonkonstruktionen (1997).
Von *Otto Kroggel*. 21,50 EUR

482: Rissbreitenbeschränkung zwangbeanspruchter Bauteile aus hochfestem Normalbeton (1997).
Von *Harald Bergner*. 25,70 EUR

483: Durchlässigkeitsgesetze für Flüssigkeiten mit Feinstoffanteilen bei Betonbunkern von Abfallbehandlungsanlagen.
Von *Klaus-Peter Grote*.
Einfluss von Stahlfasern auf die Durchlässigkeit von Beton (1997).
Von *Ralf Winterberg*. 22,60 EUR

484: Grenzen der Anwendung nichtlinearer Rechenverfahren bei Stabtragwerken und einachsig gespannten Platten.
Von *Rolf Eligehausen* und *Eckhart Fabritius*.
Rotationsfähigkeit von plastischen Gelenken im Stahl- und Spannbetonbau.
Von *Longfei Li*.
Verdrehfähigkeit plastizierter Trag-werksbereiche im Stahlbetonbau (1998).
Von *Peter Langer*. 37,60 EUR

485: Verwendung von Bitumen als Gleitschicht im Massivbau.
Von *Manfred Curbach* und *Thomas Bösche*.
Versuche zur Eignung industriell gefertigter Bitumenbahnen als Bitumengleitschicht (1998).
Von *Manfred Curbach* und *Thomas Bösche*. 21,50 EUR

486: Trag- und Verformungsverhalten von Rahmenknoten (1998).
Von *Karl Kordina, Manfred Teutsch* und *Erhard Wegener*. 34,30 EUR

487: Dauerhaftigkeit hochfester Betone (1998).
Von *Ulf Guse* und *Hubert K. Hilsdorf*. 19,30 EUR

488: Sachstandsbericht zum Einsatz von Textilien im Massivbau (1998).
Von *Manfred Curbach* u. a. 22,60 EUR

Heft

489: Mindestbewehrung für verformungsbehinderte Betonbauteile im jungen Alter (1998).
Von *Udo Paas*. 23,60 EUR

490: Beschichtete Bewehrung. Ergebnisse sechsjähriger Auslagerungsversuche.
Von *Klaus Menzel, Frank Schulze* und *Hans-Wolf Reinhardt*.
Kontinuierliche Ultraschallmessung während des Erstarrens und Erhärtens von Beton als Werkzeug des Qualitätsmanagements (1998).
Von *Hans-Wolf Reinhardt, Christian U. Große* und *Alexander Herb*. 18,30 EUR

491: Der Einfluss der freien Schwingungen auf ausgewählte dynamische Parameter von Stahlbetonbiegeträgern (1999).
Von *Manfred Specht* und *Michael Kramp*. 31,20 EUR

492: Nichtlineares Last-Verformungs-Verhalten von Stahlbeton- und Spannbetonbauteilen, Verformungsvermögen und Schnittgrößenermittlung (1999).
Von *Gert König, Dieter Pommerening* und *Nguyen Viet Tue*. 26,90 EUR

493: Leitfaden für die Erfassung und Bewertung der Materialien eines Abbruchobjektes (1999).
Von *Theo Rommel, Wolfgang Katzer, Gerhard Tauchert* und *Jie Huang*. 18,80 EUR

494: Tragverhalten von Stahlfaserbeton (1999).
Von *Yong-zhi Lin*. 23,60 EUR

495: Stoffeigenschaften jungen Betons; Versuche und Modelle (1999).
Von *Alex-W. Gutsch*. 29,50 EUR

496: Entwerfen und Bemessen von Betonbrücken ohne Fugen und Lager (1999).
Von *Stephan Engelsmann, Jörg Schlaich* und *Kurt Schäfer*. 25,70 EUR

497: Entwicklung von Verfahren zur Beurteilung der Kontaminierung der Baustoffe vor dem Abbruch (Schnellprüfverfahren) (2000).
Von *Jochen Stark* und *Peter Nobst*. 20,90 EUR

498: Kriechen von Beton unter Zugbeanspruchung (2000).
Von *Karl Kordina, Lothar Schubert* und *Uwe Troitzsch*. 16,70 EUR

499: Tragverhalten von stumpf gestoßenen Fertigteilstützen aus hochfestem Beton (2000).
Von *Jens Minnert*. 29,00 EUR

500: BiM-Online – Das interaktive Informationssystem zu „Baustoffkreislauf im Massivbau" (2000).
Von *Hans-Wolf Reinhardt, Marcus Schreyer* und *Joachim Schwarte*. 21,50 EUR

501: Tragverhalten und Sicherheit betonstahlbewehrter Stahlfaserbetonbauteile (2000).
Von *Ulrich Gossla*. 20,40 EUR

502: Witterungsbeständigkeit von Beton. 3. Bericht (2000).
Von *Wilhelm Manns* und *Kurt Zeus*. 17,80 EUR

Heft

503: Untersuchungen zum Einfluss der bezogenen Rippenfläche von Bewehrungsstäben auf das Tragverhalten von Stahlbetonbauteilen im Gebrauchs- und Bruchzustand (2000).
Von *Rolf Eligehausen* und *Utz Mayer*. 20,90 EUR

504: Schubtragverhalten von Stahlbetonbauteilen mit rezyklierten Zuschlägen (2000).
Von *Sufang Lü*. 24,70 EUR

505: Biegetragverhalten von Stahlbetonbauteilen mit rezyklierten Zuschlägen (2000).
Von *Matthias Meißner*. 29,00 EUR

506: Verwertung von Brechsand aus Bauschutt (2000).
Von *Christoph Müller* und *Bernd Dora*. 24,70 EUR

507: Betonkennwerte für die Bemessung und Verbundverhalten von Beton mit rezykliertem Zuschlag (2000).
Von *Konrad Zilch* und *Frank Roos*. 19,30 EUR

508: Zulässige Toleranzen für die Abweichungen der mechanischen Kennwerte von Beton mit rezykliertem Zuschlag (2000).
Von *Johann-Dietrich Wörner, Pieter Moerland, Sabine Giebenhain, Harald Kloft* und *Klaus Leiblein*. 16,70 EUR

509: Bruchmechanisches Verhalten jungen Betons (2000).
Von *Karim Hariri*. 24,70 EUR

510: Probabilistische Lebensdauerbemessung von Stahlbetonbauwerken – Zuverlässigkeitsbetrachtungen zur wirksamen Vermeidung von Bewehrungskorrosion (2000).
Von *Christoph Gehlen*. 24,20 EUR

511: Hydroabrasionsverschleiß von Betonoberflächen.
Beton und Mörtel für die Instandsetzung verschleißgeschädigter Betonbauteile im Wasserbau (2000).
Von *Gesa Haroske, Jan Vala* und *Ulrich Diederichs*. 27,40 EUR

512: Zwang und Rissbildung infolge Hydratationswärme – Grundlagen Berechnungsmodelle und Tragverhalten (2000).
Von *Benno Eierle* und *Karl Schikora*. 27,40 EUR

513: Beton als kreislaufgerechter Baustoff (2001).
Von *Christoph Müller*. 65,50 EUR

514: Einfluss von rezykliertem Zuschlag aus Betonbruch auf die Dauerhaftigkeit von Beton.
Von *Beatrix Kerkhoff* und *Eberhard Siebel*.
Einfluss von Feinstoffen aus Betonbruch auf den Hydratationsfortschritt.
Von *Walter Wassing*.
Recycling von Beton, der durch eine Alkalireaktion gefährdet oder bereits geschädigt ist.
Von *Wolfgang Aue*.
Frostwiderstand von rezykliertem Zuschlag aus Altbeton und mineralischen Baustoffgemischen (Bauschutt) (2001).
Von *Stefan Wies* und *Wilhelm Manns*. 48,60 EUR

Heft

515: Analytische und numerische Untersuchungen des Durchstanzverhaltens punktgestützter Stahlbetonplatten (2001).
Von *Markus Anton Staller.* 43,50 EUR

516: Sachstandbericht Selbstverdichtender Beton (SVB) (2001).
Von *Hans-Wolf Reinhardt, Wolfgang Brameshuber, Geraldine Buchenau, Frank Dehn, Horst Grube, Peter Grübl, Bernd Hillemeier, Martin Jooß, Bert Kilanowski, Thomas Krüger, Christoph Lemmer, Viktor Mechterine, Harald Müller, Thomas Müller, Markus Plannerer, Andreas Rogge, Andreas Schaab, Angelika Schießl* und *Stephan Uebachs.* 33,80 EUR

517: Verformungsverhalten und Tragfähigkeit dünner Stege von Stahlbeton- und Spannbetonträgern mit hoher Betongüte (2001).
Von *Karl-Heinz Reineck, Rolf Wohlfahrt* und *Harianto Hardjasaputra.* 54,20 EUR

518: Schubtragfähigkeit längsbewehrter Porenbetonbauteile ohne Schubbewehrung.
Thermische Vorspannung bewehrter Porenbetonbauteile.
Kriechen von unbewehrtem Porenbeton.
Kriechen des Porenbetons im Bereich der zur Verankerung der Längsbewehrung dienenden Querstäbe und Tragfähigkeit der Verankerung (2001).
Von *Ferdinand Daschner* und *Konrad Zilch.* 55,90 EUR

519: Betonbau beim Umgang mit wassergefährdenden Stoffen. Zweiter Sachstandsbericht mit Beispielsammlung (2001).
Von *Rolf Breitenbücher, Franz-Josef Frey, Horst Grube, Wilhelm Kanning, Klaus Lehmann, Hans-Wolf Reinhardt, Bernd Schnütgen, Manfred Teutsch, Günter Timm* und *Johann-Dietrich Wörner.* 52,10 EUR

520: Frühe Risse in massigen Betonbauteilen – Ingenieurmodelle für die Planung von Gegenmaßnahmen (2001).
Von *Ferdinand S. Rostásy* und *Matias Krauß.* 39,20 EUR

521: Sachstandbericht Nachhaltig Bauen mit Beton (2001).
Von *Hans-Wolf Reinhardt, Wolfgang Brameshuber, Carl-Alexander Graubner, Peter Grübl, Bruno Hauer, Katja Hüske, Julian Kümmel, Hans-Ulrich Litzner, Heiko Lünser, Dieter Rußwurm.* 31,10 EUR

522: Anwendung von hochfestem Beton im Brückenbau.
Von *Konrad Zilch* und *Markus Hennecke.*
Erfahrungen mit Entwurf, Ausschreibung, Vergabe und Tragwerksplanung.
Von *André Müller, Hans Pfisterer, Jürgen Weber* und *Konrad Zilch.*
Erfahrungen mit der Bauausführung und Maßnahmen zur Gewährleistung der geforderten Qualität.
Von *Markus Hennecke, Gert Leonhardt* und *Rolf Stahl.*
Betontechnologie (2002).
Von *Volker Hartmann* und *Werner Schrub.* 37,60 EUR

Heft

523: Beständigkeit verschiedener Betonarten im Meerwasser und in sulfathaltigem Wasser (2003).
Von *Ottokar Hallauer.* 96,10 EUR

524: Mehraxiale Festigkeit von duktilem Hochleistungsbeton (2002).
Von *Manfred Curbach* und *Kerstin Speck.* 68,30 EUR

525: Erläuterungen zu DIN 1045-1; 2. überarbeitete Auflage (2010) 64,30 EUR

526: Erläuterungen zu den Normen DIN EN 206-1, DIN 1045-2, DIN 1045-3, DIN 1045-4 und DIN EN 12620; 2. überarbeitete Auflage (2011). 88,40 EUR

527: Füllen von Rissen und Hohlräumen in Betonbauteilen (2006).
Von *Angelika Eßer.* 58,40 EUR

528: Schubtragfähigkeit von Betonergänzungen an nachträglich aufgerauten Betonoberflächen bei Sanierungs- und Ertüchtigungsmaßnahmen (2002).
Von *Konrad Zilch* und *Jürgen Mainz.* 20,80 EUR

529: Betonwaren mit Recyclingzuschlägen.
Von *Christoph Müller* und *Peter Schießl.*
Rezyklieren von Leichtbeton (2002).
Von *Hans-Wolf Reinhardt* und *Julian Kümmel.* 32,20 EUR

530: Nachweise zur Sicherheit beim Abbruch von Stahlbetonbauwerken durch Sprengen.
Von *Josef Eibl, Andreas Plotzitza, Nico Herrmann.*
Sprengtechnischer Abbruch, Erprobung und Optimierung (2000).
Von *Hans-Ulrich Freund, Gerhard Duseberg, Steffen Schumann, Helmut Roller, Walter Werner.* 36,50 EUR

531: Großtechnische Versuche zur Nassaufbereitung von Recycling-Baustoffen mit der Setzmaschine.
Von *Harald Kurkowski* und *Klaus Mesters.*
Einflüsse der Aufbereitung von Bauschutt für eine Verwendung als Betonzuschlag (2003).
Von *Werner Reichel* und *Petra Heldt.* 42,80 EUR

532: Die Bemessung und Konstruktion von Rahmenknoten. Grundlagen und Beispiele gemäß DIN 1045-1(2002).
Von *Josef Hegger* und *Wolfgang Roeser.* 62,80 EUR

533: Rechnerische Untersuchung der Durchbiegung von Stahlbetonplatten unter Ansatz wirklichkeitsnaher Steifigkeiten und Lagerungsbedingungen und unter Berücksichtigung zeitabhängiger Verformungen (2006).
Von *Konrad Zilch* und *Uli Donaubauer.*
Zum Trag- und Verformungsverhalten bewehrter Betonquerschnitte im Grenzzustand der Gebrauchstauglichkeit.
Von *Wolfgang Krüger* und *Olaf Mertzsch.* 67,70 EUR

534: Sicherheitskonzept für nichtlineare Traglastverfahren im Betonbau (2003).
Von *Michael Six.* 51,90 EUR

535: Rotationsfähigkeit von Rahmenecken (2002).
Von *Jan Akkermann* und *Josef Eibl.* 43,70 EUR

Heft

537: Zum Einfluss der Oberflächengestalt von Rippenstählen auf das Trag- und Verformungsverhalten von Stahlbetonbauteilen (2003).
Von *Utz Mayer.* 44,20 EUR

538: Analyse der Transportmechanismen für wassergefährdende Flüssigkeiten in Beton zur Berechnung des Medientransportes in ungerissene und gerissene Betondruckzonen (2002).
Von *Norbert Brauer.* 45,40 EUR

539: Alkalireaktion im Bauwerksbeton. Ein Erfahrungsbericht (2003).
Von *Wilfried Bödeker.* 26,30 EUR

540: Trag- und Verformungsverhalten von Stahlbetontragwerken unter Betriebsbelastung (2003).
Von *Thomas M. Sippel.* 27,30 EUR

541: Das Ermüdungsverhalten von Dübelbefestigungen (2003).
Von *Klaus Block und Friedrich Dreier.* 38,80 EUR

542: Charakterisierung, Modellierung und Bewertung des Auslaugverhaltens umweltrelevanter, anorganischer Stoffe aus zementgebundenen Baustoffen (2003).
Von *Inga Hohberg.* 52,40 EUR

543: Mikrostrukturuntersuchungen zum Sulfatangriff bei Beton (2003).
Von *Winfried Malorny.* 19,60 EUR

544: Hochfester Beton unter Dauerzuglast (2003).
Von *Tassilo Rinder.* 37,70 EUR

545: Gebrauchsverhalten von Bodenplatten aus Beton unter Einwirkungen infolge Last und Zwang (2004).
Von *Peter Niemann.* 65,00 EUR

546: Zu Deckenscheiben zusammengespannte Stahlbetonfertigteile für demontable Gebäude (2003).
Von *Georg Christian Weiß.* 39,90 EUR

547: Durchstanzen von Bodenplatten unter rotationssymmetrischer Belastung (2004).
Von *Maike Timm.* 49,10 EUR

548: Die Druckfestigkeit von gerissenen Scheiben aus Hochleistungsbeton und selbstverdichtendem Beton unter Berücksichtigung des Einflusses der Rissneigung (2005).
Von *Angelika Schießl.* 56,30 EUR

549: Zum Gebrauchs- und Tragverhalten von Tunnelschalen aus Stahlfaserbeton und stahlfaserverstärktem Stahlbeton (2004).
Von *Olaf Hemmy.* 74,20 EUR

550: Zur Querkrafttragfähigkeit von Balken aus stahlfaserverstärktem Stahlbeton (2004).
Von *Joachim Rosenbusch.* 47,60 EUR

551: Zur Wirkung von Steinkohlenflugasche auf die chloridinduzierte Korrosion von Stahl in Beton (2005).
Von *Udo Wiens.* 63,30 EUR

552: Randbedingungen bei der Instandsetzung nach dem Schutzprinzip W bei Bewehrungskorrosion im karbonatisierten Beton (2005).
Von *Romain Weydert.* 38,50 EUR

Heft

553: Traglast unbewehrter Beton- und Mauerwerkswände – Nichtlineares Berechnungsmodell und konsistentes Bemessungskonzept für schlanke Wände unter Druckbeanspruchung (2005).
Von *Christian Glock.* 67,70 EUR

554: Sachstandbericht Sulfatangriff auf Beton (2006).
Von *R. Breitenbücher, D. Heinz, K. Lipus, J. Paschke, G. Thielen, L. Urbanos, F. Wisotzky.* 50,80 EUR

555: Erläuterungen zur DAfStb-Richtlinie „Wasserundurchlässige Bauwerke aus Beton" (2006). 18,10 EUR

556: Probabilistischer Nachweis der Wirksamkeit von Maßnahmen gegen frühe Trennrisse in massigen Betonbauteilen (2006).
Von *Matias Krauß.* 52,40 EUR

557: Querkrafttragfähigkeit von Stahlbeton- und Spannbetonbalken aus Normal- und Hochleistungsbeton (2007).
Von *Josef Hegger, Stephan Görtz.* 35,50 EUR

558: Zur Dauerhaftigkeit von AR-Glasbewehrung in Textilbeton (2005).
Von *Jeanette Orlowsky.* 35,50 EUR

559: Herstellungszustand verformungsbehinderter Bodenplatten aus Beton (2006).
Von *Silke Agatz.* 36,00 EUR

560: Sachstandbericht Übertragbarkeit von Frost-Laborprüfungen auf Praxisverhältnisse (2005).
Von *E. Siebel, W. Brameshuber, Ch. Brandes, U. Dahme, F. Dehn, K. Dombrowski, V. Feldrappe, U. Frohburg, U. Guse, A. Huß, E. Lang, L. Lohaus, Ch. Müller, H. S. Müller, S. Palecki, L. Petersen, P. Schröder, M. J. Setzer, F. Weise, A. Westendarp, U. Wiens.* 36,00 EUR

561: Sachstandbericht Ultrahochfester Beton (2008).
Von *M. Schmidt, R. Bornemann, K. Bunje, F. Dehn, K. Droll, E. Fehling, S. Greiner, J. Horvath, E. Kleen, Ch. Müller, K.-H. Reineck, I. Schachinger, T. Teichmann, M. Teutsch, R. Thiel, N. V. Tue.* 39,30 EUR

562: Eigenschaften von wärmebehandeltem Selbstverdichtendem Beton (2006).
Von *Michael Stegmaier.* 54,60 EUR

563: Zur wasserstoffinduzierten Spannungsrisskorrosion von hochfesten Spannstählen – Untersuchungen zur Dauerhaftigkeit von Spannbetonbauteilen (2005).
Von *Jörg Moersch.* 38,80 EUR

564: Experimentelle und theoretische Untersuchungen der Frischbetoneigenschaften von Selbstverdichtendem Beton (2006).
Von *Timo Wüstholz.* 45,40 EUR

565: Zerstörungsfreie Prüfverfahren und Bauwerksdiagnose im Betonbau – Beiträge zur Fachtagung des Deutschen Ausschusses für Stahlbeton in Zusammenarbeit mit der Bundesanstalt für Materialforschung und -prüfung, 11.03.2005 Berlin (2006). 27,80 EUR

Heft

566: Untersuchung des Trag- und Verformungsverhaltens von Stahlbetonbalken mit großen Öffnungen (2007).
Von *Martina Schnellenbach-Held, Stefan Ehmann, Carina Neff.* 36,20 EUR

567: Sachstandbericht Frischbetondruck fließfähiger Betone (2006).
Von *C.-A. Graubner, H. Beitzel, M. Beitzel, W. Brameshuber, M. Brunner, F. Dehn, S. Glowienka, R. Hertle, J. Huth, O. Leitzbach, L. Meyer, Ch. Motzko, H. S. Müller, H. Schuon, T. Proske, M. Rathfelder, S. Uebachs.* 24,60 EUR

568: Abschätzung der Wahrscheinlichkeit tausalzinduzierter Bewehrungskorrosion – Baustein eines Systems zum Lebenszyklusmanagement von Stahlbetonbauwerken (2007).
Von *Sascha Lay.* 47,30 EUR

569: Sachstandbericht Hüttensandmehl als Betonzusatzstoff – Sachstand und Szenarien für die Anwendung in Deutschland (2007).
Von *O. Aßbrock, W. Brameshuber, A. Ehrenberg, D. Heinz, E. Lang, Ch. Müller, R. Pierkes, E. Siebel.* 33,30 EUR

570: Einfluss der Mischungszusammensetzung auf die frühen autogenen Verformungen der Bindemittelmatrix von Hochleistungsbetonen (2007).
Von *Patrick Fontana.* 38,20 EUR

571: Konzentrierte Lasteinleitung in dünnwandige Bauteile aus textilbewehrtem Beton (2008).
Von *Manfred Curbach, Kerstin Speck.* 36,50 EUR

572: Schlussberichte zur ersten Phase des DAfStb/BMBF-Verbundforschungsvorhabens „Nachhaltig Bauen mit Beton" (2007). 97,80 EUR

573: Korrosionsmonitoring und Bruchortung vorgespannter Zugglieder in Bauwerken (2008).
Von *Alexander Holst.* 66,60 EUR

574: Zur Validierung quantitativer zerstörungsfreier Prüfverfahren im Stahlbetonbau am Beispiel der Laufzeitmessung (2008).
Von *Alexander Taffe.* 52,90 EUR

575: Verbundverhalten von Klebebewehrung unter Betriebsbedingungen (2009).
Von *Kurt Borchert.* 60,10 EUR

576: Mechanismen der Blasenbildung bei Reaktionsharzbeschichtungen auf Beton (2009).
Von *Lars Wolff.* 52,50 EUR

577: Zusammenfassender Bericht zum Verbundforschungsvorhaben „Übertragbarkeit von Frost-Laborprüfungen auf Praxisverhältnisse" (2010).
Von *Harald S. Müller, Ulf Guse.* 27,40 EUR

578: Experimentelle Analyse des Tragverhaltens von Hochleistungsbeton unter mehraxialer Beanspruchung (2011).
Von *Manfred Curbach, Silke Scheerer, Kerstin Speck, Torsten Hampel.* 126,00 EUR

579: Modellierung des Feuchte- und Salztransports unter Berücksichtigung der Selbstabdichtung in zementgebundenen Baustoffen (2010).
Von *Petra Rucker-Gramm.* 69,00 EUR

Heft

580: Zur Korrosion von Stahlschalungen in Fertigteilwerken (2011).
Von *Till F. Mayer.* 51,90 EUR

581: Verwendung von Steinkohlenflugasche zur Vermeidung einer schädigenden Alkali-Kieselsäure-Reaktion im Beton (2010).
Von Karl Schmidt. 65,00 EUR

582: Betonbauteile mit Bewehrung aus Faserverbundkunststoff (FVK) (2010).
Von *Jörg Niewels, Josef Hegger.* 64,30 EUR

583: Beitrag zu den Schädigungsmechanismen in Betonen mit langsam reagierender alkaliempfindlicher Gesteinskörnung (2010).
Von *Oliver Mielich.* 65,30 EUR

584: Verbundforschungsvorhaben „Nachhaltig Bauen mit Beton"
Potenziale des Sekundärstoffeinsatzes im Betonbau – Teilprojekt B.
Von *Bruno Hauer, Roland Pierkes, Stefan Schäfer, Maik Seidel, Tristan Herbst, Katrin Rübner, Birgit Meng.*
Effiziente Sicherstellung der Umweltverträglichkeit von Beton – Teilprojekt E (2011).
Von *Wolfgang Brameshuber, Anya Vollpracht, Joachim Hannawald, Holger Nebel.* 87,70 EUR

585: Verbundforschungsvorhaben „Nachhaltig Bauen mit Beton"
Ressourcen- und energieeffiziente, adaptive Gebäudekonzepte im Geschossbau – Teilprojekt C (2011).
Von *Josef Hegger, Tobias Dreßen, Norbert Will, Hartwig N. Schneider, Christian Fensterer, Norbert Hanenberg, Marten F. Brunk, Thorsten Bleyer, Konrad Zilch , Christian Mühlbauer, Roland Niedermeier, André Müller, Andreas Haas, Ingo Heusler, Herbert Sinnesbichler.* 69,40 EUR

586: Verbundforschungsvorhaben „Nachhaltig Bauen mit Beton"
Lebenszyklusmanagementsystem zur Nachhaltigkeitsbeurteilung – Teilprojekt D (2011).
Von *Peter Schießl, Christoph Gehlen, Marc Zintel, Ernst Rank, André Borrmann, Katharina Lukas, Harald Budelmann, Martin Empelmann, Gunnar Heumann, Tilman W. Starck, Sylvia Keßler.* 50,00 EUR

587: Verbundforschungsvorhaben „Nachhaltig Bauen mit Beton"
Informationssystem „NBB-Info" – Teilprojekt F (2011).
Von *Hans-Wolf Reinhardt, Joachim Schwarte, Christian Piehl.* 38,80 EUR

588: Der Stadtbaustein im DAfStb/BMBF-Verbundforschungsvorhaben „Nachhaltig Bauen mit Beton" – Dossier zu Nachhaltigkeitsuntersuchungen – Teilprojekt A.
Von *Carl-Alexander Graubner, Thorsten Bleyer, Marten F. Brunk, Tobias Dreßen, Christian Fensterer, Christoph Gehlen, Andreas Haas, Norbert Hanenberg, Bruno Hauer, Josef Hegger, Ingo Heusler, Sylvia Keßler, Torsten Mielecke, Christian Piehl, Hans-Wolf Reinhardt, Carolin Roth, Peter Schießl, Hartwig N. Schneider, Joachim Schwarte, Herbert Sinnesbichler, Udo Wiens, Konrad Zilch.* 56,20 EUR

Heft

628: Zur Eignung und Wirkungsweise calcinierter Tone als reaktive Bindemittelkomponente im Zement.
Von *Nancy Beuntner.* 61,60 EUR

629: Zur einheitlichen Bemessung gegen Durchstanzen in Flachdecken und Fundamenten.
Von *Carsten Siburg.* 132,20 EUR

630: Bemessung nach DIN EN 1992 in den Grenzzuständen der Tragfähigkeit und der Gebrauchstauglichkeit.
98,80 EUR

631: Hilfsmittel zur Schnittgrößenermittlung und zu besonderen Detailnachweisen bei Stahlbetontragwerken. 89,90 EUR

632: Experimentelle Ermittlung der Korrelation der Druckfestigkeiten von Bohrkernen aus Bauwerksbeton und genormten Probekörpern.
Von *Jürgen Schnell und Michael Weber.* 62,37 EUR

633: (en): Steel Fiber Reinforced Concrete Under Concentrated Load.
Von *Fanbing Song.* 120,15 EUR

634: Vergleichende Untersuchungen zur Rückprallhammerprüfung bezogen auf R- und Q-Werte.
Von *Wolfgang Breit und Melanie Merkel.* 27,50 EUR

635-1 (en): ACI-DAfStb databases 2020 with shear tests on structural concrete members without stirrups Volume 1: Part 1 to Part 2.5.
Von *Karl-Heinz Reineck und Birol Fitik.* 190,40 EUR

635-2 (en): ACI-DAfStb databases 2020 with shear tests on structural concrete members without stirrups Volume 2: Part 2.6 to Part 7.
von *Karl-Heinz Reineck Birol Fitik.* 237,30 EUR

637: Sachstandbericht Frischbeton – Eigenschaften, Einflüsse und Prüfungen.
Von *Christoph Alfes, Olaf Aßbrock, Christoph Begemann, Rolf Breitenbücher, Amela Cokovik, Dario Cotardo, Eberhard Eickschen, Petra Fischer, Eugen Kleen, Hannes Krüger, Ludger Lohaus, Viktor Mechtcherine, Lars Meyer, Matthias Middel, Christoph Müller, Harald S. Müller, Tobias Schack, Patrick Schäffel, Egor Secrieru, Frank Spörel, Katja Voland, Andreas Westendarp und Bou-Young Youn-Ĉale* 86,40 EUR

638: Anwendungshilfe zur Technischen Regel Instandhaltung von Betonbauwerken des DIBt (TR IH) in Verbindung mit der DAfStb Richtlinie Schutz und Instandsetzung von Betonbauteilen (RL SIB). 115,00 EUR

Heft

639: Schlussberichte zum BMBF-Verbundforschungsvorhaben „R-Beton – Ressourcenschonender Beton – Werkstoff der nächsten Generation" Schwerpunkt 1: Konzeptionierung der neuen Werkstoffe.
Von *Florian Knappe, Joachim Reinhardt, Stefanie Theis, Stephan Kresser, Julia Scheidt, Wolfgang Breit, Bernard Sachsenhauser, Klaus Lorenz, Christoph Müller, Katrin Severins, Johannes Haufe und Anya Vollpracht* 103,30 EUR

640: Schlussberichte zum BMBF-Verbundforschungsvorhaben „R-Beton – Ressourcenschonender Beton – Werkstoff der nächsten Generation" Schwerpunkt 2: Praxisanforderungen an die neuen Werkstoffe.
Von *Aleksandar Pančić, Jürgen Schnell, Christoph Müller, Ingmar Borchers, Maik Seidel und Anya Vollpracht, Lia Weiler* 95,00 EUR

641: Schlussberichte zum BMBF-Verbundforschungs vorhaben „R-Beton – Ressourcenschonender Beton – Werkstoff der nächsten Generation" Schwerpunkt 3: Ökobilanz, Praxistest und Transfer.
Von *Florian Knappe, Joachim Reinhardt, Stefanie Theis, Christoph Müller, Jochen Reiners und Raymund Böing* 75,80 EUR

642 (en): Influence of elevated temperatures up to 100 °C on the mechanical properties of concrete.
Von *Fernando Acosta Urrea* 88,00 EUR

644: Ermüdungsverhalten von Beton für unterschiedliche Probekörpergeometrien.
Von *Vivian Frei, Stephan Pirskawetz, Marc Thiele, Andreas Rogge* 68,80 EUR

645: Modellhafte Beschreibung des Ermüdungswiderstands von druckschwellbeanspruchtem Beton unter Berücksichtigung von energetischen und frequenzbedingten Materialeffekten.
Von *Sebastian Schneider, Matthias Bode, Steffen Marx* 63,20 EUR

646: Wasserinduzierte Ermüdungsschädigung von Beton
Von *Christoph Tomann, Ludger Lohaus* 84,40 EUR

647: Untersuchungen zum Ermüdungswiderstand von Beton im Bereich sehr hoher Lastwechselzahlen.
Von *Kerstin Willers, Lutz Gerlach, Nico Herrmann* 53,30 EUR

648: Zum festigkeitsabhängigen Ermüdungswiderstand von Beton. Teil 1: Koordinierte experimentelle Untersuchungen und Bewertung des Ermüdungswiderstands von normal- und hochfesten Betonen.
Von *Sebastian Schneider, Boso Schmidt, Steffen Marx*

Heft

Teil 2: Statistische Auswertungen zum Druckfestigkeitseinfluss auf den Ermüdungswiderstand von Beton.
Von *Marco Basaldella, Bianca Kern, Nadja Oneschkow, Ludger Lohaus* 52,80 EUR

649: Numerische Modellierung des Ermüdungsverhaltens von normal- und hochfestem Beton.
Von *Dennis Birkner, Steffen Marx, Abedulgader Baktheer, Josef Hegger, Rostislav Chudoba* 58,40 EUR

650: Ermüdung von biegebeanspruchten Betonbauteilen aus normal- und hochfesten Betonen.
Von *Dennis Birkner, Steffen Marx, David Ov, Rolf Breitenbücher* 40,50 EUR

651: Ultraschallprüfungen zur Erfassung der Schädigungsentwicklung unter verschiedenen Umweltbedingungen und unter zyklischer Druckschwellbelastung.
Von *Raúl Beltrán, Vivian Frei, Steffen Marx* 56,60 EUR

652: Ermüdungsverhalten von Betonstahl im Langzeitfestigkeitsbereich, bei Variation der Prüfmethodik sowie unter kombinierter Einwirkung von Korrosion.
Von *Stefan Rappl, Kai Osterminski, Christoph Gehlen* 37,70 EUR

653: Verbundverhalten unter Druck- und Zugschwellbeanspruchung von normal- und hochfesten Betonen
Von *Marc Koschemann, Manfred Curbach, Homam Spartali, Abedulgader Baktheer, Rostislav Chudoba, Josef Hegger* 54,20 EUR

Hinweis auf überarbeitete und ergänzte Hefte der Schriftenreihe des DAfStb:

Heft 220: 2. überarbeitete Auflage 1991
Heft 240: 3. überarbeitete Auflage 1991 (vergriffen)
Heft 400: 4. Auflage 1994 (3. berichtigter Nachdruck) vergriffen
Heft 425: 3. ergänzte Auflage 1997
Heft 525: 2. überarbeitete Auflage 2010
Heft 600: 2. überarbeitete Auflage 2020

DAfStb-Heft 646

Jetzt diesen Titel zusätzlich als E-Book downloaden und 70 % sparen!

Als Käufer dieses Buchtitels haben Sie Anspruch auf ein besonderes Kombi-Angebot: Sie können den Titel zusätzlich zum Ihnen vorliegenden gedruckten Exemplar für nur 30 % des Normalpreises als E-Book beziehen.

Der BESONDERE VORTEIL: Im E-Book recherchieren Sie in Sekundenschnelle die gewünschten Themen und Textpassagen. Denn die E-Book-Variante ist mit einer komfortablen Volltextsuche ausgestattet!

Deshalb: Zögern Sie nicht. Laden Sie sich am besten gleich Ihre persönliche E-Book-Ausgabe dieses Titels herunter.

In 3 einfachen Schritten zum E-Book:

❶ Rufen Sie die Website **www.dinmedia.de/e-book** auf.

❷ Geben Sie hier Ihren persönlichen, nur einmal verwendbaren E-Book-Code ein:

658967BF08FACDA

❸ Klicken Sie das „Download-Feld“ an und gehen dann weiter zum Warenkorb. Führen Sie den normalen Bestellprozess aus.

Hinweis: Der E-Book-Code wurde individuell für Sie als Erwerber dieses Buches erzeugt und darf nicht an Dritte weitergegeben werden. Mit Zurückziehung dieses Buches wird auch der damit verbundene E-Book-Code für den Download ungültig.